GB/T 45001—2020/ISO 45001：2018
职业健康安全管理体系内审员培训教程

唐苏亚 ◎ 编著

U0343913

中国质量标准出版传媒有限公司
中国标准出版社
北京

图书在版编目(CIP)数据

GB/T 45001—2020/ISO 45001：2018 职业健康安全管理
体系内审员培训教程 / 唐苏亚编著 . —北京：中国标准
出版社，2020.11
ISBN 978 - 7 - 5066 - 9724 - 8

Ⅰ.①G… Ⅱ.①唐… Ⅲ.①劳动卫生—安全管理体系—
国际标准—技术培训—教材 ②劳动保护—安全管理体系—
国际标准—技术培训—教材 Ⅳ.①X92 - 65 ②R13 - 65

中国版本图书馆 CIP 数据核字（2019）第 125665 号

中国质量标准出版传媒有限公司
中 国 标 准 出 版 社   出版发行
北京市朝阳区和平里西街甲 2 号（100029）
北京市西城区三里河北街 16 号（100045）
网址：www.spc.net.cn
总编室：(010) 68533533   发行中心：(010) 51780238
读者服务部：(010) 68523946
中国标准出版社秦皇岛印刷厂印刷
各地新华书店经销
*
开本 787×1092 1/16 印张 24.5 字数 546 千字
2020 年 11 月第一版   2020 年 11 月第一次印刷
*
定价 78.00 元

前　言

2018 年 3 月 12 日，国际标准化组织（ISO）发布了 ISO 45001：2018《职业健康安全管理体系　要求及使用指南》，这是 ISO 为应对职业健康和安全的首个国际标准。目前全球存在多个版本的 OHSAS 18001 标准，ISO 45001 的发布为全球提供了一个统一的职业健康安全管理标准，它以简洁、清晰的管理架构指导和帮助组织建立和实施职业健康安全管理体系，同时引入了先进的管理理念。组织通过实施 ISO 45001 职业健康安全管理体系，自觉履行合规义务，才能预防和控制职业健康安全风险和合规风险，从而可以避免组织在生产经营活动中遭受法律制裁、监管处罚、重大人员伤亡和声誉损失，这是提高组织职业健康安全绩效和管理水平的一项战略性措施。

职业健康安全管理体系产生的一个重要原因是世界经济全球化和国际贸易发展的需要。WTO 的最基本原则是"公平竞争"，其中包含环境和职业健康安全问题。早在关贸总协定（GATT，世界贸易组织前身）乌拉圭回合谈判协议就已提出：各国不应由于法规和标准的差异而造成非关税壁垒和不公平贸易，应尽量采用国际标准。近年来，由于国际贸易的发展和发展中国家在世界经济活动中越来越多，各国职业健康安全的差异使发达国家在成本价格和贸易竞争中往往处于不利地位，令当地企业没有办法与之竞争，只好借助政府的反倾销手段保护自己。只有在世界范围内采取统一的职业健康安全标准，才能从根本上解决此问题。因此，无论从参与市场竞争的角度，还是针对贸易壁垒的客观存在，实施 ISO 45001 认证都将是组织发展的一个趋势和方向。

本书从咨询和认证的角度出发，依据 GB/T 45001—2020/ISO 45001：2018 的要求，采用注解、范例、图表、比较等方法，对职业健康安全管理体系的实施过程进行了详细的描述。全书共分为六章：第 1 章简要介绍了 ISO 发布的职业健康安全管理标准的产生背景、实施意义和转换要求；第 2 章对标准的引言部分进行了讲解，以加深读者对标准的理解和贯彻实施；第 3 章对 GB/T 45001—2020/ISO 45001：2018 职业健康安全管理体系标准的要求和实施要点进行了深入的解读和阐述，并列举了大量实施案例；第 4 章对我国职业健康安全的法律法规和标准要求做了简要介绍，对职业健康安全的法律法规体系、标准体系做了系统说明；第 5 章论述了企业在实施职业健康安全管理体系的同时导入 5S 管理，对体系建立和实施的积极作用；第 6 章介绍了职业健康安全管理体系内部审核的有关步骤和要求，并对审核过程和方法进行了详细说明，同时辅以大量案例；附录给出了职业健康安全管理手册文件范例。

本书案例丰富，实用性强，可操作性强，可作为企业的内审员培训教材，也可作为企业按照 GB/T 45001—2020/ISO 45001：2018 建立、实施与改进职业健康安全管理体系的指导性用书。

在本书编写过程中，作者参考和借鉴了一些国内专家的著作、标准文献、网络资源和培训视频以及部分企业的相关案例，主要参考资料列于书后，其余限于体例，未能一一列举、注明，在此谨向有关人士表示最衷心的感谢。有时，为了使引用的案例与标准条款的要求相一致，可能对一些被引用的案例在文字上进行了必要的改动和取舍，在此也向被引用案例的原作者表示歉意。

由于 ISO 45001：2018 职业健康安全管理体系标准发布时间不长，对标准要求的理解和应用还需要在实践中不断探索和提高，加之作者水平有限，时间仓促，内容编写和文献参考中难免出现疏忽和错误，敬请广大读者批评指正。

唐苏亚

2018 年 8 月一稿·淮安

2019 年 7 月二稿·上海

2020 年 5 月定稿·上海

e－mail：tsy2004@yeah. net

目　　录

第1章 职业健康安全管理体系标准概述

1.1 职业健康管理体系发展历程

20 世纪 80 年代后期，当时一些跨国公司和大型现代化联合企业在 ISO 9001 成功经验的启发下，为了强化自己的社会关注力和控制损失的需要，率先开展了职业健康安全管理标准化的探索。例如：日本 NEC、三菱重工等企业在倡导树立"安全第一"思想的同时，建立了安全、健康与环境的管理标准；美国杜邦公司、英荷皇家壳牌集团公司等制定了一整套的职业健康安全管理标准。

1995 年，ISO 正式开展职业健康安全标准化工作，成立了由中、美、英、法、德、日、澳、加、瑞士、瑞典以及国际劳工组织（International Labour Organization，ILO）和世界卫生组织（World Health Organization，WHO）代表组成的特别工作组，并于 1995 年 6 月 15 日召开了第一次特别工作组会议，但由于各方观点不一未形成决议。1996 年 9 月 5 日，ISO 再次召开职业健康安全管理体系标准化研讨会，来自 44 个国家及 IEC、ILO、WHO 等 6 个国际组织共计 331 名代表与会，讨论是否将职业健康安全管理体系纳入 ISO 的发展标准中，结果各方分歧仍然较大。ISO 遂于 1997 年 1 月召开了 TMB（技术管理局）会议，会议决定 ISO 目前暂不制定职业健康安全管理体系标准，待将来时机成熟后再行制定。ISO 主要是基于两方面的原因：一方面是各国不同的劳工关系及管理体系难以在世界范围内达成一致，ISO 难以处理与劳工和管理相关的敏感问题（如童工问题、犯人劳工问题、劳资谈判问题等）；另一方面是职业健康安全管理体系将面对各国不同的劳动法律制度，有可能会与一些国家的法律发生冲突。至此，有关在 ISO 层面制定职业健康安全管理体系国际标准的努力和探索便告一段落。

尽管如此，世界各国早就认识到职业健康安全管理体系标准化是一种必然的发展趋势，并率先在本国所在地区开展了实施职业健康安全管理体系活动。1996 年，英国标准协会（British Standards Institution，BSI）颁布了英国国家标准 BS 8800：1996《职业健康安全管理体系 指南》；同年，美国工业卫生协会（American Industrial Hygiene Association，AIHA）制定了《职业健康安全管理体系 AIHA 指导性文件》；1997 年，澳大利亚/新西兰联合制定了 AS/NZS 4804：1997《职业健康安全管理体系 原则、体系和支持技术通用指南》；同年，日本工业安全卫生协会（Japan Industrial

Safety and Health Association，JISHA）提出了《职业健康安全管理体系导则》。在 1999 年，英国标准协会（BSI）、挪威船级社（Det Norske Veritas，DNV）等 13 个组织提出了职业健康安全评价（OHSAS）系列标准，即 OHSAS 18001《职业健康安全管理体系 规范》和 OHSAS 18002《职业健康安全管理体系 OHSAS 18001 实施指南》。

除了 OHSAS 18001 系列标准之外，国际劳工组织（ILO）也在开展职业健康安全管理体系标准化工作，并于 2011 年发布了 ILO－OSH：2001《职业健康安全管理体系指南》，该标准旨在帮助成员国在国家层面建立职业健康安全管理体系构架，并为单个组织就职业健康安全要素融入其总体方针和管理安排之中提供指南。

虽然 OHSAS 18001 既不是国际标准，也不是某个国家的国家标准，但它却得到了较多国家的认可，并被这些国家采用为国家标准，尤其得到了全球大量企业、贸易团体和认证机构的认可并被实施和开展认证。2007 年，OHSAS 18001 得到进一步修订，其与 ISO 9001 和 ISO 14001 的语言和架构得到进一步融合。

直到 2013 年，ISO 终于同意将 OHSAS 18001 纳入正式的 ISO 标准，并定名为 ISO 45001《职业健康安全管理体系 要求及使用指南》，由 ISO/PC 283 职业健康安全管理体系项目委员会负责起草，用于取代 OHSAS 18001 标准。该委员会由 69 个正式成员［包括中国国家标准化管理委员会（SAC）以及英、美、德、法等国家的相关机构］和 16 个观察成员组成。国际劳工组织（ILO）、职业安全与健康协会（Institution of Occupational Safety and Health，IOSH）等组织的代表也参与了标准的讨论。

1.2 ISO 45001：2018 的制定过程

按照 ISO 制修订标准的要求，制修订 ISO 标准过程分为准备阶段、启动阶段、草案阶段、正式标准发布阶段。

（1）标准制定的准备阶段

——2013 年 3 月，职业健康安全管理体系（OHSMS）的标准项目建议提交到 ISO，并于同年 6 月进行成员组织投票；

——2013 年 6 月 20 日，ISO 技术管理局（TMP）根据成员组织的投票结果，决定成立 ISO/PC 283 职业健康安全管理体系项目委员会，负责起草职业健康安全管理体系（OHSMS）标准，并明确标准代号为 ISO 45001。

（2）标准制定的启动阶段

——2013 年 10 月 21 日～25 日，PC 283 在英国伦敦召开第一次全会和工作组（WG）会议。本次会议 ISO/PC 283 为制定 ISO 45001 标准成立了 WG1，WG1 根据 3 年项目计划决定，制定了具体的时间计划安排。会议期间与会成员讨论了设计规范，并对其进行了修正，为 ISO 45001 的制定规定了原则和总目标。

（3）标准制定草案阶段

——2013 年 10 月，WG1 形成工作标准草案稿（WD）；

——2014 年 7 月，审议 CD1 草案征求意见稿并投票；

——2015 年 3 月，第二次审议 CD2 草案征求意见稿并投票；

——2015 年 11 月，发布 DIS1 草案征求意见稿，并于 2016 年 2 月启动投票和征求意见；收到 3000 多条意见，没有获得通过；

——2017 年 3 月，发布 DIS2 草案征求意见稿，并于 2017 年 5 月 19 日～7 月 13 日进行投票，2017 年 7 月 16 日，投票通过；

——2017 年 11 月，推出 FDIS 稿，并于 2017 年 11 月 30 日～2018 年 1 月 25 日进行投票并获通过；

——2018 年 1 月 25 日，发布最终版国际标准草案（FDIS）并投票通过。

（4）标准正式发布阶段

在历经了 WD、CD、DIS、FDIS 等阶段后，2018 年 3 月 12 日 ISO 正式发布了 ISO 45001：2018《职业健康安全管理体系　要求及使用指南》。ISO 45001 将取代已被广泛采用的 OHSAS 18001 以及其他一些国家的国家标准。在 2021 年 3 月 OHSAS 18001 被撤销之前，已获得 OHSAS 18001 认证的组织将有 3 年时间转换至 ISO 45001。

1.3　ISO 45001：2018 的整体结构

新版标准 ISO 45001 按照《"ISO/IEC 导则　第 1 部分"的 ISO 补充合并本》附件中的高层结构，统一的核心内容，公共术语和核心定义的内容要求形成 10 个章节的内容，确保了与 ISO 其他新版标准的兼容度。标准的制定基于高层结构，采用了 PDCA 模式，通过策划、实施、检查与改进的方式（Plan‐Do‐Check‐Act）应用于组织的职业健康安全管理体系改进，为组织提供了一个职业健康安全风险的行动策划框架。为那些可能导致长期健康问题以及引起事故的风险提出了相应措施要求。

标准包括 10 章共 40 条和附录 A、附录 NA，图 1‐1 给出了 ISO 45001：2018 职业健康安全管理体系标准结构示意图。

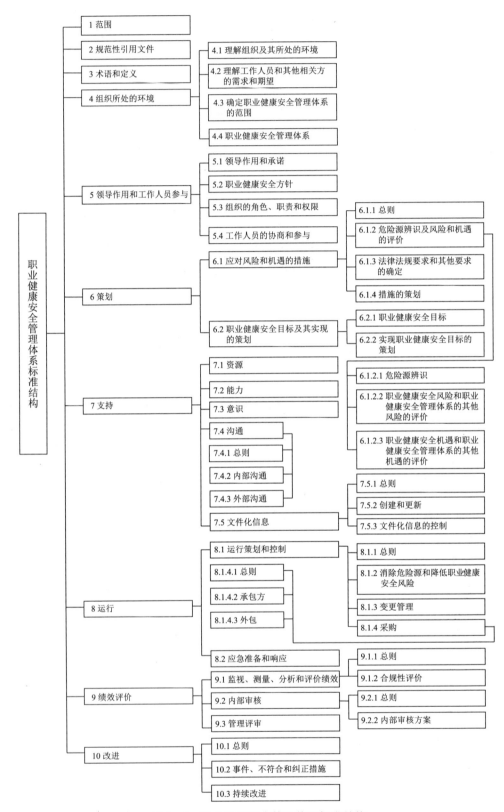

图 1-1　职业健康安全管理体系标准结构

1.4 ISO 45001：2018 的主要特点

1.4.1 使用了 ISO 管理体系的高层结构

ISO 45001：2018 和当前新增或修订的其他 ISO 管理体系一样，均采用了 Annex SL 规定的高层结构作为框架。ISO 核心的技术管理局（TMB）及其联合技术协调组（JTCG）认为，所有的管理体系标准都应遵循一种被称为"高层结构"的格式，并已在《"ISO/IEC 导则 第 1 部分"的 ISO 补充合并本》附件 SL 中加以定义。这个附件 SL 其实是一个管理体系标准的标准模板，是一个标准的"标准"。按照国际标准化组织的要求，将来所有的 ISO 管理体系标准，如能源、IT 安全、食品安全、环境、质量标准在今后修订时都要按照附件 SL 的要求重写。ISO 45001：2018 已经采纳了 ISO 补充规定附件 SL 这一高层结构。附件 SL 文本的统一体现了管理活动的一些通用理念，也构成 ISO 45001 变更的一些主要内容，如组织管理体系应考虑组织所处的环境（条款 4.1）和相关方的需求和期望（条款 4.2），管理活动通常由风险管理和目标管理两类方式组成（条款 6.1、条款 6.2），领导作用和承诺（条款 5.1）等。

组织按 ISO 45001：2018 建立职业健康安全管理体系时，不一定需要完全放弃原有的 OHSAS 18001 职业健康安全管理体系和体系文件，可在对原有的体系文件进行评审的基础上，适当进行修改和完善，以符合 ISO 45001：2018 标准对形成文件信息的要求，而不要求与标准条款结构相一致。在管理手册不按标准条款号编排时，应在一个附表中列出手册条款对应的标准条款，以便于证明组织文件化的职业健康安全管理体系符合标准所应用的条款要求，同时也便于组织使用和审核时使用。

1.4.2 更加关注"组织环境"

标准要求组织了解其所处的环境，以便组织建立、实施、保持其职业健康安全管理体系，并确定体系的内外部议题。由于组织的各项内外部议题（可能是包括正面和负面）将会影响职业健康安全管理体系达成期望结果的能力，所以通过对组织所处环境的分析，可使组织能在内外部议题不断变化的新形势下，始终能保持该组织的体系运行在正确的方向上，进而达到持续改进其职业健康安全管理体系目的。同时，组织必须确定与其职业健康安全管理体系有关的相关方，以及这些相关方的需求。

1.4.3 强化了最高管理者的职责和领导作用

职业健康安全管理体系的成功与否取决于最高管理者领导下的组织各个层次和职能的各项活动，为了保证体系运行有效，新版标准要求组织要履行"领导作用和承诺"，标准明确了组织的最高管理者必须对员工的职业健康安全负全责，确保组织的方针、目标与组织的战略方向一致，并在组织内去沟通关于建立有效的职业健康安全管理体系及符合要求的重要性。标准刻意强调了将职业健康安全管理体系融入组织的业务过程中去，不能把管理体系的实施和组织的业务脱节，原来的OHSAS 18001标准没有这样的表述。此外，还要求最高管理者必须积极支持工作人员（主要指非管理人员）的参与和协商，推动和领导关于职业健康安全管理体系的组织文化以及促进组织持续改进等方面所应承受的角色和发挥的重要作用。

1.4.4 采用了基于风险的思维

在制定和实施职业健康安全管理体系时应引入风险思维，将体系与组织环境密切结合在一起。组织必须识别所有亟须解决的与组织环境相关的或由组织环境起决定因素的风险和机遇，以确保职业健康安全管理体系能够达到预期效果。风险和机遇存在于组织的危险源、合规性以及所处的环境和相关方需求和期望中，组织必须策划措施应对这些风险和机遇，在其职业健康安全管理体系过程中加以整合及实施，并评估这些措施的有效性，实现组织在职业健康安全方面的持续改进。

1.4.5 更加关注职业健康安全绩效

组织建立、实施、保持和持续改进职业健康安全管理体系的目的就是通过提升职业健康安全绩效来获得长期成功。提升职业健康安全绩效同时也是组织职业健康安全管理体系的预期结果的重要组成部分。标准对"绩效"定义为"可测量的结果"，术语的"注"中也给出了"绩效可能涉及定量或定性的发现；绩效可能涉及活动、过程、产品（包括服务）、体系或组织的管理"的说明。ISO 45001：2018在第一章"范围"中明确指出："标准规定了职业健康安全（OH&S）管理体系的要求，并给出了其使用指南，以使组织能够通过预防与工作相关的伤害和健康损害以及主动改进其职业健康安全绩效来提供安全和健康的工作场所"；在条款9.1.1中提到，"组织应评价其职业健康安全绩效并确定职业健康安全管理体系的有效性"。此外在第5章、第6章、第7章、第8章、第10章中也多处提到"提升"和"改进""职业健康安全绩效"。由此可以看出，标准对职业健康安全管理体系的评价不再只停留在"有效性"上，除评价有效性外，还要对"绩效"进行评价，包括各类"绩效"和效率，一个不考虑效率的组织是无法长期生存的。

1.4.6 强调支持职业健康安全管理体系预期结果的组织文化

ISO 45001：2018第一次在管理体系标准中提出了组织安全文化建设的要求，标准在"5.1 领导作用和承诺"条款中要求最高领导者"在组织内建立、引导和促进支持职业健康安全管理体系预期结果的文化"。此外，在标准引言"0.3 成功因素"以及"6.1.2.1 危险源辨识"和"10.3 持续改进"中也多处提到建设支持职业健康安全管理体系的文化，可见，组织的安全文化建设对实施、建立职业健康安全管理体系的重要性。

1.4.7　强调了工作人员协商和参与

正如 ISO 45001：2018 引言中指出的那样，组织建立职业健康安全管理体系的目的是防止对工作人员造成与工作相关的伤害和健康损害，并提供健康安全的工作场所。所有组织应在建立和实施职业健康安全管理体系的过程中与各岗位和职能的工作人员进行充分的协商，协商应该是全方位的，不留死角，这是取得成功的关键因素。标准在"5.4　工作人员的协商和参与"条款中要求"组织应建立、实施和保持过程，用于在职业健康安全管理体系的开发、策划、实施、绩效评价和改进措施中与所有适用层次和职能的工作人员及其代表（若有）的协商和参与"。标准还强调非管理人员岗位工作人员的协商和参与内容，非管理岗位的工作人员是职业健康安全管理体系最重要的利益相关方，他们的建议和意见是组织决策的重要参考依据。

1.4.8　细化了采购控制、承包方控制、外包控制要求

ISO 45001：2018 要求组织去说明如何管理供应商和承包方的风险。对承包方的管理进行了细化，对承包方的管理提出了要求："组织应确保承包方及其工作人员满足组织的职业健康安全管理体系要求。组织的采购过程应规定和应用选择承包方的职业健康安全准则"。组织应确保那些影响其职业健康安全管理体系的外包过程均得到识别和控制。对这些过程所涉及的供应商和承包方，应确保他们在工作场所中执行和贯彻了标准要求。并要求对"对这些职能和过程实施控制的类型和程度"应在职业健康安全管理体系中确定。

1.4.9　强化了变更管理要求

ISO 45001：2018 条款 8.1.3 要求"组织应建立过程，用于实施和控制所策划的、影响职业健康安全绩效的临时性和永久性变更"，变更涉及的范围包括新的（或现有的）产品、服务和过程的变更；合规要求的变更；有关危险源和职业健康安全风险的知识或信息的变更；知识和技术的发展等方面。ISO 45001：2018 要求对建立的变更过程进行有效的控制，以避免或降低由于变更给组织或给职业健康安全绩效带来不利影响，确保变更实施后任何新的或变化的风险为可接受风险，从而确保实现预期的结果。

1.4.10　细化了危险源辨识和风险评价的要求

ISO 45001：2018 对"6.1.2　危险源辨识及风险和机遇的评价"分设了三个子条款：在"6.1.2.1　危险源辨识"中，要求组织应建立、实施和保持用于持续和主动的危险源辨识的过程，并提出应考虑的 8 个方面的要求；在"6.1.2.2　职业健康安全风险和职业健康安全管理体系的其他风险的评价"中，要求组织不仅要评价来自已识别的危险源的职业健康安全风险，还要确定和评价与建立、实施、运行和保持职业健

安全管理体系相关的其他风险；在"6.1.2.3 职业健康安全机遇和职业健康安全管理体系的其他机遇的评价"中，要求组织除应评价有关提升职业健康安全绩效的职业健康安全机遇，还应评价有关改进职业健康安全管理体系的其他机遇。

1.4.11 对文件化信息的要求更加灵活

ISO 45001：2018 使用"文件化信息"取代以往标准中的"文件和记录"，文件化信息可以任何形式和载体存在，并可来自任何来源，如，可能存储于云端和下载到智能手机或其他电子设备上的信息，现在都可以作为证据。

1.4.12 强度满足法律法规要求和其他要求

满足法律法规要求和其他要求是 ISO 45001：2018 提出的职业健康安全管理体系的一项重要的预期结果。为确保满足法律法规要求和其他要求，ISO 45001：2018 要求组织应详细地确定适用于组织的危险源、职业健康安全风险和职业健康安全管理体系的法律法规要求和其他要求，并确定如何将这些法律法规要求和其他要求应用于组织以及所需沟通的内容；ISO 45001：2018 还要求组织开展合规性评价并对未满足法律法规要求和其他要求采取必要的措施。

1.5 ISO 45001：2018 的作用和意义

1.5.1 为组织提高职业健康安全绩效提供了一个科学、有效的管理手段

职业健康安全管理体系的目的是为管理职业健康安全风险提供框架。职业健康安全管理体系的实施目的是防止发生与工作有关的员工伤害和健康损害，提供安全健康的工作场所。因此，组织通过采取有效的预防和保护措施来消除危险源和降低职业健康安全风险至关重要。组织通过职业健康安全管理体系实施这些措施，能够改进职业健康安全绩效。通过及早采取措施应对机遇改进职业健康安全绩效，职业健康安全管理体系能更加有效和高效。同时，职业健康安全管理体系还可以帮助组织满足法律法规和其他要求，因此，实施符合 ISO 45001：2018 的职业健康安全管理体系使组织能够管理职业健康安全风险，为组织提高职业健康安全绩效提供了一个科学、有效的管理手段。

1.5.2 提高组织履行合规义务的能力，避免职业健康安全违法责任

目前，世界各国新的法律、法规层出不穷，而且日趋严格，因此要求组织不断地获取以确保遵守。而 ISO 45001 的实施，可确保组织及时获取适用的法律法规及其他要求，并通过体系的运行来保证符合其要求，履行合规义务，避免在职业健康安全方面违法现象的发生，规避其违法风险。

5.3 使组织的职业健康安全管理由被动强制行为变为主动自愿行为，提高职业健康安全管理水平

组织在建立、实施、保持和持续改进职业健康安全管理体系的过程中，会对职业健康安全管理有进一步的了解，对强化职业健康安全的责任感将得到增强，并在工作中形成习惯而主动地执行，从而形成全员参与的组织文化，体系的成效逐渐显现。作为一种有效的手段和方法，ISO 45001 在组织原有管理机制的基础上建立一个系统的管理机制，实现了依靠政府强制推动所达不到的效果，从而提高了组织的职业健康安全管理水平和风险意识。

1.5.4 有助于消除贸易壁垒

职业健康安全管理体系产生的一个重要原因是世界经济全球化和国际贸易发展的需要。WTO 的最基本原则是"公平竞争"，其中包含环境和职业健康安全问题。早在关贸总协定（GATT，WTO 前身）乌拉圭回合谈判协议就已指出："各国不应由法规和标准的差异而造成非关税壁垒和不公平贸易，应尽量采用国际标准"。ISO 45001 的普遍实施在一定程度上消除了贸易壁垒，这将是未来国际市场竞争的必备条件之一。ISO 45001 的实施将对国际贸易产生深刻的影响，不采用的国家或组织将由于失去"公平竞争"的机会而受到损害，逐渐被排斥在国际市场之外。随着跨国贸易的增多，职业健康安全管理体系变得越来越复杂。供应链的分散性，对跨国企业的风险日益增大，使得职业健康及安全变得既重要又复杂。如果供应链中没有有效的职业健康安全管理体系，管理层可能会在其企业管理结构中存在一个重大盲点，由此可能产生很多法律、财务和声誉风险，例如劳工权益问题、社会责任问题。因此，无论从参与市场竞争的角度，还是针对贸易壁垒的客观存在，实施 ISO 45001 认证都将是组织发展的一个趋势和方向。

1.5.5 对组织产生直接和间接的经济效益

随着工人及其家庭的成本不断上升（而且上升巨大），职业健康及安全（OH&S）对经济和社会发展产生了惊人的影响。根据国际劳工组织（ILO）的统计，全世界每年约有 200 万人因工伤或因工染病而死亡。工作中的致死或非致死性的事故每年发生 270 万例，所导致的经济损失约相当于每年世界生产总值的 4%，大约 2.99 万亿美元。组织通过实施 ISO 45001 可以明显提高安全生产的管理水平和管理效益，同时，由于实施 ISO 45001，企业的工作环境改善了，能有效地促进员工工作效率的提高和潜能的发挥，减少了事故发生的概率。因此，职业健康和安全生产可以给组织带来经济效益。

1.5.6 将在社会上树立企业良好的品质、信誉和形象

因为优秀的现代企业除具备经济实力和技术能力外，还应保持强烈的社会关注力、

责任感和保证员工的健康与安全，所以建立职业健康安全管理体系正逐步成为现代企业的普遍要求。

实施 ISO 45001 之后，组织可以将职业健康安全管理体系融入组织的业务过程中，从而可以使职业健康安全管理体系为组织带来更多的价值。例如在产品设计和开发阶段引入人性化的设计理念，满足人们对于健康的需求；在原材料采购过程中，优先选择对人体不具损害或污染的原材料等。通过产品的设计，使客户确信组织在职业健康安全管理方面的承诺，提升企业形象和市场份额，避免职业健康安全事故的发生，改善员工的工作环境，有利于获得社会的认可。因此，获得 ISO 45001 认证的组织展示的是"以人为本"的先进理念，有助于组织在社会上树立企业良好的品质、信誉和形象，提升品牌价值，扩大市场份额。

1.6 职业健康安全管理体系认证制度

1.6.1 ISO 45001 认证制度

和 ISO 9001 质量管理体系一样，ISO 45001 职业健康安全管理体系也由独立的认证机构提供认证，成功通过认证机构审核的公司可以获得认证机构颁发的认证证书。获证组织还要接受定期的监督审核，以确保组织不断地持续改进管理体系的有效性。

认证机构需获得中国合格评定国家认可委员会（CNAS）的认可，否则不能开展体系认证工作。组织在选择认证机构时，可通过对方的网站检索相应的信息。图 1-2 给出了 ISO 45001 职业健康安全管理体系认证证书样本。

图 1-2 ISO 45001 职业健康安全管理体系认证证书样本

1.6.2 申请认证所需要的资料

（1）法律地位证明文件（如企业法人营业执照、事业单位法人代码证书、社团法人登记证等），组织机构代码证。存在时，应提交分支机构的营业执照和组织机构代码证复印件。

（2）有效的资质证明、产品生产许可证、强制性产品认证证书等涉及法律法规规定的行政许可的须提交相应的行政许可证件复印件（需要时）。

（3）安全生产许可证（需要时）。

（4）申请组织简介

　　1）组织简介（1000字左右）及体系认证范围说明；

　　2）组织机构图或职能表述文件；

　　3）申请组织的过程路线图/工艺流程图/过程描述（应明确说明关键过程和特殊过程）。

（5）申请组织的体系文件，需包含但不仅限于（可以合并）：

　　1）职业健康安全方针和目标；

　　2）职业健康安全手册；

　　3）受控文件清单、记录文件清单；

　　4）程序文件；

　　5）重大危险源清单；

　　6）职能角色分配表；

　　7）适用的法律、法规和强制性标准（名称、编号、发布版本/时间）清单。

（6）厂区平面图（管网图）。

（7）承诺遵守法律法规的自我声明。

（8）消防验收报告。

（9）职业健康安全监测报告（车间空气质量、粉尘、噪声等）。

（10）关于认证活动的限制条件（如出于安全和/或保密等原因，存在时）。

（11）认证公司要求企业提交的其他补充材料。

1.6.3 ISO 45001 认证流程

与其他管理体系认证一样，ISO 45001职业健康安全管理体系认证过程一般包括以下几个步骤：

（1）公司向认证机构提交申请书。当公司自我评估认为具备认证条件时，可向认证机构递交认证申请书；公司也可提前提交申请，在认证机构的指导下进行准备工作。

（2）认证机构评审和受理申请。认证机构对公司提交的申请资料进行评审，如果满足认证审核的基本条件则受理申请，否则通知公司不予受理或补充所缺资料后再予以受理。

（3）认证机构初访。初访旨在了解公司现状，确定审核范围，确定审核工作量。

（4）签订认证合同。认证机构和委托方可就审核范围、审核准则、审核报告内容、审核时间、审核工作量签订合同，确定正式合作关系，缴纳申请费。认证合同签订后，被审核方或委托方应向认证机构提供职业健康安全管理手册、程序文件及相关背景资料，供认证机构进行文件预审。

（5）指定审核小组，开展文件预审。在签订合同后，认证机构应指定审核组长，组成审核组，开始准备工作。由审核组长组织文件预审，如文件无重大问题，则开始准备正式审核。

（6）审核准备。审核组长组织审核组成员制定审核计划，确定审核范围和日程，编制现场审核检查表。

（7）现场认证审核。由认证机构按审核计划对被审核方进行认证审核。管理体系的初次认证审核分为两个阶段实施：第一阶段和第二阶段。第一阶段主要是了解组织管理体系建立及运行的基本情况，确定是否具备第二阶段的审核条件；第二阶段主要是评价组织管理体系建立、运行的符合性及有效性，以确定能否推荐认证注册。

（8）提交审核结论，交技术委员会审定。审核结果可能有三种结论，即推荐注册、推迟注册和暂缓注册。对审核组推荐注册的公司，认证机构技术委员会审定是否批准注册，如未获批准则需重新审核。

（9）批准注册，颁发认证证书。由认证机构对审定通过的公司批准注册，认证机构向经批准注册的公司颁发 ISO 45001 认证证书，同时，认证机构将获证公司向CNCA 备案。证书有效性可通过认证公司的网站进行查询，也可在 CNCA 网站（http：//www.cnca.gov.cn/）上进行查询。

（10）定期监督审核。认证公司每年应对获证公司进行一次监督审核，每次监督审核可能涉及部分或全部职业健康安全管理体系条款，但每次对各个条款的审核应有所侧重，3 年换证，需要进行复评。认证机构根据复评的结果，做出是否换发证的决定。

1.6.4　对认证单位的要求

对认证单位的要求如下：

（1）体系运行从文件发布之日起至现场审核前至少运行 3 个月。

（2）现场审核前至少应成功地进行过一次完整的内部管理体系审核和一次管理评审。

（3）现场审核时需为每个审核员准备一套手册和程序文件。当大多数文件或记录采用电子数据库时，应为审核员提供内部网上查阅的方便和工具。

（4）现场审核时应为每个审核小组配备一名陪同人员。

（5）现场审核时需为审核组准备一个小型会议室供审核组内部会议和休息用，同时应准备一个可供召开首末次会议的会议室。

（6）在有特殊安全和环境要求的现场（如机房等），需为审核员准备相应的必要装备（如鞋套等）。

（7）在审核期间，为审核组提供必要的通信和打字、复印等设施。

（8）审核期间，公司各级领导应在公司，各类人员应正常上班和工作，不能因为审核而中断正常工作。

1.7 职业健康安全管理体系在我国的实施情况

我国作为 ISO 的正式成员国，一直十分重视职业健康安全管理体系标准化问题，分别派员参加了 1995 年和 1996 年 ISO 召开的两次特别工作组会议。

1998 年，中国劳动保护科学技术学会提出了 CCSTLP 1001：1998《职业健康安全管理体系规范及使用指南》。1999 年 10 月国家经贸委颁布了《职业健康安全管理体系试行标准》。2001 年 11 月 12 日，国家质量监督检验检疫总局正式颁布了 GB/T 28001—2001《职业健康安全管理体系　规范》，并于 2002 年 1 月 1 日起正式实施，将有关如何建立组织的职业健康安全管理体系等技术内容纳入 GB/T 28002《职业健康安全管理体系　指南》中。在内容方面，GB/T 28001—2001 覆盖了 OHSAS 18001：1999 的全部技术内容。

随着 OHSAS 18001：2007 的实施，我国遂于 2011 年 12 月 30 日发布了 GB/T 28001—2011《职业健康安全管理体系　要求》和 GB/T 28002—2011《职业健康安全管理体系　实施指南》两个国家标准，并于 2012 年 2 月 1 日正式实施，分别等同采用了 OHSAS 18001：2007 和 OHSAS 18002：2008 两项标准。

按照惯例，随着 ISO 45001：2018 的颁布，我国将基于现行标准等同采用后进行更新。2018 年 5 月 4 日，中国标准化研究院在北京组织召开了第一次标准起草工作组工作会议，来自国家职业健康安全管理相关部门、认证认可监管部门、各行业企业、认证和咨询技术机构等 28 名专家参加了本次会议。会议主要就 GB/T 28001 和 GB/T 28002修订工作的原则和方法、修订工作计划等重大事项进行了深入讨论，并达成了统一意见。会议还就中国标准化研究院所提出的标准草案进行了讨论，并为起草工作组布置了下一步的具体工作任务。

2020 年 3 月 6 日，国家市场监督管理总局、国家标准化管理委员会正式发布了 GB/T 45001—2020《职业健康安全管理体系　要求及使用指南》，并于同日正式实施。GB/T 45001—2020 等同采用（IDT）ISO 45001：2018。

1.8 标准过渡期及转换要求

根据 IAF 的转换工作要求，在 ISO 45001：2018 发布之后所签发的依据旧版标准的认证证书有效期不应超过 2021 年 3 月 12 日。自 2018 年 3 月 12 日起所有签发的 OHSAS 18001 旧版标准的认证证书的有效期截止日期统一为 2021 年 3 月 11 日。企业需在证书到期前向认证公司提出依据新版标准的认证转换申请并完成转换工作以确保认证证书持续有效。

为落实 IAF 决议的要求，更好地服务于我国获得职业健康安全管理体系认证的组织，中国合格评定国家认可委员会（CNAS）制定了认可说明文件《关于认证标准由 GB/T 28001—2011 转换为 ISO 45001：2018 的认可转换说明》（CNAS－EC－050：2018），并于 2018 年 4 月 3 日在网上发布。文件针对认证转换做出如下安排：

（1）ISO 45001 的转换过渡期为 ISO 45001 标准发布后的三年，即在 2021 年 3 月 12 日前完成 ISO 45001：2018 代替 OHSAS 18001 认证标准的转换工作。在转换期截止前，组织仍可以根据客户的要求依据 GB/T 28001—2011（OHSAS 18001：2007，IDT）标准实施认证活动，但应向客户告知转换期截止后认证失效可能对客户造成的影响。

（2）自 2018 年 4 月 4 日起，初次认证和再认证颁发的依据 GB/T 28001—2011 认证证书有效期均不超过 2021 年 3 月 11 日。转换结束后，所有 GB/T 28001—2011 认证证书不论其标识的有效期是否到期，均将到期终止或撤销作废。在 2018 年 3 月 12 日至 2018 年 4 月 3 日（CNAS 网站公布 CNAS－EC－050：2018 文件）期间，依据 GB/T 28001—2011新颁发的有效期为 3 年的认证证书（即：有效期超过 2021 年 3 月 11 日的 GB/T 28001—2011 认证证书），需在转换期截止前完成认证证书的更新。

（3）CNAS 自 2018 年 6 月 12 日开始受理认证机构的认可转换申请，认证机构的认可转换通过后，可在 CNAS 认可的范围内依据 ISO 45001 颁发的认证文件中使用认可标识，对认可标识的使用应满足 CNAS-R01 等相关要求。在被 CNAS 认可之前依据 ISO 45001：2018 认证审核的项目，颁发的认证证书将不带 CNAS 认可标识。

第2章* GB/T 45001—2020/ISO 45001：2018 引言的理解

2.1 背景

2.1.1 标准条文

> **0.1 背景**
>
> 组织应对工作人员和可能受其活动影响的其他人员的职业健康安全负责，包括促进和保护他们的生理和心理健康。
>
> 采用职业健康安全管理体系旨在使组织能够提供健康安全的工作场所，防止与工作相关的伤害和健康损害，并持续改进其职业健康安全绩效。
>
> 在职业健康安全领域，国家专门制定了一系列职业健康安全相关法律法规（如劳动法、安全生产法、职业病防治法、消防法、道路交通安全法、矿山安全法等）。这些法律法规所确立的职业健康安全制度和要求是组织建立和保持职业健康安全管理体系所必须考虑的制度、政策和技术背景。

2.1.2 理解要点

（1）组织，特别是组织的最高管理者应对工作人员或可能受其活动影响的其他人员的职业健康安全负全面责任，应在组织内设立各级职业健康安全管理的领导岗位，并对直接从事职业健康安全管理、执行和监督的各级管理人员的作用、职责和权限予以明确，以确保职业健康安全管理体系的有效建立、实施和运行，并实现职业健康安全目标。

（2）组织应高度重视员工的身心健康，因为员工的身心健康不但决定其敬业度的高低，也会对职业健康安全绩效产生影响。例如，一个组织目前订单时限特别紧张，需要员工加班工作赶工期。这样的行为也许会让组织短期内达到既定的目标，但这是不可持续的，员工感到身心疲惫，会导致员工离职风险和安全工伤事故的发生。

---

* 本章开始，将 GB/T 45001—2020/ISO 45001：2018 的内容放在方框内，以方便读者阅读。

（3）安全健康的工作场所是预防与工作有关的伤害和健康损害的前提，设想一个环境脏、乱、差且空气污染严重的工作现场，就会刺激人的心理，影响人的情绪，带来压抑感和心情烦躁，就有可能产生不安全行为，长期在这样的环境下工作，还可能造成职业病的发生。

（4）组织采用职业健康安全管理体系，可持续改进职业健康安全绩效，为组织同时带来经济效益和社会效益，比如提高符合法律法规的能力、降低事故/事件的总成本、减少停机时间和生产中断的成本、降低保险费用、减少误工和员工的离职率。

（5）"0.1　背景"中的第三段，是 GB/T 45001—2020 等同采用国际标准时增加的内容，主要是考虑符合我国国情的需要以及我国安全生产和职业病防治的发展的需要。

2.2　职业健康安全管理体系的目的

2.2.1　标准条文

0.2　职业健康安全管理体系的目的

职业健康安全管理体系的作用是为管理职业健康安全风险和机遇提供一个框架。职业健康安全管理体系的目的和预期结果是防止对工作人员造成与工作相关的伤害和健康损害，并提供健康安全的工作场所；因此，对组织而言，采取有效的预防和保护措施以消除危险源和最大限度地降低职业健康安全风险至关重要。

组织通过其职业健康安全管理体系应用这些措施时，能够提高其职业健康安全绩效。如果及早采取措施以把握改进职业健康安全绩效的机会，职业健康安全管理体系将会更加有效和高效。

实施符合本标准的职业健康安全管理体系，能使组织管理其职业健康安全风险并提升其职业健康安全绩效。职业健康安全管理体系可有助于组织满足法律法规要求和其他要求。

2.2.2　理解要点

（1）ISO 45001：2018 为实施职业健康安全管理的组织提供了系统管理的框架，如建立方针、明确目标并致力于实现方针、目标。组织按照该标准的要求实施职业健康安全管理体系，其目的和预期结果是防止发生与工作有关的员工伤害和健康损害，提供安全健康的工作场所，而危险源是导致事故的根源，所以危险源是职业健康安全的核心问题，组织通过危险源辨识、评价、采取必要的控制措施来消除危险源和降低职业健康安全风险，是体系运行过程中的重要环节。

（2）组织通过采取有效的预防和保护措施来消除危险源和降低职业健康安全风

险，能够改进职业健康安全绩效，使职业健康安全管理体系能更加有效和高效。

下面以《使用有毒物品作业场所劳动保护条例》（国务院令第 352 号 2002 年 5 月 12 日起实施）为例，介绍组织通过采取有效的预防和保护措施来消除危险源和降低职业健康安全风险的实施方法，同时也诠释了实施职业健康安全管理体系可以帮助组织满足法律法规要求和其他要求。

1）消除措施：通过政策、制度和标准，阻止高风险活动的发生。《使用有毒物品作业场所劳动保护条例》规定，从事使用有毒物品作业的用人单位，应当使用符合国家标准的有毒物品，不得在作业场所使用国家明令禁止使用的有毒物品或者使用不符合国家标准的有毒物品。按照有毒物品产生的职业中毒危害程度，有毒物品分为一般有毒物品和高毒物品。国家对作业场所使用高毒物品实行特殊管理。

2）替代措施：使用低风险的可行性方案来代替高风险方案。在《使用有毒物品作业场所劳动保护条例》第一章总则中的第四条规定，用人单位应当尽可能使用无毒物品，需要使用有毒物品时，应当优先选择使用低毒物品。

3）工程控制措施：从工艺和设备方面采取措施，改进现场作业环境，降低风险。在《使用有毒物品作业场所劳动保护条例》第二章第十一条规定，设置有效的通风装置；可能突然泄漏大量有毒物品或者易造成急性中毒的作业场所，设置自动报警装置和事故通风设施。

4）管理控制措施：通过制定各种规章制度、规程要求，实现对风险控制。在《使用有毒物品作业场所劳动保护条例》第二章第十二条规定，使用有毒物品作业场所应当设置黄色区域警示线、警示标识和中文警示说明；高毒作业场所应当设置红色区域警示线、警示标识和中文警示说明，并设置通讯报警设备。警示说明应当载明产生职业中毒危害的种类、后果、预防以及应急救治措施等内容。

5）个人防护设备（PPE）：劳动生产过程中使劳动者免遭或减轻事故和职业危害因素伤害而提供的个人保护用品，直接对人体起到保护作用。在《使用有毒物品作业场所劳动保护条例》第三章第二十一条规定，用人单位应当为从事使用有毒物品作业的劳动者提供符合国家职业卫生标准的防护用品，并确保劳动者正确使用。

（3）ISO 45001：2018 只提出了有关职业健康安全管理体系的要求，未提出具体的职业健康安全绩效要求。凡涉及组织的法律法规要求的管理，该标准都要求其遵守，并不改变或增加组织的法律法规要求。

2.3 成功因素

2.3.1 标准条文

0.3 成功因素

    对组织而言，实施职业健康安全管理体系是一项战略和经营决策。职业健康安全管理体系的成功取决于领导作用、承诺以及组织各层次和职能的参与。

    职业健康安全管理体系的实施和保持，其有效性和实现预期结果的能力取决于诸多关键因素，这些关键因素可包括：

    a) 最高管理者的领导作用、承诺、职责和担当；

    b) 最高管理者在组织内建立、引导和促进支持实现职业健康安全管理体系预期结果的文化；

    c) 沟通；

    d) 工作人员及其代表（若有）的协商和参与；

    e) 为保持职业健康安全管理体系而所需的资源配置；

    f) 符合组织总体战略目标和方向的职业健康安全方针；

    g) 辨识危险源、控制职业健康安全风险和利用职业健康安全机遇的有效过程；

    h) 为提升职业健康安全绩效而对职业健康安全管理体系绩效的持续监视和评价；

    i) 将职业健康安全管理体系融入组织的业务过程；

    j) 符合职业健康安全方针并必须考虑组织的危险源、职业健康安全风险和职业健康安全机遇的职业健康安全目标；

    k) 符合法律法规要求和其他要求。

    成功实施本标准可使工作人员和其他相关方确信组织已建立了有效的职业健康安全管理体系。然而，采用本标准并不能够完全保证防止工作人员受到与工作相关的伤害和健康损害，提供健康安全的工作场所和改进职业健康安全绩效。

    为了确保组织职业健康安全管理体系成功，文件化信息的详略水平、复杂性和文件化程度以及所需资源取决于多方面因素，例如：

    ——组织所处的环境（如工作人员数量、规模、地理位置、文化、法律法规要求和其他要求）；

    ——组织职业健康安全管理体系的范围；

    ——组织活动的性质和相关的职业健康安全风险。

2.3.2　理解要点

（1）组织实施职业健康安全管理体系的目的和预期结果是防止发生与工作有关的员工伤害和健康损害，提供安全健康的工作场所，实现组织既定的职业健康安全方针和经营目标。这里面涉及组织的发展方向、产品发展、技术改造、资源开发等事关组织生存的重大问题，因此，它是组织的一项战略和运营决策。职业健康安全管理体系的成功运行取决于最高领导者的支持，例如良好的组织文化、充分的资源、明确的职责权限等。同时，职业健康安全管理体系的实施也有赖于组织各层次和职能的参与、工作人员安全意识的提高以及相关职能的落实。为了确保职业健康管理体系能够获得成功，组织的最高管理者应做出相应的承诺并付诸行动，同时组织的其他各层级人员也需要对履行职责、执行规定要求做出相应的承诺。

（2）职业健康安全管理体系的实施和保持、有效性和实现预期结果的能力取决于诸多关键因素：包括最高领导者的领导作用、承诺以及责任和义务；在组织内营造良好的职业健康安全文化；积极鼓励和支持员工参与职业健康安全的相关事项，做好信息沟通工作；配备必要的资源以保持体系的正常运行；在建立、实施职业健康安全管理体系时，应将职业健康安全活动与业务活动、战略决策紧密结合（如设计开发产品时应用人机工程原理），将有关的职业健康安全管理要求融入组织的业务过程；识别危险源，控制职业健康安全风险，采取措施，改进职业健康安全绩效；履行合规义务等，最终实现组织职业健康安全管理体系的预期结果。

（3）ISO 45001：2018 只规定了组织在职业健康安全管理方面的要求，并未明确具体的职业健康安全绩效要求。不同的组织由于其战略、产品、活动、发展阶段、规模、所处的地域等方面存在不同，它们可能在承担法律法规义务、职业健康安全承诺、采用的技术水平、职业健康安全目标等方面存在着显著的差异，其通过职业健康安全管理体系的运行取得的职业健康安全绩效也有可能存在较大的差别，但是它们都有可能通过自己的努力使其职业健康安全管理体系符合该标准的要求。诚然，采用该标准本身并不能保证防止与工作有关的伤害和健康损害、提供安全健康的工作场所和改进职业健康安全绩效，正如标准 0.1 条款阐述的那样，"采用职业健康安全管理体系旨在使组织能够提供健康安全的工作场所，防止与工作有关的伤害和健康损害，并持续改进其职业健康安全绩效。"

（4）职业健康安全管理体系文件的结构和详略程度和物理证据形式等应根据组织所处的环境（如员工数量、规模、地理、文化、法律法规和其他要求）、组织职业健康全管理体系的范围以及组织活动、产品和服务的性质，包括其危险源和相关的职业健康安全风险和机遇等相适应，不能以认证为目的或为外部检查而将职业健康安全管理体系过度文件化。

2.4 "策划－实施－检查－改进"循环

2.4.1 标准条文

0.4 "策划－实施－检查－改进"循环

本标准中所采用的职业健康安全管理体系的方法是基于"策划－实施－检查－改进（PDCA）"的概念。

PDCA概念是一个迭代过程，可被组织用于实现持续改进。它可应用于管理体系及其每个单独的要素，具体如下：

——策划（P：Plan）：确定和评价职业健康安全风险、职业健康安全机遇以及其他风险和其他机遇，制定职业健康安全目标并建立所需的过程，以实现与组织职业健康安全方针相一致的结果。

——实施（D：Do）：实施所策划的过程。

——检查（C：Check）：依据职业健康安全方针和目标，对活动和过程进行监视和测量，并报告结果。

——改进（A：Act）：采取措施持续改进职业健康安全绩效，以实现预期结果。

本标准将PDCA概念融入一个新框架中，如图1所示。

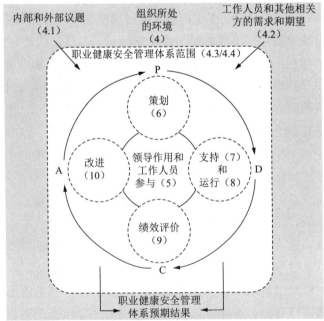

注：括号内的数字是指本标准的相应章条号。

图1　PDCA与本标准框架之间的关系

2.4.2 理解要点

（1）建立和实施职业健康安全管理体系，实际上是一个动态循环的过程。要实现组织的职业健康安全目标和提升组织的职业健康安全绩效，就要通过策划（P）、实施（D）、检查（C）、改进（A）这样一个不断提高、不断改进的循环过程来完成，这就是PDCA管理模式。组织职业健康安全管理体系改进的基本过程，同样遵循PDCA循环原则，即策划（P）、实施（D）、检查（C）、改进（A）四个阶段。

1）策划阶段（Plan）。根据相关方的要求和组织的职业健康安全方针，建立所需的职业健康安全目标及其过程，确定实现结果所需的资源，并识别和应对职业健康安全风险和机遇，以实现与组织职业健康安全方针一致的结果。

2）实施阶段（Do）。根据策划的职业健康安全管理要求、程序和措施，实施所策划的过程。

3）检查阶段（Check）。根据职业健康安全管理的目标和要求，对具体的所策划的过程的实施结果进行测量和符合性检查、验证，得出评价结果。同时，也包括组织对职业健康安全管理体系的实施进行监督。

4）处置和改进阶段（Act）。针对组织职业健康安全管理体系对组织外部环境不断变化的适应程度，对体系或策划的过程运行状况和结果进行测量、分析，采取有效措施持续不断地改进职业健康安全绩效，以实现预期结果。对于没有解决的问题，转入下一轮PDCA循环解决，为制定下一轮改进计划提供资料。

（2）标准的结构在PDCA循环中的展示图解。该标准中的图1表明了该标准第4章～第10章构成的PDCA循环。涉及P（策划）的内容是"4　组织所处的环境""5　领导作用和员工参与""6　策划"；涉及D（实施）的内容是"7　支持""8　运行"；涉及C（检查）的内容是"9　绩效评价"；涉及A（处置）的内容是"10　改进"。PDCA的特点为：

1）四个阶段一个也不能少。

2）大环套小环。PDCA顺序循环到A时，会自动进入下一个循环，即从策划（P）—实施（D）—检查（C）—改进（A）的下一循环，而且每一个阶段本身的内部，如实施（A）阶段的各个过程又都可以形成PDCA小循环，从而推动整个组织职业健康安全管理体系的周而复始，不断持续提高。见图2-1。

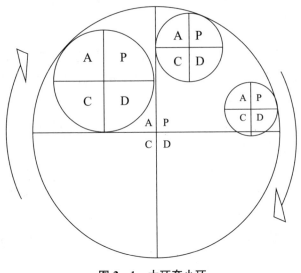

图 2-1 大环套小环

3）每循环一次都要提高上升一次。PDCA 循环是螺旋式不断上升的循环，就如一个转动的车轮在楼梯上旋转上升，每循环一周就上升一个台阶，达到一个目标，再从头开始，永无止境。这样运行的模式，就形成组织职业健康安全管理体系或过程持续改进的机制。见图 2-2。

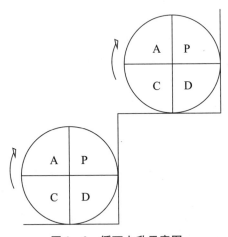

图 2-2 循环上升示意图

4）抓住关键的 A 阶段（改进），对职业健康安全管理体系运行结果进行测量、分析、总结经验、肯定评价和确认，对不符合提出纠正措施，从而持续改进组织职业健康安全绩效、满足法律法规要求和其他要求，以实现预期结果。

2.5 关于标准内容的说明

2.5.1 标准条文

0.5 本标准内容

本标准符合国际标准化组织（ISO）对管理体系标准的要求。这些要求包括一个统一的高层结构和相同的核心正文以及具有核心定义的通用术语，旨在方便本标准的使用者实施多个 ISO 管理体系标准。

尽管本标准的要素可与其他管理体系兼容或整合，但本标准并不包含针对其他主题（如质量、社会责任、环境、治安保卫或财务管理等）的要求。

本标准包含了组织可用于实施职业健康安全管理体系和开展符合性评价的要求。希望证实符合本标准的组织可通过以下方式来实现：

——开展自我评价和声明；

——寻求组织的相关方（如顾客）对其符合性进行确认；

——寻求组织的外部机构对其自我声明的确认；

——寻求外部组织对其职业健康安全管理体系进行认证或注册。

本标准的第 1 章至第 3 章阐述了适用于本标准的范围、规范性引用文件以及术语和定义，第 4 章至第 10 章包含了可用于评价与本标准符合性的要求。附录 A 提供了这些要求的解释性信息。附录 NA 给出了本标准与 GB/T 28001—2011 之间的对应情况。第 3 章中的术语和定义按照概念的顺序进行编排。本标准给出了按英文字母顺序排列的术语索引和按汉语拼音顺序排列的术语索引。

本标准使用以下助动词：

——"应"（shall）表示要求；

——"宜"（should）表示建议；

——"可以"（may）表示允许；

——"可、可能、能够"（can）表示可能性或能力。

标记"注"的信息是理解或澄清相关要求的指南。第 3 章中的"注"提供了增补术语资料的补充信息，可能包括使用术语的相关规定。

2.5.2 理解要点

（1）为了更好地与其他 ISO 的管理体系标准一致，ISO 45001：2018 的结构采用了《"ISO/IEC 导则　第 1 部分"的 ISO 补充合并本》的附件 SL 中给出的管理体系标准结构要求。这个结构被称为高层结构（High Level Structure），规定了通用章条结构，以及具有核心定义的通用术语，目的是方便组织实施多个 ISO 管理体系标准，更好地对管理体系进行高效整合。

（2）ISO 45001：2018 只提出了针对组织职业健康安全管理体系方面的要求，并未对质量、社会责任、环境、安保或财务管理等其他管理领域提出要求。但由于 ISO 45001：2018 提出的管理体系要求充分考虑了所有管理体系都应具有的三个基本思想（过程方法、基于风险的思维以及 PDCA），同时该标准也要求组织将职业健康安全管理融入其业务过程，因此按照 ISO 45001：2018 建立、实施职业健康安全管理体系可以帮助组织将职业健康安全管理工作与其他领域的管理工作进行有效的融合，这些都有助于组织更好地实施整合型管理体系，减少不必要的重复工作，提升管理效率。

（3）ISO 45001：2018 不仅可用于组织实施职业健康安全管理体系，而且也可用于评价组织职业健康安全管理体系的符合性。组织可通过以下方式来证实与 ISO 45001 的符合性：

——组织进行自我符合性声明；

——相关方（如顾客）进行符合性确认；

——外部机构对自我声明进行确认；

——授权的公告机构进行认证或注册。

（4）为了帮助组织有效地实施职业健康安全管理体系，GB/T 45001—2020 附录 A 提供了解释性信息以防止对该标准要求的错误理解，附录 NA 给出了该标准与 GB/T 28001—2011 之间的对应关系。

注：采用翻译法的国家标准可做最小限度的编辑性修改，如果需要增加资料性附录，应将这些附录置于国际标准的附录之后，并按条文中提及这些附录的先后次序编排附录的顺序。每个附录的编号由"附录"字样加上代表国家附录的标志"N"和随后表明顺序的大写拉丁字母组成，字母从"A"开始，例如："附录 NA""附录 NB"等。

索引可以为组织提供一个不同于目次的检索标准内容的途径，它可以从另一个角度方便组织使用该标准。GB/T 45001—2020 给出了按英文字母顺序排列的术语索引和按汉语拼音顺序排列的术语索引。

（5）标准中使用的以下助动词，可以帮助组织更准确地理解和使用该标准：

——"应"（shall）用于表示声明符合标准需要满足的要求，不使用"必须"作为"应"的替代词（以避免将标准的要求和外部的法定责任相混淆）；

——"宜"（should）用于表示在几种可能性中推荐（或建议）特别适合的一种，不提及也不排除其他可能性，或表示某个行动步骤是首选的但未必是所要求的，或（以否定形式）表示不赞成但也不禁止某种可能性或行动步骤；

——"可以"（may）用于表示在标准的界限内所允许的行动步骤；

——"可、可能、能够"（can）用于陈述由材料的、生理的或某种原因导致的能力或可能性。

（6）标准中"注"的内容为给出说明、解释或提供补充信息。

第3章 GB/T 45001—2020/ISO 45001：2018 的内容解读

3.1 范围

3.1.1 标准条文

1 范围

本标准规定了职业健康安全（OH&S）管理体系的要求，并给出了其使用指南，以使组织能够通过防止与工作相关的伤害和健康损害以及主动改进其职业健康安全绩效来提供安全和健康的工作场所。

本标准适用于任何具有以下愿望的组织：通过建立、实施和保持职业健康安全管理体系，以改进健康安全、消除危险源并尽可能降低职业健康安全风险（包括体系缺陷）、利用职业健康安全机遇，以及应对与其活动相关的职业健康安全管理体系不符合。

本标准有助于组织实现其职业健康安全管理体系的预期结果。依照组织的职业健康安全方针，其职业健康安全管理体系预期结果包括：

a) 持续改进职业健康安全绩效；

b) 满足法律法规要求和其他要求；

c) 实现职业健康安全目标。

本标准适用于任何规模、类型和活动的组织。它适用于组织控制下的职业健康安全风险，这些风险必须考虑到诸如组织运行所处环境、组织工作人员和其他相关方的需求和期望等因素。

本标准既不规定具体的职业健康安全绩效准则，也不提供职业健康安全管理体系的设计规范。

本标准使组织能够借助其职业健康安全管理体系整合健康和安全的其他方面，如工作人员的福利和（或）幸福等。

本标准不涉及对工作人员和其他有关相关方的风险以外的议题，如产品安全、财产损失或环境影响等。

本标准能够全部或部分地用于系统改进职业健康安全管理。然而，只有当本标准的所有要求均被包含在了组织的职业健康安全管理体系中并全部得到满足，有关符合本标准的声明才能被认可。

3.1.2 理解与实施要点

（1）实施标准的目的

组织实施职业健康安全管理体系旨在能够提供健康安全的工作条件以防止与工作相关的伤害和健康损害，同时主动改进职业健康安全绩效。为此，ISO 45001：2018规定了职业健康安全管理体系的要求，并在该标准附录A中给出了使用指南。

（2）标准的适用范围

该标准适用于任何希望建立、实施和保持职业健康安全管理体系的组织，无论何种类型、规模。组织通过建立、实施和保持职业健康安全管理体系，从而识别出组织的危险源和职业健康安全风险，通过评价确定所采取的措施和方法，实现提高职业健康安全绩效，消除危险源或尽可能降低职业健康安全风险（包括体系缺陷）的目的，利用职业健康安全机遇，如履行合规义务，更好地应对与组织活动相关的职业健康安全体系不符合。

（3）实施标准的预期结果

该标准可以帮助组织实现其职业健康安全管理体系的预期结果。与组织职业健康安全方针一致的职业健康安全管理体系预期结果包括：

1）持续改进职业健康安全绩效。职业健康安全管理体系是一个随着时间的推移不断发展的动态系统。每个组织都有职业健康安全活动，无论其是否有正式计划。只有组织重视按ISO 45001建立和完善了职业健康安全管理体系，才能持续有效地运行职业健康安全管理活动。如果没有一个基于风险的核心系统来"掌控"职业健康安全，职业健康安全绩效将无法持续提高，整个组织持续改进和提高整体绩效也很难实现。

2）满足法律法规和其他要求。该标准特别强调了组织应遵守适用的法律法规要求及其他要求，即履行组织的合规义务，有关履行合规义务的管理要求贯穿该标准始终。对合规义务系统地进行识别，将合规义务的有关要求应用到各项职业健康安全管理实践中，定期开展合规性评价等一系列管理活动，可使组织及时发现并避免违规的风险，促进组织更好地履行其合规义务。

3）实现职业健康安全目标。组织建立和实施职业健康安全管理体系都要建立和管理职业健康安全目标，职业健康安全目标实现情况是职业健康安全管理体系的建立和保持的重要标志，是组织在管理评审中衡量职业健康安全管理体系是否适宜、有效、充分的内容之一，也是持续改进职业健康安全管理体系有效性的重要手段之一。组织应将实现职业健康安全目标的措施融入组织的业务过程，对措施实施的进程进行有效的监控并对所获得的结果进行评价，这些都有助于组织达成其预期的目标。

（4）标准的适用性

该标准规定的职业健康安全管理体系具有广泛的适用性，适用于不同规模、各种类型和活动的组织，并适用于组织控制下的职业健康安全风险，该风险考虑了组织运行所处的环境以及员工和其他相关方的需求和期望。标准的所有要求都可以纳入任何一个职业健康安全管理体系。组织可根据自身和性质、规模及活动、产品和服务的特点等因素，决定对该标准的应用程度，确定职业健康安全管理体系的复杂程度、实施方式等。

该标准可用于认证、第二方评价，也可用于自我声明。

（5）其他说明

1）该标准未提出具体的职业健康安全绩效准则的要求，依据该标准建立并实施职业健康安全管理体系的组织会有不同的绩效，组织可根据自身情况确定目标和绩效。该标准也未规定职业健康安全管理设计规范，组织可根据实际情况来具体策划其职业健康安全管理体系的具体过程及具体内容要求。

2）组织通过实施职业健康安全管理体系，整合职业健康和安全的其他方面，通过员工每年职业健康的体检，发现其他方面的疾病问题。如不少组织通过职业健康体检发现员工患有甲肝、乙肝等疾病。此外组织通过改进福利待遇，如发放一些劳保用品，增强员工的健康体质等。

3）该标准控制的对象是职业健康安全，未涉及除给员工及其他相关方造成的风险以外的其他问题，因为诸如产品安全、财产损失或环境影响等风险应由组织的其他风险管理体系来进行管理，而非职业健康安全管理体系来管理，这意味着职业健康安全管理体系更重视且适合于保护"人"，而非"物"。在此方面，可参见该标准"危险源"（3.19）定义的理解。

注：OH&S涉及的是人，安全生产还涉及财产。

4）部分地用于系统改进职业健康安全管理指组织在使用该标准时，由于某方面的原因，没有全部覆盖到标准的所有条款。如组织为应对监管机构的安全专项检查，可能对职业健康这方面有所忽略，在这种情况下，不能说组织满足了职业健康安全管理体系的要求。只有在该标准的所有要求都被包含在组织的职业健康安全管理体系中且全部得以满足，组织才能声明符合该标准。

3.2　规范性引用文件

3.2.1　标准条文

> 2　规范性引用文件
> 　　本标准无规范性引用文件。

3.2.2　理解与实施要点

"规范性引用"指标准中引用了某文件或文件的条款后，这些文件或其中的条款即构成了标准整体不可分割的组成部分。也就是说，所引用的文件或条款与标准文本中规范性要素具有同等的效力。在使用标准时，要想符合标准，除了要遵守标准本身的规范性内容外，还要遵守标准中规范性引用的其他文件或文件中的条款。

该标准无规范性引用文件，保留此条款是为与其他管理体系类国际标准的结构保持一致和兼容。使用者可从参考文献列出的文件中获得有关职业健康安全指南和其他ISO 管理体系标准的进一步信息。

注：ISO 于 2011 年发布了一个名为 ISO DGUIDE 83 的国际标准草案，后经反复修订，以指导文件的形式发布在《ISO/IEC 导则》第 1 部分（第 4 版，2013 年）中，附件 SL 的附录 2，即《高层结构、相同的核心文本、通用术语和核心定义》(ISO/IEC Directives, Part 1, 4th edition, 2013, Annex SL, Appendix 2)。该附件 SL 实质上适用于所有管理体系标准的通用标准模板，按照国际标准化组织的要求，未来所有新制定出版的和修订的 ISO 管理体系标准都将遵循附件 SL 所规定的标准结构和框架进行编制，这样组织在实施多个管理体系时可以实现轻松整合。

3.3　术语和定义

3.3.1　组织

3.3.1.1　标准定义

> **3　术语和定义**
>
> 下列术语和定义适用于本文件。
>
> **3.1**
>
> **组织**　organizatton
>
> 为实现**目标**（3.16），由职责、权限和相互关系构成自身功能的一个人或一组人。
>
> 注 1：组织包括但不限于个体经营者、公司、集团、商行、企事业单位、行政管理机构、合伙制企业、慈善机构或社会机构，或者上述组织的某部分或其组合，无论是否为法人组织、公有或私有。
>
> 注 2：该术语和定义是《"ISO/IEC 导则　第 1 部分"的 ISO 补充合并本》附录 SL 所给出的ISO 管理体系标准的通用术语和核心定义之一。

3.3.1.2 定义理解

组织的形式是多种多样的，可能是政府机关、事业单位、企业、公益机构、社团等，也可能是这些单位的一部分或其组合体，也可能是个人，无论其是否具有法人资格、公营或私营。无论形式如何，组织都应具备：

（1）目标（如组织生产某种产品或提供某种服务），目标是组织存在的价值体现；

（2）为实现目标的自身功能（如组织生产某种产品或提供某种服务的所需的人、财、物、信息、时空等）；

（3）构成自身功能的职责、权限和相互关系（如组织内的成员要共同协作开展工作）。

只要具备了目标和为实现目标的由职责、权限和相互关系构成的自身功能，不论何种规模和性质，或组织的一部分（如子公司、分公司、企业的一个生产车间），都可视为独立的组织。

3.3.2 相关方

3.3.2.1 标准定义

> **3.2**
>
> **相关方 interested party**（首选术语）
> **利益相关方 stakeholder**（许用术语）
> 可影响决策或活动、受决策或活动所影响，或者自认为受决策或活动影响的个人或**组织**（3.1）。
> 注：该术语和定义是《"ISO/IEC 导则 第1部分"的 ISO 补充合并本》附录 SL 所给出的
> ISO 管理体系标准的通用术语和核心定义之一。

3.3.2.2 定义理解

（1）相关方可以是团体，也可以是个人，他们的共同特点是关注或影响组织的职业健康安全绩效，或受到组织的职业健康安全绩效的影响。

（2）组织的相关方包括三种类型：一是能够对组织的决策或活动产生直接影响的相关方，如监管部门、顾客、非政府组织、银行、投资方和员工等；二是受组织的决策或活动影响的相关方，如顾客、社区、供方等；三是自身认为受到了组织的决策或活动影响的相关方，如顾客、社区、公益组织等。某些相关方可能会同时具有上述几类相关方的特点，组织应予以仔细地识别，而不应将其简单地归为某一类。

（3）职业健康安全管理体系的策划和实施，应合理地考虑相关方要求并尽可能予以满足，以适应或迎合他们的需求和期望，并进而得到相关方的理解和支持。因此，组织应能充分地确定、识别相关方及其要求，并能采取相应的措施予以有效应对。

（4）不同的管理体系，其相关方不完全一致，同一相关方对不同管理体系关注度及其需求和期望也不一样。对职业健康安全管理体系来讲，组织内部员工是组织很重要的利益相关方。

3.3.3　工作人员

3.3.3.1　标准定义

> **3.3**
>
> **工作人员　worker**
>
> 在**组织**（3.1）控制下开展工作或与工作相关的活动的人员。
>
> 注1：在不同的安排下，人员有偿或无偿地开展工作或与工作相关的活动，如定期的或临时的，间歇性的或季节性的、偶然的或兼职的等。
>
> 注2：工作人员包括**最高管理者**（3.12），管理类人员和非管理类人员。
>
> 注3：根据组织所处的环境，在组织控制下所开展的工作或与工作相关的活动可由组织雇佣的工作人员，外部供方的工作人员、承包方、个人、外部派遣工作人员，以及其工作或与工作相关的活动在一定程度上受组织共同控制的其他人员来完成。

3.3.3.2　定义理解

工作人员是由组织控制下从事工作的人员，如组织产品生产线上的操作工；或与工作相关活动的人员，如组织出差旅途的人员。工作人员包括正式工、临时工，以及组织雇用的人员，或其他人员，包括来自于外部供方的人员、承包方的人员、个体劳动者，也包括组织对外派遣的人员。人员从事工作或与工作相关的活动有各种不同的安排方式，有偿或无偿的，比如定期的或临时的，间歇性或季节性的，偶然的或兼职的。工作人员包括最高管理者，管理类人员和非管理类人员，但可能要考虑在组织内，非管理人员涉及更多的职业健康安全利益。

注：GB/T 45001—2020将英文"worker"译为"工作人员"，包括最高管理者、管理人员、非管理人员，但在组织内，非管理人员涉及更多的职业健康安全利益，为习惯起见，本书统一按"员工"表述。

3.3.4　参与

3.3.4.1　标准定义

> **3.4**
>
> **参与　participation**
>
> 参加决策。
>
> 注：参与包括使健康安全委员会和工作人员代表（若有）加入。

3.3.4.2　定义理解

员工的参与是成功实施职业健康安全管理体系的前提。这既是法律的要求，也是企业制度建设的要求。职业健康安全管理体系特别强调了非管理人员的参与，因为非管理人员是职业健康安全的主体，所以职业健康安全不能脱离员工，特别是非管理人员而独立存在，这是时代的要求和科学管理的要求，是人性化和人本化管理的体现。

员工主动参与到职业健康安全管理中来，将极大地促进其自我管理，并能积极主动辨识风险、规避风险，使组织的职业健康安全绩效得到提升。

员工的参与方式，可包括参加组织的工会组织、职代会、职业健康安全委员会等，要特别强调非管理人员的参与机制。

3.3.5　协商

3.3.5.1　标准定义

> **3.5**
>
> **协商　cansultation**
> 决策前征询意见。
> 注：协商包括使健康安全委员会和工作人员代表（若有）加入。

3.3.5.2　定义理解

协商就是共同商量以便取得一致意见。组织建立职业健康安全管理体系的主要对象是员工，组织在决策有关涉及职业健康安全事项前，应主动征求员工的意见，通过协商，从而使组织的决策更趋科学、合理。兼听则明，偏听则暗，如果决策前不论证、决策中不协调，往往容易出偏。

员工的协商方式，可包括参加组织的工会组织、职代会、职业健康安全委员会以及专题座谈会等，要特别强调非管理人员参与协商的机制。

3.3.6　工作场所

3.3.6.1　标准定义

> **3.6**
>
> **工作场所　workplace**
> 在**组织**（3.1）控制下，人员因工作需要而处于或前往的场所。
> 注：在**职业健康安全管理体系**（3.11）中，组织对工作场所的责任取决于其对工作场所的控制程度。

3.3.6.2　定义理解

工作场所不仅仅指组织厂区内与生产过程相关的物理区域。组织还应考虑在组织控制下的环境影响因素和人员的职业健康安全。

（1）对于一个组织而言，工作场所是员工出于工作的意图而处于或前往的地方。例如，组织生产现场是员工出于生产意图需要在此开展生产活动的地方；组织运送采购的货物的场所是组织的员工出于生产意图要去开展生产活动的地方。

（2）员工由于工作原因需要处于或前往的地方，一定是在组织控制下。不能受组织控制的人员的工作活动所在的地点，不能构成组织的工作场所。

（3）无论是考虑区域界定，还是考虑职业健康安全责任，工作场所的界定有时会涉及法律法规和其他要求。例如，员工的工作场所通常是有一定范围的，擅自离开工作场所（活动区间）有可能产生职业健康安全责任。

（4）组织对工作场所的控制程度，可能是不同的。例如，组织对自身拥有的工作场所和租赁或承包的工作场所，控制程度是不同的。在职业健康安全管理体系条件下，组织对工作场所的职责取决于控制工作场所的程度。

（5）从法律和职业健康安全管理的角度，需考虑工作场所交叉的组织间的职业健康安全责任，以及拥有实际的场所的组织的职业健康安全责任。

3.3.7　承包方

3.3.7.1　标准定义

3.7

承包方　contractor
按照约定的规范、条款和条件向**组织**（3.1）提供服务的外部组织。
注： 服务可包括建筑活动等。

3.3.7.2　定义理解

在组织的作业现场按照双方协定的要求、期限及条件向组织提供服务的个人或组织。一些承包方在提供相关服务时，应满足相关法律、法规的要求，如建筑承包方，应具有相应的资质。

3.3.8　要求

3.3.8.1　标准定义

> **3.8**
>
> **要求**　requirement
>
> 明示的、通常隐含的或必须满足的需求或期望。
>
> 注1："通常隐含的"是指，对**组织**（3.1）和**相关方**（3.2）而言，按惯例或常见做法，对这些需求或期望加以考虑是不言而喻的。
>
> 注2：规定的要求是指经明示的要求，如**文件化信息**（3.24）中所阐明的要求。
>
> 注3：该术语和定义是《"ISO/IEC导则　第1部分"的ISO补充合并本》附录SL所给出的ISO管理体系标准的通用术语和核心定义之一。

3.3.8.2　定义理解

要求包含了三个方面的需求的期望，即"明示的""通常隐含的"和"必须满足的"。

"明示的"是指需求和期望，通常可以通过口头、形成文件的信息或其他明确的方式表达，例如，协议、合同等规定的文件化信息要求。

"通常隐含的"要求指人们根据常识、惯例能普遍理解或遵守的要求，对于供需双方而言，这样的要求通常是不言而喻的。这种要求通常顾客或相关方在接受产品或服务前不会明确提出，如规定用途中涉及人体工效的和感官方面的需求，安全、舒适、美观、环境等，即使顾客没有明示，也是组织必须考虑的。对于已知的预期用途，如设备之间的接口、兼容、扩容以及零件的通用性、互换性、软件的更新等，顾客虽然没有提出，但对预期用途是必要的，也应加以确定。因此，对于通常隐含的要求，组织应当给予识别并确定。

"必须满足的"指法律、法规和强制性标准所规定的要求。例如组织生产过程中使用的压力容器、行车等特种设备，必须进行年检；3C产品必须进行强制性认证，以保护消费者人身安全和国家安全。

3.3.9　法律法规要求和其他要求

3.3.9.1　标准定义

3.9

法律法规要求和其他要求　legal requirements and other requirements

组织（3.1）必须遵守的法律法规要求，以及组织必须遵守或选择遵守的**其他要求**（3.8）。

　　注1：对本标准而言，法律法规要求和其他要求是与**职业健康安全管理体系**（3.11）相关的要求。

　　注2："法律法规要求和其他要求"包括集体协议的规定。

　　注3：法律法规要求和其他要求包括依法律、法规、集体协议和惯例而确定的**工作人员**（3.3）代表的要求。

3.3.9.2　定义理解

法律法规要求和其他要求是与组织职业健康安全管理体系相关的，包括组织必须遵守的法律法规要求和组织必须或可以选择遵守的其他要求。

（1）与组织职业健康安全管理体系相关的法律法规要求可能包括：

　　——国际的、国家的和地方的法律法规；

　　——政府机构或其他权力机构的要求；

　　——许可、执照或其他形式授权中规定的要求；

　　——监管机构颁布的法令、条例或指南；

　　——法院或行政的裁决；

　　——集体谈判协议。

（2）与职业健康安全管理体系有关的其他相关方要求可能包括：

　　——公司和当地政府机构签订的职业健康安全管理公约；

　　——公司相关方职业健康安全要求和顾客的职业健康安全协议；

　　——非法规性指南；

　　——自愿性原则或业务规范；

　　——自愿性职业健康安全标志；

　　——公司和社会团体或非政府的协议；

　　——公司或其上级组织对公众的承诺；

　　——本公司的要求和惯例；

　　——相关的国家标准或行业标准。

（3）法律法规要求和其他要求也称之为合规义务，可能来自强制性要求，例如：适用的法律法规，或来自自愿性承诺，例如：组织的和行业的标准、合同规定、操作规程、与社团或非政府组织间的协议。

3.3.10 管理体系

3.3.10.1 标准定义

3.10

管理体系 management system

组织（3.1）用于建立**方针**（3.14）和**目标**（3.16）以及实现这些目标的**过程**（3.25）的一组相互关联或相互作用的要素。

注1：一个管理体系可针对单个或多个领域。

注2：体系要素包括组织的结构、角色和职责、策划、运行、绩效评价和改进。

注3：管理体系的范围可包括：整个组织，组织中具体且可识别的职能或部门，或者跨组织的一个或多个职能。

注4：该术语和定义是《"ISO/IEC导则 第1部分"的ISO补充合并本》附录SL所给出的ISO管理体系标准的通用术语和核心定义之一。为了澄清某些更广泛的管理体系要素，注2做了改写。

3.3.10.2 定义理解

管理体系指用于建立方针、目标并实现这些目标过程所需的相互关联或相互作用的一组要素。

一个管理体系可关注一个领域或多个领域（例如，质量、环境、职业健康安全以及能源、财务、知识产权管理）。可以通过一定的方式方法，将不同领域整合在一个架构下运行，将职业健康安全管理体系与其他领域的管理体系有机融合，构成整合的管理体系。

管理体系的要素包括组织的结构、角色和职责、策划和运行、绩效评价和改进等。这些要素构成对管理体系的支撑，是管理体系的具体化。管理体系的范围由最高领导者确定，并以文件信息规定，可包括整个组织、组织中特定的部门，或跨组织的一个或多个职能部门。例如，一个集团公司有多个系列产品和子公司，那么，管理体系范围可以是某一个产品系列和相关的职能部门或子公司。

3.3.11 职业健康安全管理体系

3.3.11.1 标准定义

> **3.11**
>
> **职业健康安全管理体系** occupational health and safety management system; OH&S management system
>
> 用于实现**职业健康安全方针**（3.15）的**管理体系**（3.10）或管理体系的一部分。
>
> 注1：职业健康安全管理体系的目的是防止对**工作人员**（3.3）的**伤害和健康损害**（3.18），以及提供健康安全的**工作场所**（3.6）。
>
> 注2：职业健康安全（OH&S）与职业安全健康（OSH）同义。

3.3.11.2 定义理解

职业健康安全管理体系是组织管理体系的一部分，是组织用于建立职业健康安全方针、目标以及实现这些目标过程的相互关联或相互作用的一组要素，包括组织的结构、角色和职责、策划和运行、绩效评价和改进等。职业健康安全管理体系的目的是预防员工的伤害和健康损害，提供安全和健康的工作场所，以确保组织职业健康安全方针的要求与承诺得以贯彻落实。

3.3.12 最高管理者

3.3.12.1 标准定义

> **3.12**
>
> **最高管理者** top management
>
> 在最高层指挥并控制**组织**（3.1）的一个人或一组人。
>
> 注1：在保留对**职业健康安全管理体系**（3.11）承担最终责任的前提下，最高管理者有权在组织内授权和提供资源。
>
> 注2：若**管理体系**（3.10）的范围仅覆盖组织的一部分，则最高管理者是指那些指挥和控制该部分的人员。
>
> 注3：该术语和定义是《"ISO/IEC导则 第1部分"的ISO补充合并本》附录SL所给出的ISO管理体系标准的通用术语和核心定义之一。为了澄清与职业健康安全管理体系有关的最高管理者的职责，注1做了改写。

3.3.12.2 定义理解

如果管理体系的覆盖范围仅仅是组织的一部分，则最高管理者不一定是组织的最高管理者，具备指挥并控制组织这一部分的领导者即为最高领导者（如组织的车间主任）。最高领导者可能是一个人（如董事长或总经理），或一组人（如公司董事会或包括副总经理在内的公司领导层）。该领导层拥有以下权利和责任：

（1）授权给各级管理人员，并明确对职业健康安全管理体系承担最终责任。

（2）提供组织的资源，有权指挥并控制整个组织的人、财、物等。

3.3.13 有效性

3.3.13.1 标准定义

> **3.13**
>
> **有效性** effectiveness
>
> 完成策划的活动并得到策划结果的程度。
>
> 注：该术语和定义是《"ISO/IEC 导则　第 1 部分"的 ISO 补充合并本》附录 SL 所给出的
> ISO 管理体系标准的通用术语和核心定义之一。

3.3.13.2 定义理解

职业健康安全管理体系的有效性体现在两个方面，一是是否实现了策划活动；二是取得策划结果的程度。职业健康安全管理体系的有效性是组织实现所设定的职业健康安全方针、职业健康安全目标和各项职责的程度和度量。

"策划的活动"的程度指所实施的活动与策划所规定的活动要求相一致的程度。

"得到策划结果"的程度指达到策划所要求的结果的程度（如职业健康安全目标实现情况），将其实际结果与规定的要求相比较和符合程度。结果的程度越接近目标，甚至超越或优于目标，有效性就越好；反之，有效性就越差。

3.3.14 方针

3.3.14.1 标准定义

> **3.14**
>
> **方针** policy
>
> 由组织**最高管理者**（3.12）正式表述的**组织**（3.1）的意图和方向。
>
> 注：该术语和定义是《"ISO/IEC 导则　第 1 部分"的 ISO 补充合并本》附录 SL 所给出的
> ISO 管理体系标准的通用术语和核心定义之一。

3.3.14.2 定义理解

方针是总纲，是意图，是指导思想。组织的方针包括多个方面，有经营方针、质量方针、环境方针、职业健康安全方针等，也有总方针和专项方针等。方针的内容要体现组织特色，要高屋建瓴，要具体而不空洞，更不能口号化。方针要动态管理。

3.3.15 职业健康安全方针

3.3.15.1 标准定义

3.15

职业健康安全方针 occupational health and safety policy；OH&S policy

防止**工作人员**（3.3）受到与工作相关的**伤害和健康损害**（3.18）并提供健康安全的**工作场所**（3.6）的**方针**（3.14）。

3.3.15.2 定义理解

职业健康安全方针是组织总方针的一个组成部分，是最高管理者在界定的职业健康安全管理体系范围内，就组织职业健康安全绩效正式表述、制定并颁布实施的组织意图和方向。职业健康安全方针应保持文件化信息，在组织内得到沟通，并可为相关方获取。

职业健康安全方针应包括提供安全健康的工作条件以防止与工作相关的伤害和健康损害的承诺不一致、满足适用的法律法规要求、消除危险源和降低职业健康安全风险、持续改进职业健康安全管理体系，以提高职业健康安全绩效和员工及员工代表参与协商职业健康安全管理体系决策过程的五项基本承诺，并为制定职业健康安全目标提供框架；这些承诺应体现在组织为满足该标准特定要求所建立、实施的过程中。

制定职业健康安全方针应考虑组织的宗旨、组织的环境、组织的活动、产品和服务的性质、规模和危险有害因素影响，以及合规性义务、法律法规要求、风险和机遇、相关方要求等。制定切实可行的承诺，对外树立组织的形象，对内提高工作人员的职业健康安全意识，成为指导组织职业健康安全管理工作的纲领。

3.3.16 目标

3.3.16.1 标准定义

3.16

目标 objective

要实现的结果。

注1：目标可以是战略性的、战术性的或运行层面的。

注2：目标可涉及不同的领域（如财务的、健康安全的和环境的目标），并可应用于不同层面〔如战略层面、组织整体层面、项目层面、产品和**过程**（3.25）层面〕。

注3：目标可按其他方式来表述，例如：按预期结果、意图、运行准则来表述目标；按某**职业健康安全目标**（3.17）来表述目标；使用其他近义词（如靶向、追求或目的等）来表述目标。

注4：该术语和定义是《"ISO/IEC导则 第1部分"的ISO补充合并本》附录SL所给出的ISO管理体系标准的通用术语和核心定义之一。由于术语"职业健康安全目标"作为单独的术语在3.17中给出定义，原注4被删除。

3.3.16.2　定义理解

目标是对活动的预期结果的主观设想，是在头脑中形成的一种主观意识形态，也是活动要实现的结果。

组织的目标可能是战略性的、战术性的或运行层面的。战略性目标是对组织战略经营活动预期取得主要成果的期望值。战略性目标表现为战略期内的总任务，决定着战略重点的选择划分和战略对策的制定。战略性目标具有宏观性、长期性、相对稳定性和全面性的特点。战术性目标是组织的短期目标，通常为一年，是为达到战略性目标而制定的，是战略目标的具体化。其特点是：实现的期限较短，反映组织的眼前利益；具有渐近性；目标数量较多；其实现有一定的紧迫性。运行层面的目标可能包括组织内特定部门和职能的目标，并应与其战略方向一致。

组织的目标可能涉及不同的领域，如组织的财务目标、环境目标、职业健康安全目标等，并能够应用于不同层面（例如，战略、组织范围、项目、产品和过程）。

目标可能以其他方式表述，例如，预期结果（如千人工伤率）、目的（如降低工作场所有害因素职业接触限值）、运行准则（如国家职业健康安全标准要求、按时完成组织制定的目标、风险控制措施、运行控制程序、作业指导书等）、职业健康安全目标（如降低工伤事故率）等表达，或者使用其他相似含义的词语（如靶向、追求或目的等）来表述目标。

目标应与组织的相关管理方针一致，可行时应予以量化以便测量。

3.3.17　职业健康安全目标

3.3.17.1　标准定义

> **3.17**
>
> **职业健康安全目标**　occupational health and safety objective; OH&S objective
>
> **组织**（3.1）为实现与**职业健康安全方针**（3.15）相一致的特定结果而制定的**目标**（3.16）。

3.3.17.2　定义理解

职业健康安全目标是为实现职业健康安全方针而制定的，是根据职业健康安全方针所表达的意向，在其规定的框架内，全面地制定目标。可以说职业健康安全目标是职业健康安全方针的具体化。

职业健康安全目标可能是战略性的、战术性的或运行层面的，并能够应用于不同层面（例如，战略、组织范围、项目、产品、服务和过程）。

职业健康安全目标的类型可包括：

（1）以具体指定某物增加或减少一个数量值来设定目标（如减少操作事件数量的

20%等）；

（2）以引入控制措施或消除危险源来设定目标（如降低车间的噪声等）；

（3）以在特定产品中引入危害较小的材料来设定目标（如 RoHS 环保材料利用率等）；

（4）以提高作业人员有关职业健康安全满意度来设定目标（如降低工作场所的工作压力等）；

（5）以减少在危险物质、设备或过程中的暴露来设定目标（如引入准入控制措施或防护措施等）；

（6）以提高安全完成工作任务的意识或能力来设定目标；

（7）以满足合规性要求来设定目标。

组织应针对其相关职能和层次建立职业健康安全目标，并应考虑组织的重大危险源及相关的合规义务，并考虑其风险和机遇。

3.3.18　伤害和健康损害

3.3.18.1　标准定义

3.18

伤害和健康损害　injury and ill health

对人的生理、心理或认知状况的不利影响。

注 1：这些不利影响包括职业疾病、不健康和死亡。

注 2：术语"伤害和健康损害"意味着存在伤害和（或）健康损害。

3.3.18.2　定义理解

伤害和健康损害所造成的不利影响包括三个方面：

一是对人的生理造成的不利影响，如工伤事件、死亡事件的发生。

二是对人的心理造成的不利影响，如悲伤、失望、忧虑、抑郁等。

三是对人的认知状况造成的不利影响，如工作人员对三苯的危害认知不足，从而造成职业病的发生等。

在职业健康安全管理专业领域，通常伤害多指人的肢体受到的损害；而健康损害更多的是指，由于工作场所存在的可能损害人的健康的条件和因素，从而造成人的生理和心理的不利影响。

伤害和健康损害都涉及死亡。在组织的工作活动中，人员肢体受到伤害会引起死亡；健康损害也会引起死亡。

3.3.19 危险源

3.3.19.1 标准定义

> **3.19**
>
> **危险源** hazard
> **危害因素**
> **危害来源**
> 可能导致**伤害和健康损害**（3.18）的来源。
> 注1：危险源可包括可能导致伤害或危险状态的来源，或可能因暴露而导致伤害和健康损害的环境。
> 注2：考虑到中国安全生产领域现实存在的相关称谓，本标准视"危险源""危害因素"和"危害来源"同义。但对于中国安全生产领域中那些仅涉及对"物"或"财产"的损害而不涉及对"人"的**伤害和健康损害**（3.18）的情况，本标准的术语"危险源""危害因素"或"危害来源"则不适用。

3.3.19.2 定义理解

危险源在《中华人民共和国安全生产法释义与运用》中是这样定义的：危险源是指一个系统中具有潜在能量和物理释放危险的、可造成人员伤害、财产损失或环境破坏的，在一定触发因素作用下可能转化为故障、事故的部位。而职业健康安全管理体系中对危险源的定义是不包括财产损失的。这两种说法措辞表述虽有所不同，但对危险源的理解没有实质的冲突。前者主要强调安全生产，当然包括人的伤害和财产损失；后者着重强调职业健康安全，专门是针对人所受到的伤害和健康损害，体现了以人为本的原则。这两个定义的共同点都阐明了危险源是导致伤害和健康损害的根源或部位，是爆发事故的源头，是能量、危险物质集中的核心，是能量从那里传出来或爆发的地方。

危险源存在于确定的系统中，不同的系统范围，危险源的区域也不同。例如，从全国范围来说，对于风险较高的行业（如石油、化工等）而言，具体的一个企业（如炼油厂）就是一个危险源。而对于一个企业系统来说，可能某个车间、仓库就是危险源，对于一个车间系统来说，可能某台设备是危险源。类似地，危险源还可以往下再继续进行辨识。因此，分析危险源应按系统的不同层次来进行。一般来说，危险源可能存在事故隐患，也可能不存在事故隐患，对于存在事故隐患的危险源一定要及时加以整改，否则随时都可能导致事故。例如，机床传动机构在高速旋转中可能将人体某一部位带入而造成伤害事故，是一个危险源。对此种危险源的管理措施即加装防护罩。加装防护罩后传动机构能够造成事故的本质属性虽没有改变，但由于防护罩的隔离，传动机构已不能够对人造成直接伤害。如果将防护罩取消，传动机构直接暴露于人可接触到的部位，此时危险源便转化为安全隐患，发生事故的可能性也就随之而来。

危险源通常由三个要素构成：潜在危险性、存在条件和触发因素。危险源的潜在危险性指一旦触发事故，可能带来的危害程度或损失大小，或者说危险源可能释放的能量强度或危险物质量的大小。危险源的存在条件指危险源所处的物理、化学状态和约束条件状态。例如，物质的压力、温度、化学稳定性，盛装压力容器的坚固性，周围环境障碍物等情况。触发因素虽然不属于危险源的固有属性，但它是危险源转化为事故的外因，而且每一类型的危险源都有相应的敏感触发因素。如易燃、易爆物质，热能是其敏感的触发因素，又如压力容器，压力升高是其敏感触发因素。因此，一定的危险源总是与相应的触发因素相关联。在触发因素的作用下，危险源转化为危险状态，继而转化为事故。

重大危险源指长期地或者临时地生产、搬运、使用或储存危险物品，且危险物品的数量等于或超过临界量的单元（包括场所和设施）。单元指一个（套）生产装置、设施或场所，或同属一个生产经营单位且边缘距离小于500m的几个（套）生产装置、设施或场所。

实际上，除危险源外，在我国安全生产领域中，还常常遇到如危害因素、危险因素、有害因素、危险有害因素、隐患、风险源、不安全因素等诸多名词、术语。这些名词、术语，或出自政府主管部门文件、行业标准规范，或是日常工作中的约定俗成，或是来自西方文献的翻译等。由于出处不同，造成类似内容相近的名词术语很混乱，给安全管理工作带来了诸多不便，也严重影响着对危险源的辨识工作。例如："危险源"和"危害因素"，都是来自对"hazard"一词的汉译。有学者认为，隐患就是危险源，也有一些学者认为，隐患就是隐藏的危险源，在对外交流时，他们用 hidden hazard 或 hidden peril 来表示，但国外学者对此并不认可，认为 hazard 是否需要管控，决定于其风险程度的高低，与隐藏没有任何关系。无奈之下，我国的一位教授在一次国际学术研讨会上，只得用"隐患"的汉语拼音"YINHUAN"来表示。

国外确实没有与"隐患"相对应的词语，但这绝非意味着他们没有我们所定义的"隐患"存在。2008年，国家安全生产监督管理总局颁布的《安全生产事故隐患排查治理暂行规定》，对"事故隐患"进行了重新定义："生产经营单位违反安全生产法律、法规、规章、标准、规程和安全生产管理制度的规定，或者因其他因素在生产经营活动中存在可能导致事故发生的物的危险状态、人的不安全行为和管理上的缺陷。"由此可见，隐患属于行为、状态类危险源范畴（GB/T 13861—2009）。

ISO 45001：2018 将危险源定义为"可能导致伤害和健康损害的来源"；OHSAS 18001：2007 将危险源定义为"可能导致人身伤害和（或）健康损害的根源、状态或行为及其组合"。"危险源"新的定义取消了"状态或行为及其组合"的表述。作者认为，危险源是不以人的意志为转移，是客观存在的。而隐患是人的不安全行为和物的不安全状态和管理缺陷，是可以排除治理的。鉴于此，我国学者（东北大学陈宝智教授）提出了两类危险源划分理论，将危险源分为两类，第一类危险源（源头类危险源），主要指能量和有害物质，也就是根源；第二类危险源［衍生类危险源（隐患）］，主要指那些导致约束、限制能量措施失效或破坏的各类不安全因素，也即，为防止源头类危险源（第一类危险源）失控而导致事故的发生所施加的防范措施上的各种漏洞或缺陷，它既包括人的不安全行为，也包括物的不安全状态，以及监管不到位、管理缺陷等。例如，煤气罐中煤气就是能量或有害物质的根源，它的失控就有可能导致火灾、爆炸或煤气中毒；煤气罐的罐体及其附件的缺陷（物的不安全状态）、使用者的违章操作（人的不安全行为）等则是导致煤气泄漏的隐患，是导致事故的"状态"和"行为"。这可能就是危险源和隐患的区别。

3.3.20　风险

3.3.20.1　标准定义

3.20

风险　risk

不确定性的影响。

注1：影响是指对预期的偏离——正面的或负面的。

注2：不确定性是指对事件及其后果或可能性缺乏甚至部分缺乏相关信息、理解或知识的状态。

注3：通常，风险以潜在"事件"　（见 GB/T 23694—2013，4.5.1.3）和"后果"（见 GB/T 23694—2013，4.6.1.3）或两者的组合来描述其特性。

注4：通常，风险以某事件（包括情况的变化）的后果及其发生的"可能性"（见 GB/T 23694—2013，4.6.1.1）的组合来表述。

注5：在本标准中，使用术语"风险和机遇"之处，意指**职业健康安全风险**（3.21）、**职业健康安全机遇**（3.22）以及管理体系的其他风险和其他机遇。

注6：该术语和定义是《"ISO/IEC导则　第1部分"的ISO补充合并本》附录 SL 所给出的 ISO 管理体系标准的通用术语和核心定义之一。为了澄清本标准内所使用的术语"风险和机遇"，在此增加了注5。

3.3.20.2　定义理解

（1）风险的未来属性。"不确定性"一定具有未来的属性，已经发生的事都是确定的（就发生的可能性和后果而言），只有未来将要发生的事才具有不确定性。风险直接与未来有关，风险直接与未来相联系，谈论风险，就是谈论未来；应对风险，就是应对未来。

（2）风险的两重性。ISO 45001将风险定义为"不确定性的影响"，"影响"是对"预期"的偏差，可以是正面的也可以是负面的，也可能两者同时存在。例如，新产品研发既有正面的影响（研发成功，带来新的竞争力），也同时有负面的影响（研发失败，导致现金流短缺而倒闭）；再如森林火灾对生态既有负面的影响（造成大气污染、植被减少、森林火灾等），也同时有正面的影响（清理枯枝落叶、死亡树木，以及提高土壤肥力、减少病菌虫害的传播等）。这种"不确定性"直接导致了"风险的两重性"，标准将"风险"一词完全赋予了中性特征，使得"风险"内涵具有了两重性——机会与威胁，彻底纠正了以往皆为负面的"风险"内涵。

（3）风险的不确定性。"不确定性"指一种对某个事件、其后果或其可能性缺乏信息、理解或知识的状态。这里就是指，事件发生的随机性问题和对事件发生可能性和后果严重度模糊认识。如果事件和其后果或可能性的理解或知识相关信息是完整的，就变成一个确定性问题了。风险的唯一确定性就是其所具有的不确定性。

（4）风险的事件性。"风险是通过以潜在'事件'和'后果'或两者的组合来描述其特性的"。这里将风险与事件直接联系，表明风险具有事件性。标准中 3.20 的注 3 强调的是风险具有潜在事件的特征，具有潜在事件后果的特征，还可以同时具有潜在事件和后果的特征。显然，对风险而言，具有潜在事件的特征是最为根本的，没有潜在事件就没有潜在事件的后果，风险就不会有"后果"的特征，也更不会有"潜在事件"和"后果"的"组合特征"。依此而论，"潜在事件"应是风险具有的最突出特征。由于风险的未来属性，与风险相关的事件一定是"潜在事件"，是今天没有发生的，而可能在未来某一时间点发生的事件。所以，我们关注风险，就应该关注未来可能发生的事件，以及与事件相关的变化，牢牢把握风险这一潜在事件的特征。

（5）风险的二维性。"风险是以某个事件（包括情况的变化）的后果和发生的'可能性'的组合来表述"。标准中 3.20 的注 4 明确了对风险的二维性：一维是事件的后果，另一维是事件发生的可能性。这里"后果"和"可能性"是"和"的关系，不是"或"的关系，必须同时使用"后果"和"可能性"这两个参数来表达其影响程度。例如火灾作为风险，通常以组织发生火灾后果和其发生的可能性评估风险的大小。根据可接受程度，风险通常分为可接受风险、可容忍风险和不可接受风险。可接受程度可根据组织的法律法规义务、安全方针、安全目标等判断。如果风险超出预先确定的可接受标准，必须通过使用适当的风险缓解程序，努力使该风险降低至可接受水平。显然，要完成对一个风险的评价，首先要对其对应的"后果"和"可能性"赋值，确定他们的数值标准，这便是"风险准则"中最为核心的内容。赋值并非一定是"定量"的，也可以是"半定量"的，或是"定性"的。

如果风险不能降低至可接受水平或可接受水平之下，风险必须同时满足下述三个标准才能被列为是可容忍的：

1）风险低于预先确定的不可接受极限；

2）风险已经被降低至切实可能的水平；

3）拟使用的系统或变更所带来的效益足可以证明接受该风险合乎情理。

即使风险被列为可接受的（可容忍的），如果找出了可以进一步降低风险的措施，并且这些措施不需要太多努力或资源即可实施，那么就应该实施这些措施。

（6）ISO 45001：2018 所提到的术语"风险和机遇"指的是职业健康安全风险和机遇以及职业健康安全管理体系的其他风险和机遇。

3.3.21　职业健康安全风险

3.3.21.1　标准定义

> **3.21**
>
> 　**职业健康安全风险**　occupational health and safety risk；OH&S risk
> 　与工作相关的危险事件或暴露发生的可能性与由危险事件或暴露而导致的**伤害和健康损害**（3.18）的严重性的组合。

3.3.21.2　定义理解

职业健康安全风险是对某种可预见的危险情况发生的可能性及其发生后果的严重性这两项指标的综合描述。

可能性指危险情况发生的难易程度，一般用概率来描述。严重性指危险情况一旦发生所造成的人员伤害及健康损害的程度和大小，有无风险在很大程度上决定于可能造成多大伤害及健康损害，包括死亡。两个特性中任意一个过高都会使风险变大。如果其中一个不存在，或为零，则这种风险不存在。

职业健康安全风险，主要来源于生产现场物和人两方面因素构成的危险源（hazard）所导致的不同程度的风险。

3.3.22　职业健康安全机遇

3.3.22.1　标准定义

> **3.22**
>
> 　**职业健康安全机遇**　occupational health and safety opportunity；OH&S opportunity
> 　一种或多种可能导致**职业健康安全绩效**（3.28）改进的情形。

3.3.22.2　定义理解

"机遇"是潜在有益的影响（机会），也可以是"风险"中正面影响的部分。组织识别风险的同时，也应识别机遇，减少或消除风险的负面影响，抓住机遇，强化有益的、正面的影响。

导致职业健康安全绩效改进的情形可能有一种或多种，如检查和审核职能；工作危险源分析（工作安全分析）和相关任务评价；通过减少单调的工作或预设工作速率具有潜在危险的工作来改进职业健康安全绩效；工作许可及其他的识别和控制方法；

事件或不符合调查和纠正措施；人类工效学和其他与伤害预防有关的评价等。

职业健康安全机遇涉及危险源辨识、如何沟通危险源，以及对已知危险源的分析和减轻已知危险源。

3.3.23　能力

3.3.23.1　标准定义

> **3.23**
>
> **能力 competence**
> 运用知识和技能实现预期结果的本领。
> **注**：该术语和定义是《"ISO/IEC 导则　第 1 部分"的 ISO 补充合并本》附录 SL 所给出的 ISO 管理体系标准的通用术语和核心定义之一。

3.3.23.2　定义理解

能力具有两方面含义，一是应具备必备的知识和技能；二是能运用这些知识和技能实现预期结果。二者缺一不可。

能力通常分为人员的能力和组织能力。

（1）人员的能力。组织职业健康安全管理体系的有效运行基于所有人员的能力。人员能力通常是通过事先的培训、学习、锻炼、实践等获得的，并在完成事物的过程中恰当地表现出来。因此，关注能力，首先要注重学习知识、锻炼技能，其次是在实际工作时正确应用这些知识和技能，实现工作目标。没有知识和技能，就谈不上能力；有了知识和技能，不能正确应用也不能称之为有能力。所以要了解一个人是否具备某种能力，首先要考察他是否具备某种知识、某种技能，其次，还要看其是否能正确地应用这种知识来解决实际问题。同样，在培养一个人的能力时，首先也是需要进行知识学习和技能培训，其次让其在实践中不断应用，最终获得能力。

（2）组织的能力。组织的能力是对组织的硬件能力、软件能力、人员能力、过程能力等多个方面的综合考虑。

该标准的能力要求适用于那些可能影响职业健康安全绩效的、在组织控制下工作的人员，包括：

1）其工作可能造成重大职业健康安全影响的人员；

2）被委派了职业健康安全管理体系职责的人员，包括：

——确定并评价职业健康安全风险或合规义务；

——为实现职业健康安全目标；

——对紧急情况做出响应；

——实施内部审核；

——实施合规性评价等。

3.3.24 文件化信息

3.3.24.1 标准定义

> **3.24**
>
> **文件化信息** documented information
>
> **组织**（3.1）需要控制并保持的信息及其载体。
>
> 注1：文件化信息可以任何形式和载体存在，并可来自任何来源。
>
> 注2：文件化信息可涉及：
>
> a) **管理体系**（3.10），包括相关**过程**（3.25）；
>
> b) 为组织运行而创建的信息（文件）；
>
> c) 结果实现的证据（记录）。
>
> 注3：该术语和定义是《"ISO/IEC导则 第1部分"的ISO补充合并本》附录SL所给出的 ISO管理体系标准的通用术语和核心定义之一。

3.3.24.2 定义理解

文件是信息及其载体，能够沟通意图，统一行动，是职业健康安全管理体系重要的组成部分和管理手段，文件的载体即承载信息的媒介，可以是纸张，磁性的、电子的、光学的计算机盘片，照片或标准样品，或它们的组合，并可能来自任何来源（内部编制的、上级发放的、外来的等）。

组织需要控制和保持、保留的信息及其载体构成文件化信息，组织职业健康安全管理体系的文件化信息包括该标准要求的文件化信息和组织确定的实现职业健康安全管理体系有效性所必需的文件化信息等，可能涉及职业健康安全管理体系，包括相关过程的信息（如管理体系范围、体系概况、宗旨和方向、相关过程及其顺序等）、为组织运行而创建的信息（如程序文件、作业指导书、规程、标准、准则等），已实现结果的证据（如保留合规性评价结果的记录等）。

相关的证据不必非得用一个正式的文件系统来保持，如智能手机和平板电脑里持有的电子信息，现在都可以作为证据。

3.3.25 过程

3.3.25.1 标准定义

> **3.25**
>
> **过程** process
>
> 将输入转化为输出的一系列相互关联或相互作用的活动。
>
> 注：该术语和定义是《"ISO/IEC导则 第1部分"的ISO补充合并本》附录SL所给出的 ISO管理体系标准的通用术语和核心定义之一。

3.3.25.2 定义理解

（1）从过程的定义看，过程应包含三个要素：输入、输出和活动；资源是过程的必要条件。组织为了增值，通常对过程进行策划，并使其在受控条件下运行。组织在对每一个过程进行策划时，要确定过程的输入、预期的输出和为了达到预期的输出所需开展的活动和相关的资源，也要明确为了确定预期输出达到的程度所需的测量方法和验收准则；同时，要根据 PDCA 循环，对过程实行控制和改进。

（2）组织在建立职业健康管理体系时，必须确定为增值所需的直接过程和支持过程，以及相互之间的关联关系（包括接口、职责和权限），这种关系通常可用流程图来表示；对所确定的过程进行策划和管理，通过对过程的控制和改进，确保职业健康安全管理体系的有效性。

（3）过程和过程之间存在一定的关系。一个过程的输出通常是其他过程的输入，这种关系往往不是一个简单的按顺序排列的结构，而是一个比较复杂的网络结构；一个过程的输出可能成为多个过程的输入，而几个过程的输出也可能成为一个过程的输入；或者也可以说，一个过程与多个部门的职能有关，一个部门的职能与多个过程有关。

3.3.26 程序

3.3.26.1 标准定义

> **3.26**
>
> **程序 procedure**
> 为执行某活动或**过程**（3.25）所规定的途径。
> **注**：程序可以文件化或不文件化。
> ［GB/T 19000—2016，3.4.5，"注"被改写］

3.3.26.2 定义理解

程序是为进行某项活动或过程所规定的途径、方式，是对固化的实施规则的表述。程序主要解决的是"如何"实施一项活动或过程的问题。一般而言，完整意义上的程序包含 5W1H 这 6 个要素，它们分别是：What（对象）、Why（目的）、Who（职责）、When（时机）、Where（场所）、How（步骤、方法），通过对这 6 个要素的界定，如何实施一个活动或过程将变得清晰明了。

程序可以形成文件，也可以不形成文件。当某项活动或过程比较复杂，需要明确的规则来阐明其实施方式时，形成文件的程序是很好的选择。当某项活动非常简单、实施的人员有很丰富的经验和充分的技能，即便实施此项活动的程序没有形成文件，一般也不会影响这个活动的实施和预期效果。例如，复杂多变的环境下，如果过分强调程序要形成文件，往往容易造成文件中的规定与实际已变化的情况不符，具体执行者将处于按照程序规定执行还是考虑实际情况做出变通的两难境地。因此，在这种情况下，组织需要考虑其他更为灵活有效的方式以适应环境的变化，例如通过明确界定工作的基本原则以确保预期结果的实现。

3.3.27　绩效

3.3.27.1　标准定义

> 3.27
>
> **绩效**　performance
>
> 可测量的结果。
>
> **注1**：绩效可能涉及定量或定性的发现。结果可由定量或定性的方法来确定或评价。
>
> **注2**：绩效可能涉及活动、**过程**（3.25）、产品（包括服务）、体系或**组织**（3.1）的管理。
>
> **注3**：该术语和定义是《"ISO/IEC导则　第1部分"的ISO补充合并本》附录SL所给出的ISO管理体系标准的通用术语和核心定义之一。为了澄清结果的确定和评价所采用的方法的类型，注1被改写。

3.3.27.2　定义理解

绩效是组织在特定时间内可描述的工作行为和可测量的工作结果，可能是定量的或定性的。例如，获得职业健康安全管理体系认证证书，消防安全设施按期建设完成投入使用、重大伤亡事故为零、轻伤事故小于0.3%、火灾爆炸事故为零等。

绩效与组织的活动、过程、产品（包括服务）、体系或组织的管理有关，绩效不一定都是满意的，它取决于组织的职业健康安全管理，以及组织的活动、过程、产品（包括服务）、体系或组织的管理。

将绩效与评价准则比较，获得绩效评价结果。评价准则包括组织的职业健康安全方针、目标、体系管理要求、应遵守的合规义务、行业规范等。

3.3.28　职业健康安全绩效

3.3.28.1　标准定义

> 3.28
>
> **职业健康安全绩效**　occupational health and safety performance；OH&S performance
>
> 与防止对**工作人员**（3.3）的**伤害和健康损害**（3.18）以及提供健康安全的**工作场所**（3.6）的**有效性**（3.13）相关的**绩效**（3.27）。

3.3.28.2　定义理解

组织实施职业健康安全管理体系，其目的和预期结果是防止发生与工作有关的员工伤害和健康损害，提供安全健康的工作场所。因此，职业健康安全绩效是与所策划的预防员工伤害和健康损害以及提供健康安全的工作场所设定的目标完成的程度等有关的一系列绩效。职业健康安全绩效是对危险源、风险的控制和职业健康安全管理所取得的成绩与效果的综合评价，不仅表现在对具体危险源和风险的控制管理上，也表现在控制管理的结果上。

职业健康安全绩效是职业健康安全管理体系运行的结果和成效，是根据职业健康安全方针、目标的要求控制危险源和风险得到的，因此职业健康安全绩效可用对职业健康安全方针、目标的实现程度来描述，并可具体体现在某一个或某类危险源或风险的控制上。

职业健康安全绩效是可测量的，因而也是可以比较的，可用于组织自身及组织与其他组织比较。如同行业的不同组织之间，类似危险的控制措施、风险的大小、事故和职业病情况、经济损失的大小等也体现为职业健康安全绩效的量化和比较。

3.3.29 外包

3.3.29.1 标准定义

> **3.29**
>
> **外包**（动词） outsource（verb）
>
> 对外部**组织** (3.1) 执行组织的部分职能或**过程** (3.25) 做出安排。
>
> 注 1：虽然被外包的职能或过程处于组织的**管理体系** (3.10) 范围之内，但外部组织则处于范围之外。
>
> 注 2：该术语和定义是《"ISO/IEC 导则 第 1 部分"的 ISO 补充合并本》附录 SL 所给出的 ISO 管理体系标准的通用术语和核心定义之一。

3.3.29.2 定义理解

组织把原属于自身应该实施的工作（或对顾客和相关方做出承诺的工作）交由其他组织或个人去做称为外包。虽然外包的职能或过程是在组织的业务范围内，但是承包的外部组织是处在组织的管理体系覆盖范围之外。

外包的特征是组织的职能或过程由外部组织去实施。组织通过动态地配置自身资源和有效利用企业外部的资源，使组织自身与其他企业的功能和服务的相互交叉，实现组织的职能。

外包过程的管理是管理体系的重要部分，必须确保外包过程得到充分的实施和控制：

（1）组织可以安排外部组织承担组织的部分职能或过程，但是不能把责任外包；

（2）外包组织可以是外部组织，也可以是组织的关联组织和下属组织，也可以是个人；

（3）外包可能是一种长期的合作关系，也可能是短期的合作关系。

3.3.30　监视

3.3.30.1　标准定义

> **3.30**
>
> **监视**　monitoring
> 确定体系、**过程**（3.25）或活动的状态。
> 注 1：为了确定状态，可能需要检查、监督或批判地观察。
> 注 2：该术语和定义是《"ISO/IEC 导则　第 1 部分"的 ISO 补充合并本》附录 SL 所给出的
> 　　　ISO 管理体系标准的通用术语和核心定义之一。

3.3.30.2　定义理解

监视是一种动态的过程，采用检查、监督或批判地观察等方式来确定监视对象所处的状态。通常，监视会在特定的时间针对特定的对象展开，可以是目测观察感知，也可以采用监视设备进行观察。如组织安全管理员通过现场巡视检查来确认员工操作是否按安全生产操作规程进行操作，属于监视，而采用将监视器安装在关键岗位以监视该岗位的过程状况也属于一种监视。批判性观察就是分清正确的和错误的，或有用的或无用的（去分别对待）。

3.3.31　测量

3.3.31.1　标准定义

> **3.31**
>
> **测量**　measurement
> 确定值的**过程**（3.25）。
> 注：该术语和定义是《"ISO/IEC 导则　第 1 部分"的 ISO 补充合并本》附录 SL 所给出的
> 　　ISO 管理体系标准的通用术语和核心定义之一。

3.3.31.2　定义理解

测量是按照某种规律，用数据来描述观察到的现象，即对事物做出量化描述。

（1）测量是操作，它可以是一项复杂物理实验，例如激光频率的绝对测量、地球至月球的距离测量、纳米测量等，也可以是一个简单的动作，例如称体重、量体温、用尺量布等。

（2）测量包括选择测量原理和方法、选用测量工具和仪器设备、控制影响量和码值范围、进行实验和计算，一直到获得具有适当不确定度的测量结果。

（3）组织的职业健康安全管理体系的绩效评价包括测量活动。测量的目的在于确定数值。例如，使用经校准或验证的仪器测量工作场所有害因素职业接触限值。

"监视"和"测量"的区别：若过程可用过程参数形式表达的，那么用测量方式来进行控制；若过程不能用参数形式来表达的，那么用监视方式来进行控制，例如安全巡查、管理评审、内部审核均属监视的方式。

3.3.32 审核

3.3.32.1 标准定义

> **3.32**
>
> **审核 audit**
>
> 为获得审核证据并对其进行客观评价，以确定满足审核准则的程度所进行的系统的、独立的和文件化的**过程**（3.25）。
>
> 注1：审核可以是内部（第一方）审核或外部（第二方或第三方）审核，也可以是一种结合（结合两个或多个领域）的审核。
>
> 注2：内部审核由**组织**（3.1）自行实施或由外部方代表其实施。
>
> 注3："审核证据"和"审核准则"的定义见 GB/T 19011。
>
> 注4：该术语和定义是《"ISO/IEC导则 第1部分"的 ISO 补充合并本》附录 SL 所给出的 ISO 管理体系标准的通用术语和核心定义之一。

3.3.32.2 定义理解

审核的对象可以是产品、过程、体系等，根据不同的审核对象，可分为"产品审核""过程审核""质量管理体系审核""环境管理体系审核""职业健康安全管理体系审核"等。

审核是管理体系所包含的一个评价过程，这意味着审核需要确定审核准则、界定审核范围，对所需要的信息进行收集、分析、说明。职业健康安全管理体系审核的准则应是建立体系依据的职业健康安全体系标准，法律法规要求以及相关方要求或行业规范等。职业健康安全管理体系审核要满足3个层次内容的要求：首先，要判定职业健康安全管理体系的运行活动和结果是否符合审核准则；其次，要判定依据职业健康安全管理体系标准所建立的职业健康安全管理体系是否得到有效实施和保持；最后，要判定职业健康安全管理体系是否有效地满足组织的方针和目标。

审核是系统的、独立的和形成文件的过程：

（1）"系统的过程"指审核是一项正式、有序的活动。如外部审核按合同进行，内部审核需要经过组织的最高管理者授权，无论是内部审核还是外部审核，都是有组织、有计划并按规定的程序所进行的一组相互关联和相互作用的活动。

（2）"独立的过程"指审核是一项客观、公正的活动，审核必须以审核准则为依据，应避免任何外在因素的影响以及审核员自身因素的影响。审核员与被审核方不应存在利益关系，这种利益关系可能包括利益上的冲突、共享、分配等。如果存在这种利益关系，将很难保证审核结论的客观性和公正性。

（3）"形成文件的过程"指审核要有适当的文件支持，过程要形成必要的文件，如审核策划阶段应形成审核计划、审核实施阶段要做好必要的记录和开具不符合报告、审核结束阶段应编制审核报告等。

对管理体系而言，审核可以是内部（第一方）审核，或外部（第二方或第三方）审核，也可以是多体系审核或联合审核。

（1）内部审核，也称第一方审核，是由组织自己或以组织的名义进行，用于管理评审和其他内部目的，可作为组织自我合格声明的基础。内部审核由组织的内审员实施，也可聘请外部审核员进行。

（2）外部审核包括第二方审核和第三方审核。第二方审核由组织的相关方，如顾客或由其他人员以相关方的名义进行。第三方审核由外部独立的审核组织进行，如提供合格认证/注册的组织或政府机构。

（3）多体系审核（combined audit）指对同一个受审核方，对两个或两个以上管理体系一起做的审核。例如，同时审核同一个组织的质量管理体系和环境管理体系。

（4）联合审核（joint audit）指对同一个受审核方，由两个或两个以上审核组织所做的审核。例如某国内认证机构审核组与某境外认证机构审核组共同审核一个申请认证的组织。

3.3.33 符合

3.3.33.1 标准定义

> **3.33**
>
> **符合 conformity**
> 满足**要求** (3.8)。
>
> **注：** 该术语和定义是《"ISO/IEC 导则 第 1 部分"的 ISO 补充合并本》附录 SL 所给出的
> ISO 管理体系标准的通用术语和核心定义之一。

3.3.33.2 定义理解

此处"要求"特指该标准的要求，组织自身规定的职业健康安全管理体系要求（如组织职业健康安全管理体系文件要求、组织对某项活动建立的特定运行程序要求、职业健康安全绩效要求、合规义务要求以及相关方要求等）。满足以上要求称为符合，未满足要求称为不符合。

3.3.34　不符合

3.3.34.1　标准定义

> **3.34**
>
> **不符合　nonconformity**
>
> 未满足**要求**（3.8）。
>
> 注 1：不符合与本标准的要求和**组织**（3.1）自己确定的**职业健康安全管理体系**（3.11）附加的要求有关。
>
> 注 2：该术语和定义是《"ISO/IEC 导则　第 1 部分"的 ISO 补充合并本》附录 SL 所给出的 ISO 管理体系标准的通用术语和核心定义之一。为了澄清不符合与本标准的要求和组织自身的职业健康安全管理体系要求之间的关系，增加了注 1。

3.3.34.2　定义理解

不符合有严重程度的区分，可根据后果的严重性分为严重不符合和轻微不符合：

（1）严重不符合。影响管理体系实现预期结果能力的不符合称之为严重不符合（CNAS-CC01：2015，3.12）。

（2）轻微不符合。不影响管理体系实现预期结果能力的不符合称之为轻微不符合（CNAS-CC01：2015，3.13）。

不符合与该标准要求及组织自身规定的附加的职业健康安全管理体系要求有关。不同的组织，其职业健康安全管理体系的要求不尽相同，如纺织企业与机械企业在防火安全标准上要求是不一样的。

3.3.35　事件

3.3.35.1　标准定义

> **3.35**
>
> **事件　incident**
>
> 由工作引起的或在工作过程中发生的可能或已经导致**伤害和健康损害**（3.18）的情况。
>
> 注 1：发生伤害和健康损害的事件有时被称为"事故"。
>
> 注 2：未发生但有可能发生伤害和健康损害的事件在英文中称为"near-miss""near-hit"或"close call"，在中文中也可称为"未遂事件""未遂事故"或"事故隐患"等。
>
> 注 3：尽管事件可能涉及一个或多个**不符合**（3.34），但在没有**不符合**（3.34）时也可能会发生。

3.3.35.2　定义理解

（1）事件包含事故，事故是事件中的一种情况。事件本身包含着两种情况：一是人们因工作或在工作过程中不期待发生的造成伤害和健康损害的事情；二是有可能造成伤害和健康损害的后果，但由于一些偶然因素，实际上没有造成伤害和健康损害的事情。例如运行中的叉车撞倒人，会有两种情况出现：一是造成伤害，如骨折、脑震荡甚至死亡；二是撞倒后无伤害。第一种情况造成了不良后果则形成了事故；第二种情况侥幸没有造成事故（但有可能造成伤害和健康损害），通常称之为"未遂事件（事故）"，在英文中也可称为"near‐miss""near‐hit"或"close call"。

美国的海因里希（W. H. Heinrich）对事件进行过较为深入的研究，他在调查了5000多起伤害事故后发现，在330起类似事故中，每一起造成严重伤害的背后有29起引起轻微伤害，之后还有300起事故没有造成伤害。即严重伤害、轻微伤害和没有伤害的事故件数之比为1∶29∶300，这就是著名的海因里希法则（又称冰山法则）。而其中的300起无伤害事故，即为未遂事件（事故）。

（2）在组织的职业健康安全管理体系运行过程中，当发生事件（incident）时，可能会有一个或多个与事件相关的不符合（nonconformity，未满足要求）。但事件在没有不符合的情况下也能发生，这是因为职业健康安全管理体系所涉及的要求，可能会没有覆盖到导致事件发生的原因。

（3）值得注意的是，《中华人民共和国安全生产法》中的"生产安全事故"的概念，是一种发生人身伤害、健康损害或死亡、财产损失的事件。

3.3.36　纠正措施

3.3.36.1　标准定义

> **3.36**
>
> **纠正措施**　corrective action
>
> 为消除**不符合**（3.34）或**事件**（3.35）的原因并防止再次发生而采取的措施。
>
> **注**：该术语和定义是《"ISO/IEC导则　第1部分"的ISO补充合并本》附录SL所给出ISO管理体系标准的通用术语和核心定义之一。由于"事件"是职业健康安全的关键因素，通过纠正措施来应对事件所需的活动与应对不符合所需的活动相同，因此，该术语和定义被改写为包括对"事件"的引用。

3.3.36.2　定义理解

应针对产生不符合或事件的原因制定措施，这就要求对产生不符合或事件的过程进行调查分析，找出原因所在。

当不符合或事件的产生存在系统性原因时，简单地就事论事地消除不符合或事件，并不能防止不符合或事件的再发生；或者不符合或事件的结果虽已消除，但因其根源尚存, 还会重复发生。只有针对这些系统性的原因采取措施, 才能防止不符合的再发生。因此采取纠正措施是确保管理体系有效性的关键之一。

一项不符合可能由不止一个原因导致, 必须针对所有不符合的原因采取措施。

纠正和纠正措施有着不同的含义。纠正指为消除已发现的不符合或事件所采取的措施。纠正措施是为了防止已经发生的不符合或事件再次发生而采取的措施。两种措施最本质的区别在于原因, 消除原因的措施是纠正措施, 未涉及原因的措施只是纠正。例如, 某公司安全管理部门, 现场检查某台设备的保险丝经常熔断。采取的措施: a) 更换保险丝, 这是纠正; b) 电机功率不够, 超载运行致电流过大造成保险丝熔断, 更换大功率电机, 这是纠正措施。

3.3.37　持续改进

3.3.37.1　标准定义

> **3.37**
>
> **持续改进** continual improvement
> 提高**绩效** (3.27) 的循环活动。
>
> 注1: 提高绩效涉及使用**职业健康安全管理体系** (3.11), 以实现与**职业健康安全方针** (3.15) 和**职业健康安全目标** (3.17) 相一致的整体**职业健康安全绩效** (3.28) 的改进。
>
> 注2: 持续并不意味着不间断, 因此活动不必同时在所有领域发生。
>
> 注3: 该术语和定义是《"ISO/IEC 导则　第1部分"的 ISO 补充合并本》附录 SL 所给出的 ISO 管理体系标准的通用术语和核心定义之一。为了澄清在职业健康安全管理体系背景下"绩效"的含义, 增加了注1。为了澄清"持续"的含义, 增加了注2。

3.3.37.2　定义理解

持续改进是不断地发现问题并解决问题的重复进行、螺旋上升的循环活动, 永远没有终点, 没有止境。持续改进是一个过程, 这个是以组织的职业健康安全方针为依据, 按照 PDCA 的模式, 运行职业健康安全管理体系, 开展绩效评价活动, 发现改进机会, 实施改进决策和措施, 通过持续改进管理体系的适宜性、充分性、有效性, 实现与职业健康安全方针和职业健康安全目标相一致的整体职业健康安全绩效的改进。

持续改进活动不必同时发生于所有领域, 也并非不能间断。持续改进的领域、改进措施的等级、程度、优先顺序与时间表由组织根据实际情况自行确定。持续改进, 贵在坚持。

3.4 组织所处的环境

3.4.1 理解组织所处的环境

3.4.1.1 标准条文

> **4 组织所处的环境**
> **4.1 理解组织及其所处的环境**
> 　组织应确定与其宗旨相关并影响其实现职业健康安全管理体系预期结果的能力的内部和外部议题。

3.4.1.2 理解与实施要点

组织在建立、实施职业健康安全管理体系之前，或者在运行职业健康安全管理体系的过程中，要充分对组织所处的环境进行分析，确定与其宗旨相关并能影响其实现职业健康安全管理体系预期结果能力的外部和内部议题。

（1）组织所处的环境

组织所处的环境指对组织建立和实现目标的方法有影响的外部和内部议题的组合，这些议题将会影响组织实现职业健康安全管理体系达到预期结果的能力。外部和内部议题可能是正面的或负面的，并能影响职业健康安全管理体系的条件、特征和变化情况。因此，一个组织在建立职业健康安全管理体系时，应通过对初始职业健康安全评审，从组织的目的出发，识别组织所处环境存在的危险源和其他要求（如法律法规要求、相关方要求等），从而确定哪些是影响实现职业健康安全管理体系预期结果能力的。在此基础上确定相关的外部和内部议题，为职业健康安全管理体系的建立和保持提供输入信息。

组织的宗旨一般通过组织的使命、愿景、价值观和战略等体现。不同的组织具有不同的宗旨，即使提供同样产品和服务的不同组织，其宗旨也可能会存在着很大的差异。组织的宗旨不同，其需要关注的有关事项也会存在差异。

预期结果指组织通过实施职业健康安全管理体系想要实现的结果，其预期结果至少应包括：提升的职业健康安全绩效、履行的合规义务和达成的职业健康安全目标。组织还可针对其职业健康安全管理体系设立诸如超越安全管理体系要求的附加的预期结果，如与组织预防事故等相一致的承诺，组织可建立一个致力于实现可持续发展的预期结果。

组织所处的环境包括：

——政治环境，如政治体制、国家政策、规划、决定对职业健康安全的要求；

——经济环境，如行业趋势、投资环境；

——社会环境，如企业形象、劳工就业、地区安全期望；

——技术环境，如新安全技术发展、人员能力、同行比较；

——法律环境，如国际公约、国家法律法规。

（2）外部和内部议题

1）外部议题。外部议题指组织寻求实现其职业健康安全目标的外部环境，包括但不局限于：

——社会、文化、政治、法律法规、金融、技术、经济、自然以及竞争环境，包括国际的、国内的、区域的和本地的环境；

——新引入的竞争对手、承包方、分包方、供方、合作伙伴和供应商，以及新技术、新法律和新出现的职业；

——有关产品的新知识及它们对健康和安全的影响；

——与行业或专业相关的、对组织有影响的关键驱动因素和趋势；

——与其外部相关方之间的关系，以及外部相关方的观念和价值观；

——与上述各项有关的变化。

例如，一个组织的危险化学品仓库建在社区附近，存有火灾爆炸的安全隐患和有害气体泄漏的风险。则该组织在识别外部议题时，应对其火灾爆炸和有害气体泄漏进行识别，应确定是否需要采取更加严格的措施进行控制，并列为职业健康安全需要解决的问题。

2）内部议题。内部议题指组织寻求实现其职业健康安全目标的内部环境，包括但不局限于：

——管理方法、组织结构、角色和责任；

——方针、目标，以及为实现方针和目标所制定的战略；

——基于资源和知识理解的能力（例如，资金、时间、人力资源、过程、系统和技术）；

——信息系统、信息流和决策过程（正式与非正式）；

——新的产品、材料、服务、工具、软件、场所和设备的引入；

——与内部利益相关方的关系，内部利益相关方的观点和价值观；

——组织的文化；

——被组织采用的标准、指南和模型；

——合同关系的形式和范围，包括诸如外包活动；

——工作时间安排；

——工作条件；

——与上述各项有关的变化。

例如，一个从事冲压件加工的组织经常发生工伤事故，但长期以来没有设置安全管理部门，造成企业的安全工作长期没有职能部门集中管理，且生产工艺技术落后，未能对组织的员工履行其合规义务。组织在分析内部议题时，应对此列为需要解决的内部议题。

3.4.1.3 实施案例

【例3-1】组织环境理解和分析控制程序

组织环境理解和分析控制程序

1 目的

理解、确定、监视和评审与组织环境相关的内部议题和外部议题，采取措施适应环境变化，实现职业健康安全管理体系预期结果。

2 范围

本文件规定了与公司宗旨和战略方向相关的并能影响其实现职业健康安全管理体系预期结果能力的组织环境内部议题和外部议题的构成，组织环境信息的收集和更新，以及组织环境的理解，组织环境分析、监视和评审的方法。

本文件适用于公司的组织环境的理解和分析控制。

3 规范性引用文件

下列文件对于本文件的应用是必不可少的。凡是注日期的引用文件，仅注日期的版本适用于本文件。凡是不注日期的引用文件，其最新版本（包括所有的修改单）适用于本文件。

无

4 职责

4.1 总经办

负责统筹组织环境信息的收集、分析、监视和评审，理解和确定组织环境的内部议题和外部议题。

4.2 各部门

负责对本部门涉及的组织环境信息收集、分析处理，理解和确定本部门相关的组织环境的内部议题和外部议题，并将结果向总经办反馈。

4.3 总经理

负责确定公司的使命、愿景、价值观、发展战略，负责审批《组织环境外部议题分析表》《组织环境内部议题分析表》《SWTO分析表》。

5 程序

5.1 组织环境信息收集

5.1.1 组织环境信息分类

与组织宗旨相关并能影响其实现职业健康安全管理体系预期结果能力的内部和外部议题包括：

a) 外部议题

——社会、文化、政治、法律法规、金融、技术、经济、自然以及竞争环境，无论国际的、国内的、区域的还是地方的；

——新竞争者、合同方、承包方、供应商、合作伙伴及提供者、新技术、新法规和新出现的职业；

——有关产品的新知识及其对健康和安全的影响；

——与行业和专业相关的、对组织有影响的关键驱动因素和趋势；

——与外部利益相关方的关系，外部利益相关方的观点和价值观；

——与上述各项有关的变化。

b) 内部议题

——管理方法、组织结构、角色和责任；

——方针、目标，以及为实现方针和目标所制定的战略；

——基于资源和知识理解的能力（例如，资金、时间、人员、过程、系统和技术）；

——信息系统、信息流和决策过程（正式与非正式）；

——与内部利益相关方的关系，内部利益相关方的观点和价值观；

——组织的文化；

——被组织采用的标准、指南和模型；

——合同关系的形式和范围；

——工作时间安排；

——工作条件；

——与上述各项有关的变化。

5.1.2 组织环境信息收集的时机

在体系建立初进行风险识别之前及年度管理评审或年度职业健康安全目标设定之前进行定期收集。

当组织环境变化影响公司目标和战略方向时应适时进行收集。

5.1.3 组织环境信息的收集渠道和分工

总经办负责对组织环境信息进行收集，通过多种渠道收集公司与目标和战略方向相关的内外部议题信息，例如，通过国家和国际新闻、应急管理部门网站以及政府监管部门出版物、行业和技术出版物、本地、地方和国家行业协会等渠道收集。对于外部环境信息，销售部侧重负责竞争、市场、经济信息的收集，技术部侧重职业健康安全技术标准、规范方面信息的收集，人事行政部侧重各种法律法规、文化、社会以及相关信息的收集。对于内部环境信息，包括公司的价值观、文化、知识和绩效等相关内容，由总经办负责组织收集。

5.2 分析处理与理解确定组织环境

各部门负责人将其所负责的组织环境内外部议题相关信息收集后，填写《组织环境外部议题分析表》《组织环境内部议题分析表》，分析处理与理解确定内外部议题。

a) 对于组织环境外部议题，通过分析趋势从而理解确定机遇与挑战，它们是对公司发展有直接影响的有利和不利的客观因素。

b)　对于组织环境内部议题中的企业文化和价值观及发展战略，总经办应与公司管理层深入沟通并由总经理加以确定。对于组织环境内部议题中的资源因素、组织知识因素、信息系统、信息流和决策过程等应由总经办调查和分析并确定其优势和劣势。它是公司发展中自身存在的积极和消极因素，属于主动因素，具有能动性。

c)　在理解组织环境的过程中不仅要考虑到历史的现状，而且更要考虑未来发展问题。

d)　总经办将完成的《组织环境外部议题分析表》《组织环境内部议题分析表》报总经理审批后加以发布。总经办根据审批后的分析表，采用SWOT分析法对公司的竞争环境做进一步的分析，并填写《SWOT分析表》，对公司经营过程中内部议题的优势和劣势、外部议题的机会和威胁进行充分的分析，并进行战略组合与选择，做到知己知彼。

5.3　组织环境信息的更新

各部门负责人应根据所收集的环境变化的信息，适时提出修改《组织环境外部议题分析表》《组织环境内部议题分析表》《SWOT分析表》的申请，由总经办主任负责组织对其进行讨论，审核确认后更新环境信息并报总经理批准后发至相关部门。

5.4　组织环境信息的监视和评审

总经办对内部和外部议题的相关环境信息进行监视和评审，其结果的信息应作为管理体系建立与实施、风险处置措施的确定以及管理评审的输入，并评价其有效性，发现问题应采取有效措施，以保证组织环境理解分析管理的有效性、连续性、充分性。

5.5　沟通和文件化信息

组织环境理解分析管理过程中，每一阶段公司应与内部、外部做好充分沟通，沟通内容包括：

——组织内外部议题相关环境信息的收集；

——信息分析处理与理解确定的结果；

——监视和评审实施情况等。

组织环境理解确定的相关文件化信息，由总经办负责保存，各部门只需要保存与本部门有关的文件化信息。

6　记录

记录表单如下：

a)　组织环境外部议题分析表；

b)　组织环境内部议题分析表；

c)　SWOT分析表。

3.4.2 理解工作人员和其他相关方的需求和期望

3.4.2.1 标准条文

4.2 理解工作人员和其他相关方的需求和期望

组织应确定：

a) 除工作人员之外的、与职业健康安全管理体系有关的其他相关方；

b) 工作人员及其他相关方的有关需求和期望（即要求）；

c) 这些需求和期望中哪些是或将可能成为法律法规要求和其他要求。

3.4.2.2 理解与实施要点

（1）相关方指能够影响组织的决策和活动、受组织的决策和活动的影响，或感受自身受到组织决策或活动影响的个人或组织。员工（特别是非管理岗位的工作人员）是职业健康安全管理体系最重要的利益相关方，除此之外，还包括顾客、股东、社会团体、供方、承包方、监管部门、非政府组织、投资方、职业健康安全组织、职业安全和健康护理方面的专业人员等。相关方可能会对组织产生影响，如政府监管机构对组织的行为提出合规要求、社区居民会要求组织减少有害物质排放、投资方期望组织控制好风险和机遇，获得较好的收益、本组织员工期望在健康的环境下工作等。因此组织应确定与实现职业健康安全管理体系预期结果有关的相关方。相关方可以来自组织内部，如员工、股东等，也可来自组织外部，如政府监管机构、供方等，组织应能够用适当的方法进行识别。

（2）组织有必要对员工和内外部相关方的需求和期望有一个总体的了解，确定哪些需求和期望与职业健康安全管理体系是相关的，以便在确定组织合规义务时能够对获取的信息加以考虑。当相关方感觉其受到组织有关职业健康安全绩效的决策或活动的影响时，组织应考虑向该相关方告知或披露相关信息的需求和期望。

（3）相关方的需求和期望可能有很多，它们并不全部与组织的职业健康安全管理体系有关。组织也不一定要满足所有相关方的全部要求。组织可根据法律法规、管理权限、影响力以及自身能力等因素，合理考虑相关方的要求。不同的相关方，其需求和期望各不相同，有的甚至会相互矛盾和冲突。例如建筑工地夜间施工可能给社区带来噪声污染，影响休息。但有些工程需要连续施工或为了避开白天施工易造成交通拥堵带来的安全隐患。组织在建立和实施职业健康安全管理体系时，需全面考虑相关方的要求，平衡相关方的利益，只有这样，组织才能协调各相关方的关系，才有可能获得持续成功。在识别相关方的需求和期望时，除了那些明示的或强制的要求外，组织更需要识别那些隐含的要求。表3-1给出了不同相关方的需求和期望。

表 3-1 不同相关方的需求和期望

相关方	需求和期望
顾客	提高产品的安全性能，开发设计绿色产品，取得更好的效益
供方和合作伙伴	（1）稳定、持续地进行双赢合作； （2）通过深度配合，降低能源和资源消耗，降低成本，以提高供应链的竞争力
工作人员	管理类人员：希望组织能提供一个良好的发展空间和晋升平台
	非管理类人员：期望在良好的安全工作环境和完善的安全防护措施的条件下工作
工会	需要完善的协商、参与机制
股东/投资方	（1）增加改进职业健康安全绩效的投资； （2）解决各种职业健康安全问题，为组织增加竞争优势； （3）降低违反职业健康安全法律法规，或职业健康安全责任导致的费用
非政府组织（NGOs）	职业健康安全信息披露以及在职业健康安全事务上的合作，实现非政府组织的职业健康安全目标
行业组织	需要组织就职业健康安全问题进行合作
监管部门	（1）严格遵守法律法规，并证实其与相关法律法规的符合性； （2）安全生产标准化
银行	控制实际的环境风险或潜在的环境风险，以避免经济上或声誉上的损失，并获得较好的收益
社区	（1）降低控制有害物质的排放； （2）降低或控制噪声排放和污染物排放； （3）降低职业健康安全事故造成的影响； （4）良好的居住环境
审核机构	体系运行适宜性、充分性、有效性

表3-1相关方仅为举例说明，并不是所有组织都涉及表中的全部相关方。另外，可根据组织的性质、地理位置和周围环境来确定是否还有其他相关方。

（4）针对已识别的那些相关方的要求，组织应确定其中哪些要求是其必须遵守的，哪些要求是组织根据自身的需要选择自愿遵守的，即明确哪些要求构成组织的合规义务。监管机构提出的要求，通常为法律法规要求，是组织必须遵守的。组织应对其法律法规要求有其概括的了解，如特种设备的操作要求、化学危险物品的储存要求等。对于选择自愿遵守的要求，如顾客要求、自愿性协议、与社区的协议等，组织一旦采纳了这些需求和期望，他们就成了组织的要求，即成为合规义务，在策划职业健康安全管理体系时必须考虑。

（5）组织应确定管理类人员和非管理类人员不同的需求和期望，这一点很重要。对管理类人员来讲，他们希望组织能提供一个良好的发展空间和晋升平台；对非管理类人员来讲，他们希望组织能提供一个良好的工作环境和完善的安全防护措施。

3.4.2.3 实施案例

【例3-2】相关方需求和期望控制程序

相关方需求和期望控制程序

1 目的

为保证公司职业健康安全管理体系策划能实现预期的结果，识别、监视并评价与公司职业健康安全管理体系有关的相关方的期望和要求，并拟定应对措施加以改善。

2 范围

本标准规定了相关方期望和要求的识别、评价、应对措施等相关事项。

本标准适用于公司职业健康安全管理体系有关的相关方期望和要求的识别和评价。

3 规范性引用文件

下列文件对于本文件的应用是必不可少的。凡是注日期的引用文件，仅注日期的版本适用于本文件。凡是不注日期的引用文件，其最新版本（包括所有的修改单）适用于本文件。

无

4 职责

4.1 总经办

负责确定职业健康安全管理体系内外部议题和相关方的期望和要求的识别。

4.2 管理者代表

负责组织各部门进行内外部相关方需求和期望的评价，并拟定应对措施，对结果进行审核、整理。

4.3 各部门

负责配合进行相关方期望和要求的识别评价，并拟定应对措施。

5 程序

5.1 相关方的需求和期望的识别

5.1.1 除公司工作人员外，相关方包括但不限于：

a) 法律法规监管机构（省、市、县，国家的或国际的）；

b) 主管部门；

c) 供方、承包方、分包方；

d) 工作人员代表；

e) 工会、职代会；

f) 股东、访问者、公司所在社区和邻居以及一般公众；

g) 顾客、媒体、社会团体、行业协会和非政府组织；

h) 职业健康安全组织、职业安全和健康护理方面的专业人员。

5.1.2 在职业健康安全管理体系建立初期及每年管理评审前，由总经办组织相关部门负责人对职业健康安全管理体系的相关方的需求和期望（即要求）进行识别，具体识别内容如下：

    a) 管理者代表：法律法规监管机构、主管部门、股东；

    b) 总经办：媒体、访问者、社会团体、行业协会和非政府组织；

    c) 人事行政部：工作人员代表、工会、职代会、社区和邻居以及一般公众；

    d) 销售部：顾客、媒体、社会团体、行业协会和非政府组织；

    e) 采购部：供方、承包方、分包方。

5.1.3　相关方期望或要求识别的方法包括：调查问卷、问询、访谈、邮件、合同审查、以及通过网站向社会告知企业联系方式和经营情况，持续与相关方沟通，了解相关方要求等方法。

5.1.4　在相关方识别过程中，各部门不仅要识别那些强制的和明示的需求和期望，还应当识别那些隐含的（即通常期望的）需求和期望。

5.1.5　各部门将识别结果登记在《相关方期望或要求识别表》上，提交总经办进行汇总整理。

5.2　相关方的需求和期望的监视和评价

5.2.1　管理者代表组织各部门每年对相关方的需求和期望进行评价，并将评价结果登记在《相关方期望或要求识别表》上，对确定的相关方的需求和期望进行定期的监视和测量。

5.2.2　对于已经识别出的在组织所处环境中有作用的相关方，可能具有一些与公司的职业健康安全管理体系不相关的需求，对这样的需求，公司可不予考虑。

5.2.3　公司可根据收集的相关方的需求和期望制定公司方针、目标，以更好地满足相关方的需求和期望。

5.3　确定合规义务

5.3.1　公司应确定相关方哪些需求和期望是必须遵守的，哪些是选择遵守的，这些将成为公司的合规义务。

5.3.2　公司可通过其他过程或出于其他目的确定有关相关方的需求和期望。

5.3.3　在监管机构规定了要求的情况下，公司应获取各领域适用的法律法规知识，例如：工作场所空气质量标准；工伤赔偿规定；职业卫生规范以及社会责任等。

5.3.4　在自愿承诺方面，公司应获取有关需求和期望的广泛知识，如顾客要求、自律手册，以及与社区或公共之间的协议等。这些知识能够使公司理解自愿承诺对实现职业健康安全管理体系预期结果的意义。

5.4　相关方的需求和期望的更新

当公司的内外部议题发生变化时，应及时更新《相关方期望或要求识别表》，并评价其适用性，分析及制定应对措施，并更新相关资料。

5.5　每次管理评审前，由管理者代表汇总企业内外部议题情况及相关方的需求和期望的相关文件，并提交管理评审。

6 记录

记录表单如下：

a) 相关方的需求和期望识别表。

3.4.3 确定职业健康安全管理体系的范围

3.4.3.1 标准条文

> **4.3 确定职业健康安全管理体系的范围**
>
> 组织应界定职业健康安全管理体系的边界和适用性，以确定其范围。
>
> 在确定范围时，组织：
>
> a) 应考虑4.1中所提及的内部和外部议题；
>
> b) 必须考虑4.2中所提及的要求；
>
> c) 必须考虑所计划的或实施的与工作相关的活动。
>
> 职业健康安全管理体系应包括在组织控制下或在其影响范围内可能影响组织职业健康安全绩效的活动、产品和服务。
>
> 范围应作为文件化信息可被获取。

3.4.3.2 理解与实施要点

（1）确定边界和适用性

组织应确定职业健康安全管理体系的范围，即职业健康安全管理体系涉及的组织单元、职能和物理边界。每个组织的范围是特定的。

1）组织的物理边界是指组织实体与外部之间的界限，主要由有形体组成，比如工厂与学校之间的围墙，边界之内是组织的管理范围。组织可能只有一个场所区域（物理位置），也可能有多场所区域。组织的物理边界通常用地址来界定。

2）组织的职能（或单元）边界可能包括如集团公司、单一企业、或工厂内的某一车间。组织有权自主灵活地决定其边界和适用性，可选择在整个组织内实施标准，或只在组织的特定部分实施。职能（或单元）边界常用组织的名称来表达，如某某公司、某某集团公司、某分公司等。

3）组织在确定其职业健康安全管理体系的范围时，应考虑各方面的因素：

——组织的人、才、物等管理权限；

——组织的主要产品和服务类型；

——组织的物理边界、组织的单元和组织的职能；

——组织所实施的与工作相关的活动。

（2）确定职业健康安全管理体系范围的原则

1）应覆盖4.1条中确定的内、外部议题。组织在确定职业健康安全管理体系范围时，应考虑本标准4.1条中确定的内、外部议题，使组织需要应对的主要内、外部议题，均应包括在职业健康安全管理体系范围内。

2）应覆盖合规义务。组织还要考虑本标准4.2条中确定的相关方的需求和期望，特别是合规义务。凡是组织应履行的合规义务，均应包括在职业健康安全管理体系范围内。职业健康安全管理体系范围的确定，不应排除具有或可能具有重大影响的活动、产品、服务和设施，或规避其合规义务。

3）组织的职能范围。大型组织可选择在整个组织内实施该标准，也可选择在组织的特定部分实施该标准。如果选择在组织的一部分实施，则该部分组织应符合该标准规定的组织的定义，即具有职责、权限和相互关系等自身功能，最高管理者有权建立职业健康安全管理体系，并能够实现自己的目标。

4）能够控制和施加影响的范围。组织一方面有权决定职业健康安全管理体系的覆盖范围，但范围的界定必须合理，范围应覆盖组织能够控制和能够施加影响的危险有害因素和危险源，不能将组织能够控制的危险有害因素和危险源排除在体系范围之外；另一方面也不能超出其组织的控制能力。例如，有些供方或承包方的危险有害因素和危险源不是组织所能控制的，就不能包括在组织的职业健康安全管理体系之内，只能有效地施加影响。此外，组织还应考虑所实施的与工作相关的活动，组织需特别注意如下人员的职业健康安全影响：差旅或运输中（如驾驶、乘机、乘船或乘火车等）、在客户或顾客处所处工作或在家工作的人员。一旦工作场所被界定，体系的实施范围应包含工作场所内所有与组织或其某部分的活动和服务相关的工作。

5）确定职业健康安全管理体系的可信性。职业健康安全管理体系的可信性取决于组织边界的选取。范围一经界定，则在该范围内可能影响组织职业健康安全绩效的活动、产品和服务均需纳入职业健康安全管理体系。范围的确定不应当用来排除具有或可能具有重大影响的活动、产品、服务和设施，或规避其法律法规要求和其他要求，这对职业健康安全管理体系的成功和可信度十分重要。被不恰当地排除后的职业健康安全管理体系范围会破坏职业健康安全管理体系的可信性，降低其实现预期结果的能力。例如，为生产供应蒸汽的锅炉被排除在职业健康安全管理体系范围之外。范围是对包含在职业健康安全管理体系边界内的组织运行的真实并具代表性的声明，不宜对相关方造成误导。

（3）文件化信息要求

职业健康安全管理体系的范围应形成文件化信息并予以保持。范围的描述应可以识别组织的活动、产品和服务，以及相应的组织单元。职业健康安全管理体系的范围应可被相关方所获取，常用的方法有：文字描述、在平面图上标示、组织图解中、在网页上说明、认证证书等。当将其范围形成文件时，组织可以考虑使用一种标示所包含的活动、产品和服务，以及他们的应用和（或）发生的地理位置形式。例如：

——位于地点 A（地理边界）内燃机及其配件的制造；和/或

——面向个人和组织的在线培训的营销、设计和实施（职能边界）。

当职业健康安全管理体系范围发生变更时，相关的文件化信息应做出相应的变更。

3.4.4 职业健康安全管理体系

3.4.4.1 标准条文

> **4.4 职业健康安全管理体系**
>
> 组织应按照本标准的要求建立、实施、保持和持续改进职业健康安全管理体系，包括所需的过程及其相互作用。

3.4.4.2 理解与实施要点

（1）建立、实施、保持和持续改进职业健康安全管理体系。为了实现预期结果，组织应当建立、实施、保持并持续改进职业健康安全管理体系，以提升其职业健康安全绩效。

1）"建立"是组织按 ISO 45001：2018 要求建立职业健康安全管理体系从"无"到"有"的过程，其过程包括体系的策划、目标的设定、文件的编制、组织机构的职责和分配、资源的配置以及体系的试运行等。

2）"实施"是按照所建立的职业健康安全管理体系的要求去运行，包括职业健康安全目标的实现、运行控制和绩效评价等。

3）"保持"指体系在运行中根据内外部情况的变化，以及运行中发现的问题，及时对体系进行调整和变更，以适应不断变化的要求。例如：当组织内部的活动、产品、工艺、组织机构等发生变化，或组织应遵守的外部适用的法律法规及其他要求发生变化时，组织应修改其职业健康安全管理体系，以保持其职业健康安全管理体系适应当前要求，确保职业健康安全管理体系能够有效地控制组织内的危险有害因素和危险源。

4）"持续改进"指组织对其职业健康安全管理体系进行评价，采取必要的措施不断改善其适宜性、充分性和有效性，以提升其职业健康安全绩效。

（2）明确职业健康安全管理体系各过程的流程关系及相互作用。过程是管理体系的重要组成部分，根据 ISO 45001：2018，职业健康安全管理体系所需的过程至少包括与以下要求有关的过程：确定应对风险和机遇的措施（ISO 45001：2018，6.1.1～6.1.4）、信息交流（ISO 45001：2018，7.4）、运行策划与控制（ISO 45001：2018，8.1）、应急准备与响应（ISO 45001：2018，8.2）、合规性评价（ISO 45001：2018，9.1.2）、事件、不符合和纠正措施（ISO 45001：2018，10.2）。组织应运用过程方法对这些过程进行策划，明确其相互之间的关系，并按照 PDCA 的模式对其进行管理。

3.5 领导作用和工作人员参与

3.5.1 领导作用与承诺

3.5.1.1 标准条文

---

5 领导作用和工作人员参与

5.1 领导作用与承诺

最高管理者应通过以下方式证实其在职业健康安全管理体系方面的领导作用和承诺：

a) 对防止与工作相关的伤害和健康损害以及提供健康安全的工作场所和活动全面负责并承担责任；

b) 确保职业健康安全方针和相关职业健康安全目标得以建立，并与组织战略方向相一致；

c) 确保将职业健康安全管理体系要求融入组织业务过程之中；

d) 确保可获得建立、实施、保持和改进职业健康安全管理体系所需的资源；

e) 就有效的职业健康安全管理和符合职业健康安全管理体系要求的重要性进行沟通；

f) 确保职业健康安全管理体系实现其预期结果；

g) 指导并支持人员为职业健康安全管理体系的有效性做出贡献；

h) 确保并促进持续改进；

i) 支持其他相关管理人员证实在其职责范围内的领导作用；

j) 在组织内建立、引导和促进支持职业健康安全管理体系预期结果的文化；

k) 保护工作人员不因报告事件、危险源、风险和机遇时而遭受报复；

l) 确保组织建立和实施工作人员的协商和参与的过程（见5.4）；

m) 支持健康安全委员会的建立和运行［见5.4e）1）］。

注：本标准所提及的"业务"可从广义上理解为涉及组织存在目的的那些核心活动。

3.5.1.2 理解与实施要点

对组织而言，"最高管理者"可包括诸如首席执行官、总裁、总经理、董事长、董事会、执行董事、执行合伙人、单一所有人、合伙人和高级管理人员等。最高管理者具有在组织内进行授权和提供资源的权力。若职业健康安全管理体系范围仅覆盖组织的一部分，则最高管理者是指挥和控制组织中该部分的人员。

最高管理者的领导作用与承诺（包括意识、响应、积极的支持和反馈），对组织的管理体系的成功实施并实现预期结果是至关重要的。最高管理者应基于战略考虑实施职业健康安全管理，确保职业健康安全管理与组织的业务战略相一致，并能与组织的业务过程紧密结合，为组织提供价值，从而确保组织可以获得持续的成功。该条款列出了可以证实最高管理者领导作用和对职业健康安全管理体系承诺的 13 个方面，是"领导作用"原则的具体体现。

（1）对员工的职业健康安全负全责。按照我国相关法律法规规定，组织的最高管理者应保护员工的与工作相关的职业健康和安全，并承担全部职责和责任，这是因为职业健康安全事务是组织的一项极为重要而又特殊的事务。之所以重要，是因为它涉及组织内部的人身财产安全，直接关系到组织的正常运转，甚至是组织的生存和发展；之所以特殊，是因为它涉及组织的所有部门和人员，涉及组织运行的所有环节和过程，不仅需要全体员工（包括在组织控制下工作的所有人员）的参与与配合，更需要组织各级管理者的高度重视、积极支持和直接参与，组织各级管理层对职业健康安全事务的强大领导力和推动力。美国杜邦公司规定，在最高管理层亲自操作前，任何员工不得进入一个新的或重建的工厂去操作，目的是体现杜邦的管理者对安全的重视和承诺。

（2）确保方针、目标与组织的战略方向一致。最高管理者是组织特定时期组织目标和战略方向的决策者，该条款要求最高管理者应基于风险的思维，对组织经营所处的外部政治、经济、社会等外部议题和组织管理文化、员工素质、组织结构、管理方法、知识理解的能力等内部议题进行分析，评价其对组织实现其战略方向的影响、存在的风险和机遇，以此来确定与组织目标和战略方向相一致、与组织职业健康安全风险相适应的职业健康安全方针，并在组织的过程、产品和服务中，以及与职业健康安全相关的职能和层次上，建立与职业健康安全方针相一致的职业健康安全目标。

（3）融入组织的业务过程。最高管理者应重视职业健康安全管理的过程，将职业健康安全管理体系要求与其组织的业务过程尽可能地进行融合，这样有助于组织通过过程和资源的分享，使运作更加有效，从而可以使职业健康安全管理体系为组织带来更多的价值。例如在产品设计和开发阶段引入人性化的设计理念，满足人们对于健康的需求；在原材料采购过程中，优先选择对人体不具损害或污染的 HSF（有害物质减免）材料等。在危险作业现场，引入智能化加工设备，如工业机器人，从而降低事故发生率和人身伤害。组织可以根据自己的实际情况决定职业健康安全管理体系与各个过程的融合程度以及融合方式，并通过持续改进不断提高其融合度。

（4）确保资源的配置要求。为确定体系能够成功实施和有效运行，适宜和充足的资源配置必不可少。为此，最高管理者应确保为建立、实施、保持和改进职业健康安全管理体系提供必要的资源。在确定资源配置需求时，最高管理者可考虑以下几个方面：

——运行所需的财力、人力和其他资源；

——运行所需的技术；

——基础建设和设备；

——信息系统；

——专业技能和培训的需求。

要对资源和其他的配置进行定期评审。通过管理评审确保为实施职业健康安全方案和活动，包括绩效测量和监测，提供充分的资源。对于已建立职业健康安全管理体系的组织，至少可部分地通过职业健康安全目标的计划进展与实际结果的比较，对资源的充分性进行评价。在评价资源的充分性时，也应对计划的变化或新的项目和运行加以考虑。

（5）强化沟通意识。最高管理者应当通过直接参与或适当授权的方式就有效的职业健康安全管理和符合职业健康安全管理体系要求的重要性在组织内进行沟通。有效的沟通可以帮助员工更加准确地理解政策、消除误解、形成共识，借此可以强化组织员工的职业健康安全意识，促进员工能够更加自觉遵守职业健康安全管理体系的要求，履行合规义务，提高员工对职业健康安全的认知程度。同时，有效沟通还能够增强管理与被管理者的亲和力，能够减少两者之间的心理隔阂，从细微之处消除职业健康安全风险。因为职业健康安全风险往往体现在工作的细节之中。沟通可以是正式的或非正式的，并且可以采取多种形式进行，如座谈会、宣传、培训等形式沟通，包括可视的或口头的沟通。

（6）确保职业健康安全管理体系实现其预期结果。强调最高管理者有责任使职业健康安全管理体系的预期结果得到有效实现，达到预期结果。特别是最高管理者应监视职业健康安全管理体系的输出，当未能实现期望的结果时，应采取纠正措施以实现预期结果。

（7）指导并支持员工对职业健康安全管理体系的有效性做出贡献。最高管理者应按照组织职业健康安全管理体系过程的性质和特点，合理设计配置岗位，通过提高过程方法的职业健康安全意识，传达职业健康安全管理的重要性，吸纳、指导和支持全体员工为职业健康安全管理体系达到预期结果做出贡献。

（8）确保并推动持续改进。持续改进是组织永恒的追求，组织应通过系统地识别和采取措施以应对不符合、机遇以及与工作相关的危险源和风险，包括体系缺陷，确保及促进职业健康安全管理体系的持续改进以提高职业健康安全绩效。最高管理者应促进持续改进活动的实施，在组织内建立持续改进的机制，以有效地发现改进的机会并予以实施。

（9）支持其他相关管理人员在其职责范围内证实其领导作用。组织各级管理岗位的人员在其职责范围内的领导作用，是职业健康安全管理体系在该范围内保持和改进的必要条件。最高管理者应建立良好的内部环境和沟通机制，支持组织的部门各级相关管理人员使其履职尽责，在其职责范围内很好地发挥领导作用。

（10）在组织内制定、引导和推动支持实现职业健康安全管理体系预期结果的文化。组织的职业健康安全文化是员工和组织的价值观、态度、能力和行为方式的综合产物，它决定于职业健康安全管理上的承诺、工作作风和管理程度。该文化具有（但不限于）下述特征：

——工作人员的积极参与；

——基于相互信任的合作与沟通；

——通过积极参与对职业健康安全机遇的探寻而达成对职业健康安全管理体系重要性的共识；

——对预防和保护措施有效性的信心。

最高管理者应根据企业的不同特点，注重在组织内培养、引导和宣传支持职业健康安全管理体系的文化，如开展形式多样的职业健康安全文化活动（演讲、知识竞赛、职业健康安全展览等）；让员工充分享有劳动健康权，定期对员工进行健康体检；在可能发生职业损伤的场所设置危险标识、配置急救箱、防护服以及空气呼吸器等特殊防护用品等，形成组织职业健康安全文化建设的氛围和环境，建立起无时不在的、切实有效的组织职业健康安全管理体系文化。当组织的每一个员工都用一种模式来对待职业健康安全时，组织的职业健康安全文化也就形成了。

（11）保护员工不因报告事件、危险源、风险和机遇受到报复。在体系实施和运行过程中，组织应严格保护员工的隐私，防止员工因报告其担心的问题，如事件、危险源、风险和机遇而受到解雇、处分或其他类似报复的威胁。在保护员工的同时，要明确告知当事员工会严格遵守保密机制和保护员工反映的问题不得受报复。组织在保护员工隐私、防止免遭报复的过程中始终要极力做到对事件的准确判断，及早干预并把萌芽状态的现象抑制住，并做好相关的梳理和协调工作。最高管理者证实其领导作用的一个重要方式是鼓励员工报告事件、危险源、风险和机遇，并保护其免遭报复（例如，当他们这样做时会面临解雇或纪律处分的威胁）。

（12）确保组织建立和实施员工参与和协商的过程。最高管理者应为组织的员工参与和协商提供平台，建立健全参与和协商机制。如设立总经理信箱、员工座谈会等，了解员工的需求和期望，听取员工的呼声，向员工传达组织职业健康安全的相关信息和决策。员工参与安全活动，有助于增加安全知识、提高安全意识、增强对危险源的识别能力，对预防伤害和职业病有很大的帮助作用。最高管理者对消除妨碍员工参与的障碍或障碍物（例如语言和文化水平问题、对报复的恐惧等以及保密和隐私方面的问题）是至关重要的。

注：标准特别强调非管理类工作人员参与和协商的内容，非管理类工作人员是职业健康安全管理体系最重要的利益相关方。

（13）支持健康安全委员会的建立和运作。目前我国大多数组织都设有安全生产委员会，但通常不是一个常设机构，是由组织相关部门派员参加，并有一名委员会协调人（一般由组织主要负责人或办公室主任担任），可以促成人力资源的支持和员工个人参与，可以在各级员工中建立一种主动查找和解决安全健康问题的氛围。组织最高领导层的参加，更是为保证组织的安全、健康和防损提供坚实的保证，因而作用是巨大的。另外，我国的企业里还建有工会组织，根据《中华人民共和国工会法》规定，工会是企业职工自愿结合的群众组织，依法维护职工的合法权益，组织职工参与本单位的民主决策、民主管理和民主监督。

3.5.1.3 实施案例

【例3-3】美国杜邦公司安全文化和安全理念

杜邦公司安全文化和安全理念

美国杜邦（DuPont）公司成立于1820年，现有员工7万人，年销售额达420亿美元，是当前全球最大的化学与能源集团，其产业现已涉及化工、能源、电子科技、通信与交通、工程塑料、食品与农业以及楼宇与建筑等相关行业，素有世界"化工帝国"之称，也是世界500强中岁数最大、资格最老的化工企业，其工厂遍布全球。一家200多年的老牌企业仍能在无数次的转型中不断前行，并且焕发出更强大的生命力，杜邦公司的发展历程无疑是一段传奇，而缔造这段传奇的秘籍之一便是贯穿于企业经营管理中的核心理念——安全。

杜邦公司对安全控制很有信心。该公司自成立以来逐渐形成了一种独特的企业文化：安全是企业一切工作的首要条件。应该说，杜邦200多年历史，前100年的安全记录是不好的。1802年成立时以生产黑色炸药为主，发生了许多事故，最大的事故发生在1818年，当时杜邦100多名员工有40多名在事故中死亡或受到伤害，企业面临破产。杜邦公司在沉沦中崛起后得出一个结论：安全是公司的核心利益，安全管理是公司事业的一个组成部分，安全具有压倒一切的优先权。在后100多年形成了完整的安全体系，安全取得丰硕成果，并获得社会的认同。所有的成绩与杜邦建立的安全文化和安全理念有着密切的联系。杜邦安全文化的本质就是通过行为人的行为体现对人的尊重，就是人性化管理，体现以人为本。文化主导行为，行为主导态度，态度决定结果，结果反映文明。杜邦的安全文化，就是要让员工在科学文明的安全文化主导下，创造安全的环境，通过安全理念的渗透来改变员工的行为，使之成为自觉的规范的行动。

杜邦公司十大安全理念：

（1）所有事故的发生都是可以防止的；

（2）各级管理层对各自的安全直接负责；

（3）所有安全操作隐患都是可以控制的；

（4）安全是被雇用的一个条件；

（5）员工必须接受严格的安全培训；

（6）各级主管必须进行安全检查；

（7）发现事故隐患必须及时消除；

（8）工作外的安全同工作内的安全同等重要；

（9）良好的安全是创造良好的业绩的保障；

（10）员工的直接参与是关键。

杜邦的安全文化和安全理念主要体现在：

（1）预防为主。一切事故都是可以预防的。这是杜邦从高层到基层的共同理念。工作场所从来都没有绝对的安全，决定伤害事故是否发生的是处于工作场所中员工的行为。管理者并不能为员工提供一个安全的场所，它只能提供一个使员工安全工作的环境。企业要提供一个安全工作场所，即一个没有可识别到的危害的工作场所是不可能的。在很多情况下，是人的行为而不是工作场所的特点决定了伤害的发生。正因为所有的事故都是在生产过程中通过人对物的行为所发生的。人的行为可以通过安全理念加以控制，抓事故预防就是抓人的管理，抓员工的意识（包括管理者的意识）、抓员工的参与，杜绝各种各样的不安全行为（包括管理者的违章指挥）。

（2）管理优先。各级管理层对各自的安全负责。"员工安全"是杜邦的核心价值观。杜邦公司的高层管理者对其公司的安全管理承诺是：致力于使工人在工作和非工作期间获得最大程度的安全与健康；致力于使客户安全地销售和使用我们的产品。为了取得最佳的安全效果，各级领导一级对一级负责，在遵守安全原则的基础上，尽一切努力达到安全目标。安全管理成为公司业务的一个组成部分，安全管理的触角涉及企业的各个层面，做到层层对各自的安全管理范围负责，每个层面都有人管理，每个员工都要对其自身的安全和周围工友的安全负责，每个决策者、管理者乃至小组长对手下员工的安全都负有直接的责任。杜邦规定，未经高层管理者亲自操作前，任何员工不得进入新厂和再建厂区，目的是体现杜邦对安全的重视和承诺。

（3）行为控制。不能容忍任何偏离安全制度和规范的行为。杜邦的任何一员都必须坚持杜邦公司的安全规范，遵守安全制度。如果不这样去做，将受到严厉的纪律处罚，甚至解雇。这是对各级管理者和工人的共同要求。工作外安全行为管理和安全细节管理，是杜邦独特的安全文化。"把工人在非工作期间的安全与健康作为我们关心的范畴"，在工作以外的时间里仍然要做到安全第一。杜邦认为工伤与工作之余的伤害，不仅损害员工及其家庭利益，也严重影响公司的正常运行。"铅笔不得笔尖朝上插放，以防伤人；不要大声喧哗，以防引起别人紧张；过马路必须走斑马线，否则医药费不予报销；骑车时不得听'随身听'；打开的抽屉必须及时关闭，以防人员碰撞；上下楼梯，请用扶手。"这些规定，看似繁琐，实际上折射出管理层对员工生命权和健康权的关注。

（4）安全价值。安全生产将提高企业的竞争地位。在杜邦公司所坚信的10大理念中，确信"安全运作产生经营效益"，安全会大大提升企业的竞争地位和社会地位。杜邦很会算安全效益账，他们把资金投入到安全上，从长远考虑成本没有增加，因为预先把事故损失带来的赔偿投入到安全上，既挽救了生命，又给公司带来良好的声誉，消费者对公司更有信心，反而带来效益的大幅增长。

（5）文化模型。杜邦认为，安全文化建设从初级到高级要经历四个阶段。第一阶段，自然本能反应。企业和员工对安全的重视仅仅是一种自然本能保护的反应，安全承诺仅仅是口头上的，完全依靠人的本能。这个阶段事故率很高。第二阶段，依靠严格的监督。企业已经建立必要的安全管理系统和规章制度，各级管理层知道自己的安全责任，并做出安全承诺。但没有重视对员工安全意识的培养，员工处于从属和被动的状态，害怕被纪律处分而遵守规章制度，执行制度没有自觉性，依靠严格的监督管理。此阶段，安全业绩会有提高，但有相当大的差距。第三阶段，独立自主管理。企业已经具备良好的安全管理体系，安全意识深入人心，员工把安全视为个人成就。第四阶段，团队互助管理。员工不但自己注意安全，还帮助别人遵守安全规则，帮助别人提高安全业绩，实现经验分享。员工将安全作为一项集体荣誉，进入安全管理的最高境界。

（6）不断学习。杜邦有一套非常成熟的安全培训系统，公司安全培训队伍遍布世界各地。杜邦把安全理念、安全系统、安全管理最终形成一种安全产品——全套 Du-PontTM 工厂安全系统，在各地推广。每一个杜邦员工在加入杜邦时，都必须承诺信守杜邦"安全是被雇用的条件"的安全理念。杜邦从 1951 年开始考察员工下班后的安全观念，就连员工乘车、过马路、就餐、在家做家务，公司都时时提醒做好安全防范。无论是内部会议还是与政府首脑会谈，主持人的第一句话都是"开会前，我先向诸位介绍安全出口通道"，以保证每一个员工都知道他所应遵守的安全管理规定，所有参加安全培训的员工在培训结束后都有考核/考试记录，该记录作为人事部门考查员工业绩和提升的重要依据之一。在杜邦，不能遵守安全管理规定的员工，哪怕别的方面工作能力再强，也不能在杜邦继续工作。

在杜邦公司，所有的安全目标都是零，这意味着零伤害、零职业病和零事故。进入杜邦的任何一个工厂，面对这个有着 200 多年历史的跨国企业，无论是员工，还是来访者、客户，谈论最多感受最深的永远是安全。杜邦的宗旨是"从科学出发，一切事故均可避免"。

参考资料：曹黎明 . 构建中国特色的企业安全——兼论杜邦公司安全理念 . 安防科技 · 安全管理者，2005，(4) http：//www. doc88. com/p－7456857902008. html.

3.5.2 职业健康安全方针

3.5.2.1 标准条文

5.2 职业健康安全方针

最高管理者应建立、实施并保持职业健康安全方针。职业健康安全方针应：

a) 包括为防止与工作相关的伤害和健康损害而提供安全和健康的工作条件的承诺，并适合于组织的宗旨和规模、组织所处的环境，以及组织的职业健康安全风险和职业健康安全机遇的特性；

b) 为制定职业健康安全目标提供框架；

c) 包括满足法律法规要求和其他要求的承诺；

d) 包括消除危险源和降低职业健康安全风险的承诺（见 8.1.2）；

e) 包括持续改进职业健康安全管理体系的承诺；

f) 包括工作人员及其代表（若有）的协商和参与的承诺。

职业健康安全方针应：

——作为文件化信息而可被获取；

——在组织内予以沟通；

——在适当时可为相关方所获取；

——保持相关和适宜。

3.5.2.2 理解与实施要点

（1）职业健康安全方针的建立要求

职业健康安全方针是由组织的最高管理者正式发布的组织关于职业健康安全方面的宗旨和方向，也是最高管理者作为承诺而声明的一组原则。最高管理者通过与各层次的员工协商后正式发布职业健康安全方针，确立组织在职业健康安全方面的宗旨和方向，履行其领导作用与承诺。将职业健康安全方针形成文件并正式发布，在组织内沟通理解和应用，达到统一思想，指挥行动的目的。

（2）职业健康安全方针的内容要求

1）制定职业健康安全方针应体现组织的特点。因为组织的宗旨、性质、规模、所处环境以及组织的职业健康安全风险和机遇的特定性质等不同，所以组织在制定职业健康安全方针时应结合本组织活动、产品和服务的特点，并考虑职业健康安全的风险程度。如旅游公司的职业健康安全方针应体现保障游客安全的内容，而不应将职业病的防治内容纳入其中。

2）要体现5个承诺：

——要提供安全健康的工作条件以防止与工作相关的伤害和健康损害的承诺。为员工提供安全健康的工作条件是法规规定的要求，也是组织的义务。最高管理者应对改善员工的工作环境提供必要的资源和劳动防护用品，以预防与工作相关的伤害和健康损害。对从事有职业危害作业的员工应当定期进行健康检查。

——要满足适用的法律法规要求和其他要求的承诺。组织承诺遵守职业健康安全适用的法律法规要求和其他要求，表明了组织以法规和其他要求为最低要求而实行良好职业健康安全管理的郑重态度。其他要求可包括与职业健康安全管理体系有关的自愿性承诺，如与社团组织达成的协议、组织自身的要求、相关的组织标准或行业标准等。组织承诺至少遵守职业健康安全法律法规和其他要求，意味着组织所确立的职业健康安全目标不能低于职业健康安全法规和其他要求，如果组织在最初建立职业健康安全管理体系时，还有某些方面不能满足职业健康安全法规和其他要求，则应针对这些方面将目标按职业健康安全法规和其他要求设定（也可高于职业健康安全法规和其他要求），并采取措施确保目标实现，使组织的所有职业健康安全工作在完成体系工作之后都至少符合职业健康安全法律法规和其他要求。

——要利用控制层级控制职业健康安全风险的承诺。组织应采用科学方法对危险源所伴随的风险进行定量或定性评价，对评价结果进行划分等级。针对风险类别和等级，将风险点逐一明确管控层级（厂、车间、班组），落实具体的责任单位、责任人员，针对风险点可能引起的职业健康安全隐患或生产安全事故，逐项制定具体的防范控制措施，并将主要风险点、风险类别、风险等级、控制措施和应急措施公布警示，让每位员工了解风险点的基本情况及防范应急对策。风险分级管控的基本原则是：风险越大，管控级别越高；上级负责管控的风险，下级必须负责管控，并逐级落实具体措施。

——要持续改进职业健康安全管理体系以提高职业健康安全绩效的承诺。持续改进承诺既体现了实现良好的职业健康安全管理绩效的愿望，又为组织树立了对员工职业健康安全关心负责的社会形象。另外，持续改进是组织所面临的社会压力要求，也是组织适应自身及社会发展变化的需要。因为随着科学技术的发展以及社会的进步，人类文明水平不断提高，社会对组织的职业健康安全要求也越来越高，期望组织能持续改进职业健康安全管理体系以提高职业健康安全绩效，更大程度地减少工作场所内疾病、事故和事件的发生，最大限度地降低职业健康安全风险。

——要满足员工及员工代表（如有）参与职业健康安全管理体系决策过程的承诺。由于员工（特别是非管理类工作人员）本身就是组织职业健康安全管理体系的一个非常重要的利益相关方，他既影响到组织职业健康安全绩效，又受到组织职业健康安全绩效的影响。因此，组织的职业健康安全管理体系的好坏直接影响到员工自身工作环境的优劣，最高管理者应对员工参与职业健康安全管理体系决策过程持积极态度，员工通过参与，明确自身的各自职责，从而为组织的职业健康安全管理做出有效的贡献。

（3）要为制定职业健康安全目标提供框架。职业健康安全方针是组织在职业健康安全方面的追求方向，是职业健康安全管理理念的体现，并通过职业健康安全目标来实现。职业健康安全方针为制定和评审职业健康安全目标提供框架，组织应对职业健康安全方针的持续的适宜性进行定期或不定期的评审，以确保职业健康安全方针能适应组织的宗旨，满足员工及相关方要求和适用的法规要求，并使职业健康安全管理体系得到有效的保持。

（3）职业健康安全方针的管理要求

1）可获取并保持文件化信息。职业健康安全方针的可获取指职业健康安全方针应是文件化的，并以适当的媒体形式展现，可以让组织员工查阅和学习。

2）方针的沟通和理解。职业健康安全方针应在组织内进行沟通，使各级人员意识到自己所从事的活动的重要性，以及为实现本岗位的职业健康安全目标所做的贡献。最高管理者应通过各种方式、途径向全体员工传达贯彻，并要确保员工理解其内涵。对职业健康安全方针的理解可通过培训实现。

3）有关相关方可获取。如果有关相关方关心组织的职业健康安全管理体系绩效，必要时需要了解组织的职业健康安全方针，组织要做出安排以响应，将职业健安全方针以合理可行的方式公布（如网页公布等），让有关相关方可方便地获取，从而起到展示组织形象、明示职业健康安全方面组织追求的作用。

4）职业健康安全方针应得到评审以确保其适宜性。由于组织的内、外部环境总是在不断变化，所以组织的职业健康安全管理体系也在不断变化，组织应根据变化或定期地进行评审，以使职业健康安全方针持续地符合组织的实际。对职业健康安全方针的定期评审通常可与管理评审同时进行，也可根据具体情况不定期进行，如召开专门会议进行评审。通过评审，如果职业健康安全方针需要变更，最高管理者根据评审结果变更职业健康安全方针，批准后再予以发布。

3.5.2.3　实施案例

【例3-4】某企业的职业健康安全方针

以人为本，健康安全；遵纪守法，强化管理；综合治理，持续改进。

释义：

以人为本，健康安全——高度重视员工的健康与安全，不断改善员工的工作环境和作业条件，大力推进职业健康安全文化建设，在全体员工中形成关爱生命、关爱健康的氛围，保持人、机、环境和谐相处。

遵纪守法，强化管理——遵守国家和各级政府颁布的职业健康安全法律法规和其他要求，增强全体员工的职业健康安全法制观念，加强全体员工的教育和培训，提高全员安全意识和操作技能，规范员工的操作行为，加强日常管理，强化事故预防能力。

综合治理，持续改进——综合运用先进科学的管理方法和有效的资源及手段，发挥人的智慧，通过全体员工的共同努力，排查和治理各种事故隐患和风险，持续改进职业健康安全管理绩效。

3.5.3　组织的角色、职责和权限

3.5.3.1　标准条文

5.3　组织的角色、职责和权限

最高管理者应确保将职业健康安全管理体系内相关角色的职责和权限分配到组织内各层次并予以沟通，且作为文件化信息予以保持。组织内每一层次的工作人员均应为其所控制部分承担职业健康安全管理体系方面的职责。

注1：尽管职责和权限可以被分配，但最高管理者仍应为职业健康安全管理体系的运行承担最终责任。

注2：对于原国际标准中的单词"roles"，本标准译为"角色"，与GB/T 24001—2016相同；但在GB/T 19001—2016中，则译为"岗位"，与本标准的"角色"具有相同的含义。

最高管理者应对下列事项分配职责和权限：

a)　确保职业健康安全管理体系符合本标准的要求；

b)　向最高管理者报告职业健康安全管理体系的绩效。

3.5.3.2　理解与实施要点

（1）组织内相关角色的职责和权限的分配、沟通和理解是职业健康安全管理体系策划中的一项重要活动，也是职业健康安全管理体系运行的组织保证。最高管理者应确保对组织内部的机构及相应角色的职业健康安全职责和权限做出规定，并确保不同部门、不同角色之间的职责、权限的接口关系清晰、顺畅、协调、统一。

注：ISO 45001：2018对"组织的角色"并无明确的定义，角色一直是戏剧舞台中的用语，指演员在舞台上按照剧本规定所扮演的某一特定人物。在GB/T 19001—2016中，这一条款被译为"组织的岗位、职责和权限"，且原国际标准英文标题为"organizational roles, responsibilities, and authorities"，与ISO 45001：2018英文标题一致。按照国际标准化组织的要求，未来所有新制定出版的和修订的ISO管理体系标准，都将遵循《"ISO/IEC工作导则　第1部分"的ISO补充合并本》中附件SL附录2《高阶结构、相同的核心文本、通用术语和核心定义》所规定的标准结构和框架进行编制，因此可以理解为"组织的岗位"和"组织的角色"代表的意思是一样的。组织有不同的岗位，每个岗位都是由不同的角色（符合岗位要求的员工）来扮演的。这样理解也便于整合型体系文件的编制。

（2）通过组织机构及角色的设置，并对相应角色的职责和权限的规定，确保组织内每一层次的员工应承担他们所控制的职业健康安全管理体系那部分的职责。虽然最高管理者对职业健康安全管理体系拥有总体职责和权限，但工作场所中的每一层次的员工不仅必须考虑其自身的健康和安全，还须考虑他人的健康和安全。对于各层次的管理者，他们通常既承担各自范围内的业务管理职责，同时又担负着各自所控制区域的职业健康安全职责。而对于组织内承担职业健康安全专职的管理者（例如组织的专职安全员），他们通常专门承担整个组织的职业健康安全管理职责。由于各层次管理者与职业健康安全专职管理者之间可能存在职责、责任和权限的重叠问题，因此，组织有必要协调两者之间的关系，明确界定各自的职业健康安全职责、责任和权限，以避免含混不清而出现混乱。此外，由于各层次的职业健康安全事务与运行业务之间有时也可能会存在冲突和矛盾，因此，组织可以通过各层次的管理者与职业健康安全专职管理者之间相互协调和配合，来做出恰当的安排，以便妥善解决任何此类冲突和矛盾，在适当时，可逐级上升至更高管理层进行协调处理。必须强调，尽管权限可以分配，但最高管理者仍应对职业健康安全管理体系承担总体责任。

（3）最高管理者负有责任意味着为决策和活动承担组织治理机构、法律监管机构以及更广泛意义上的相关方的问责。这意味着承担最终责任，并与因某事未完成、未妥善处置、不起作用或未实现其目标而被追究责任的人员一起承担连带责任。

（4）组织的职业健康安全管理体系的建立、实施、保持与持续改进是一项涉及面很广的系统性工作。因此，最高管理者应授权相关高层管理人员，全面负责职业健康安全管理体系的建立、实施等相关工作的管理。ISO 45001：2018的5.3条款中所确定的特定角色和职责可指派给某个人承担，也可由几个人共同分担，或指派给最高管理者中的某个成员。在以往的体系文件中，这个角色称为"管理者代表"。

在ISO 45001：2018中，虽未再使用这样的岗位名称，但组织中仍应在高管层中设立相关的岗位，承担此项工作，以确保组织的职业健康安全管理体系符合标准的要求。这个总负责人应负责向最高管理者报告职业健康安全管理体系的绩效，以供评审，并为改进职业健康安全管理体系提供依据。

组织应将被任命的职业健康安全最高管理者的身份向所有在本组织控制下的员工公开。为了使被任命的职业健康安全最高管理者能更好地履行其职业健康安全职责，组织还应确保任何其他指派给被任命的职业健康安全最高管理者的责任和职能不能与其职业健康安全职责相冲突。

（5）组织应允许工作人员报告危险情况，以便能够采取措施。工作人员宜能够按照要求向有关主管部门报告其关心的问题，而不会因此而遭受解雇、纪律处分或其他此类报复的威胁。

（6）为了使所有员工都有能很好地了解并严格履行自己的职责和责任，组织应将所有承担体系部分义务人员的职责和权限形成文件。组织可根据需要，自主选择最适宜的职责和权限以文件化的形式，既可单独成文，也可将职责和权限的描述纳入以下文件中：

——职业健康安全管理手册；

——运行程序或作业指导书；

——项目和（或）任务说明书；

——岗位描述；

——入职培训文件包。

相对于其他人员而言，组织可能更需要将下述人员的职业健康安全职责和权限形成文件：

——被任命的职业健康安全最高管理者；

——组织所有层次的管理者，包括最高管理者；

——安全委员会和安全小组；

——运行过程中的操作者和一般工作人员；

——管理承包方的职业健康安全的人员；

——负责职业健康安全培训的人员；

——负责职业健康安全关键设备的人员；

——负责管理被用作工作场所的设施的人员；

——组织内具有职业健康安全资质的人员或其他职业健康安全专家；

——参与协商的员工职业健康安全代表。

3.5.4 工作人员的协商和参与

3.5.4.1 标准条文

5.4 工作人员的协商和参与

组织应建立、实施和保持过程，用于在职业健康安全管理体系的开发、策划、实施、绩效评价和改进措施中与所有适用层次和职能的工作人员及其代表（若有）的协商和参与。

组织应：

a) 为协商和参与提供必要的机制、时间、培训和资源。

注1：工作人员代表可视为一种协商和参与机制。

b) 及时提供明确的、易理解的和相关的职业健康安全管理体系信息的访问渠道。

c) 确定和消除妨碍参与的障碍或壁垒，并尽可能减少那些难以消除的障碍或壁垒。

注2：障碍和壁垒可包括未回应工作人员的意见和建议，语言或读写障碍，报复或威胁报复，以及不鼓励或惩罚工作人员参与的政策或惯例等。

d) 强调与非管理类工作人员在如下方面的协商：

    1) 确定相关方的需求和期望（见4.2）；

    2) 建立职业健康安全方针（见5.2）；

    3) 适用时，分配组织的角色、职责和权限（见5.3）；

    4) 确定如何满足法律法规要求和其他要求（见6.1.3）；

    5) 制定职业健康安全目标并为其实现进行策划（见6.2）；

    6) 确定对外包、采购和承包方的适用控制（见8.1.4）；

    7) 确定所需监视、测量和评价的内容（见9.1）；

    8) 策划、建立、实施和保持审核方案（见9.2.2）；

    9) 确保持续改进（见10.3）。

e) 强调非管理类工作人员在如下方面的参与：

    1) 确定其协商和参与的机制；

    2) 辨识危险源并评价风险和机遇（见6.1.1和6.1.2）；

    3) 确定消除危险源和降低职业健康安全风险的措施（见6.1.4）；

    4) 确定能力要求、培训需求、培训和培训效果评价（见7.2）；

    5) 确定沟通的内容和方式（见7.4）；

    6) 确定控制措施及其有效的实施和应用（见8.1、8.1.3和8.2）；

    7) 调查事件和不符合并确定纠正措施（见10.2）。

> **注3**：强调非管理类工作人员的协商和参与，旨在适用于执行工作活动的人员，但无意排除其他人员，如受组织内工作活动或其他因素影响的管理者。
>
> **注4**：需认识到，若可行，向工作人员免费提供培训以及在工作时间内提供培训，可以消除工作人员参与的重大障碍。

3.5.4.2 理解与实施要点

对于组织的员工（包括管理类员工、非管理类员工、志愿者、临时工和合同工）希望积极而持续地参与（包括协商）建立、策划、实施、评价和改进职业健康安全管理体系的活动，这是取得成功的关键因素。对于员工的参与和协商，组织应予以重视和鼓励，并按法律法规和其他要求做出适当的参与和协商安排，应建立、实施和保持过程以满足此方面的需求。

协商意味着一种涉及对话和交换意见的双向沟通。协商包括向员工或员工代表（若有）及时提供必要信息，以使其给出知情的反馈信息，供组织在做出决策前加以考虑。参与能使员工为与职业健康安全绩效测量和变更建议有关的决策过程做出贡献。

（1）提供员工参与和协商所需的机制、时间、培训和资源。所谓机制，就是具体的运行方式。如组织成立的职业健康安全委员会，里面的成员要包括组织的非管理人员。另外，一些组织里面的总经理接待日、员工意见箱，以及通过网络进行沟通都有可以成为一种参与机制。员工参与职业健康安全活动，需要时间、培训和资源来支撑。如通过定期培训来提高和更新员工的职业健康安全专业知识和信息量，这里面就需要一些资源来保障，如培训所需的投影设施，沟通交流所需的电子通信设备（如组织用于内部信息沟通发放的手机、对讲机）等。

（2）及时提供渠道（访问途径），以获取清晰的、可理解的和相关的健康安全管理管理体系信息。体系的运行是动态的，组织应及时地向员工提供体系运行过程中的相关信息。这些信息应该是可理解的，而不是含糊不清的。这些信息包括但不限于：

——有关最高管理者对体系承诺的信息，如为改进职业健康安全绩效所采纳的方案和所承诺的资源等；

——关于职业健康安全风险和机遇以及相关方需求和期望的信息；

——关于识别危险源和风险评价以及应对措施的信息；

——关于职业健康安全目标和其他持续改进活动的信息；

——与事件调查相关的信息，例如所发生事件的类型、导致事件发生的因素、事件调查的结果等；

——关于履行合规义务的信息；

——职业健康安全绩效监测信息；

——与可能对体系产生影响的变化有关的信息。

信息的渠道传输方式可通过组织的宣传栏、网站、QQ、微信、座谈会、早会、文件等来实现。

对职业健康安全管理体系的信息反馈依赖于工作人员的参与。组织需确保鼓励各层次工作人员报告危险情况，以便预防措施落实到位和采取纠正措施。

（3）在参与协商过程中，组织应识别和消除妨碍参与的障碍或障碍物（例如语言和文化水平问题、对报复的恐惧等以及保密和隐私方面的问题）是至关重要的。与员工或员工代表的协商、识别机制是体现组织职业健康安全管理"人人有关、人人有责"精神的重要途径，是员工或员工代表积极参与组织的职业健康安全事务的必要保证。最高管理者只有建立保持的协商、识别和沟通机制，才能消除妨碍参与职业健康安全管理体系过程中的障碍或障碍物，使体系的各项要求能够更加充分地适宜于组织的各职能、各层次，并能得到更有效实施。

如果员工在参与协商过程中无惧遭受解雇、纪律处分或其他类似报复的威胁，那么所收到的信息将会更为有效。

（4）组织的非管理人员更多地从事具有较高职业健康安全风险的工作活动，因此更需要与他们进行协商。该标准强调应与非管理类工作人员在如下方面进行协商：

——确定相关方的需求和期望。组织的非管理人员（员工）是职业健康安全管理体系最重要的利益相关方，他们期望在保证职业健康安全的环境下进行工作，如有良好的安全工作环境和完善的安全防护措施等。组织还应就平衡好其他相关方的利益进行协商，如与监管机构就某种职业健康安全事项（如职业健康安全法律法规要求的适用性和解释）进行协商；与应急服务机构就应急方案进行协商（如应急安排的变更）；与可能影响相邻组织或居民的危险源或来自相邻组织或居民的危险源进行协商等。

——职业健康安全方针是组织在职业健康安全方面的宗旨，组织应对员工参与职业健康安全管理体系方针的制定持积极态度，员工通过参与和协商，明确自身的各自职责，从而为组织的职业健康安全管理做出有效的贡献。

——组织应就每一层次的工作人员所控制部分承担的责任进行协商。

——组织应将合规义务有关的信息与所在组织下开展工作的员工进行协商，特别是那些职责与履行合规义务有关或者工作会影响到组织的合规义务的人员，确保相关的人员都有能知道合规义务的要求，增强守法意识，自觉地贯彻有关要求。

——职业健康安全目标应考虑与员工及员工代表（如有）协商的输出，如员工对职业健康安全满意度有要求，经协商可以制定降低工作场所环境改善的目标；员工提出减少在危险物质、设备或过程中的暴露时间，经协商可以引入准入控制措施或防护措施等。

——确定对外包、采购和承包方的适用控制。与外部供方协商采购的产品和服务会不会给组织带来职业健康安全风险，如采购的危险化学品；与承包方就影响其职业健康安全的变更进行协商，如新的或不熟悉的危险源（包括可能由承包方带来的危险源）；与外包方就外包过程对本组织管理重大危险源、履行合规义务和应对风险和机遇的能力的影响，协商其控制类型。

——确定所需监视、测量和评价的内容。对监测的结果、评价的内容和实施的控制措施进行协商，如车间工作环境空气质量的改善方案、降噪措施等。

——策划、建立、实施和保持审核方案。组织建立内部审核方案时，必须考虑相关过程的重要性和审核结果。对内审中发现的不符合的情况，应确保向相关的员工、员工代表（如有）及有关的相关方报告相关的审核发现，必要时进行协商取得一致，以便使纠正措施得到及时实施。

——确保持续改进。持续改进作为组织的一种管理理念和价值观，在职业健康安全管理体系中是必不可少的重要要求，改进可带来组织的突破性变革和创新，这些变革和创新有些需要和员工进行协商才能发挥作用，如工作形式的变更、工艺方案的改革等。

（5）组织的非管理人员更多地从事具有较高职业健康安全风险的工作活动，因此更需要他们参与职业健康安全管理工作。组织特别强调非管理类员工参与下述活动：

——确定参与和协商的具体运行方式。非管理人员参与组织各种层级的活动，如安委会、工会、职代会等，利用这些平台，来充分发挥非管理人员参与的积极性。

——危险源辨识、风险和机遇的评价。非管理人员参与组织的危险源辨识、风险和机遇的评价非常重要，因为他们是最熟悉组织各个生产工艺和生产过程以及各种设备运行情况的群体。在职业健康安全方面，他们也更了解哪些操作是危险的，哪些地方存在危险源和安全隐患。

——消除危险源和降低职业健康安全风险的措施。如就选择适当的控制措施进行协商，包括就控制特定危险源或预防不安全行为的可选方案的利弊进行讨论等。

——识别能力、培训和培训评价的需求。培训要明确对象，非管理人员是组织的生产过程的实际操作者，应重点进行培训。如新入职员工的三级安全教育培训；关键岗位的安全操作培训；紧急情况下的救援培训等。

——确定需要沟通的信息以及如何沟通。组织可通过QQ、微信、看板、简报、文件发放、网站等形式就重大危险源和重大职业健康安全风险、合规义务、职业健康安全绩效、改进建议、紧急情况、相关方要求等有关信息与非管理人员进行信息沟通。

——确定危险源和风险的控制措施及其有效应用。非管理人员参与组织危险源和风险的控制措施制定和实施，并评价其有效性。

——调查事件和不符合并确定纠正措施。一个事件或者一个事故的发生，现场的行为人、受害人、目击者有可能都是非管理人员，如果没有他们的参与，就无法分析出事故的原因。非管理人员往往掌握着具体的组织工作活动或工作场所状况信息。

（6）该标准特别强调非管理类人员的参与和协商，主要适用于在工作现场执行操作活动的一线人员，但也无意排除其他人员，如受组织内工作活动和其他因素影响（如有毒或有害物质的释放）的管理者。

（7）原国家安全生产监督管理总局2015年7月1日实施的《生产经营单位安全培训规定》（总局令第80号）第二十一条规定："生产经营单位应当将安全培训工作纳入

本单位年度工作计划。保证本单位安全培训工作所需资金。"第二十三条规定："生产经营单位安排从业人员进行安全培训期间，应当支付工资和必要的费用。"

3.5.4.3　实施案例

【例3-5】某企业职业健康安全参与和协商会议纪要

职业健康安全参与和协商会议纪要

（第1号）

××公司安全生产委员会　　　　　　　　　　　2018年11月20日签发

　　2018年11月20日下午，公司在二楼会议室召开职业健康安全参与和协商会议。会议由总经理潘××主持，公司领导和部门负责人、职业健康安全员工代表、各岗位员工出席了会议。会议首先由潘总向与会人员传达贯彻职业健康安全管理体系标准的要求和公司职业健康安全管理体系实施运行的情况，并就职业健康安全方针、事件调查、参与和协商的要求进行了讨论，具体内容纪要如下：

　　1. 会议决定，要认真贯彻落实关于安全生产和职业健康安全工作的相关规定，按照"源头治理、科学防治、严格管理、依法监督"的基本要求，坚持把公司家具产品生产涉及的职业危害防治工作作为安全督查和企业管理的重要内容，深入推进职业危害防治，确保职业健康安全工作取得成效。

　　2. 会议要求，各部门要认真贯彻落实ISO 45001的要求，全面听取员工和职业健康安全员工代表的意见，以落实职业健康安全持续改进的工作目标，落实主体责任，强化督查力度，提高综合防治能力，改善作业场所环境，有效控制家具生产的职业危害，扎实推进职业健康安全工作稳步实施。

　　3. 会议强调，要按照依法依规、实事求是、注重实效的三项基本要求和"四不放过"原则，从严控制职业危害事故，严肃追究相关部门和责任人的责任。要按照ISO 45001的要求，重点做好作业场所粉尘浓度和VOCs接触限值严重超标事故隐患的排查，努力减少粉尘和VOCs气体危害，减少职业病的发生。

　　4. 职业健康安全员工代表就从事接触职业病危害因素作业的员工有获得职业健康检查的权力进行了沟通，同时要求员工有权了解本人健康检查结果。公司每年要定期安排员工进行职业健康检查，健康检查项目不是国家法律法规规定的强制性进行的项目，员工参加应本着自愿的原则。

　　5. 会议就员工从事的工作对他们的健康可能造成的影响和危害进行了沟通，确保其有权参与公司各项职业健康安全制度的建立和协商决策过程。职业健康安全员工代表和工会要相互协调和配合，为预防职业病、促进员工健康发挥应有的作用。

　　6. 会议认为，全体员工必须认真学习和了解相关的职业卫生知识和职业病防治法律法规，掌握安全操作规程，正确使用和维护个体防护装备，发现职业病危害事故隐患应及时报告。

7. 员工有权对公司违反职业健康安全有关规定的行为提出批评、检举、控告,包括向上级监管机构进行投诉;有权拒绝违章指挥和强令冒险作业。

8. 与会人员就公司职业健康安全方针、事件调查发表了各自的意见,尤其是对工伤、违反操作规程等事件的处理进行了充分的沟通,对相关责任人按公司制度的规定进行了处理,责任岗位人员就事件进行了原因分析,并采取了相应的纠正措施和改进方案。

3.6 策划

3.6.1 应对风险和机遇的措施/总则

3.6.1.1 标准条文

6 策划

6.1 应对风险和机遇的措施

6.1.1 总则

在策划职业健康安全管理体系时,组织应考虑4.1(所处的环境)所提及的议题、4.2(相关方)所提及的要求和4.3(职业健康安全管理体系范围),并确定所需应对的风险和机遇,以:

　　a) 确保职业健康安全管理体系实现预期结果;

　　b) 防止或减少不期望的影响;

　　c) 实现持续改进。

在确定所需应对的与职业健康安全管理体系及其预期结果有关的风险和机遇时,组织应必须考虑:

　　——危险源(见6.1.2.1);

　　——职业健康安全风险和其他风险(见6.1.2.2);

　　——职业健康安全机遇和其他机遇(见6.1.2.3);

　　——法律法规要求和其他要求(见6.1.3)。

在策划过程中,组织应结合组织及其过程或职业健康安全管理体系的变更来确定和评价与职业健康安全管理体系预期结果有关的风险和机遇。对于所策划的变更,无论是永久性的还是临时性的,这种评价均应在变更实施前进行(见8.1.3)。

组织应保持以下方面的文件化信息:

　　——风险和机遇;

　　——确定和应对其风险和机遇(见6.1.2至6.1.4)所需的过程和措施。其文件化程度应足以让人确信这些过程和措施可按策划执行。

3.6.1.2　理解与实施要点

（1）策划过程主要包括确定危险源、法律法规要求和其他要求中应对风险和机遇的过程；危险源辨识、职业健康安全风险和机遇评价和确定重大危险源过程；识别和获取法律法规要求和其他要求过程以及策划管理其重大危险源、法律法规要求和其他要求需要应对的风险和机遇措施的过程。策划过程的输出，是确定需要实施运行控制的重要输入，同时也是开展其他职业健康安全管理活动的重要输入，如确定能力要求、培训需求、应急准备与响应、监视测量需求等。该标准6.1主要描述了确定应对风险和机会的措施有关管理要求。

（2）组织在策划职业健康安全管理体系时，应考虑到该标准中4.1所描述的因素（所处的环境）、4.2所提及的要求（相关方）和4.3（职业健康安全管理体系范围），确定需要应对的风险和机遇，以便：

1）确保职业健康安全管理体系能够实现其预期结果。职业健康安全预期结果包括：持续改进职业健康安全绩效、满足法律法规要求和其他要求（履行合规义务）和实现职业健康安全目标等三方面的内容。这三项内容是最基本的核心内容。组织可以设置这三方面内容之外的预期结果。

2）防止或减少非预期的影响。组织在策划应对职业健康安全活动所带来的风险和机遇的措施时，应针对所确定的重大危险源，按照该标准4.1所描述的内外部议题，并考虑4.2所要求的理解相关方的需求和期望以及确定其中哪些应成为组织的合规性义务，以确保满足应对威胁所带来的风险和机会的措施，预防和减少非预期的影响，扩大或增加对职业健康安全有益的影响。非预期的结果可包括与工作相关的伤害和健康损害、不符合法律法规要求和其他要求，或损害声誉。

3）实现持续改进。组织推行职业健康安全管理体系需要建立、实施和保持一些过程，这些过程是为满足该标准中总则（6.1.1）、危险源辨识及风险和机遇的评价（6.1.2）、法律法规要求和其他要求的确定（6.1.3）和措施的策划（6.1.4）等要素的要求而需要建立的。建立过程的总体目的是为了能够实现组织职业健康安全管理体系的预期结果、防止和减少非预期的影响，从而实现持续改进。

（3）因为职业健康安全风险和机遇涉及组织的各个方面，员工的积极参与和配合对应对风险和机遇至关重要。因此，组织在策划职业健康安全风险和机遇时，应考虑到员工的有效参与和配合。同时，相关方可能会对组织的职业健康安全风险和机遇产生重要的影响，或者会受其影响，这说明应对风险和机遇离不开相关方的积极支持和配合。

（4）当确定所需应对的与职业健康管理体系及其预期结果有关的风险和机遇时，组织应必须考虑：

1）危险源，尤其是重大危险源，会给组织带来风险和机遇。一方面是因为危险源会对组织所处的外部环境产生不利或有益的影响，这种影响会进而给组织带来相应的风险和机遇。另一方面，危险源多数还是对职业健康安全产生不利的影响，因此，因危险源而导致的潜在风险可能是组织需要更多地去考虑和应对的。如某组织的重大危险源是"用电器具漏电引起火灾"，如果发生火灾事故，则给组织带来的风险至少是两方面的：一是火灾事故造成重大人员伤亡或财产损失，给组织带来被政府部门罚款的风险；二是火灾事件给组织管理其重大风险的能力带来质疑，给组织造成公信力危机的风险。

2）职业健康安全风险和其他风险。职业健康安全风险是由危险源导致的风险，指造成伤害和健康损害的事故；职业健康安全管理体系其他风险，指组织在职业健康安全管理体系的相关过程和手段上发生的一些不确定性问题，如供方、承包方的选择有不确定性，这个不确定性，例如在人的选择和能力的确定方面可能给组织带来风险，需要控制，这个是管理层面上的风险，即管理风险。

3）职业健康安全机遇和其他机遇。职业健康安全机遇涉及危险源辨识、如何沟通危险源，以及已知危险源的分析和减轻。其他机遇涉及体系改进策略。

改进职业健康安全绩效的机遇包括但不限于：

——检查和审核作用；

——工作危险源分析（工作安全分析）和相关任务的评价；

——通过减轻单调的工作或具有潜在危险的预设工作速率的工作来改进职业健康安全绩效；

——工作许可及其他的识别和控制方法；

——事件或不符合调查和纠正措施；

——人类工效学和其他与预防伤害有关的评价。

改进职业健康安全绩效的其他机遇包括但不限于：

——对于设施重置、过程重设，或机器和厂房的更换的策划，在设施、设备或过程的生命周期初始阶段融入职业健康安全要求；

——在设施搬迁策划、过程再设计或更换机器和厂房的早期阶段就融入职业健康安全要求；

——应用新技术提升职业健康安全绩效；

——改善职业健康安全文化，如通过扩展超越要求的与职业健康安全相关的能力，或鼓励工作人员及时报告事件；

——提高最高管理者对支持职业健康安全管理体系的感知度；

——强化事件调查结果；

——改进工作人员协商和参与的过程；

——标杆管理，包括考虑组织自身以往的绩效和其他组织的绩效；

——在职业健康安全专题论坛中寻求合作。

4）法律法规要求和其他要求（见该标准6.1.3），可能会给组织带来风险和机遇，这可能是包括不断新发布和变更的法规本身以及组织遵循法规程度而引起的。例如，2014年发布的《中华人民共和国安全生产法》明确规定了100人以上的单位应当配备专职的安全生产管理人员，对未按规定要求配备安全生产人员的生产经营单位，责令限期改正，可以处5万元以下的罚款，最高可处"责令停产停业整顿，并处5万元以上10万元以下的罚款"，并可对主要负责人处1万～2万元以下的罚款。这些违规可能给组织带来风险和机遇，即未满足法律法规要求可能损害组织的声誉或导致法律诉讼，而更严格的执行法规，则会提升组织的声誉和社会形象。合规义务中的组织应遵守的适用法律法规是组织在识别风险时需要重点去考虑的。不遵守法规给组织带来的风险将包括导致罚款、纠正措施的费用，以及失去经营许可。

5）与职业健康安全管理体系运行有关的能够影响实现预期结果的风险和机遇，如：

——市场需求的变化会给组织带来的风险和机遇；

——社区居民要求组织公布其有害物质的排放情况，会给组织带来的风险；

——由于员工文化或语言的障碍，未能理解当地的工作程序，而导致安全事件的发生；

——由于资金约束，导致缺乏相应的资源来保持职业健康安全管理体系的有效运行；

——通过政府的财政支持，采用更先进的职业健康安全设备，减少事件的发生概率，从而提升职业健康安全检查绩效。

机遇是对组织的潜在的有益影响，包括但不限于：

——识别新的技术，如可以减少事件发生概率的设备；

——优化资源；

——与相关方合作，如消除相关方对组织建议的消防整改方案的反对。

（5）对于职业健康安全管理体系的预期结果，连同组织及其过程、职业健康安全管理体系的变更，组织应评价相关的风险并识别相关的机遇。若是有计划性的变更，永久性的或是临时性的，该评价应在变更实施前进行，使其保持持续的适宜性和有效性。

（6）识别和确定需要应对的风险和机遇是策划职业健康安全管理对策或措施的基础。为了能够清晰、准确地传递相关信息，组织应将其形成文件化的信息予以保持，如形成需要应对风险和机遇的过程和措施清单等。因策划的过程非常重要，为确保有关的过程能够有效实施，组织应针对满足该标准6.1.1～6.1.4要求所需的过程制定文件化的信息，以指导有关的过程能够按照策划要求进行实施，形成的文件化信息可能有：风险和机遇管理控制程序、危险源辨识和风险评价控制程序、法律法规要求和其他要求获取和更新控制程序等。

3.6.1.3　实施案例

【例3-6】风险和机遇管理控制程序

风险和机遇管理控制程序

1　目的

建立规范、有效的职业健康安全风险控制体系，识别、分析、评价风险和机遇并采取应对措施，提高风险防范能力，寻找发展机会，促使公司长期可持续发展。

2　范围

本标准规定了职业健康安全风险和机遇的识别、分析、评价和应对等相关事项。

本标准适用于公司的职业健康安全风险和机遇的识别、分析、评价和应对。

3　规范性引用文件

下列文件对于本文件的应用是必不可少的。凡是注日期的引用文件，仅注日期的版本适用于本文件。凡是不注日期的引用文件，其最新版本（包括所有的修改单）适用于本文件。

Q/TZ G21605　组织环境理解和分析控制程序

4　职责

4.1　总经办

负责职业健康安全风险和机遇的识别、分析、评价和应对全过程的管理。

4.2　各部门

负责对本部门涉及的职业健康安全风险和机遇进行识别、分析、评价和应对，并将风险和机遇处理结果向总经办反馈。

4.3　总经理

负责审批《风险评价与应对措施表》《机遇评价和应对措施表》《相关方需求与期望应对表》。

5　程序

5.1　风险和机遇的识别

5.1.1　风险和机遇识别的时机

发生下列情况，公司应进行风险和机遇的识别：

a)　在体系策划初进行组织环境理解和分析之后；

b)　年度管理评审或年度职业健康安全目标设定之前；

c)　当组织环境信息出现更新时；

d)　组织宗旨变化、战略变化时；

e)　内外部环境（议题）变化时；

f)　组织及其背景、相关方的需求和期望变化时。

5.1.2　风险和机遇识别的信息来源

总经办按 Q/TZ G21605 的要求，理解、确定、监视和评审与组织环境相关的内部议题和外部议题。公司内外部环境理解和分析输出的《组织环境外部议题分析表》《组织环境内部议题分析表》《SWTO分析表》中能够影响组织实现职业健康安全管理体系预期结果能力的相关内容，以及相关方的需求和期望等内容作为风险和机遇识别的信息输入，同时总经办还必须重点收集如下风险和机遇的信息：

a)　国内外战略风险失控导致企业蒙受损失的案例；

b)　新竞争者、合同方、承包方、供应商、合作伙伴及提供者、新技术、新法规的引入和新职业的出现；

  c) 有关产品的新知识及其对健康和安全的影响；

  d) 影响组织职业健康安全目标的主要动力和趋势；

  e) 与外部利益相关方的关系，外部利益相关方的观点和价值观。

5.1.3 风险识别方法

总经办将收集整理的上述相关风险的信息发给各部门，由各部门结合本部门收集的风险信息和实际情况采用《风险评价与应对措施表》进行风险识别，可以采取检查表法、经验法、类比法、工程分析法、综合法、系统分析法等方法识别风险。

5.1.4 风险分类

公司职业健康安全风险分为重大危险源风险、合规义务风险、运营环境风险、相关方要求风险：

  a) 重大危险源风险：重大危险源识别不充分，导致产生重大职业健康安全风险影响；工艺参数控制不严格，导致重大安全事件发生，受到当地安全监管部门处罚的风险；因安全意识不强，导致职业健康安全风险未能被全面、准确地认知；因职业健康安全技术知识的不足，导致实际的职业健康安全风险后果超出了预期；因职业健康安全管理能力的限制，导致实际的职业健康安全风险后果超出了预期。

  b) 合规义务风险：包括组织由于未履行合规义务导致罚款、声誉受损或法律诉讼、纠正措施的费用以及失去经营许可；违反《中华人民共和国安全生产法》，新建、改建、扩建工程项目的安全设施，未与主体工程同时设计、同时施工、同时投入生产和使用；违反《中华人民共和国职业病防治法》，导致重大经济处罚和重大经济损失以及职业病的发生；特种设备违反《特种设备安全监察条例》，可能造成人身伤害；消防设施不符合《中华人民共和国消防法》，存在安全隐患；由于组织未对适用的法律法规及要求进行识别和更新，导致有关管理活动不能满足合规义务的要求。

  c) 运营环境风险：由于运营策略和运行控制的不当，妨碍或影响目标实现等负面因素。一般包括管理体系风险、安全风险、自然灾害风险，以及其他（包括诚信风险、股东风险、行业协会监管风险、物流风险等）运营风险。

  d) 相关方要求风险：不同的相关方对组织的要求可能不尽相同。这些相关方的要求中，其中一部分构成了组织的合规义务，会给组织带来风险；而相关方的其他要求虽为构成合规义务，但如果未能得到满足，相关方可能会采取的一些行动，如阻碍组织的正常生产，会给组织运营带来负面影响。

5.1.5 风险识别的分工

总经办为风险识别牵头部门，组织相关部门进行风险识别：

——生产部、品质部侧重于重大危险源风险的识别；

——人事部、技术部侧重合规义务风险的识别；

——销售部、财务部侧重于运营环境风险的识别；

——采购部侧重于相关方要求风险的识别。

5.2 风险分析与评价

5.2.1 总经办负责从风险发生的可能性与风险后果（影响实现管理体系预期结果的程度）两个方面进行风险分析与评价，并填写《风险评价与应对措施表》。

5.2.2 风险评价法：公司风险评价采用定性分析法，分为高度风险、中度风险和低度风险，其对应表见表1。

表1 风险评价表

风险后果	风险发生可能性		
	可能性大	可能发生	极少发生
严重	高度风险	高度风险	中度风险
一般	中度风险	中度风险	低度风险
轻微	低度风险	低度风险	低度风险

5.2.3 总经办组织相关人员，必要时邀请专业人员对各部门风险识别、分析、评价结果进行评审确认。

5.3 风险应对措施的管理

5.3.1 风险对策分类

公司在进行风险分析后，应该根据风险分析结果，结合风险发生的原因选择风险应对措施，可包括：

a) 规避风险：退出产生风险的各种活动。

b) 接受风险：不采取任何行动去影响风险的可能性或影响。

c) 减少风险：采取行动减少风险的可能性或降低风险影响程度或两者同时降低。减少风险一般涉及大量的日常经营决策。

d) 分担风险：通过将风险转移或者分担部分风险来减少风险的可能性和影响。常见的方法包括购买安全生产责任保险和工伤社会保险等。

5.3.2 风险对策的选择

风险分析后，确定风险应对方案时，公司应考虑以下因素：

a) 风险应对方案对风险可能性和风险程度的影响，风险应对方案是否与公司的风险容忍度一致；

b) 对方案的成本与收益比较；

c) 对方案中可能的机遇与相关的风险进行比较；

d) 充分考虑多种风险应对方案的组合。

5.3.3 制定应对措施，以及实施优先顺序

总经办针对每个风险制定应对措施。应对措施可结合公司的实际情况和以往经验教训以及获得的知识进行制定，并与该风险对实现职业健康安全管理体系预期结果的潜在影响相适应。一般可采用制定目标及其管理方案、建立和实施运行控制文件、进

行培训和宣贯、投入资源、监督检查、应急预案等措施。

总经办根据风险识别、分析、评价的结果确定风险对策和应对措施，填写《风险评价与应对措施表》，并提交总经理审批后发到相关部门。

5.4 机遇评价与应对

总经办采用《机遇评价与应对措施表》进行分析评价应对，机遇评价输入应包括改进职业健康安全绩效，履行合规义务，实现职业健康安全目标的机遇。制定机遇应对措施应考虑相关的风险并与该机遇对实现职业健康安全管理体系预期结果的潜在影响相适应。机遇可能导致采用新技术，新工艺来降低职业健康安全风险；通过政府的财政支持，采用更先进的职业健康安全设备，减少事件的发生概率；与相关方合作，如消除相关方对组织建议的消防整改方案的反对，从而促进公司职业健康安全管理体系预期结果得以实现。机遇应对的方法可包括：

a) 立即行动；

b) 积极行动；

c) 保持关注。

当采取立即行动和积极行动所产生的费用大于机遇所带来的利益时，采用保持关注的方法。

5.5 与相关方需求和期望有关的风险和机遇

由总经办组织对其进行评价、策划应对措施，并填写《相关方需求与期望应对表》。

5.6 风险和机遇信息的更新

总经办应针对所收集的风险和机遇的信息适时提出修改《风险评价与应对措施表》《机遇评价与应对措施表》《相关方需求与期望应对表》的申请，由总经办主任负责组织对其进行讨论、审核确认后更新相应表格报总经理批准后发至相关部门。

5.7 措施有效性评价

总经办根据《风险评价与应对措施表》和《机遇评价与应对措施表》定期或不定期监督检查风险和机遇应对措施的执行情况，评价措施的有效性，并将检查结果填写在《风险评价与应对措施表》和《机遇评价与应对措施表》中，检查发现的问题应采取纠正措施，以保证风险管理的有效性、连续性、充分性，监督检查和评价结果应作为管理评审的输入。

6 记录

记录表单如下：

a) 风险评价与应对措施表；

b) 机遇评价与应对措施表。

3.6.2　危险源辨识及风险和机遇的评价/危险源辨识

3.6.2.1　标准条文

> **6.1.2　危险源辨识及风险和机遇的评价**
>
> **6.1.2.1　危险源辨识**
>
> 组织应建立、实施和保持用于持续和主动的危险源辨识的过程。该过程必须考虑（但不限于）：
>
> a) 工作如何组织，社会因素（包括工作负荷、工作时间、欺骗、骚扰和欺压），领导作用和组织的文化。
>
> b) 常规和非常规的活动和状况，包括由以下方面所产生的危险源：
>
>   1) 基础设施、设备、原料、材料和工作场所的物理环境；
>
>   2) 产品和服务的设计、研究、开发、测试、生产、装配、施工、交付、维护或处置；
>
>   3) 人的因素；
>
>   4) 工作如何执行。
>
> c) 组织内部或外部以往发生的相关事件（包括紧急情况）及其原因。
>
> d) 潜在的紧急情况。
>
> e) 人员，包括考虑：
>
>   1) 那些有机会进入工作场所的人员及其活动，包括工作人员、承包方、访问者和其他人员；
>
>   2) 那些处于工作场所附近可能受组织活动影响的人员；
>
>   3) 处于不受组织直接控制的场所的工作人员。
>
> f) 其他议题，包括考虑：
>
>   1) 工作区域、过程、装置、机器和（或）设备、操作程序和工作组织的设计，包括它们对所涉及工作人员的需求和能力的适应性；
>
>   2) 由组织控制下的工作相关活动所导致的、发生在工作场所附近的状况；
>
>   3) 发生在工作场所附近、不受组织控制、可能对工作场所内的人员造成伤害和健康损害的状况。
>
> g) 组织、运行、过程、活动和职业健康安全管理体系中的实际或拟定的变更（见 8.1.3）。
>
> h) 危险源的知识和相关信息的变更。

3.6.2.2　理解与实施要点

所谓危险源即为"可能导致伤害和健康损害的来源"（ISO 45001：2018，3.19），也是可能导致事故或职业健康安全风险的来源或因素。危险源辨识就是要首先确定危险源的存在，危险源的存在形式多样，有的显而易见，有的则因果关系不明显，因此需要采用一些特定的方法和手段对其进行识别，并进行严密的分析，找出因果关系。其次要确定危险源的特性，就是要确定危险源属于哪类危险源、有何特性、带来何种职业健康安全风险等。为了不使危险源遗漏，组织应建立、实施并保持过程，以持续、主动地对产生的危险源进行辨识。持续主动的危险源辨识始于任何新工作场所、设施、产品或组织的概念设计阶段，并在他们详细设计、运行阶段以及其整个生命周期中持续进行，以反映当前的、变化的和未来的活动。

危险源辨识有助于组织认识和理解工作场所中的危险源及其对工作人员的危害，以便评价、区分并消除危险源或降低职业健康安全风险。

危险源辨识的方法很多，每一种方法都有其目的性和应用的范围。通常用于建立职业健康安全管理体系的危险源辨识方法主要有以下几种（具体见第5章6.2）：

——安全检查表法（SCL）；

——危险源与可操作性分析（HAZOP）；

——预先危害分析（PHA）；

——事件树分析（ETA）；

——故障树分析（FTA）；

——失效模式与影响分析（FMEA）等。

需要指出的是，在这些危险源辨识方法中，有的方法功能比较单一，只能用于单纯的危险源辨识，不具备其他功能；有的方法可以把风险评估（识别、分析、评价）及措施制定等风险管理全过程都囊括进去，集辨识、评估到措施制定等于一体。读者在危险源辨识和风险评价过程中可根据自己的实际情况使用，更多的方法可参照ISO/IEC 31010：2009《风险管理　风险评估技术》附录B。

由于不同的危险源辨识方法有不同的特点以及各自的适用范围和局限性，所有组织在辨识危险源过程中，往往使用一种方法不足以全面地识别其所存在的危险源，必须综合地运用两种或两种以上的方法。

该标准要求组织在进行危险源辨识时，应考虑但不限于以下几个方面：

（1）考虑工作组织形式和社会因素。有些危险源是由于工作组织不合理引起的，如作业时间过长。工作组织形式很多，如单机操作、多机操作、流水线作业、机器人作业等，不同的工作组织形式，其工作量、工作时间、组织领导的要求不尽相同，要识别生产协调过程中的危险源的存在，严格按照操作规程进行操作。此时，组织的文化建设就显得非常重要，它是组织长期发展过程中，组织人员逐渐达成共识的行为规范，并通过一系列的惯例、传统、规矩、典型事例和行为表现出来并延续下去，深深地沉淀在组织的价值体系当中，它一经形成就很难改变，并且对组织成员具有潜移默化的影响和作用。一个组织文化建议得好的企业，员工养成了遵守规定的良好习惯，风险自然而然就降低了。

社会因素指社会上各种事物，包括社会制度、社会群体、社会交往、道德规范、国家法律、社会舆论、风俗习惯等。社会因素导致的危险源可能有：

——社会结构中存在不稳定因素带来的危险源和风险，包括政治、经济和文化方面；

——腐朽思想、不良生活习惯带来的危险源和风险，如酗酒、吸烟、吸毒等；

——社会制度、人际关系或社会环境影响人的心理，可能造成人的不安全行为或失误；

——由于民族的不同，人们的风俗习惯就有很大的差异。另外不同的宗教信仰者有不同的文化倾向和戒律，从而影响着人们认识事物的方式、行为准则和价值观念，造成沟通上的困难和不必要的冲突。

（2）应全面考虑常规和非常规的活动和状况。常规活动一般指组织正常生产经营活动，它具有连续性、固定性、周期长等特点。如正常的生产、开机、停机、例行检修、装置的日常清洗和维护等。非常规活动指除组织常规活动以外的生产经营活动，与常规生产作业的最大不同之处，就是生产活动不确定、不连续、突发性和临时性。如设备出现故障的抢修，紧急状况如火灾、有毒有害化学品的泄漏、发生台风、洪水等自然灾害时的情况。

1）工作场所内的设施和材料。设施一般指作业场所内的建筑物、装置、设备（含特种设备）、车辆等。包括组织自有的建筑物、装置、设备、车辆，并含过期老化的物料等；以及租赁的、外界提供服务的建筑物、设备、车辆等。

设备发生故障并处于不安全状态是导致事故、危害发生的基本物质条件，设备、设施的内在缺陷和设备、设施安全防护装置的失效极有可能引发事故。据统计，在化工生产的大量设备事故中，因设计和制造缺陷而导致的事故所占的比例很大，如自制设备、擅自更改图纸、改造设备、材质选择不符合要求、铸造和焊接质量低劣，以及管件、阀门质量不合格等，都形成了事故隐患。在电气设备中，电气设备绝缘损坏造成漏电伤人或短路，短路保护装置失效又造成配电系统的破坏，进而引发更大的生产事故。管道阀门破裂、通风装置故障，使有毒气体侵入作业人员呼吸带，造成人员中毒；超载限制或提升限位安全装置失效使钢丝绳断裂、重物坠落、围栏缺陷、安全带及安全网质量低劣等为高处坠落事故提供了条件。

材料，包括原材料、成品、半成品以及伴随而产生的副产品等。通常，组织内危险性比较高的材料，主要包括爆炸品、压缩气体和液化气体、易燃气固液体、自燃物品以及遇湿易燃品、氧化剂、过氧化剂、有毒品和腐蚀品等危险化学物品。

2）辨识危险源时应采用生命周期观点，即包括产品和服务的设计、研究、开发、测试、生产、组装、施工、服务交付、维护或处置，亦即从产品诞生摇篮至产品生命终结的过程。虽然ISO 45001不涉及产品安全（即最终产品用户的安全），但产品的制造、建造、装配或测试过程中所存在的危害工作人员的危险源应予以考虑。组织在进行产品设计开发时，应具有生命周期观点，在产品设计开发过程中，考虑到生命周期各阶段存在或潜在的危险源或危险、有害因素，尽量通过设计开发过程确定或消除或减缓各阶段危险源带来的职业健康安全事故的措施。如家电产品设计，泄漏电流不符合要求，造成消费者触电事故；机械产品设计过程中，因疲劳强度、断裂强度计算不准而造成产品强度不够而发生安全事件等。实际生产过程中所存在的危险源往往不是单一的，而且常常有多项危险相关联。因此，在进行危险源辨识时，万万不能顾此失彼，遗漏隐患，而应确定不同危险的相互关系、相互程度和危急的范围。

3）人为因素。由于人的行为、能力和局限性以及其他人的因素对于组织的过程、设备和工作环境的职业健康安全具有重要的影响，这些因素可能会直接产生新的危险源和风险，因此，危险源辨识过程应对这些因素加以全面考虑。由于人类工效学是专门以"人、机、环"为对象，根据人的心理和生理等因素，应用系统工程的观点，分析研究"人、机、环"相互之间的协调与配合以实现其关系的最优化，从而达到"安全、健康、高效和舒适"的目的。因此，全面考虑这些因素的最佳办法就是充分利用人类工效学技术和知识。在危险源辨识过程中，每当存在人机界面时，组织均应从人类工效学角度加以考虑，这包括易于使用、可能的操作失误、操作员压力和使用者疲劳以及工作单调等诸多方面对工效的影响。

在考虑人类工效学时，组织的危险源辨识过程应考虑如下各项及其相互作用：

——工作性质，如工作场所布局、操作者信息、工作负荷、体力劳动、工作类型；

——工作环境，如热、光、噪声、空气质量；

——人的行为，如性格、习惯、态度；

——心理能力，如知觉、注意力；

——生理能力，如生物力学、人体测量或人的身体变化。

4）工作实际是如何执行的。执行一项工作任务可能有多种方式，但必须符合安全操作规程，否则可能会产生风险和新的危险源。如不断开电源就带电修理电气线路而发生触电事故；超载起吊重物超成钢丝绳断裂，发生重物坠落事故等。

（3）组织内部或外部曾经发生的事件，包括紧急情况及其原因，主要要考虑以下方面：

1）要考虑3种状态，即正常状态（指生产正常状况）、异常状态（指机器、设备试运转、停机及发生故障时）和紧急状态（指不可预见何时发生，可能带来重大危险的状况，如地震、火灾、爆炸等）。

2）要考虑3种时态，即过去时态（指过去出现并一直持续到现在的，如由于技术、资源不足仍未解决的或停止不用，但其危害依然存在）、现在时态（评估对现有控制措施下的安全风险）、将来时态（组织计划中的改造、扩建、新产品生产和新的服务提供等）可能存在的危险源都应进行辨识。

3）要考虑7个方面。考虑由于机械能、电能、热能、化学能、放射能、生物因素、人机工程因素（生理、心理）可能造成对人的伤害。如机械设备伤人，漏电伤人，化学品对人的毒害，射线对人的辐射、伤害，以及人员的误操作、不遵守安全规程等。

（4）潜在的紧急情况。潜在的紧急情况是需立即做出响应的、意外的或不期望发生的情况，潜在紧急情况导致的是风险，给职业健康安全和组织带来的危害或者对组织造成的不利影响往往是非常巨大的，如突然间的停水、停电、电气火灾事故、遭受雷击；工作场所附近的自然灾害；工作场所发生了内乱而需紧急疏散的情况等，组织应充分辨识可能对职业健康安全和组织运作生产产生不利影响的潜在紧急情况有哪些，继而制定相应的应急措施，防止潜在事故的发生给组织造成重大损失。

（5）应考虑人员的活动。由于人员本身可能会给组织带来职业健康安全危险源和风险，因此，为了不出遗漏，危险源辨识过程中应考虑如下人员活动的情况：

1）进入工作场所内人员的活动，这些人员主要有如下几类：本组织的员工，包括固定工和临时工；访问者，如顾客、实习生、外审员、政府或主管部门人员；合同方，如供方、承包商、副产品或废物（废水、废气、废渣等）处理人员、监测机构人员等。进入工作场所的人员可能带来的职业健康安全危险源和风险包括：

——因其在工作场所活动而产生的危险源和风险；

——因使用他们所提供给组织的产品或服务而产生的危险源；

——因其在工作场所的不熟悉而产生的危险源和风险；

——因其个人行为的不当而产生的危险源和风险。

在体系实施过程中，往往会遇到这样的情况，组织正在实施新、扩、改建项目，如新建厂房的建筑施工。那么在建工程中的职业健康安全危险源应由谁来识别和控制，作者认为：

①首先组织应按照《中华人民共和国安全生产法》第四十六条的规定，与承建单位签订专门的安全生产管理协议，约定各自的安全生产管理职责，其控制程度应在协议中明确（见 ISO 45001：2018，8.5），如对其进行定期检查，发现对组织的员工存在职业健康安全风险时，应及时督促整改，如现场噪声、振动、粉尘等。

②工作场所内（指承包方的工作场所，如建筑施工现场）的危险源的识别工作应由承包方自己负责，不应纳入组织的危险源识别范畴。ISO 45001 将"工作场所"定义为"在组织控制下，人员因工作需要而处于或前往的场所"，承包方所处的工作场所虽然在组织范围内，但施工阶段不是在组织直接控制下（根据协议），是承包方员工因工作需要而处于或前往的场所。我国《中华人民共和国建筑法》第四十五条规定："施工现场安全由建筑施工企业负责。实行施工总承包的，由总承包单位负责。分包单位向总承包单位负责，服从总承包单位对施工现场的安全管理"。《中华人民共和国建筑法》还在第四十四条明确规定："建筑施工企业的法定代表人对本企业的安全生产负责"。

③承包方的员工进入组织的工作场所或组织的员工进入承包方的施工现场所产生的危险源和职业健康安全风险应由组织来识别。

④承包方在组织内所从事的工作一般来说都是属于专业性很强的高风险作业，以建筑施工为例，涉及基坑支架/降水工程、土方开挖工程、脚手架工程、模板工程、高处作业、塔吊安装、超重吊装、木工机械、搅拌、打桩等，其危险源识别工作是一项

技术性、专业性很强的工作，组织无法识别或充分识别。

2）在工作场所附近的可能受到组织活动影响的人员。在职业健康安全方面，任何组织都可能会对其所在社区（社区既可能是一个城市小区或街道，也可能是整个城市）内的其他组织或个人产生影响或受其影响。这就是说，在有些情况下，发生或源于组织工作场所内的危险源很可能越过工作场所边界而对外部的其他组织或个人产生影响，例如组织释放的有毒或有害物质（如液体、气体、粉尘或放射性物质等）对相邻组织或个人产生的影响。

3）在不受组织直接控制的地点的员工。这类情况主要包括员工外出、上下班途中以及从事流动工作的人员或前往其他地点从事与工作有关活动的人员（如邮政工作人员、公共汽车司机、前往客户现场工作的服务人员）等，组织都应给予充分的识别。

（6）其他职业健康安全危险源和风险情况，主要包括：

1）工作区域、过程、安装、机器/设备、操作程序和工作组织的设计，包括它们对人员能力的适应性。在危险源辨识过程中，组织要充分识别工作区域、办公区域、车间布局、车间内作业面布局，生产工艺流程设计，机器设备安装、调试、检修、生产运行管理、劳动力组织、作业班次安排、生产实施策划、人机工效学的考虑、作业环境条件的设置可能形成的危险源。要考虑人的行为、能力和其他人的因素可能导致的危险源，如员工不按安全操作规程或者没有按规定的人员能力要求配置岗位人员而造成的危险源或导致的危险情况发生。

对于工艺流程复杂、危险源比较多的识别对象，组织应划分为若干个识别单元逐一识别。例如：在火电建设项目的危险源识别过程中，一般划分为热机单元、输煤单元、除灰渣单元、化学单元、电气单元、热工自动化单元、水工单元、采暖通风及空气调节单元等若干单元分别进行评价，然后在此基础上综合为整个系统的分析。识别单元可按照事故类别、职业病类别、工艺流程和布局区域划分。

2）在工作场所附近发生的由工作相关的活动造成的组织控制下的情况。在危险源辨识过程中，对在工作场所内发生的与工作相关的活动且在组织控制下的情况，组织应事先予以识别，做好应急预案。例如在车间需要进行动火作业时，消防监护人应在明火使用前，清除动火部位的易燃易爆品，掌握用火情况，配备必需的消防器材。用火人在消防监护人监护下，正确用火。用火完毕后，用火单位和消防监护人进行检查，杜绝火灾隐患。

3）在工作场所附近发生的可能对工作场所中的人员造成与工作相关的伤害和健康损害的不受组织控制的情况。在危险源辨识过程中，对于源于其他组织的危险源，由于不受组织直接控制，组织也应事先予以识别，以便采取对策措施。例如相邻组织释放的有毒物质、车间围墙外有周边工作的压力罐、工厂附近的加油站、工厂门口的交通要道等。

（7）考虑变更带来的危险源和风险。由于组织机构、员工、管理体系、过程、活动、材料使用等的变更可能会带来危险源和潜在的风险，组织应引入变更管理过程

（见 ISO 45001：2018，8.1.3），通过"危险源辨识、风险评价和控制措施的确定"过程来识别和评价与该变更相关的职业健康安全危险源和职业健康安全风险，并在必要时采取控制措施，以确保变更实施后任何新的或变化的风险为可接受风险。组织在开展变更管理时应注意以下几个方面：

1）针对组织内的任何变更情况都应审慎考虑是否启动变更管理过程。在设计阶段，增加新的或修改现有的过程或运行都可能会带来新的危险源和风险，或者使现有的危险源和风险发生变化。此外，当组织的以及现有的运行、产品、服务或供方发生变化时，也可能会带来新的危险源和风险，或者使现有的危险源和风险发生变化。因此，不论何时，只要组织内出现任何变更情况，组织都应审慎考虑是否启动变更管理。至于何种变更情况下无需启动变更管理过程，组织应审慎从事，除非自己能明确确定该变更不会带来任何新的危险源和潜在的风险，并且不会使现有的危险源和风险发生任何变化。

启动变更管理过程的情况示例如下：

——新的或修改的技术（包括软件等）、设备、设施或工作环境；

——新的或修订的程序、工作惯例、设计、规范或标准；

——不同类型或等级的原材料；

——现场组织机构和人员配备包括所用承包方的重大改变；

——健康安全设施和设备或控制措施的改变。

2）确保任何新的或变化的风险为可接受风险。为了确保任何新的或变化的风险为可接受风险，变更管理过程需要考虑下列各方面：

——是否已产生新危险源；

——何为与新危险源相关的风险；

——源自其他危险源的风险是否已发生变化；

——变更是否可能对现有风险控制措施产生不利影响；

——在综合考虑了措施的可用性、可接受性以及现时和长期成本的情况下，是否已选择了最适宜的控制措施。

（8）考虑危险源知识和危险源信息的变化。由于危险源辨识过程是一个大量信息收集、整理、分析和处理的过程，因此，为了确保危险源辨识更加系统而有效，组织应全面考虑各种危险源信息的来源或知识变化。危险源辨识过程需考虑的知识、信息来源和新的理解包括：

——职业健康安全法律法规和其他要求，例如有关如何辨识危险源的规定等；

——职业健康安全方针；

——公开发表的文献资料；

——研究和开发的动态；

——监视数据；

——职业接触和健康评价；

——事件记录及组织已发生事件的报告；

——以往审核、评价和评审的报告；

——来自员工和其他相关方的信息反馈；

——其他管理体系的信息（如质量管理和环境管理等）；

——员工的职业健康安全协商信息；

——工作场所内的过程评审和改进活动；

——组织自身运行经验的回顾；

——组织的最佳实践和典型危险源的信息；

——对危险源和职业健康安全风险提供新认识的资源变化；

——组织的设施、过程和活动的信息，包括：工作场所设计、交通方案（如人行道、机动车道等）、现场平面图，工艺流程和操作手册，危险物质存货清单，设备规范，产品规范、化学品安全说明书（MSDS）毒理学和其他职业健康安全数据。

这些来源能够提供关于危险源和职业健康安全风险的新信息。

（9）重大危险源的辨识。目前国内外都是根据危险物质及其临界量表来确定重大事故危险源。这些危险物质及其临界量是按照"国家级"重大危险源建议的，各国和地区都根据具体情况规定各自的危险物质及其临界量，作为重大危险源辨识依据。

欧共体的安全立法将重大危险源定义为："由于非自然现象的作用，因工业技术的应用而导致的危险事件，这种危险事件对现场和远离现场的人员、财产都产生严重伤害和破坏。"

《中华人民共和国安全生产法》将重大危险源定义为："长期地或者临时地生产、搬运、使用或者储存危险物品，且危险物品的数量等于或者超过临界量的单元（包括场所和设施）。"

GB 18218—2018《危险化学品重大危险源辨识》将危险化学品重大危险源定义为："长期地或临时地生产、储存、使用和经营危险化学品，且危险化学品的数量等于或超过临界量的单元。"单元内存在危险化学品的数量等于或超过标准中规定的临界量，即被定为重大危险源。单元内存在的危险化学品的数量根据危险化学品种类的多少区分为以下两种情况：

——生产单元、储存单元内存在的危险化学品为单一品种，则该危险化学品的数量即为单元内危险化学品的总量，若等于或超过相应的临界量，则定为重大危险源。

——生产单元、储存单元内存在的危险化学品为多品种时，则按式（1）计算，若满足式（1），则定为重大危险源：

$$S = q_1/Q_1 + q_2/Q_2 + \cdots + q_n/Q_n \geqslant 1 \qquad (1)$$

式中：

S ——辨识指标；

q_1，q_2，$\cdots$，q_n ——每种危险化学品实际存在量，单位为吨（t）；

Q_1，Q_2，$\cdots$，Q_n ——与每种危险化学品相对应的临界量，单位为吨（t）。

GB 18218—2018 将危险化学品重大危险源分为生产单元危险化学品重大危险源和储存单元危险化学品重大危险源。生产单元指危险化学品的生产、加工及使用等的装置及设施，当装置及设施之间有切断阀时，以切断阀作为分隔界限划分为独立的单元。储存单元指用于储存危险化学品的储罐或仓库组成的相对独立的区域，储罐区以罐区防火堤为界限划分为独立的单元。仓库以独立的库房（独立建筑物）为界限划分的独立单元。有关危险化学品临界量的确定方法详见第 4 章 4.2.1。

重大危险源辨识，除了危险化学品以外不同类型的认定标准为：

1）锅炉

——蒸汽锅炉：额定蒸汽压力＞2.5MPa，且额定蒸发量≥10t/h；

——热水锅炉：额定出水温度≥120℃，且额定功率≥14MW。

2）压力容器

——介质毒性程度为极度、高度或中度危害的三类压力容器；

——易燃介质，最高工作压力≥0.1 MPa 且 pV≥100MPa·m³ 的压力容器（群）。

3）压力管道

——长输管道：输送有毒、可燃、易爆气体，且设计压力＞1.6MPa 的管道；输送有毒、可燃、易爆液体介质，输送距离≥200km 且管道公称直径≥300mm 的管道；

——公用管道：中压和高压燃气管道，且公称直径≥200mm；

——工业管道：输送 GBZ 230—2010《职业性接触毒物危害程度分级》中毒性程度为极度、高度危害气体，液化气体介质，且公称直径≥100mm 的管道；输送 GB 50160—2018《石油化工企业设计防火规范》及 GBZ 50016—2014《建筑设计防火规范》中规定的火灾危险性为甲、乙类可燃气体或类可燃液体介质，且公称直径≥100mm，设计压力≥4MPa 的管道；输送其他可燃、有毒液体介质，且公称直径≥100mm，设计压力≥4MPa，设计温度≥400℃的管道。

4）煤矿（井工开采）

——高瓦斯矿井；

——煤与瓦斯突出的矿井；

——有煤尘爆炸危险的矿井；

——水文条件复杂的矿井；

——煤层自然发火期不大于 6 个月的矿井；

——煤层冲击倾向为中等及以上的矿井。

5）金属、非金属地下矿山

——高瓦斯矿井；

——水文条件复杂的矿井；

——有自然发火危险的矿井；

——有冲击地压危险的矿井。

6）尾矿库

全库容≥$100×10^4 m^3$或者坝高≥30m 的尾矿库。

（10）持续、主动地对产生的危险源进行辨识

危险源是动态存在的，其严重程度也可能会发生变化。组织应确保危险源辨识具有主动性、前瞻性，而不是等到产生了事件或事故时再确定危险源。因此，对危险源辨识、风险评价（ISO 45001：2018，6.1.2.2）和控制措施（ISO 45001：2018，6.1.4）信息应持续（定期或及时）评审与更新，使组织活动所涉及的所有危险因素始终处于受控的状态下。对于其评审周期应考虑：

——危害的性质；

——风险的大小；

——正常运行的变化；

——原材料、中间产品和化学品等的改变。

对以下发生客观变化时应及时识别危险源和评价风险包括：

——实施新用工制度、引入新的工艺、实施新的操作程序、组织机构变化、签订新采购合同等组织内部发生的变化；

——国家法律、法规的修订，机构兼并和重组、职责的调整、职业健康安全知识和技术的新发展等外部因素引起组织的新变化；

——外部审核、内部审核中发现未被识别的安全风险；

——发生伤害事故、事件。

3.6.3 职业健康安全风险和职业健康安全管理体系的其他风险的评价

3.6.3.1 标准条文

> **6.1.2.2 职业健康安全风险和职业健康安全管理体系的其他风险的评价**
> 组织应建立、实施和保持过程，以：
> a) 评价来于自已辨识的危险源的职业健康安全风险，同时必须考虑现有控制的有效性；
> b) 确定和评价与建立、实施、运行和保持职业健康安全管理体系相关的其他风险。
> 组织的职业健康安全风险评价方法和准则应在范围、性质和时机方面予以界定，以确保其是主动的而非被动的，并被系统地使用。有关方法和准则的文件化信息应予以保持和保留。

3.6.3.2 理解与实施要点

风险评价也称安全评价或危险评价，就是根据危险源辨识的结果，采用科学的方法，评价危险源给组织所带来的风险大小，并确定是否可容许的过程。组织应建立、

实施、运行和保持这一过程。

（1）ISO 45001 将风险管理分为两类，职业健康安全风险和职业健康安全管理体系的其他风险：

1）职业健康安全风险，主要指生产现场物和人两方面因素构成的危险源（hazard）所导致的风险，核心是控制事故。在评价已辨识的危险源中的职业健康安全风险时，组织可以根据职业健康安全法律法规和其他要求，分析、预测存在的物和人两方面的危险源的风险程度，以利于提出科学合理的可行的管理办法和技术措施。同时要考虑现有控制措施的有效性，如可行，组织可继续保持，如不合理，组织可采取新的控制措施，并评价其有效性。

2）职业健康安全管理体系的其他风险，指的是管理体系建立、实施、保持和持续改进的管理方面的相关过程中不确定因素带来的风险，如供方、承包方的选择有不确定性，这个不确定性，例如在人的选择和能力的确定方面可能给组织带来风险，需要控制，这个是管理层面上的风险，即管理风险。职业健康安全管理体系其他风险可能来自于 ISO 45001：2018 中 4.1 所识别的问题和 4.2 所识别的需求和期望。

3）组织可以采用不同方法来评价职业健康安全风险，作为其应对不同危险源或活动的总体战略的一部分。评价的方法和复杂程度并不取决于组织的规模，而是取决于与组织的活动相关的危险源。

职业健康安全管理体系的其他风险也宜采用适当的方法进行评价。

4）职业健康安全管理体系的风险评价过程宜考虑日常运行和决策（如工作流程中的峰巅、重组）以及外部问题（如经济变化）。方法可包括：与受日常活动（如工作量的变化）影响的工作人员持续协商；对新的法律法规要求和其他要求（如监管改革；与职业健康安全有关的集体协议的修订）进行监视和沟通；确保资源满足当前和变化的需求（如针对新改进的设备或物料开展培训或采购）。

（2）风险评价的依据和准则

由于组织所面对的职业健康安全风险各种各样，且其重要性也有所不同，所以组织在职业健康安全风险管理中，必须要对已识别出的危险源所导致的风险进行大小分析和重要性评价。组织要分析风险的大小和评价风险的重要性，就必须建立分析和评价的依据，然后按照依据对各个风险进行分析和评价。这些依据就是风险评价准则，对于同一组织而言它是唯一的，但它又是动态的，随着时间和组织的发展等情况而变化。风险评价准则可以来自：

——所辨识的危险源清单；

——相关的法律、法规、标准和其他要求（如外部利益相关方的要求）；

——组织的职业健康安全方针和目标；

——组织曾发生的职业健康安全事故和整改情况；

——相关方（特别是员工）的利益和诉求；

——类似组织的事故信息及处理整改信息。

在职业健康安全风险管理实践中，常用后果及其发生的可能性这两者组合用来表示风险等级。为了判断后果的影响程度和可能性的大小，组织需对其制定的风险评价准则所对应的"后果"和"可能性"进行赋值，以确定他们的数值标准。风险评价准则并非一定是定量的，也可以是半定量的，或是定性的。表3-2和表3-3给出了几个后果准则和可能性准则，以加深读者对风险评价准则的感性认识。

表3-2 后果准则

定性的影响程度	轻微的	较小的	中等的	重大的	灾难性的
半定量（评分）	1	2	3	4	5
定量 影响工程进度	3%以下	3%～10%	10%～20%	20%～30%	30%及以上

表3-3 可能性准则

定性的可能性	很低	低	中等	高	很高
半定量（评分）	1	2	3	4	5
定量（年发生概率）	6.25%以下	6.25%～12.5%	12.5%～25%	2%～50%	50%及以上

（3）风险评价的输入

风险评价过程的输入包括，但不局限于以下信息或数据：

——工作开展的场所的细节；

——工作场所活动之间有害的相互作用的发生和范围；

——安全保障措施；

——进行危险作业人员的行为、能力、培训和经验；

——毒理学数据、流性病学数据和其他健康相关信息；

——可能受危险性工作影响的其他人员（例如清洁人员、访问者、承包方和公众等）接近危险的状况；

——用于危险作业的工作指令的细节，工作系统和工作许可程序；

——用于设备和设施运行和维修的制造商和供应商的指令；

——控制措施所需设施的提供和使用（例如通风设施、防护设施、个体防护装备等）；

——非正常状况，如供电和供水等公共服务中断的可能性，或其他过程失效的可能性等；

——影响工作场所的环境条件；

——车间、机械组件和安全装置失效的可能性，或者因暴露于恶劣天气中或由接触工艺材料而使其性能降低的可能性；

——关于应急程序、应急设备、应急逃生路线、应急通信设施和外部的应急支持等状况和充分性的详细信息；

——关于特定工作活动相关事件的监测信息；

——对任何与危险工作活动有关的现有评价的发现；

——由开展活动的人员或其他人员（如临时人员、访问者、承包方人员等）已造成的不安全行为的详细信息；

——由某一故障导致相关故障或控制措施失效的可能性；

——作业周期的频率；

——可用于风险评价的数据的准确性和可靠性；

——对如何开展风险评价或对何为可接受风险做出强制性规定的任何法律法规和其他要求（合规义务），例如测定有害暴露的抽样方法、特定风险评价方法的运用、可容许的有害暴露程度等；

——来自 ISO 45001：2018 中 4.1 所识别的问题和 4.2 所识别的需求和期望。

（4）安全风险分析方法及特点

要对系统进行风险评价，首先要依赖于安全风险分析技术。通常安全风险分析技术可分为定性分析和定量分析两种类型。定性分析能够找出系统的危险性，估计出危险的程度；而定量分析可以计算出事故发生概率和损失率。系统安全风险分析的具体方法主要有以下几种：

1）是非判断法。根据相关法律、法规、标准，参照本组织的实际，不用定量计算，依靠人的经验判断能力，直接将本组织的某些危险源带来的风险，定为级别较高的重大危险源。当组织的危险源及可能产生的后果符合下述 4 种情况之一者，则直接定为重大危险源，所对应的风险即为重大风险/不可允许风险：

——不符合职业健康安全法规、标准的；

——直接观察到存在潜在重大风险（泄漏、爆炸、火灾等）的；

——曾发生过事故，尚无有效控制措施的；

——相关方有合理的反复抱怨或迫切要求的。

2）风险矩阵法。英国石油化工行业最先采用，即辨识出每个作业单元可能存在的危害，并判定这种危害可能产生的后果及产生这种后果的可能性，二者相乘，得出所确定危害的风险。然后进行风险分析，根据不同级别的风险，采取相应的风险控制措施。

3）安全检查表分析法（SCL）。所谓安全检查表，就是系统地辨识和诊断某一系统的安全状况而事先拟好的问题清单。具体来讲，就是为了系统地发现各种设备设施、物料工件、操作、管理和组织措施中的不安全因素，事先把检查对象加以分解，将大系统分成若干个小的子系统，找出不安全因素，然后确定检查项目和标准要求，将检查项目按系统的构成顺序编制成表，以提问或打分的形式逐项进行检查，避免漏查，这种表称为安全检查表。

4）预先危险性分析（PHA）。预先危险性分析也称初始危险分析，是安全评价的一种方法。是在每项生产活动之前，特别是在设计的开始阶段，对系统存在的危险类别、出现条件、事故后果等进行概略地分析，尽可能评价出潜在的危险性。

5）故障类型和影响分析（FEMA）。故障类型和影响分析是系统安全工程的一种方法。根据系统可以划分为子系统、设备和元件的特点，按实际需要将系统进行分割，然后分析各自可能发生的故障类型及其产生的影响，判明故障的重要度，以便采取相应的对策，提高系统的安全可靠性。FMEA也是一种自下而上的分析方法。

6）事件树分析法（ETA）。事件树是安全系统工程中一种归纳推理分析方法，其分析方法是：从一个起因事件开始，按照事故发展过程中事件出现与不出现，交替考虑成功与失败两种可能性，然后再把这两种可能性又分别作为新的起因事件，坚持分析下去，直到分析出最后结果为止，最后即形成一个水平放置的树状图。通过对事件树的定性和定量分析，找出事故发生的主要原因，为确定安全对策提供可靠依据，以达到猜测与预防事故发生的目的。

7）故障树分析法（FTA）。故障树是一种根据系统可能发生的事故或已经发生的事故结果，去寻找与该事故发生有关的原因、条件和规律，同时可以辨识出系统中可能导致事故发生的危险源，是安全系统工程中的重要的分析方法之一。它能对各种系统的危险性进行识别评价，既适用于定性分析，又能进行定量分析。故障树分析从一个可能的事故开始，自上而下、一层层地寻找顶事件的直接原因和间接原因事件，直到基本原因事件，并用逻辑图把这些事件之间的逻辑关系表达出来。

8）作业条件风险评价法（LEC）。作业条件风险评价法是简单易行的评价人们在具有潜在危险性环境中作业时间的危险性的半定量方法。它是用于与系统风险率有关因素指标值之积来评价系统人员伤亡风险大小的，这三种因素是：L——发生事故可能性大小；E——人体暴露在这种危险环境中的频繁程度；C——一旦发生事故会造成的损失后果。风险值 $D=LEC$。

9）道化学公司法（DOW）。美国道化学公司火灾、爆炸指数危险评价法，用于对化工工艺过程及其生产装置的火灾、爆炸危险性做出评价，并提出相应的安全措施。它以物质系数为基础，再考虑工艺过程中其他因素（如操作方式、工艺条件、设备状况、物料处理、安全装置情况等）的影响，来计算每个单元的危险度数值，然后按数值大小划分危险度级别。分析时对管理因素考虑较少，因此，它主要是对化工生产过程中固有危险的度量。

10）英国帝国化学公司蒙德法（MOND）。MOND火灾、爆炸、毒性指数评价法是在美国道化学公司火灾爆炸危险指数法的基础上补充发展的评价方法，在肯定道化学公司的火灾、爆炸危险指数评价法的同时，主要是在毒性危险性方面加强了分析和评估。

11）六阶段安全评价法。日本劳动省颁布的化工企业六阶段安全评价法，综合应用安全检查表、定量危险性评价、事故信息评价、故障树分析以及事件树分析等方法，分成六个阶段，采取逐步深入，定性与定量结合，层层筛选的方式识别、分析、评价危险，并采取措施个性设计消除危险。

12）危险与可操作性研究（HAZOP）。HAZOP是一种定性的安全评价方法，基本过程以标准化引导词为引导，对每一部分进行系统提问，找出过程中工艺状态的变化（即偏差），而通过分析找出偏差的原因、后果及可采取的对策。虽然危险和可操作研究技术起初是专门为评价新设计和新工艺而开发的，但是这一技术同样可以用于整个工程、系统项目生命周期的各个阶段。

（5）安全风险评价的方法

风险评价方法按指标量化的程度，可分为定性风险评价法和定量风险评价法。

1）定性风险评价。定性风险评价方法主要是根据经验和判断对生产系统的工艺、设备、环境、人员、管理等方面的状况进行定性地评价。主要包括逐项赋值评价法和单项定性加权计分法：

——逐项赋值评价法。针对安全检查表中的每一项检查内容，按其重要的不同，有专家讨论赋予一定的分数值。评价时，单项检查完全合格者给满分，部分合格者按规定的标准给分，完全不合格者给零分。这样逐条逐项地检查评分，最后累计所有各项得分，便得到系统评价的总分。根据实际得分多少，按规定的标准来确定评价系统的安全等级，应采取的安全措施。如我国机械行业制定的《机械工厂安全性评价标准》即属于此。

——单项定性加权计分法。该法是将安全检查表所有的评价项目，根据实际检查结果，分别给予"优""良""可""差"等定性等级的评定，同时赋予相应的权重（4、3、2、1）。累计求和，得出实际评价值，即：

$$S = \sum_{i=1}^{n} f_i \cdot g_i$$

式中：

f_i——评价等级的权重系数；

g_i——在总 N 项中取得某一评价等级的项数和；

n——评价等级数。

依据实际要求，在最高目标值（N 项都为"优"时的 S 值 S_{max}）与最低目标值（N 项都为"差"时的 S 值 S_{min}）之间分成若干等级，根据实际的 S 值所属的等级来确定系统的实际安全等级。

2）定量风险评价。定量风险评价方法是根据一定的算法和规则对生产过程中的各个因素及相互作用的关系进行赋值，从而算出一个确定值的方法。主要包括概率论风险评价法和道化学公司法为代表的危险指数评价法：

——概率风险评价法。该法需要使用累积的故障数据，计算出发生故障或事故概率，并计算事故的后果，进而计算出风险率。该风险率与社会允许的安全值进行比较，评价系统是否安全。概率危险评价方法起源于核电工业的风险、安全评价。这种方法要求数据准确、充分、分析完整、判断和假设合理，并能准确地描述系统中的不确定性，在航空、航天、核能等领域得到了广泛应用。但使用概率法需要取得组成系统各零部件和子系统的危险发生概率的数据。

——危险指数评价法。美国道化学公司（DOW）的火灾、爆炸指数危险评价法，英国帝国化学公司蒙德工厂的蒙德评价法，日本的六阶段安全评价法及我国化工厂危险程度分析方法等均为指数法。指数的采用使得化工厂这类系统结构复杂、用概率难以表述各类因素的危险性的危险源的评价有了一个可行的方法。这类方法均以系统中的危险物质和工艺为评价对象，评价指数值同时考虑事故频率和事故后果两个方面的因素。这类方法的缺点是模型对系统的安全保障体系的功能重视不够，特别是危险物质和安全保障体系间的相互作用关系未予考虑。尽管在蒙德法和我国化工厂危险程度分级方法中有一定的考虑，但这种缺陷仍是难以接受的。各因素之间均以乘或加的方式处理，忽视了因素之间重要性的差别。评价自开始起就用指标值给出，使得评价后期对系统的安全改进工作十分盲从、困难。指数法目前在石油、化工等领域得到应用，是一种半定量的方法。

（6）安全风险评价方法的选用

选用安全风险评价方法应根据组织的特点、具体条件和需要，以及评价方法的特点进行选用，关键是看其能否满足组织的实际需要。必要时，要根据评价系统的需要，选择几种安全风险评价方法进行安全风险评价，互相补充、分析综合和相互验证，以提高风险评价结果的可靠性。常用的系统分析评价方法见表3-4。

表3-4　常用系统风险分析及评价方法比较

评价方法	评价目标	定性定量	方法特点	适用范围	应用条件	优缺点
是非判断法	危险性等级	定性	根据相关法律、法规、标准，不用定量计算，依靠人的经验判断能力评定安全风险等级	各类生产作业条件	有事先明确的风险评价的准则和依据	直观、简便易行，受分析评价人员主观因素影响
矩阵法	危险性等级	定性半定量	根据估算的伤害的可能性和严重程度对风险进行分级	各类生产作业条件	有组织事先设定的风险评价表	方法简单实用，受分析评价人员主观因素影响

表 3-4（续）

评价方法	评价目标	定性定量	方法特点	适用范围	应用条件	优缺点
安全检查表（SCL）	危险有害因素分析安全等级	定性定量	按事先编制的有标准要求的检查表逐项检查按规定赋分标准赋分评定安全等级	各类系统的设计、验收、运行、管理、事故调查	有事先编制的各类检查表、有赋分、评级标准	简便、易于掌握、编制检查表难度及工作量大
预先危险性分析（PHA）	危险有害因素分析危险性等级	定性	讨论分析系统存在的危险、有害因素、触发条件、事故类型、评定危险性等级	各类系统设计，施工、生产、维修前的概略分析和评价	分析评价人员熟悉系统，有丰富的知识和实践经验	简便易行，受分析评价人员主观因素影响
故障类型和影响分析（FEMA）	故障（事故）原因影响程度	定性	列表、分析系统故障类型、故障原因、故障影响、评定影响程度等级	机械电气系统、局部工艺过程，事故分析	分析评价人员熟悉系统，有丰富的知识和实践经验，有根据分析要求编制的表格	较复杂、详尽，受分析评价人员主观因素影响
事件树（ETA）	事故原因触发条件事故概率	定性定量	归纳法，由初始事件判断系统事故原因及条件内各事件概率	各类局部工艺过程，生产设备、装置事故分析	熟悉系统、元素间的因果关系，有各事件发生概率数据	简便易行，受分析评价人员主观因素影响
故障树（FTA）	事故原因事故概率	定性定量	演绎法，由事故和基本事件逻辑推断事故原因，由基本事件概率计算事故概率	宇航、核电、工艺设备等复杂系统事故分析	熟练掌握方法和事故、基本事件间的联系，有基本事件概率数据	复杂、工作量大、精确。故障树编制有误易失真

表 3-4（续）

评价方法	评价目标	定性定量	方法特点	适用范围	应用条件	优缺点
作业条件风险评价法（LEC）	危险性等级	定性半定量	按规定对系统的事故发生的可能性、人员暴露情况、危险程度赋分，计算后评定危险性等级	各类生产作业条件	赋分人员熟悉系统，对安全生产有丰富的知识和实践经验	简便实用，受分析评价人员主观因素影响
道化学公司法（DOW）	火灾、爆炸危险性等级事故损失	定量	根据物质、工艺危险性计算火灾爆炸指数，判定采取措施前后的系统整体危险性，由影响范围、单元破坏系数计算系统整体经济、停产损失	生产、贮存、处理燃、爆、化学活泼性、有毒物质的工艺过程及其他有关工艺系统	熟练掌握方法、熟悉系统、有丰富知识和良好的判断能力，须有各类企业装置经济损失目标值	大量使用图表、简洁明了、参数取位宽、因人而异，只能对系统整体宏观评价
帝国化学公司蒙德法（MOND）	火灾、爆炸毒性及系统整体危险性等级	定量	由物质、工艺、毒性、布置危险计算采取措施前后的火灾、爆炸、毒性和整体危险性指标，评价各类危险性等级	生产、贮存、处理燃、爆、化学活泼性、有毒物质的工艺过程及其他有关工艺系统	熟练掌握方法、熟悉系统、有丰富知识和良好的判断能力	大量使用图表、简洁明了、参数取位宽、因人而异，只能对系统整体宏观评价

表 3-4（续）

评价方法	评价目标	定性定量	方法特点	适用范围	应用条件	优缺点
日本劳动省六阶段法	危险性等级	定性定量	检查表法定性评价，基准局法定量评价，采取措施，用类比资料复评，一级危险性装置用ETA、FTA等方法再评价	化工厂和有关装置	熟悉系统，掌握有关方法，具有相关知识和经验，有类比资料	综合应用几种办法反复评价，准确性高、工作量大
危险性与可操作性研究	偏离及其原因、后果、对系统的影响	定性	通过讨论，分析系统可能出现的偏离、偏离原因、偏离后果及对整个系统的影响	化工系统、热力、水利系统的安全分析	分析评价人员熟悉系统，有丰富知识和实践经验	简便易行，受分析评价人员主观因素影响

注：表 3-4 有的适合危险源辨识，有的适合风险分析，有的适合风险评价，组织可根据实际情况选用。

为此，组织可能需针对不同区域或活动而采用不同的风险评价方法来处理。对危险性较大的系统可采用系统的定性、定量安全风险评价方法，工作量也较大，如故障法、危险指数评价法等。反之，可采用经验的定性安全风险评价方法，如安全检查表、是非判断法等；若被评价系统同时存在几类危险源，往往需要几种安全风险评价方法分别进行评价；对于规模大、复杂、危险性高的系统可先用简单的定性安全风险评价方法进行筛选，然后再对重点部位（设备或设施）采用系统的定性或定量安全风险方法进行评价。

本书第 5 章 6.3 详细介绍了两种简单的安全风险评价方法，即风险矩阵法和作业条件危险性评估法（LEC），此两种方法均为定性/半定量分析，企业在实施职业健康安全管理体系时可参考。

诚然，不管如何选择风险评价方法，组织最终确定的方法均应符合以下几方面的要求：

1）为确保风险评价活动是主动而非被动的，组织应界定方法和准则的使用范围、性质和时机，具体有如下几个方面：

——新的法律法规实施；

——组织自身业务发展，设备技术改造，采用新工艺，采用新材料，新产品试制，新建、改建、扩建项目设计、施工、投产等；

——承包商、供应商及相关人员发生变更；

——内外部审核发现未被识别的风险；

——发生伤害、健康损害事件、事故。

2）应能确保组织能够识别风险、区分风险优先次序和形成风险文件，以及在适当时采取控制措施；

3）方法应以系统的方式运用。系统分析在于拟定出尽可能多的行动方案，并进行试验比较，以寻求费用最低、风险最小且效果最好的方案。

（7）职业健康风险评价

1）定性风险评价

职业健康的定性风险评价方法与安全风险评价中定性风险评价方法基本相同，主要有类比调查法和检查表法。

——类比调查法。一是利用已有的相同性质的类似的生产过程的调查资料进行类比；二是通过对性质相同、类似的生产过程现场调查结果进行类比。由于生产技术的不断发展，在实际工作中，很难找到生产条件安全一致的类比对象，如果遇到新产品、新工艺、新生产过程的建设项目，则更难找到可以借鉴的类比调查对象。因此，对类比调查应有个灵活的开放的思路。

——检查表法。检查表法是一种简明、方便、易于掌握的评价方法。依据评价标准、规范，列出检查单元、检查部位、检查项目、检查内容，编制成检查表，逐项检查各项内容是否符合国家标准和国家规范。但如果在操作中把所有内容都变成检查表，不但工作量很大，而且检查表的质量易受编制人员专业水平和经验的影响，有些比较复杂和关键性的问题，并不是在简单的对比查询之中就可以了解的。条目简繁深浅，尚没有一个通用的规则可遵循，因此，还需要在实践中摸索。

2）定量风险评价

定性风险评价识别出潜在高风险岗位后，需要通过定量检测的手段进一步确认风险等级，也就是定量风险评价。

按照我国有关法规要求，用人单位应当建立职业病危害定期检测制度，每年委托具备资质的职业卫生技术服务机构对其存在的职业健康危害因素的工作场所至少进行一次全面检测。

常用的定量检测方式主要有：

——定点采样。在工作场所中某一固定地点进行采样，取样目的在于识别工作场所总的污染浓度及对经过此地的员工的潜在暴露。采样用以评价控制措施的有效性。

——个体采样。将空气收集器佩戴在采样对象的前胸上部，其进气口尽量接近呼吸带。这种采样方法可以随着员工操作连续监测，是一种可准确测定员工暴露水平的有效方法。

（8）确保风险评价控制措施的有效性

由于风险评价是一项专业性很强的技术工作，因此，负责实施风险评价的人员应具备相关风险评价方法和技术方面的能力，并具有相应工作活动的知识。为了确保评价充分有效，风险评价人员应与员工进行充分协商，并促使其适当参与到风险评价过程中来。同时要考虑法律法规和其他要求。适当时，法规制定机构的指南应被考虑。

在风险评价过程中，组织应谨记：

——组织内现存的风险通常并非毫无任何控制措施，在确定伤害的可能性时，主要是看与风险相对应的现行控制措施是否充分；

——风险评价并非越详尽越好，风险评价的详尽程度应视其能否为确定适当的控制措施提供足够的依据；

——风险评价所用数据的质量和精度会有局限性并会对风险计算结果产生影响，为此，数据的不确定度愈大，判定风险是否可接受时则需愈加谨慎。

为了确保风险评价活动的充分性、一致性和有效性，组织需考虑的其他因素：

——为了提高风险评价过程的速度和效率并增强相似作业风险评价的一致性，针对那些可能会发生在多个不同现场或场所的典型活动，组织可开发通用的风险评价方法。以此为起点，组织可有针对性地再进一步开发评价方法，以便针对特定情况开展特定的评价；

——当使用描述性语言分类来评价伤害的严重性和可能性时，为了确保不同人员能够理解一致，应对分类措辞（如"可能""不太可能""严重""不太严重"等）给出明确而清晰的定义；

——组织不仅要考虑敏感人群（如怀孕的员工）和易受伤害的群体（如没有经验的员工）的风险，还要考虑对参与执行特殊作业存在某种特定感知缺陷的人员的风险（如色盲的人员阅读指令的能力等）；

——组织应评价暴露于特定危险源下的员工数目。对于可能导致大规模人员伤害的危险源，即使这种严重后果发生的可能性较低，也应仔细予以评价；

——对因暴露于化学、生物和物理因素中而造成伤害的评价，可能需运用合适的仪器和抽样方法来测量暴露的程度，并与适用的职业接触限值和标准进行比较，但应既考虑到短期又考虑到长期的暴露后果，还应考虑到多重因素或多重暴露的叠加效应；

——在使用抽样方法进行风险评价时，应确保抽样样本能充分且足够地代表所有被评价的状况和场所。

有关职业健康安全风险控制措施见本章8.2。

（9）根据 ISO 31000：2018，风险管理过程通常包括风险识别、风险分析、风险评价以及风险应对等过程〔其中风险识别、风险分析、风险评价三个子过程组成风险评估大过程（risk assessment）〕。

——风险识别（risk identification）是发现、确认、描述风险的过程，包括对风险源、事件及其原因和潜在后果的识别（GB/T 23694—2013，4.5.1）。

——风险分析（risk analysis）是理解风险性质、确定风险等级的过程。风险分析是风险评价和风险决策的基础；风险分析包括风险估计（GB/T 23694—2013，4.6.1）。

——风险评价（risk evaluation）是对比风险分析结果和风险准则，以确定风险和/或其大小是否可接受或容忍的过程。风险评价有助于风险应对决策（GB/T 23694—2013，4.7.1）。

——风险应对（risk treatment）是处理风险的过程（GB/T 23694—2013，4.8.1）。

风险管理过程原理如图3-1所示。

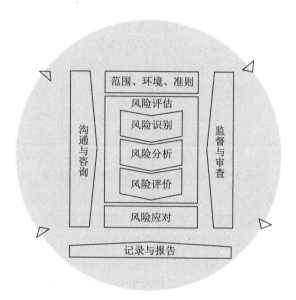

图3-1 风险管理过程原理

根据ISO 45001：2018，职业健康安全风险管理过程包括危险源辨识过程、风险评价过程、风险或危险源控制过程。

——危险源辨识（hazard identification）是识别危险源的存在并确定其特性的过程。

——风险评价（risk assessment）是对危险源导致的风险进行评估、对现有控制措施的充分性加以考虑以及对风险是否可接受予以确定的过程。

——风险或危险源控制（risk or hazard controls）是基于风险评价的结果确定和实施对风险或危险源的控制措施。

从上面定义可以看出，危险源辨识就是识别危险源的存在并确定其特性的过程。"辨"就是分析，"识"就是识别。危险源辨识不但包括对危险源的识别，而且还必须对危险源发生的原因和后果进行研究分析，确定其危险源属于哪类危险源、有何特性、带来何种职业健康安全风险。整个危险源辨识过程了包括了ISO 31000中的风险识别和风险分析两个小过程。所谓的风险识别实质上是危险源识别，因为危险源是客观存在的，能够识别，而风险是主观评价的，无法识别。所以说，ISO 31000：2018 中风险管理过程和 ISO 45001：2018 中的职业健康安全风险管理过程在原理上是一致的。组织在实施职业健康安全管理体系的其他风险的评价时，如质量管理体系、环境管理体系等有关风险管理过程都可以依据 ISO 31000：2018 这样的评价过程来描述。

职业健康安全风险管理过程原理如图 3-2 所示。

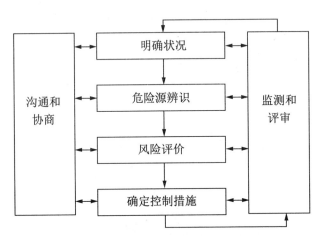

图 3-2　职业健康安全风险管理过程原理

注：英文单词"assessment"和"evaluation"译成中文都有"评估、评价"的意思。在 ISO 31000 中，"assessment"被译成"评估"，"evaluation"被译成"评价"。而在 ISO 45001 中，"assessment"被译成"评价"，具体含义请注意相关标准中的术语和定义。

（10）组织应保持和保留危险源辨识和风险评价方法和准则的文件化信息

除了保持该过程的文件化信息外，还应保留评价过程中形成的相关记录，例如：危险源辨识、与已辨识的危险源相关的风险的确定、与危险源相关的风险水平的标示、控制风险所采取措施的描述或引用、实施控制措施的能力要求的确定等。

3.6.3.3　实施案例

【例 3-7】危险源辨识和风险评价控制程序

危险源辨识和风险评价控制程序

1　目的

为了对公司范围内的危险源进行辨识、评价确定出重大职业健康安全风险，并就此制定职业健康安全风险控制措施，特制定本程序。

2　范围

本标准规定了危险源的识别与评价方法。

本标准适用于本公司对危险源的识别与评价，并策划对其进行控制。

3　规范性引用文件

下列文件对于本文件的应用是必不可少的。凡是注日期的引用文件，仅注日期的版本适用于本文件。凡是不注日期的引用文件，其最新版本（包括所有的修改单）适用于本文件。

GB 18218　危险化学品重大危险源辨识

4　职责

4.1　办公室是危险源的识别与评价的归口管理部门，负责危险源的汇总、登记，并组织相关部门进行评价，组织对风险进行控制的策划，确定重大危险源。

4.2　各部门负责各自职责范围内的危险源的识别和控制。

4.3　管理者代表负责重大危险源的审核，报总裁批准。

5　程序

5.1　识别危险源

5.1.1　各部门在各自职责范围内识别危险源，将识别结果填入《危险源识别表》。

5.1.2　办公室组织安全员或部门负责人在公司范围内对危险源进行识别，将识别结果填入《危险源识别表》中。

5.1.3　危险源识别的时机：

a)　OH&S体系刚建立时；

b)　相关OH&S法律、法规变更时；

c)　相关方提出要求时；

d)　公司厂区扩大时；

e)　新产品、新工艺、新设备导入时；

f)　OH&S目标方案已达成时。

5.1.4　识别危险源涉及的范围：

a)　从紧急程度来分

1)　正常状态发生：生产正常运转时所产生的危险源；

2)　异常状态发生：可预测的非正常、非常规状态下所产生的危险源，如开/关机、检修设备、机器异常导致的危险源；

3)　紧急状态发生：由于紧急、意外事件（含潜在的），如水灾导致的危险源。

b)　从时间状态来分

1)　过去：过去曾发生但现在已不发生者；

2)　现在：现在发生或过去发生且至今仍在发生者；

3)　将来：尚未发生，未来可能发生者，如工厂扩建、工艺增加或改变等。

c)　从对象来分

1)　所有的人员（包括临时工、合同方人员和访问者）的活动；

2)　所有的设施（包括租用、外部提供的设备设施）。

5.1.5　识别危险源考虑的方面：

a)　物理性危险源，如噪声危害、跌落事件伤害；

b)　化学性危险源，如易燃性物质、有毒性物质；

c) 生物性危险源，如导致疾病的微生物；

d) 心理、生理性危险源，如体力透支、工作压力过大；

e) 行为性危险源，如违章作业、误操作；

f) 其他危险源，如溺水伤害、意外坠落。

5.1.6 危险源识别的方法：

a) 询问、交谈、调查；

b) 现场观察和测量；

c) 查阅公司过去有关记录、资料；

d) 收集同行信息，对比分析；

e) 安全检查表。

5.1.7 办公室汇总《危险源识别表》，形成本公司和部门的《危险源清单》。

5.2 危险源的评价

5.2.1 办公室将已识别的危险源登记在《风险评价记录》上，并按照5.2.4组织相关部门对危险源进行评价，确定重大危险源，并在《危险源清单》中做出明确标识。同时将重大危险源汇总在《重大危险源清单》上，报管理者代表审核，总经理批准。

5.2.2 风险评价方法及风险分级

a) 风险评价方法：采用 $D=LEC$ 法：

式中：

D——风险值；

L——发生事故的可能性大小；

E——暴露与危险环境的频繁程度；

C——事故后果。

b) 具体分数值及描述见表1～表4：

表1 事故发生的可能性（L）

分数值	事故发生的可能性
10	完全可以预料
6	相当可能
3	可能，但不经常
1	可能性小，完全意外
0.5	很不可能，可以设想
0.2	极不可能
0.1	实际不可能

表2　人员暴露频度（E）

分数值	频繁程度
10	连续暴露
6	每天工作时间内暴露
3	每周一次，或偶尔暴露
2	每月一次暴露
1	每年几次暴露
0.5	非常罕见的暴露

表3　事故后果（C）

分数值	后果
100	大灾难，许多人死亡
40	灾难，数人死亡
15	非常严重，一人死亡
7	严重，重伤
3	重大，致残
1	引人注目，不利于基本的安全卫生要求

表4　风险分级划分（D）

D值	风险程度	风险等级
>320	极其危险	1
160~320	高度危险	2
70~160	显著危险	3
20~70	一般危险	4
<20	稍有危险	5

c)　重大风险的确定

1)　当 $D=LEC \geqslant 90$ 分时，或者风险超过法规要求时，该风险为重大风险或不可容许风险。

2)　对有下列情况之一的，可直接判定为不可容许的风险（重大风险）。

——符合职业健康安全法律法规和其他要求；

——列入国家标准 GB 18218 中危险物质超过其临界量；

——本省（市）或地区重大危险源普查登记范围的危险源；

——行业规范中明确规定不可容许风险的危险源；

——相关方（含员工）强烈投诉或抱怨的危险源；

——直接观察到可能导致的重大危险和行为性危害因素。

5.3 风险控制策划

风险控制措施策划原则见表5：

a) 针对1级风险一定要制定应急预案、管理方案和运行程序；

b) 针对2级风险要制定管理方案和运行程序，必要时应制定应急方案；

c) 针对3级风险制定运行程序。

表5　风险控制措施策划原则

风险等级	危险程度	风险控制措施
1	极其危险，不能继续管理（不可容许的）	只有将风险降低时，才能开始或继续工作，为降低风险不限成本。若即使以无限资源投入亦不能降低风险，必须禁止工作
2	高度危险，需立即整改（重大的）	直至风险降低后才能开始工作，为降低风险时必须配置大量资源。当风险涉及正在进行的工作时，应采取应急措施
3	显著危险，需要整改（中度的）	努力降低风险，但应仔细测定并限定预防成本，并应在规定时间期限内实施降低风险措施。在中度风险与严重伤害后果相关的场合，必须进行进一步评价，以更准确地确定伤害的可能性，确定是否需要改进控制措施
4	一般危险，需要注意（可容许的）	不需要另外的控制措施，应考虑投资效果更佳的解决方案或不增加额外成本的改进措施，需要监测来确保控制措施的有效性
5	稍有危险，可以接受（可忽略的）	不需采取措施且不必保留文件记录

5.4 风险控制措施的选择

公司通过采用以下控制层级，消除和降低风险。

a) 消除。移除危险源；停止使用危险化学品。

b) 替代。用较低危险物质替代危险物质；用不燃性燃料代替可燃性燃料。

c) 采用工程控制和工作重组或两者兼用。将人与危险源隔离；实施集中保护措施（如隔离、机械防护装置、通风系统）；采用机械装卸；降低噪声；使用护栏防止高空坠落；采用工作重组以避免人员单独工作、有碍健康的工作时间和工作量，或防止重大伤害。

d) 采用管理控制，包括培训。建立健全危险源管理的规章制度；实施安全设备的定期检查；实施培训防止恐吓和骚扰；协调分包方的活动以管理健康安全；实施上岗培训；指导工作人员如何报告事件、不符合和受害情况而不用担心受到报复；改变工作模式（如轮岗）；为已确定处于危险状况（如与听力、手臂振动、呼吸系统疾病、皮肤病或暴露有关的危险）中的工作人员管理健康或医疗监测方案；向工作人员下达适当的指令（如门禁控制）。

e) 采用个体防护装备。提供适当的个人防护用品，包括工作服和PPE使用和维护说明书（如安全鞋、防护眼镜、听力保护装备、手套等）。

为了成功地将风险降低到最低可行合理的程度，通常需要组合几种控制措施。

5.5 风险控制措施的评审

5.5.1 风险控制措施计划应在实施前予以评审。

5.5.2 评审应针对以下内容进行：

a) 计划的控制措施是否使风险降低到可容许的水平；

b) 是否会产生新的危险源；

c) 是否已选定了投资效果最佳的解决方案；

d) 受影响的人员如何评价计划的预防措施的必要性和可行性；

e) 计划的措施控制是否会被应用于实际工作中。

5.5.3 如果条件变化以至危险源和风险受到显著影响，则应对危险源辨识、风险评价和风险控制予以评审。

5.6 危险源的更新

5.6.1 每年12月份由办公室组织在全公司范围内对危险源重新识别和评价，更新《危险源清单》。

5.6.2 因以下情况引起危险源变化时，要及时识别危险源并进行评价，更新危险源清单：

a) 活动、产品、服务的变化；

b) 新建、改建、扩建、新材料、新工艺、新设备的引入；

c) 适用的法律、法规与其要求发生较大变更时；

d) 相关方提出的合理要求和抱怨时；

e) 发现有重大危险源遗漏时；

f) 发生重大职业健康安全事故时。

更新危险源按本标准5.1～5.3要求进行控制。

6 记录

记录表单如下：

a) 危险源识别表；

b) 危险源清单；

c) 风险评价记录；

d) 重大危险源清单。

3.6.4 职业健康安全机遇和职业健康安全管理体系的其他机遇的评价

3.6.4.1 标准条文

> **6.1.2.3 职业健康安全机遇和职业健康安全管理体系的其他机遇的评价**
>
> 组织应建立、实施和保持过程，以评价：
>
> a) 提升职业健康安全绩效的职业健康安全机遇，同时必须考虑所策划的对组织及其方针、过程或活动的变更，以及：
>
>   1) 使工作、工作组织和工作环境适合于工作人员的机遇；
>
>   2) 消除危险源和降低职业健康安全风险的机遇。
>
> b) 改进职业健康安全管理体系的其他机遇；
>
> **注：** 职业健康安全风险和职业健康安全机遇可能会给组织带来其他风险和其他机遇。

3.6.4.2 理解与实施要点

组织应建立、实施和保持过程，以识别提升职业健康安全绩效的职业健康安全机遇和改进职业健康安全管理体系的机遇：

（1）提升职业健康安全绩效的机遇。组织应充分识别提升职业健康安全绩效的机遇，包括组织及其过程或活动的有计划的变更，如以无毒或毒性小的原材料代替有毒或毒性较大的原材料。例如，有毒的四氯化碳可用氯仿或石蜡系碳氢化合物等代替；铸造业所用的石英砂容易引起矽肺，可用其他无害的或含硅量较少的物质代替等。消除或减少职业健康安全风险的机遇，如：利用组织技术改造的机遇，对一些产生粉尘的工作场所，加装除尘装置；对一些涉及职业健康危害的生产过程，由人工操作改为机器人操作等。使工作、工作组织和工作环境适合于员工的机遇，如：通过改变车间布局，对机器、设备、工具合理进行空间布置；利用人机工程学，合理安排机器、设备上的控制器、显示器和零部件的位置，给员工创造安全、舒适的作业环境等。组织通过识别这些生产过程中的职业健康安全机遇，降低职业健康安全生产风险，从而提升职业健康安全绩效。

（2）其他改进职业健康安全管理体系的机遇。组织应充分识别其他改进职业健康安全管理体系的机遇，包括组织在实施职业健康安全管理体系时，通过执行安全生产标准，提高安全生产管理水平；履行合规义务，获得财务和运营收益；通过政府财政资助引进新技术，改善职业健康安全设施等。改进职业健康安全管理体系的机遇还要充分关注外部推力和内部改善所带来的影响。外部推力如：社会责任的验厂、监管机构检查，需要对体系的有效性和符合性进行评价；内部改善如：在实施职业健康安全管理体系的同时，导入5S现场管理，以确保安全和作业空间，改善工作环境，杜绝工作现场的脏乱发生，消除安全隐患的目的。

3.6.5　法律法规要求和其他要求的确定

3.6.5.1　标准条文

6.1.3　法律法规要求和其他要求的确定

组织应建立、实施和保持过程，以：

a) 确定并获取最新的适用于组织的危险源、职业健康安全风险和职业健康安全管理体系的法律法规要求和其他要求；

b) 确定如何将这些法律法规要求和其他要求应用于组织，以及所需沟通的内容；

c) 在建立、实施、保持和持续改进其职业健康安全管理体系时，必须考虑这些法律法规要求和其他要求。

组织应保持和保留有关法律法规要求和其他要求的文件化信息，并确保及时更新以反映任何变化。

注：法律法规要求和其他要求可能会给组织带来风险和机遇。

3.6.5.2　理解与实施要点

（1）法律法规要求和其他要求指组织必须遵守的法律法规要求，以及组织必须遵守和选择遵守的其他要求。满足法律法规要求和其他要求是职业健康安全管理体系的一项核心承诺，也是管理体系的预期输出之一。

有关满足法律法规要求和其他要求贯穿职业健康安全管理体系标准的始终，如：

——职业健康安全方针中应包括满足法律法规要求和其他要求的承诺（5.2）；

——与非管理类人员协商过程中确定如何满足法律法规要求和其他要求（5.4）；

——确定所需应对的与职业健康安全管理体系及其预期结果有关的风险和机遇时，必须考虑法律法规要求和其他要求（6.1.1）；

——确定如何将这些法律法规要求和其他要求应用于组织，以及所需沟通的内容（6.1.3）；

——制定措施，以满足法律法规要求和其他要求（6.1.4）；

——建立职业健康安全目标时考虑适用的要求（6.2.1）；

——在建立沟通的过程中，组织必须考虑其法律法规要求和其他要求（7.4.1）；

——变更管理时应考虑法律法规要求和其他要求的变更（8.1.3）；

——确定需要监视和测量的内容满足法律法规要求和其他要求的程度（9.1.1）；

——组织应建立、实施和保持对法律法规要求和其他要求的合规性进行评价的过程（9.1.2）；

——管理评审应包括法律法规要求和其他要求（9.3）。

（2）法律法规要求和其他要求可能来自强制性要求，例如适用的法律法规要求，或来自于自愿性承诺，例如组织的或行业标准、合同规定、操作规程、与团体或非政府组织间的协议。

1）在组织适用的法律法规要求和其他要求中，强制性要求是其重要的组成部分。强制性要求是指与组织的危险源、职业健康安全风险和职业健康安全管理体系有关的、由政府部门（包括国际、国家和地方）发布或授予的、具有法律效力的各种要求或授权。包括：

——法律法规（国家的、区域的或国际的），包括法律、法规和规章；

——法令和指令；

——监管部门发布的命令；

——许可、执照或其他形式的授权；

——法院判决或行政裁决；

——条约、公约、议定书；

——集体协商协议。

2）除强制性法律法规要求外，其他要求还包括组织根据其具体情况与自身需求，自愿承诺遵守的，适合于组织的危险源、职业健康安全风险和职业健康安全管理体系有关的其他要求。这些要求可包括：

——组织的要求；

——合同条款；

——雇佣协议；

——与相关方的协议；

——与卫生部门的协议；

——非强制性标准、获得一致认可的标准和指南；

——自愿性原则、行为守则、技术规范、章程；

——本组织或其上级组织的公开承诺。

3）组织可以通过政府部门、监管机构、法律事务所、行业协会、专业咨询服务机构、官方网站等渠道获取有关的法律法规要求。如从专业报纸、杂志、专业出版社、有关网站下载及上级有关部门等渠道获取，从本市应急管理局、社会保障局、卫健委、公安局及其相关的政府网站获取省、市等地方性职业健康安全法规和规定。

（3）法律法规要求和其他要求可能给组织带来风险和机遇，即满足要求时可能给组织带来机遇，而不满足要求时则可能给组织带来风险，特别是法律法规，其要求并非全部都适用于特定组织。组织应针对法律法规要求开展进一步的适用性识别工作，确定有关的法律法规中适用于组织的那些具体的要求，为了达到此要求，组织需要建立、实施和保持相应的过程，去识别与组织的危险源、职业健康安全风险和职业健康安全管理体系有关的法律法规要求和其他要求，并建立渠道获取和更新这些适用于组织的法律法规要求和其他要求。

（4）组织应将这些法律法规要求和其他要求与所在组织下开展工作的员工进行沟

通，特别是那些职责与满足法律法规要求和其他要求有关或者工作会影响到组织满足法律法规要求和其他要求的人员（包括外部供方，例如：承包商或供应商），确保相关的人员都能知道法律法规要求和其他要求，增强守法意识，自觉履行合规义务。

（5）满足法律法规要求和其他要求是职业健康安全管理体系的一项核心承诺，组织应能将法律法规的要求应用于组织的职业健康安全管理体系的建立、实施、保持和持续改进中。为此，组织应对法律法规要求和其他要求进行适用性评审，明确法律法规要求和其他要求与组织的职业健康安全管理活动、业务过程的关联关系，进而确定法律法规要求和其他要求如何适用于组织。

（6）组织应将法律法规要求和其他要求形成文件化信息予以保持，该文件化信息应符合以下几方面的要求：

——能够识别法律法规要求和其他要求并能评估其适用性；

——能够有效获取和传达法律法规要求和其他要求并使信息保持最新；

——能够对任何影响法律法规要求和其他要求适用性的变更加以判定。

同时，应确保对法律法规要求进行更新以反映任何变化情况。获取法律法规要求和其他要求改变信息的过程包括：

——列入相关监管部门收件人名单中；

——成为专业固定的会员；

——订阅相关信息服务；

——参加行业论坛和研讨会；

——关注监管部门网站；

——与监管部门沟通；

——与法律顾问洽商；

——关注合规义务来源（如监管声明和法院判决）。

3.6.5.3 实施案例

【例3-8】法律法规要求和其他要求的获取和更新控制程序

法律法规要求和其他要求的获取和更新控制程序

1 目的

通过有效途径，收集和识别出适用于公司的活动、产品和服务的职业健康安全法律法规要求和其他要求，使公司的职业健康安全管理体系的运行符合法律法规要求和其他要求。

2 范围

本标准规定了对职业健康安全方面的法律法规要求和其他要求的识别、获取、跟踪及传递的办法。

本标准适用于公司获取、识别和更新职业健康安全方面的法律法规要求和其他要求。

3　规范性引用文件

下列文件对于本文件的应用是必不可少的。凡是注日期的引用文件，仅注日期的版本适用于本文件。凡是不注日期的引用文件，其最新版本（包括所有的修改单）适用于本文件。

Q/TZ G21218　风险和机遇管理控制程序

Q/TZ G21504　文件控制程序

Q/TZ G21511　信息交流与协商控制程序

4　职责

4.1　办公室负责获取法律法规要求和其他要求并组织确认其适用性，追踪新出台的法律法规要求和其他要求。

4.2　技术部负责获取和识别与产品有关的法律法规要求和其他要求，追踪更新最新版本。

4.3　各部门协助办公室对职责内相关法律法规要求和其他要求进行收集并确认其适用条款和内容。

4.4　管理者代表对法律法规要求和其他要求的适用性予以审核。

4.5　各部门负责将相关的法律法规要求和其他要求传达给员工，同时监督员工遵照执行。

5　程序

5.1　确定法律法规要求和其他要求

5.1.1　获取的内容

法律法规要求和其他要求包括组织必须遵守的法律法规要求，以及组织必须遵守的或承诺遵守的其他要求。

a)　与公司危险源、职业健康安全风险和职业健康安全管理体系有关的强制性法律法规要求：

——国际的、国家的和地方的法律法规；

——政府机构或其他权力机构的要求；

——许可、执照或其他形式授权中规定的要求；

——监管机构颁布的法令、条例或指南；

——法院或行政的裁决；

——条约、公约、议定书；

——集体谈判协议。

b)　与职业健康安全管理体系有关的其他相关方要求：

——公司和当地政府机构签订的职业健康安全管理公约；

——公司相关方职业健康安全要求和职业健康安全协议；

——非法规性指南；

——自愿性原则或业务规范；

——自愿性职业健康安全标志；

——公司和社会团体或非政府的协议；

——公司或其上级组织对公众的承诺；

——本公司的要求和惯例；

——相关的国家标准或行业标准。

5.1.2　获取途径

国家、行业职业健康安全法律法规要求和其他要求，可从专业报纸、杂志、专业出版社、有关网站下载及上级有关部门等渠道获取，从本市应急管理局、社会保障局、卫健委、公安局及其相关的政府网站获取省、市等地方性职业健康安全法规和规定。

5.1.3　获取方法

a)　办公室派专人与政府部门等以走访、电话、传真多种方式进行联络，以保持法律、法规处于最新状态；

b)　办公室通过有关报刊、网络，及时获取有关法律、法规等其他要求；

c)　每年由办公室派人参加各种安全生产会议、职业病防治会议、消防工作会议，收集有关职业健康安全的法律法规要求和其他要求；

d)　技术部通过行业、标准化主管部门和顾客获取法规、标准和其他要求。

5.2　确认法律法规要求和其他要求与危险源的关联及其应用（适用性）

5.2.1　根据本公司的行业特点，确认法律法规要求和其他要求的适用性及适用条款，并将这些要求转化为公司的体系受控文件，以实现对危险源和职业健康安全风险的控制。

5.2.2　根据地区标准确定本公司生产、服务过程中工作场所空气质量接触限值标准的适用性。

5.2.3　办公室对已获取和更新的法律法规要求和其他要求进行适用性确认，并将确认结果填写在《适用性评审记录表》上，并传达到相关部门；必要时由人力资源部组织培训。

5.2.4　技术部将适用的法律法规要求和其他要求纳入产品设计和生产工艺，作为设计开发的输入。

5.2.5　当现行的法律法规要求和其他要求更新时，应重新确认。

5.3　法律法规要求的管理

5.3.1　办公室对获取和确认的法律法规要求和其他要求应妥善保管并登记在《法律法规要求和其他要求清单》中，同时负责跟踪其变化。

5.3.2　《法律法规要求和其他要求清单》经管理者代表审批以后，办公室将清单中的文件汇总，并将适用部分转发到本公司各有关部门，而对过期或作废的法规文件则按Q/TZ G21504中的要求及时收回。

5.3.3　对工作场所车间空气质量标准，各部门按办公室发放的《法律法规要求和其他要求清单》实施。

5.3.4 法律法规要求和其他要求的发放、收回、作废或保留应符合 Q/TZ G21504 中的规定要求。

5.3.5 办公室每半年要组织相关部门进行一次法律法规要求和其他要求获取和及时更新工作。每年要组织各相关部门对《法律法规要求和其他要求清单》重新确认，报管理者代表审核，确保使用最新版本，确认的时间间隔不超过 12 个月。

5.3.6 凡涉及法律法规要求和其他要求的信息交流，各部门按 Q/TZ G21511 中的要求执行并及时与办公室联系。

5.4 法律法规要求和其他要求的实施

5.4.1 必要时，各有关部门应根据有关法律法规要求和其他要求的规定，制定出相应的管理制度和实施方案加以实施，确保有关人员掌握适用的法律法规要求和其他要求等内容。

5.4.2 法律法规要求和其他要求可能会给公司带来风险和机遇，其可能产生的风险和机遇应按 Q/TZ G21218 中的要求进行控制。

6 记录

记录表单如下：

a) 适用性评审纪录表；

b) 法律法规要求和其他要求清单。

【例 3-9】某企业职业健康安全法律法规要求和其他要求清单

职业健康安全法律法规要求和其他要求清单（部分）

序号	法律法规及其他要求名称	发布部门	发布日期	实施日期
1	中华人民共和国劳动合同法	全国人民代表大会常务委员会	2007.6.29	2012.12.28 修订 2013.7.1 施行
2	中华人民共和国安全生产法	全国人民代表大会常务委员会	2002.6.29	2014.8.31 修订 2014.12.1 施行
3	中华人民共和国劳动法	全国人民代表大会常务委员会	1994.7.5	2009.8.27 修订
4	中华人民共和国特种设备安全法	全国人民代表大会常务委员会	2013.6.29	2014.1.1
6	中华人民共和国突发事件应对法	全国人民代表大会常务委员会	2007.8.30	2007.11.1
7	中华人民共和国消防法	全国人民代表大会常务委员会	2008.10.28	2009.4.23 修订
8	中华人民共和国职业病防治法	全国人民代表大会常务委员会	2001.10.27	2018.12.29 修正

（续）

序号	法律法规及其他要求名称	发布部门	发布日期	实施日期
9	中华人民共和国妇女权益保障法	全国人民代表大会常务委员会	2005.8.28	2005.12.1
10	中华人民共和国未成年人保护法	全国人民代表大会常务委员会	1991.9.4	2012.10.26修订 2013.1.1施行
11	中华人民共和国治安管理处罚法	全国人民代表大会常务委员会	2005.8.28	2012.10.26修正 2013.1.1施行
12	中华人民共和国工会法	全国人民代表大会常务委员会	1992.4.3	2009.8.27修订
13	中华人民共和国献血法	全国人民代表大会常务委员会	1997.12.19	1998.10.1
14	中华人民共和国母婴保健法	全国人民代表大会常务委员会	1994.10.27	2017.11.4修正 2017.11.5实施
15	中华人民共和国传染病防治法	全国人民代表大会常务委员会	2004.8.28	2013.6.29修改
16	中华人民共和国道路交通安全法	全国人民代表大会常务委员会	2003.10.18	2011.4.22修订 2011.5.1施行
17	中华人民共和国清洁生产促进法	全国人民代表大会常务委员会	2012.2.29	2012.7.1实施
18	中华人民共和国社会保险法	全国人民代表大会常务委员会	2010.10.28	2011.7.1
19	中华人民共和国道路运输条例	中华人民共和国国务院	2004.4.30	2016.2.6修订
20	工伤保险条例	中华人民共和国国务院	2010.12.8	2011.1.1
21	失业保险条例	中华人民共和国国务院	1998.12.26	1999.1.22
22	特种设备安全监察条例	中华人民共和国国务院	2003.2.19	2003.6.1
23	突发公共卫生事件应急条例	中华人民共和国国务院	2003.5.7	2010.12.29修订
24	生产安全事故应急条例	中华人民共和国国务院	2019.3.1	2019.4.1
25	危险化学品安全管理条例	中华人民共和国国务院	2002.1.26	2013.12.7修正

（续）

序号	法律法规及其他要求名称	发布部门	发布日期	实施日期
26	国家危险废物名录	中华人民共和国国家发展和改革委员会	2016.6	2016.8.1
27	劳动防护用品配备标准（试行）	中华人民共和国国家经济贸易委员会	2000.3.6	2000.3.6
28	用人单位劳动防护用品管理规范	国家安全生产监督管理总局	2018.1.15	2018.1.15
29	女职工禁忌劳动范围的规定	中华人民共和国劳动和社会保障部	1990.1.18	1990.1.18
30	女职工劳动保护特别规定	中华人民共和国国务院	2012.4.28	2012.4.28
31	职业病分类和目录	国家卫生计生委、人力资源社会保障部、安全监管总局、全国总工会	2013.12.23	2013.12.23
32	生产安全事故应急预防管理办法	国家安全生产监督管理总局	2016.6.3	2016.7.1
33	浙江省特种设备安全管理条例	浙江省人民代表大会常务委员会	2003.6.27	2013.12.19修改
34	浙江省化学危险物品安全管理办法	浙江省人民政府	1998.8.3	1998.8.3
35	浙江省职工基本养老保险条例（修正）	浙江省人民代表大会常务委员会	1999.7.25	2008.5.30二修
36	浙江省失业保险条例	浙江省人民代表大会常务委员会	2003.9.4	2004.1.1
37	浙江省工伤保险条例	浙江省人民代表大会常务委员会	2017.9.30	2018.1.1
38	浙江省安全生产条例	浙江省人民代表大会常务委员会	2016.7.29	2016.8.1
39	GBZ 2.1—2019 工作场所有害因素职业接触限值 第1部分：化学有害因素	中华人民共和国国家卫生健康委员会	2019.8.27	2020.4.1
40	GBZ 2.2—2007 工作场所有害因素职业接触限值 第2部分：物理因素	中华人民共和国卫生部	2007.4.12	2007.11.1

（续）

序号	法律法规及其他要求名称	发布部门	发布日期	实施日期
41	GB 3787—2006 手持电动工具的管理 使用检查和维修	国家标准化管理 委员会	2006.2.15	2006.6.1
42	GB 3883.1—2008 手持性电动工具安全 第1部分 通用要求	国家标准化管理 委员会	2008.3.24	2009.1.1
43	GB 18218—2018 危险化学品重大危险源辨识	国家标准化管理 委员会	2018.11.19	2018.3.1

3.6.6 措施的策划

3.6.6.1 标准条文

6.1.4 措施的策划

组织应策划：

a) 措施，以：

　　1) 应对这些风险和机遇（见6.1.2.2和6.1.2.3）；

　　2) 满足法律法规要求和其他要求（见6.1.3）；

　　3) 对紧急情况做出准备和响应（见8.2）。

b) 如何：

　　1) 在其职业健康安全管理体系过程中或其他业务过程中融入并实施这些措施；

　　2) 评价这些措施的有效性。

在策划措施时，组织必须考虑控制的层级（见8.1.2）和职业健康安全管理体系的输出。

在策划措施时，组织还应考虑最佳实践、可选技术方案以及财务、运行和经营要求。

3.6.6.2 理解与实施要点

组织应针对如何应对相关的风险和机遇、满足法律法规要求和其他要求、应对紧急情况和对紧急情况做出响应进行顶层设计，策划应采取的措施，以便有效地控制危险源和职业健康安全风险，更好地履行合规义务，有效地防范风险、利用机会，并进而实现职业健康安全管理体系的预期结果。

（1）针对需要应对的风险和机遇，不仅要单纯地考虑成本，还应该考虑到组织的所有义务，自愿承诺和利益相关方的要求。组织可采取的措施一般包括：规避风险、接受风险、降低风险和分担风险。

1）规避风险，指组织在评价某项活动存在风险损失的可能性较大时，采取主动放弃或加以改变，以避免与该项活动相关的风险的策略，通常采用不参与或撤离某项活动来实现。这种方式相对安全，但也是最保守的。如果该项活动能给组织带来正面影响或潜在收益，那么就会因为选择了规避风险而丧失机遇。具体方法有两种：一是放弃或终止某项活动的实施，即在尚未承担风险的情况下拒绝风险；二是改变某项活动的性质，即在已承担风险的情况下通过改变工作地点、工艺流程等途径来避免未来生产活动中所承担的风险。

2）接受风险，指组织基于对潜在影响或所需采取措施的成本的考虑，不准备采取控制措施降低风险或者减轻损失的一种措施，即不采取任何行动，将风险保持在现有水平。采取该措施的原因在于组织可能无法找到任何其他应对措施、很难消除或降低有关的风险，或者采取的措施所带来的成本远超出潜在风险所造成的损失。最常见的主动接受风险的方式就是建立应急准备和响应，应对已知或潜在的威胁。如化工企业由于生产需要，必须要储存一定数量的危险化学品。组织一方面需要做好日常的储存、使用、运输等控制管理工作，另一方面需要做好应急准备和响应工作。

3）降低风险，指组织基于对潜在影响或所需采取措施的成本的考虑，准备采取措施降低风险的可能性和严重性，将风险控制在可接受程度之内。风险可接受程度可根据组织的法律法规义务、安全方针、安全目标等判断。如：某机械制造企业，针对冲床频发事故的发生，安装了红外线安全保护装置，降低了员工操作时误伤手的风险，从而降低工伤事故率。

4）分担风险，指组织通过保险或其他合同等方式将其风险与另一个具有实力的个人或机构共同承担的方式。在这种方式下，组织与协议方共担风险损失、共享风险收益。最常见的分担风险方式就是在明确风险战略的指导下，与资金雄厚的独立机构签订保险合同。如企业购买安全生产责任保险和工伤社会保险等。值得注意的是，分担风险虽不改变风险本身的大小，但由于增添了新的承受主体，所以可能会引发新的风险。

（2）针对需要应对合规性义务（适用的法律法规要求和其他要求），组织需详细确定其在员工及相关方需求和期望中识别的适用于其职业健康安全的合规义务，并确定这些合规义务如何应用于组织的职业健康安全管理体系。合规义务包括组织必须遵守的法律法规要求、组织必须遵守的或选择遵守的其他要求。

不同的行业所适用的法规各不相同。即使是同一行业，由于各个组织的具体情况各不相同，如选用的不同的工艺、设备、原材料等，所适用的法规也不完全一样。究竟组织需遵守哪些法规和其他要求，组织需根据自身的具体情况和需要进行识别。通常，组织可从以下几个方面进行识别：

——需遵守哪些法规和其他要求；

——在何处采用这些法规和其他要求；

——组织内部谁需要获取哪些法规和其他要求信息；

——如何最适宜地获取所需要的法规和其他要求信息，包括此类信息的媒介（如纸质件、CD、磁盘和互联网等）。

由于职业健康安全法律法规和其他要求不断更新和变化，组织对法规和其他要求的识别应是一个持续不断的过程，也就是说，组织需密切关注法规和其他要求的发展状况，确保组织满足最新的法规和其他要求。与此同时，组织还需建立一定的渠道，不断获取和更新有关这些法规和其他要求的信息。

（3）针对准备应对紧急情况和对紧急情况做出响应，也称"应急预案"。组织在正常生产过程中可能遇到的紧急情况有火灾、爆炸、毒气泄漏、建筑倒塌、重大车祸等。为了减轻事故的后果，组织应组织相关人员编写应急预案，预案应包括技术措施和组织措施。如发生火灾爆炸事故时，第一当事人应立即先拉闸切断电源，向119报警，联络应急指挥部和部门经理，及时报告事故的情况。指挥者紧急指挥疏散员工，撤离危险区内闲杂人员。

（4）组织可以通过在其自身的业务过程中，增加相应职业健康安全要求的形式，将所策划的重大危险源、合规义务、需要应对相关的风险和机遇以及需要准备应对紧急情况和对紧急情况做出响应进行管理的措施融入其业务过程。如：为了应对人员流失率较高带来的风险，组织策划的应对措施可以包括加强新员工培训、增强组织的凝聚力等，并将其与组织文化建设、人力资源工作结合。又如：针对安全设施老化容易发生故障带来的风险，组织策划的措施可以是加强安全设施的巡查工作，此时应将其与日常的设备管理工作结合。

（5）在体系策划阶段，组织应考虑其所策划的措施的有效性的问题，即如何对所策划措施的有效性进行评价的方法，并将具体方法体现在监视、测量、分析和评价过程中。

组织可以采取各种方法和技术来评价所采取措施的有效性，方法从统计技术到监视和测量结果与预期的绩效水平的对比（见ISO 45001：2018，9.1）；某些法规的要求可以直接用来验证某些运行控制的实际绩效，如工作场所的空气质量；组织还可以选择职业健康安全管理体系之外的评价方法来评价所采取措施的有效性，例如环境管理体系、社会责任管理体系、质量管理体系等。

因此，评价的方法可能包括，但不限于：

——监视和测量，将结果与预期的绩效水平进行对比；

——将实施运行控制的结果与法规要求进行对比；

——统计分析；

——职业健康安全管理体系之外的方法，如通过对工作场所空气质量的监测来评价环保材料替代的效果等。

（6）策划措施时或考虑变更现有措施时，组织应考虑控制层级，按ISO 45001：

2018 中 8.1.2 要求的顺序考虑其降低风险：消除—替代—工程控制措施—管理控制措施—个体防护装备（详见本章 8.2）。

组织还应考虑职业健康安全管理体系的输出，实施所采取的措施是期望获得职业健康安全管理体系的预期结果，包括持续改进职业健康安全绩效、满足法律法规要求和其他要求和确保实现职业健康安全目标。组织在策划措施时应充分考虑，如实现职业健康安全目标的措施策划（管理方案）、职业健康安全绩效评价准则等。

（7）在策划需采取的措施时，组织应考虑良好实践。良好实践是指组织经过长年的发展和积累，已经形成了很完好的安全管理制度和操作规程，基本上能保证员工有章可循，能有效指导员工的作业行为是否符合安全生产要求，因此说，良好实践可以构成职业健康安全的其他要求。同时，组织还应考虑可选的技术方案、财务、运行和业务经营的要求，在实施措施时带来实际上的压力，这是任何一个组织实施职业健康安全管理体系的最大障碍。全面考虑这些障碍可帮助组织确定切实可行的措施方案，以在经济可行、成本效益高和适用的前提下，采用最佳的可行技术，即应从多方面考虑确保有关措施可行。

3.6.7　职业健康安全目标及其实现的策划/职业健康安全目标

3.6.7.1　标准条文

> **6.2　职业健康安全目标及其实现的策划**
>
> **6.2.1　职业健康安全目标**
>
> 　　组织应在相关职能和层次上制定职业健康安全目标，以保持和持续改进职业健康安全管理体系和职业健康安全绩效（见 10.3）。
>
> 　　职业健康安全目标应：
>
> a)　与职业健康安全方针一致；
>
> b)　可测量（可行时），或能够进行绩效评价；
>
> c)　必须考虑：
>
> 　　1)　适用的要求；
>
> 　　2)　风险和机遇的评价结果（见 6.1.2.2 和 6.1.2.3）；
>
> 　　3)　与工作人员及其代表（若有）协商（见 5.4）的结果；
>
> d)　得到监视；
>
> e)　予以沟通；
>
> f)　在适当时予以更新。

3.6.7.2　理解与实施要点

（1）制定目标是为了保持和改进职业健康安全绩效。目标宜与风险和机遇以及组织所识别的、实现职业健康安全管理体系预期结果所必需的绩效准则相关。组织应在相关职能、层次上建立职业健康安全目标，且可与其他业务目标相融合。组织内机构、部门、岗位只要承担职业健康安全管理的职责，就有必要确定这些机构、部门、岗位的预期目标。职业健康安全目标横向应在相关职能上建立，也就是要在同一层次的部门、岗位上确定与其职责相应的目标（即横向到边）；职业健康安全目标纵向应在管理职责的不同层次上建立，也就是要在组织最高管理层、中层职能机构、中层机构的下设部门（科、室、车间/工段/班组等），具体职能岗位等管理权限由高到低的不同层次上建立（即纵向到底）。组织也可以从战略层面、战术层面和运行层面上建立相应的职业健康安全目标，以实现组织职业健康安全绩效的持续改进（即斜向支持）：

——战略性目标的设立旨在改进职业健康安全管理体系整体绩效（如消除噪声暴露）；

——战术性目标可设立在设施、项目或过程层面（如从源头降低噪声）；

——运行层面的目标可设立在活动层面（如围挡单台机器以降低噪声）。

（2）职业健康安全目标要与职业健康安全方针保持一致，即职业健康安全方针可被用于作为设定职业健康安全目标的标杆。例如：组织明确了"全员参与，预防为主，安全健康，遵纪守法，持续改善"的职业健康安全方针，则组织需设定与该方针相对应的职业健康安全目标，如安全事故、职业病降低率及其绩效目标。

（3）职业健康安全目标应是可测量的，测量后应获得量值。要测量的目标是否能够达到，如果不能，将如何改进。职业健康安全目标的测量可以是定性的或定量的，定性测量可以是从诸如调查、访谈和观察中所获得的粗略估计。测量的方法和内容要规范科学，包括测量的时机、样本的抽取和数量等，以保证职业健康安全目标测量结果的代表性。职业健康安全目标尽可能量化，要确定实现目标的时间框架，以便于测量。定性的职业健康安全目标如果能够进行评价，也是符合要求的。如年内通过三级安全标准化认证。但一般必须做到的不应列为目标，如"设备检修前必须切断电源""危化仓库严禁吸烟"等。

（4）职业健康安全目标应包括满足适用的法规要求和组织同意的其他要求的承诺，要能表现在运行控制过程中要达到的目的，同时又要满足适用的法规要求、体系要求和该标准要求。

（5）职业健康安全目标应考虑职业健康安全风险和职业健康安全机遇以及其他风险和机遇的评价结果，如果评价结果表明组织在安全方面存在较多隐患，则可制定安全隐患整改率等目标。

（6）职业健康安全目标应考虑与员工及员工代表（如有）协商的输出，如果员工对职业健康安全满意度有要求，经协商可制定降低工作场所环境改善的目标；员工提出减少在危险物质、设备或过程的暴露的时间，经协商可引入准入控制措施或防护措施等。组织不必为其所确定的每个风险和机遇均设立职业健康安全目标。

（7）组织应对目标的实现进程进行跟踪，对职业健康安全目标实施持续地监视，定期检查目标的实现情况，这样组织能够获取相关的信息并及时进行相应的调整，确保目标的实现。

（8）组织应当确定各层次和职能在实现目标时应发挥的作用，并将职业健康安全目标的有关信息传达至各相关责任部门和责任人，如从事运行控制的人员；确保各相关职能和层次的员工理解目标的要求，并付诸实施。组织应根据其自身的特点确定所采取的沟通方式，如培训、会议、文件、网络等。

（9）适时进行更新。职业健康安全目标不是一成不变的，应是与时俱进的，有可能目标定得不合理需要更新，也有可能一个阶段或一段时间目标完成后，又要设置新的或更高的职业健康安全目标，以实现职业健康安全绩效的改进。所以，最高管理者应根据组织情况和职业健康安全目标实施情况等，组织相关职能部门负责人定期或不定期（可以结合管理评审）评审职业健康安全目标的适宜性。通过评审，如果职业健康安全目标需要变更，最高管理者根据评审结果变更职业健康安全目标，批准后再予以发布。

（10）职业健康安全目标是职业健康安全管理体系策划的输入之一。

3.6.8 实现职业健康安全目标的策划

3.6.8.1 标准条文

> **6.2.2 实现职业健康安全目标的策划**
>
> 在策划如何实现职业健康安全目标时，组织应确定：
>
> a) 要做什么；
>
> b) 需要什么资源；
>
> c) 由谁负责；
>
> d) 何时完成；
>
> e) 如何评价结果，包括用于监视的参数；
>
> f) 如何将实现职业健康安全目标的措施融入其业务过程。
>
> 组织应保持和保留职业健康安全目标和实现职业健康安全目标的策划的文件化信息。

3.6.8.2 理解与实施要点

（1）为了实现职业健康安全目标，组织应策划相应的措施，并尽量将相应措施与其自身的业务过程相融合。组织可以将实现职业健康安全目标的方案在战略规划过程中与其他方案进行整合。实现职业健康安全目标的方案有助于组织提供职业健康安全绩效。他们应该是动态的。当职业健康安全管理体系范围内的过程、活动、服务和产品发生变化时，职业健康安全目标与其有关的方案必要时进行修订。

（2）确定职业健康安全目标时，组织应明确以下方面：

1）需要做什么。需要做什么是措施的核心内容，是实现职业健康安全目标组织需要采取的具体的方法，方法可能包括人员培训、制度建设、技术改造、过程建立、运行控制等。组织应明确拟采取的措施内容，或包括具体的技术方案。

2）所需的资源。组织应结合拟采取的措施内容，确定必要的资源，包括财务资源、人力资源、自然资源、技术资源、基础设施（包括组织的建筑物、厂房、设备、公共设施、信息技术与通讯系统、应急处置系统），以及可能需要借助外部技术支持等其他资源。组织应按照要求提供必要的资源，确保目标的实现。

3）职责权限。针对拟定的措施，组织应根据其开展的具体活动明确责任人，并确定相应的职责权限，确保有关措施能够得到真正的落实。

4）完成期限。受资源的限制，组织所策划的措施应有时间限制。组织应确定职业健康安全目标的总体时限要求。针对那些比较复杂的方案，组织还应识别其中的关键节点并明确相应的阶段完成时间要求。

5）评价。组织应明确如何对目标的实现进程进行监控，以及如何评价措施的实施效果。即要求组织进行相应的监视、测量、分析、评价活动的策划。为了确保有关的评价活动能够有效地开展，组织可针对其建立用于监视实现健康安全目标的过程所需的参数。例如，为实现组织"改善工作环境，不发生职业病"的职业健康安全目标，组织可设立工作场所空气质量接触限值参数。如某公司喷漆车间油漆组，苯职业接触限值：PC‐TWA $6mg/m^3$，PC‐STEL $10mg/m^3$；甲苯职业接触限值：PC‐TWA $50mg/m^3$，PC‐STEL $50mg/m^3$。木工车间总粉尘，职业接触限值：PC‐TWA $8mg/m^3$，最大超限倍数为2。

（3）组织在策划实现职业健康安全目标时，应考虑如何将这些措施尽可能地与组织的业务过程，如市场、研发、采购、生产制造、仓储运输、技术改造等进行融合，这样不但可以有效地达成目标，还可以提升管理效率，降低管理成本。如：将为实现粉尘排放量减少的措施、改造除尘治理设备，与组织计划的设备大修过程相结合。

（4）组织应将职业健康安全目标及其实现计划形成文件化信息并予以保持。职业健康安全目标可以单独形成文件，也可以在手册中描述，或者在职业健康安全管理方案中描述。

3.7 支持

3.7.1 资源

3.7.1.1 标准条文

> **7 支持**
>
> **7.1 资源**
>
> 　组织应确定并提供建立、实施、保持和持续改进职业健康安全管理体系所需的资源。

3.7.1.2 理解与实施要点

（1）组织应确定建立、实施、保持和改进职业健康安全所需的资源，当确定所需的资源时，组织应当考虑：

——人力资源，如具备能力、意识和专业技能的员工；

——财务资源，如充足的资金保证；

——自然资源，如水、天然气、煤等；

——基础设施资源，如组织的建筑物、厂房、设备、公用设施、信息技术与通信系统、应急处置系统等；

——技术资源，如先进的生产工艺、安全防护技术等；

——组织认为必要的其他资源，如相关方关系等。

在上述资源中，知识也是组织职业健康安全管理体系运行所需要的重要资源，在应对未来挑战时，组织应考虑目前的知识库，并确定如何获取或访问所需的补充知识。

（2）在资源策划时，组织应考虑内部资源的能力和局限性（即获得性和充分性），还应考虑需要从外部获取资源的可能性和获得渠道，目的是确保资源满足职业健康安全管理体系的需要。由于资源具有有限性、客观性、可控性等特征，基于不同组织的知识和能力，各组织对资源的获取和使用能力存在差异。单个组织实际控制的资源十分有限。组织可在对其内部资源分析的基础上，根据内部资源的特点，发现、选择。利用外部资源，实现组织的目标。利用外部资源的方式可能有：

——分享其他组织的技术或经验，如与供应链或当地的其他组织合作，共同使用设施，以及共同使用外部资源；

——外包，如组织的特种安全设备的检修可以委托外部专业机构进行；

——与标准化组织、协会有关培训和意识项目的合作；

——与大学和科研院所的合作，以支持绩效改进和创新等。

（3）组织所需资源还应考虑法律法规的要求，如特殊岗位的资质要求等。

3.7.2 能力

3.7.2.1 标准条文

> **7.2 能力**
>
> 组织应：
>
> a) 确定影响或可能影响其职业健康安全绩效的工作人员所必需具备的能力；
>
> b) 基于适当的教育、培训或经历，确保工作人员具备胜任工作的能力（包括具备辨识危险源的能力）；
>
> c) 在适用时，采取措施以获得和保持所必需的能力，并评价所采取措施的有效性；
>
> d) 保留适当的文件化信息作为能力证据。

> **注**：适用措施可包括：向现有所雇人员提供培训、指导或重新分配工作；外聘或将工作承包给能胜任工作的人员等。

3.7.2.2 理解与实施要点

（1）能力指应用知识和技能实现预期结果的本领（ISO 9000：2015，3.10.4），经证实的能力有时也指资格。标准规定对从事产生职业健康安全风险的人员以及具有职业健康安全管理体系职责的人员，这些人员可能是组织的内部员工，也可能是来自组织外部的承包方人员，都应具备相应的能力。否则，将会影响职业健康安全绩效。这些人员包括：

1）其工作可能造成职业健康安全风险的人员，如与重大职业健康安全危险源的运行相关的人员、对新建、改建和扩建项目组织进行职业健康安全风险评价的人员、设计人员、消防安全设备的运行人员、采购人员（所采购的产品中含有禁用物质等）、运输危险品的人员等。

2）被分配了职业健康安全管理体系的人员，包括涉及以下工作的人员：

——确定并评价职业健康安全风险或合规义务，如对危险源进行辨识和风险评价以及确定重大危险源的人员、合规义务识别和确定的人员、进行合规义务评价的人员。

——为实现职业健康安全目标做出贡献，如职业健康安全目标的责任人、对职业健康安全目标的实现进行策划的人员、实施所策划的措施的有关人员、对职业健康安全目标的完成情况进行监视和评价的人员；

——对紧急情况做出响应，如应急联络人员、应急指挥人员、采取应急措施的人员；

——实施内部审核，如内审员；

——实施合规性评价，如开展合规性评价的人员。

3）代表组织工作的人员，如提供产品安装、维护的供应商，提供服务和工作的承包方等。

（2）在确定了可能影响组织职业健康安全绩效的有关职能和岗位的人员所需能力的基础上，组织应分析、确定相关人员是否具备相应的能力，这种评价应基于相关人员的教育、培训或经历。通过对某一职能、岗位的能力要求与目前该职能、岗位的人员实际现状水平的情况分析，组织可以判断出相关职能、岗位和现任人员的能力是否具备，如果不具备，则应采取相应的措施以确保人员的胜任其工作和岗位的。

组织应从以下4个方面对岗位能力的需求做出适当的规定和评价：

1）教育，通常指学历教育，特别是有关专业技术方面的教育背景，如从事安全生产管理的人员需要大学本科以上理工科专业等；

2）培训，通常指技术、业务、技能的专项培训或训练，如内审员、生产安全员、特种作业人员的培训等；

3）技能，通常指做事的动手能力，应掌握的技术、方法、技巧等完成特定的工作任务，如设备调校、设备修理、设备使用、软件编写等；

4）经验，通常指从事某项工作的时间，可通过相似经历获得，如从事危化品管理工作经历、安全管理工作经历、现场管理工作经历等。

员工能力涉及的知识和技能应包括能够辨识与其工作和工作场所相关的危险源，并能应对与其工作和工作场所相关的职业健康安全风险。同时，在确定每个岗位的能力时，组织还需考虑如下内容：

——承担该角色保持能力所必需的再培训，包括教育、培训、资格和经验的能力；

——工作环境；

——由风险评价过程所产生的预防措施和控制；

——适用于职业健康安全管理体系的要求；

——法律法规要求和其他要求；

——职业健康安全方针；

——合规和不合规的潜在后果，包括对工作人员健康和安全的影响；

——员工基于其知识和技能参与职业健康安全管理体系的价值；

——与其角色相关的责任和义务；

——个人能力，包括经验、语言技能、读写能力和差异性；

——因所处环境或工作变化所造成的相应能力的更新。

（3）组织可根据需要，制定和实施培训计划，采用内培或外培的方式，或采取其他措施，如采用招聘人员、组织内部调剂等方法获得或保持所需的能力。特别注意的是，ISO 45001在"采取措施以获得和保持所必需的能力"之前增加了"适用时"，说明是否需要采取措施，可以根据组织职业健康安全管理体系及其过程有效实施的需求，根据工作岗位需求，以及人力资源要求、风险评价要求、管理评审、纠正措施和内部审核活动的结果来决定，并不是必需的。如果某人经评价已经具备了岗位要求所必要的能力，则不需要强制性要求对他进行培训或采取其他措施。

（4）评价所采取措施的有效性。为了满足人员的能力要求，组织可采取提供培训或招聘人员等措施。但这些措施的有效性如何，能不能满足人员的能力要求，应进行评价，以便进一步改进所采取的措施。

1）评价培训的有效性。组织可采取多种办法对培训的有效性进行评价。对于知识性的培训，可采取笔试的办法，考核学员的学习效果；也可以由学员写出学习体会，总结自己的收获与成果，评价培训的效果；或者由学员运用在培训中所学到的知识，结合自己的工作，写出应用实例，评价培训的效果。对于操作性的培训，可采取由学员实际操作，考核学员实际操作的水平。如对生产操作人员进行实际操作培训时，可由学员按照生产操作要求进行实际操作，看其操作是否符合工艺和作业指导书的要求，对预设的故障能否正确地给予排除，能否对生产过程出现的突发事件进行有效的控制；并对操作的结果（产品）进行验证，是否符合规定的要求。

2）评价招聘的有效性。对招聘的人员，经过对其培训或试用后，可通过考查其能否完成工作任务，工作效果和效率能否达到要求来评价招聘人员的有效性。如果效果不佳，应改进招聘的方法，使招聘来的人员达到所需能力的要求。

（5）为了有效地对代表组织工作的承包方和供方施加职业健康安全风险产生的重大影响，组织应通过适当的途径要求承包方和供方能够证实相关人员具有必要的能力，并接受了适当的培训。有的组织在供应链管理中将是否贯彻 ISO 45001：2018，建立职业健康安全管理体系，作为选择评定和控制合格承包方和供方的必要条件。也有的组织通过改进设计和工艺，使承包方和供方消除危险有害因素或者减少对职业健康安全风险产生重大影响的程度。这些积极的做法都是值得提倡的。

（6）组织应保留证明相关人员能力的有关文件化信息，如文凭、资格证书、简历、培训结业证明和绩效评价等，以证明其相关人员是能够满足要求的。根据需要，记录可以简单也可以复杂，可包括员工所接受的培训和培训结果的内容。过一段时间，应重新评价任何进一步的教育和培训的有效性以确保所获得的能力是持续的。

当员工接受过经认证的正规教育（如大学学位教育），则相应的证书可用于证实其已获得了开展工作所需的部分或全部知识，但这并不必然表明其能够应用这些知识。其他职业化的培训（如消防演练培训、职业病预防培训、急救知识培训）也可能包括获得应用知识的能力和技能。

3.7.3　意识

3.7.3.1　标准条文

7.3　意识

工作人员应意识到：

a) 职业健康安全方针和职业健康安全目标；

b) 其对职业健康安全管理体系有效性的贡献作用，包括提升职业健康安全绩效的益处；

c) 不符合职业健康安全管理体系要求的影响和潜在后果；

d) 与其相关的事件和调查结果；

e) 与其相关的危险源、职业健康安全风险和所确定的措施；

f) 从其所认为的存在急迫且严重危及其生命或健康的工作状况中逃离的能力，以及为保护其免遭由此而产生的不当后果所做出的安排。

3.7.3.2　理解与实施要点

（1）组织的最高管理者和各层管理者应向全体员工阐明组织的职业健康安全观，传达组织的职业健康安全方针和目标。对职业健康安全方针和目标的认知不应当理解为需要熟记承诺或在组织控制下工作的人员保存有文件化的职业健康安全方针和目标的文本，而是这些人员应当意识到职业健康安全方针和目标的存在、职业健康安全方针的承诺、职业健康安全方针的目的以及他们在实现职业健康安全方针和目标承诺中所起的作用，包括他们的工作如何能影响组织满足法律法规要求和其他要求的能力。

（2）组织应确保每一位员工都知道什么是职业健康安全管理体系，提升职业健康安全绩效有什么益处；其在职业健康安全管理体系内角色、职责和权限，使他们真正参与到职业健康安全管理体系中去；应使他们认识到他们所负责或与他们所参与的职业健康安全管理工作的重要性，其工作、行为对职业健康安全管理体系的有效性（包括提升职业健康安全绩效）起到什么作用，提高员工的主人翁意识，鼓励他们发现职业健康安全管理体系及个人工作中的问题，并对改进职业健康安全绩效提出建议，增进他们对持续改进职业健康安全管理体系和职业健康安全绩效的积极性，并为此做出自己的贡献。

（3）组织应确保使每一位员工认识到不符合职业健康安全管理体系要求及未能满足法律法规要求和其他要求给组织或个人带来的后果，如被监管机构处罚、被迫停产、工作机会丧失以及生命的代价等，以此可以促使员工能够更加自觉、严格地执行组织的有关制度和操作规程。

（4）发生职业健康安全事故后，组织应启动应急预案，成立事故调查小组，按规定要求向上级主管机关报告。事故处理要坚持"四不放过"的原则：即事故原因不清不放过；事故责任人和员工没有受到教育不放过；事故责任不明不放过；纠正、预防措施不落实不放过。对事故的调查要有结论性的建议，相关信息要予以保存，如事故现场的照片、调查记录等。

（5）组织应确保每一位员工知晓他们所处角色的职业健康安全危险源和风险（特别是临时工，承包方、访问者和其他任何相关方），使他们意识到在任何工作场所都会有导致伤害或健康损害的根源（如运动的机械；辐射或能源）、状态（如工作在高处）或行为（如手举重物）、或它们的组合。在确定风险控制措施时，需考虑以下三个因素：

——可行性。化学品危害告知卡在化学品现场管理过程中相对于化学品安全技术说明书（MSDS），能更迅速让员工了解其风险、操作要求、应急操作措施和应急联系方式；配电房入口，闪电式的触电警告标志比感叹号警告标志来得更为直观，视觉冲击力更强。

——安全性。高处作业，稳固、防护完好的操作平台比使用直梯来得更为安全。

——可靠性。控制措施的选择还需要可靠安全，不能带来新的风险。

（6）国际劳工组织（International Labour Organization，ILO）1919年根据《凡尔赛和约》作为国际联盟的附属机构成立。1946年12月14日成为联合国的一个专门机构。该组织的宗旨是："促进充分就业和提高生活水平；促进劳资合作；改善劳动条件；扩大社会保障；保证劳动者的职业安全与卫生；获得世界持久和平，建立和维护社会正义。"该组织制定的国际劳工标准中，建议如果员工发现了可能造成伤害和健康损害的危险情况或危险环境时，他们应当能够自己消除并向组织报告该情况，不会有遭受惩罚的风险。

3.7.4 沟通/总则

3.7.4.1 标准条文

> **7.4 沟通**
>
> **7.4.1 总则**
>
> 组织应建立、实施并保持与职业健康安全管理体系有关的内外部沟通所需的过程，包括确定：
>
> a) 沟通什么；
>
> b) 何时沟通；
>
> c) 和谁沟通；
>
>   1) 与组织内不同层次和职能；
>
>   2) 与进入工作场所的承包方和访问者；
>
>   3) 与其他相关方；
>
> d) 如何沟通。
>
> 在考虑沟通需求时，组织必须考虑到各种差异（如性别、语言、文化、读写能力、残障）。
>
> 在建立沟通过程中，组织应确保外部相关方的观点被考虑。
>
> 在建立沟通过程时，组织：
>
> ——必须考虑其法律法规要求和其他要求；
>
> ——应确保所沟通的职业健康安全信息与职业健康安全管理体系内所形成的信息一致且可靠。
>
> 组织应对有关其职业健康安全管理体系的沟通做出响应。
>
> 适当时，组织应保留文件化信息作为其沟通的证据。

3.7.4.2 理解与实施要点

沟通对有效实施职业健康安全管理体系并取得预期结果至关重要。沟通应是个双向的过程，为使组织内部之间与组织外部相关方的职业健康安全信息得以及时沟通，组织应建立相关的过程，规定信息沟通的渠道（如互联网、视频、书写或报告）、方法（如口头或书面），包括外部信息接受、处理、答复、记录和归档等，形成职业健康安全信息管理的闭环系统。

（1）需要沟通的内容。通常可考虑重大危险源和重大职业健康安全风险、法规要求、职业健康安全绩效、改进建议、紧急情况、相关方要求等有关信息。

（2）沟通的时机。通常需要针对不同类别和内容的信息考虑沟通的时机，包括例行和非例行的，如果出现紧急情况或事故时、相关方提出要求时、或执行相关法规的特定要求时。

（3）沟通的对象。通常，需要针对考虑信息类别和内容考虑沟通的对象，在规定的时机开展沟通活动。如：

——有关管理者对职业健康安全管理体系承诺的信息；关于识别危险源和风险的信息；关于职业健康安全目标和其他持续改进活动的信息；与事件调查相关的信息；与在消除职业健康安全危险源和风险方面的进展有关的信息；与可能对职业健康安全管理体系产生影响的变化有关的信息。这些可在组织内部各层次和职能之间进行沟通；

——对到达工作场所的承包方人员，可就组织的职业健康安全绩效要求（一般协议中有详细描述）、与不符合职业健康安全要求的有关后果、与任何所执行的特定任务或将开展工作的区域相关的运行控制措施以及与以上关于现场活动特定职业健康安全要求之外的其他信息进行沟通。

对于与访问者（包括送货员、顾客、参观者、提供服务的人员等）可就与访问者相关的职业健康安全要求、疏散程序和警报响应、交通控制措施、准入控制措施和陪同要求、任何所需穿戴的个人防护装备（如安全帽）等有关信息进行沟通；

——相关方方面的沟通可就公司职业健康安全的披露事项进行沟通，可采用网站的形式。

（4）如何进行沟通。信息沟通的方式可包括多种形式，例如，非正式讨论、组织的开放日、焦点问题小组、社区对话、参与社区活动、网站和电子邮件、QQ、微信、新闻稿、广告和定期简报、年度和其他定期的报告，以及电话热线、电子声像等。

（5）组织在其信息交流和沟通过程中，还可能遇到差异性方面的问题，如遇到外国客户来验厂，涉及语言的问题以及所在国的文化，还有双方的文字的读写能力；遇到伤残的人员，还可能涉及肢体语言方面的问题，组织在沟通时应有所考虑和准备。

（6）适当时，组织应确保考虑了有关的外部相关方关于职业健康安全管理体系一些敏感的问题和观点，如涉及组织的社会责任问题、工作时间、用工制度、薪酬发放、拒绝允许拍照等。

（7）在策划沟通过程中，组织应考虑法律、法规等合规义务的要求。如国家安全生产监督管理总局《用人单位职业健康监护管理办法》规定，"用人单位应当及时将职业健康检查结果及职业健康检查机构的建议以书面形式如实告知劳动者"；国家安全生产监督管理总局《危险化学品重大危险源监督管理暂行规定》要求，"危险化学品单位应当将重大危险源可能发生的事故后果和应急措施等信息，以适当的方式告知可能受影响的单位、区域及人员"。

（8）在交流信息过程中，组织应确保所沟通的信息是真实、准确、可靠的，这主要表现在所沟通的信息应与职业健康安全管理体系及其结果的事实相一致，所沟通的和报告的有关职业健康安全绩效的信息应准确、可信，便于信息接受者和使用者理解，且不会使他们产生误解或被误导。组织应确保沟通的信息可追溯，当信息接收者对其表示质疑时，组织可通过一定的方式和渠道追溯信息的源头以证明信息的真实性。

（9）组织应当对与其职业健康安全管理体系有关的质询、受关注的问题，或来自沟通活动的其他信息给予考虑并做出响应。对于来自职业健康安全的信息应进行接受、保持，对接受到的信息形成文件并做出回应。因为接受到的信息若不形成文字，容易遗忘。特别是外部信息，往往非常重要，形成文件后便于查阅应用。另外，外部信息通常包括周围居民对重大危险源的投诉，安全生产监督管理部门要求组织在安全设施和安全管理方面做出改进，这些信息均要求组织改进其职业健康安全绩效，组织对其采取什么措施，应给相关方做出答复，否则可能有损于组织的公众形象或受到法律的惩罚。

（10）组织应当适当地保留做为信息沟通证据的文件化信息，目的是：

——回顾与特定相关方开展的信息交流、他们的质询或关切的历史；

——理解以往与各相关方给定事项的性质；

——在开发未来的信息沟通过程和后续活动，以及根据需要处理特定相关方的关注等方面，提高组织的有效性。

如果不能给职业健康安全管理体系带来增值，某些沟通活动的信息不必形成文件，例如，非正式沟通活动的信息。建立信息沟通过程中，组织必须考虑自身的性质和规模、重大危险源、以及其相关方的性质、需求和期望。

文件化信息的表现形式可以是记录表单、会议纪要、信息通报、电子信息、简讯、信函、公告等。

3.7.5　内部沟通

3.7.5.1　标准条文

7.4.2　内部沟通

组织应：

a) 就职业健康安全管理体系的相关信息在其不同层次和职能之间进行内部沟通，适当时还包括职业健康安全管理体系的变更；

b) 确保其沟通过程能够使工作人员为持续改进做出贡献。

3.7.5.2　理解与实施要点

有效的内部信息沟通可以为组织内各职能、层次的人员提供必要的信息，使他们理解并认同组织职业健康安全管理的理念，调动他们的积极性，促进其履行职责，这有助于组织实现职业健康安全管理体系的预期结果。

（1）标准对内部信息沟通提出了基本要求，如：

——最高管理者应就有效的职业健康安全管理和符合职业健康安全管理体系要求

的重要性进行沟通（5.1）；

——最高管理者应就职业健康安全方针在组织内予以沟通（5.2）；

——最高管理者应确保将职业健康安全管理体系内相关角色的职责和权限分配到组织内各层次并予以沟通（5.3）；

——确定与非管理类工作人员协商和参与的机制（5.4）；

——组织应确定如何将这些法律法规要求和其他要求应用于组织，以及所需沟通的内容（6.1.3）；

——职业健康安全目标在组织内应予以沟通（6.2.1）；

——就应急准备和响应过程与所有工作人员沟通并提供与其义务和职责有关的信息（8.2）；

——组织应确保向工作人员及其代表（若有）报告相关的审核结果（9.2.2）；

——最高管理者应就相关的管理评审输出与工作人员及其代表（若有）进行沟通（9.3）；

——组织应就事件、不符合和纠正措施的文件化信息与相关工作人员及其代表（若有）进行沟通（10.2）；

——组织应就有关持续改进的结果与相关工作人员及其代表（若有）进行沟通（10.3）。

为了持续改进职业健康安全管理体系和提高职业健康安全绩效，组织还可考虑需要沟通的其他内容：

——组织的战略、文化、职业健康安全理念、有关的风险和机遇；

——影响工作场所职业健康安全的变更，如：引入新的或改进的设备、新材料、新工艺、新的工作模式以及流程的变更等；

——相关方对组织职业健康安全绩效的期望和要求；

——员工对改善工作环境和改进职业健康安全管理提案的落实情况。

（2）对于职业健康安全管理体系发生的任何变更，如：组织机构调整、边界范围发生变化，或与其他管理体系相融合时，组织应就职业健康安全管理体系的变化进行内部沟通，其目的是为了让员工能够理解和知晓有关变化的具体内容和对组织职业健康安全管理可能产生的影响，特别是与其职责有关的那些变化，使职业健康安全管理体系各项活动在体系的变更期间仍能保持正常有序地进行。

（3）组织应采取相应措施，鼓励在组织控制下工作的人员通过内部信息沟通为持续改进职业健康安全管理体系和职业健康安全绩效作出贡献。组织应确保他们能通过适当的渠道和方式反馈信息、提出建议和意见，并且组织应能够及时、有效地接收和回应他们的建议和关注，如网络信息平台、提案改进信箱等。

（4）对内部信息的沟通，组织可以通过文件资料传递、例会、专题会议、座谈、培训、技术交底、通知、内部刊物、网络信息平台、警示标志、电子邮件、QQ、微信等形式。

3.7.6 外部沟通

3.7.6.1 标准条文

> **7.4.3 外部沟通**
>
> 组织应按其所建立的沟通过程就职业健康安全管理体系的相关信息进行外部沟通，并必须考虑法律法规要求和其他要求。

3.7.6.2 理解与实施要点

（1）外部信息沟通是组织与各外部相关方之间的信息交流，是职业健康安全管理的重要且有效的工具。相关方是指那些与组织有着各种关系的人或组织，包括组织的消费者、投资者、监管机构、股东、社区居民、供应商、合同方及任何对组织的职业健康安全状况感兴趣的人和组织。组织应按照其法律法规的要求及其信息沟通过程，就职业健康安全管理体系的相关信息进行外部信息沟通。通过外部信息沟通，相关方可以了解组织的职业健康安全管理要求，组织也可以获得相关方的需求和期望的信息（包括抱怨和建议）。这些都有助于组织更加有效地运行职业健康安全管理体系以实现预期的结果。通过外部信息沟通，外部相关方可以获知组织的努力以及取得的绩效信息等，这可以让组织获得更多的来自外部相关方的理解和支持，为组织的运营创造良好的氛围。组织与外部沟通的信息可包括：

1）法律法规要求和其他要求报告的信息

——与职业健康安全突发事件有关的公开信息：

——行政监管要求报告的相关信息；

——法律法规中要求报告的信息（如职业健康、消防安全、生产安全法律法规中要求报告、申报的信息）；

——组织自愿遵守的其他要求中规定沟通的信息（如组织承诺向相关方披露的职业健康安全检查信息）。

2）标准要求与外部沟通的信息

——适当时，职业健康安全方针可为相关方所获取（5.2）；

——在多雇主的工作场所，组织应与其他组织协调职业健康安全管理体系的相关部分（8.1.1）；

——组织应与承包方协调其采购过程，以辨识危险源并评价和控制职业健康安全风险（8.1.4.2）；

——就应急准备和响应过程与承包方、访问者、应急响应服务机构、政府部门、当地社区（适当时）沟通相关信息（8.2）；

——组织应确保向有关的相关方报告相关的审核结果（9.2.2）；

——职业健康安全绩效方面的信息与相关方的有关沟通（9.3）；

——组织应就事件、不符合和纠正措施的文件化信息与有关的相关方进行沟通（10.2）。

除以上内容外，组织还可以根据需要与外部相关方主动地交流更多的与职业健康安全管理体系有关的信息，如工作场所有害物质浓度、应急计划、事件事故处理等有关信息。

（2）对于外部信息的沟通，组织可以通过社会责任报告、合规性声明、参与社区活动、向监管机构报告、新闻发布会、企业刊物、网站、电子邮件、产品及使用手册、热线电话、电子声像等多种形式。

3.7.7 文件化信息/总则

3.7.7.1 标准条文

7.5 文件化信息

7.5.1 总则

组织的职业健康安全管理体系应包括：

　　a) 本标准要求的文件化信息；

　　b) 组织确定的实现职业健康安全管理体系有效性所必需的文件化信息。

注：对于不同组织而言，其职业健康安全管理体系的文件化信息的程度可能因以下方面存在差异而不同：

　　——组织的规模及其活动、过程、产品和服务的类型；

　　——证实满足法律法规要求和其他要求的需要；

　　——过程的复杂性及其相互作用；

　　——工作人员的能力。

3.7.7.2 理解与实施要点

（1）文件化信息是组织需要控制和保持的信息及其载体（ISO 9000：2015，3.8.6）。文件化信息主要有两类：

1）一类是作为职业健康安全管理体系运行的依据，可以起到沟通意图、统一行动的作用，也就是我们通常所说的"文件"，在 ISO 45001：2018 中一般表述为"保持文件化信息"。

2）另一类文件化信息，可以为职业健康安全管理体系运行及其结果提供证据，并为管理决策提供必要的输入，也就是我们通常所说的"记录"，在 ISO 45001：2018 中一般表述为"保留文件化信息"。

组织有责任确定其职业健康安全管理体系运行所需的文件化信息及其载体等要求。

（2）ISO 45001：2018 要保持的文件化信息共 11 处：

1）职业健康安全管理体系的范围（4.3）；

2）职业健康安全方针（5.2）；

3）组织的角色、职责和权限（5.3）；

4）需要应对的职业健康安全风险和职业健康安全机遇（6.1.1）；

5）应对其风险和机遇（见6.1.1~6.1.4）所需的过程和措施（6.1.1）；

6）风险评价的方法和准则（6.1.2.2）；

7）法律法规要求和其他要求（6.1.3）；

8）目标及其实现目标的策划（6.2.2）；

9）保持必要的文件化信息，以确信过程已按策划得到实施（8.1.1）；

10）保持关于响应潜在紧急情况的过程和计划的文件化信息（8.2）；

11）持续改进的证据（10.3）。

（3）ISO 45001：2018要保留的文件化信息共13处：

1）风险评价的方法和准则（6.1.2.2）；

2）法律法规要求和其他要求（6.1.3）；

3）目标及其实现目标的策划（6.2.2）；

4）相关人员能力的证据（7.2）；

5）沟通的证据（7.4.1）；

6）保留必要的文件化信息，以确信过程已按策划得到实施（8.1.1）；

7）保留关于响应潜在紧急情况的过程和计划的文件化信息（8.2）；

8）监视、测量、分析和评价结果（9.1.1）；

9）有关测量设备维护、校准或验证的记录（9.1.1）；

10）合规性评价结果（9.1.2）；

11）审核方案实施和审核结果的证据（9.2.2）；

12）管理评审结果的证据（9.3）；

13）持续改进的证据（10.3）。

（4）除上述涉及的文件化信息外，为实现该标准提出的要求，为确保职业健康安全管理体系的重要过程及其活动能够一致和有效地实施，组织可能还需要从明确职责、理解要求、控制和管理过程、实施培训、实施审核等实际需求出发，策划和创建支持职业健康安全管理体系有效运行所需的文件和记录。这会涉及下述方面的文件和记录：

——描述职责和作用所需的文件。ISO 45001：2018虽然没有像GB/T 28001—2011那样"对职业健康安全管理体系的主要要素及其相互作用"做出描述要求，但为了便于组织内部人员或其他相关方从整体上了解组织的职业健康安全管理体系，便于管理层理解和管理职业健康安全管理体系，组织仍可考虑以"管理手册"之类的形式，对组织的职业健康安全管理体系的架构、核心要素、体系范围、组织环境、相关方需求和期望、方针、目标、风险和机遇、运行控制、监视和测量等做出文件化的描述。

——确保重要过程及活动能按策划得以实施，其结果得以证实所需的文件和记录。

例如，组织所处的环境；相关方的需求和期望；文件化信息控制；危险源辨识和评价；应对风险和机遇的措施；应急响应和控制；相关方施加影响和控制；目标实现管理方案；监视、测量分析和评价绩效；内部审核方案、程序；管理评审程序等。

——如果组织决定不将某些过程形成文件，则应当向在组织控制下与此过程有关的工作人员告知需满足的要求，适当时可以采用信息沟通和培训的方式。

——如果职业健康安全管理体系的过程与其他管理体系的过程实现融合，则组织可以将有关职业健康安全管理体系的文件化信息与其他管理体系的文件化信息整合在一起。

（5）职业健康安全管理体系文件的结构和详略程度取决于组织的特点和实际情况：

——组织的规模（如人数多少）和活动的类型（如制造业、服务业等）；

——过程和过程之间的相互作用的复杂程度（如需要保证活动的重复性和一致性）；

——证实满足法律法规要求和其他要求的需要（如需要用来规定履行合规义务）；

——组织控制下工作人员的能力（如接受培训的程度、教育程度的高低、经验丰富与否等）。

3.7.7.3　实施案例

【例3–10】某企业职业健康安全管理体系程序文件清单

职业健康安全管理体系程序文件清单

序号	文件编号	程序名称	标准条款号
1	Q/TZ G21605—2020	组织环境理解和分析控制程序	4.1
2	Q/TZ G21606—2020	相关方需求和期望控制程序	4.2
3	Q/TZ G21218—2020	风险和机遇管理控制程序	6.1.1
4	Q/TZ G21201—2020	危险源辨识和风险评价控制程序	6.1.2
5	Q/TZ G21506—2020	法律法规要求和其他要求获取和更新控制程序	6.1.3
6	Q/TZ G201103—2020	职业健康安全目标和管理方案控制程序	6.2.1、6.2.2
7	Q/TZ G201623—2020	人力资源控制程序	7.1～7.3
8	Q/TZ G21511—2020	信息交流与协商控制程序	7.4.1～7.4.3、5.4
9	Q/TZ G21504—2020	文件控制程序	7.5
10	Q/TZ G21505—2020	记录控制程序	7.5
11	Q/TZ G21402—2020	职业健康安全运行控制程序	8.1
12	Q/TZ G20414—2020	变更管理控制程序	8.1.3
13	Q/TZ G20302—2020	对相关方施加影响控制程序	8.1.4
14	Q/TZ G21202—2020	应急准备和响应控制程序	8.2
15	Q/TZ G20704—2020	绩效监视和测量及评价控制程序	9.1

（续）

序号	文件编号	程序名称	标准条款号
16	Q/TZ G21604—2020	合规性评价控制程序	9.1.2
17	Q/TZ G21603—2020	内部审核控制程序	9.2
18	Q/TZ G20602—2020	管理评审控制程序	9.3
19	Q/TZ G20506—2020	改进控制程序	10.1～10.3

3.7.8 创建和更新

3.7.8.1 标准条文

> **7.5.2 创建和更新**
>
> 创建和更新文件化信息时，组织应确保适当的：
>
> a) 标识和说明（如标题、日期、作者或文件编号）；
>
> b) 形式（如语言文字、软件版本、图表）与载体（如纸质载体、电子载体）；
>
> c) 评审和批准，以确保适宜性和充分性。

3.7.8.2 理解与实施要点

（1）组织在创建和更新文件化信息时，应决定形成文件化信息所适用的标识、格式和媒介，以及如何评审和批准这些信息。即应确保适当的：

1）文件化信息应有清晰的标识和说明。如采用状态标识、文件名、文件编号、确定文件格式等方式来实现对不同文件的区分，文件代号、版本号、编号以及更改或修订或作废文件应予标识，便于快速查找。文件化信息的字迹和内容应清晰，信息不应有误。

2）可以采用适宜于组织的形式（如语言文字、软件版本、图表）与载体（如纸质、电子格式），适宜的就是最好的，只有满足了适宜性，才能落实职业健康安全管理体系的有效性。越来越多的组织向无纸化办公方向改进，当文件采用非纸质媒介时，同样需要控制其充分和适宜性，而且其更改、发放、有效性较纸质文件更难控制，对此，组织应做出相应规定。在局域网上对文件的批准、版本、发放、更改、删除等做出规定。文件管理人员应熟悉相应媒体形式的文件控制方法（如电子媒体）以及职业健康安全管理体系有关文件的要求。

3）文件化信息在发布前得到批准，以确保其适宜（即文件的内容适合于组织及职业健康安全运行控制的情况）与充分（即文件阐述的要点没有漏项）。一般情况下，不同的层次、内容或重要程度的文件可由不同的人员进行批准，组织可根据其自身的管理特点，规定文件的批准权限和范围。

对于电子版文件可能需要以密码或授权修改的方式，进行评审和批准。

4）文件在实施过程中可能会因组织的结构和职责、产品特性、工艺方法、业务流程、法律法规、标准等发生改变而变化，或出现重大安全事件、重大相关方投诉、采取纠正措施时，需要对原文件的适用性、可操作性和充分性进行评审；组织也可根据需要对文件进行定期评审以确定文件是否需要更新。文件若发生修改或更新，则需经过再次批准，文件的评审、修改及批准人最好了解原文件的背景信息，可行时由原评审、修改及批准人员共同实施修改，或查阅以前的评审、批准或修订的历史记录。文件更新时，应有方法能识别文件的现行修订状态（如文件控制清单更改一览表、标识符号等）。

（2）所谓"适当的"，指组织在创建和更新文件化信息时，要根据其性质、重要程度和风险大小，确定与之相匹配的评审和批准权限及方式。通常，不同层次、内容或重要性的文件会采用不同的评审方式，由不同的授权人批准。组织需根据自身的管理特点，规定文件的评审和批准权限、范围及方式。

3.7.9 文件化信息的控制

3.7.9.1 标准条文

7.5.3 文件化信息的控制

职业健康安全管理体系和本标准所要求的文件化信息应予以控制，以确保：

a）在需要的场所和时间均可获得并适用；

b）得到充分的保护（如防止失密、不当使用或完整性受损）。

适用时，组织应针对下列活动来控制文件化信息：

——分发、访问、检索和使用；

——存储和保护，包括保持易读性；

——变更的控制（如版本控制）；

——保留和处置。

组织应识别其所确定的、策划和运行职业健康安全管理体系所必需的、来自外部的文件化信息，适当时应对其予以控制。

注1："访问"可能指仅允许查阅文件化信息的决定，或可能指允许并授权查阅和更改文件化信息的决定。

注2："访问"相关文件化信息包括工作人员及其代表（若有）的"访问"。

3.7.9.2 理解与实施要点

（1）对职业健康安全管理体系及该标准要求的文件化信息予以控制非常重要，以确保：

1）在需要的时间和场所，都能够得到现行有效版本的文件化信息，包括满足要求所必需的文件化信息。在无法获取文件化信息的情况下，符合惯例规定的行为可被认为是满足的。

2）文件化信息应能得到有效的保护，不仅应防止损坏、丢失，还应防止不当的使用和非预期的修改（如失密）。特别是对涉及组织核心技术的文件化信息，更应当加以控制，避免因文件化信息的泄密而带来管理和技术的风险，控制措施可包括对电子文件化信息的只读访问、规定不同级别的访问权限、设置密码保护和ID登陆等。限制级别可包括因访问人员和地点而异，例如外部组织与内部部门相比，可能需要采取更多的措施，以控制不当使用和非预期修改。

组织需要保密的文件化信息还包括个人信息、医疗信息、商业秘密等。

（2）组织可通过下述方式对文件化信息实施有效的控制：

1）分发、访问、检索和使用。文件化信息在分发使用之前应得到相关授权人的审批。组织可以采取不同的方式使需要者可以获得并使用文件化信息，常见的发放方式有纸质版发放和电子版发放。通过纸质版发放的文件化信息通常要设置受控号，而通过电子版发放的文件化信息通常要设置访问权限和查询路径。这便于查找、方便使用，组织通常对文件化信息进行编目、索引以利于访问和检索。

2）存储和保护，包括保持易读性。组织应在适宜的环境及防护条件下存储信息，防止因存储不当造成损坏或缺失。如纸质文件化信息要防止发霉变质、虫蛀、失火等情况发生；电子介质如磁盘、光盘要留有备份，存放在防磁柜里。服务器需要采用有效的技术防范措施，通过备份与恢复、病毒检测与消除等方式保障运行安全，采取访问权限控制、密码保护和ID登录等措施防范偶然或恶意破坏、更改。

3）变更的控制。文件化信息的更改和修订应按组织规定的程序进行，包括履行审批手续、变更版本、发放和回收等。

4）保留和处置。对那些失去使用价值的文件化信息，组织可以对其采取销毁、数据删除等措施对其进行处置。此时，组织应按规定的程序进行，如：批准的权限、销毁时的现场监督等。若由于法规、存档、追溯或其他原因而需保留作废文件化信息时，应对这些文件化信息进行适当的标识，以防止作废文件化信息被非预期使用。同时，组织需对作废文件化信息进行必要的评审，以防止将有用的文件化信息处置掉。

5）在组织控制下的员工对相关的文件化信息的访问。组织可通过网络设立共享区域，供员工及其员工代表对相关的文件化信息的访问。如涉及职业健康安全方面的法律法规、操作规程，组织有义务向员工及其员工代表提供查阅、访问的渠道。组织也可采用看板、宣传栏的形式，将员工需要的文件化信息张贴公布。

（3）组织应当识别并确定对其职业健康安全管理体系的策划和运行而言所必要的外部文件，并与其他文件化信息一样得到控制，同时包括分发、访问、检索和使用，存储和防护，变更控制，保留和处置。

组织职业健康安全管理体系所需的外来文件通常包括：适用的职业健康安全管理体系标准、与职业健康安全有关的法律法规、标准规范、供应商提供的危险物质的安全数据表、监管部门的规范性文件等。

3.8 运行

3.8.1 运行策划和控制/总则

3.8.1.1 标准条文

> **8 运行**
>
> **8.1 运行策划和控制**
>
> **8.1.1 总则**
>
> 为了满足职业健康安全管理体系要求和实施第6章所确定的措施，组织应策划、实施、控制和保持所需的过程，通过：
>
> a) 建立过程准则；
>
> b) 按照准则实施过程控制；
>
> c) 保持和保留必要的文件化信息，以确信过程已按策划得到实施；
>
> d) 使工作适合于工作人员。
>
> 在多雇主的工作场所，组织应与其他组织协调职业健康安全管理体系的相关部分。

3.8.1.2 理解与实施要点

(1) 组织需要建立和实施必要的运行策划和控制过程，通过消除危险源，或当消除危险源不可行时，尽可能将运行区域和活动的职业健康安全风险降低到合理可行的水平，以改进职业健康安全绩效。

过程运行控制示例包括：

——应用工作程序和系统；

——确保员工的能力；

——建立预防性或预见性的维护和检查方案；

——货物和服务采购规范；

——应用法律法规要求和其他要求，或制造商的设备说明书；

——工程控制和管理控制；

——使工作适合于工作人员，例如通过：

1) 确定或重新确定工作的组织形式；

2) 引进新工作人员；

3) 确定或重新确定过程和工作环境；

4) 采用人类工效学方法设计新的或改造工作场所和设备等。

(2) 运行过程准则的建立。组织要满足职业健康安全管理体系要求和该标准6.1、

6.2策划的措施，需要运行过程来实施。组织应确定所需过程，建立、实施、控制并保持这些过程，以确保体系要求的达成及策划措施的实现。

确定运行过程应考虑：管理重大危险源的措施；满足法律法规要求的措施；管理该标准6.1、6.2所识别风险和机遇的措施；实现职业健康安全目标的措施；职业健康安全管理体系的要求。一个重大危险源可能与多个操作过程有关，要控制重大危险源，首先组织必须确定该重大危险源与哪些过程有关，这些过程可能包括采购、设计开发、生产以及运输、外包等过程。其次组织应确定这些过程的运行准则，否则难以实现组织的职业健康安全目标和提升组织的职业健康安全绩效。准则包括程序文件、操作规程、操作人员的能力要求、所需设施、原材料的要求以及需要履行的合规义务等。

（3）按照准则实施过程控制。组织建立了运行过程准则后，就需要严格按照运行准则进行实施过程控制。为确保持续适宜和有效，组织应定期评审运行准则，以评估其适宜性和有效性。组织若需要对现有的运行准则进行必要的变更，则应考虑变更管理。如果需要增加新的控制准则和对现有准则进行修改，则应在程序中确定相关条件，并考虑是否有新的或调整的培训要求。如果需要更改现有的运行准则，则应在变更实施前就变更可能会带来新的职业健康安全危险源和风险进行评估。

（4）组织不需要对所有与重大危险源和危险有害因素有关的运行活动都形成文件化的信息。当某些运行活动即使没有制定形成文件的程序，也能够按照要求实施并达到预期效果时，就不需要针对这些活动制定形成文件的程序。但如果没有形成文件的程序，该运行活动可能会出现偏离职业健康安全方针、目标或法律法规要求的情况，那么组织就应根据实际需要，创建用于指导过程及其活动的运行和证实运行结果所需的文件化信息，包括文件化信息的数量、详略程度和表现形式。

（5）使工作适合于员工。组织在安排员工工作时，应确保该工作是员工所能胜任的。员工上岗前，一定要进行设备使用和安全操作培训，经考核合格方能安排工作。对女职工安排工作除了经过岗前培训以外，还要符合法规要求，如：女职工在怀孕期间，组织不得安排其从事国家规定的第三级体力劳动强度的劳动和孕期禁忌从事的劳动等。

（6）对于组织存在多个雇主生产工作的场所，组织有必要建立一个过程用以协调职业健康安全管理体系相关各方与其他组织。例如，涉及职业健康安全相关产品部件、零件的交接的程序、方法；危化品的控制措施、要求等，各相关单位的工作场所应有明确的流程。《中华人民共和国安全生产法》第四十五条规定："两个以上生产经营单位在同一作业区域内进行生产经营活动，可能危及对方生产安全的，应当签订安全生产管理协议，明确各自的安全生产管理职责和应当采取的安全措施，并指定专职安全生产管理人员进行安全检查与协调"。

3.8.1.3 实施案例

【例3-11】职业健康安全运行控制程序

职业健康安全运行控制程序

1 目的

对与公司的活动、产品和服务中与职业健康安全相关的运行与活动进行识别并有效控制，确保其符合职业健康安全方针、目标的要求，以提升职业健康安全绩效并持续改进职业健康安全管理体系。

2 范围

本标准规定了公司职业健康安全管理体系运行过程中的控制要求。

本标准适用于公司职业健康安全管理体系运行过程的控制。

3 规范性引用文件

下列文件对于本文件的应用是必不可少的。凡是注日期的引用文件，仅注日期的版本适用于本文件。凡是不注日期的引用文件，其最新版本（包括所有的修改单）适用于本文件。

Q/TZ G20302	相关方施加影响控制程序
Q/TZ G20506	改进控制程序
Q/TZ G20602	新、改、扩建工程项目管理规定
Q/TZ G20607	基础设施控制程序
Q/TZ G20808	材料仓库管理规定
Q/TZ G21201	危险源辨识和风险评价控制程序
Q/TZ G21202	应急准备和响应控制程序
Q/TZ G21203	安全事故、事件调查和处理规定
Q/TZ G21212	液化气使用规定
Q/TZ G21218	动用明火管理规定
Q/TZ G21221	消防安全管理规定
Q/TZ G21302	食堂管理规定
Q/TZ G21304	女职工劳工保护实施细则
Q/TZ G21305	劳动保护管理规定
Q/TZ G21306	职业病防治管理办法
Q/TZ G21408	化学品、油品管理规定
Q/TZ G201405	宿舍管理规定
Q/TZ G201614	薪酬管理规定
Q/TZ G201619	职工基本养老保险实施办法
Q/TZ J105112	司炉工操作规程
Q/TZ J105113	叉车操作规程

Q/TZ J105114　　配送电操作规程

Q/TZ J105115　　柴油发电机操作规程

Q/TZ J113301　　设备安全操作规程

4　职责

4.1　人事行政部：

a)　负责公司消防安全的运行控制；

b)　负责公司生活、办公的职业健康安全运行控制；

c)　负责本公司与基建相关的职业健康安全的管理。

4.2　生产部：

负责生产过程设备运行过程的控制。

4.3　技术部：

负责安全、环保型产品的设计开发，并考虑产品寿命周期结束后环保处理和综合利用，在产品及工艺设计阶段应考虑减少产品对职业健康安全的影响，并纳入相应的控制要求。

4.4　采购部：

负责控制采购物资的包装、运输、搬运、贮存和防护以及实施中的危险源所产生的影响。

4.5　安委会：

负责事故、事件的调查和处理。

4.6　各主管部门负责控制各自职责范围内运行中的危险源所产生的影响。

5　程序

5.1　公司在日常的职业健康安全管理中对危险源的辨识、评价以及风险控制措施的策划，按Q/TZ G21201中规定的要求执行。对与重大危险源相对应的运行与活动进行重点控制，对其中可能造成重大危险源的作业点，由人事行政部及相关部门将其设置为危险源控制点，列入《危险源清单》。公司安全员应按Q/TZ G21221规定的要求，重点加强对柴油发电机房、配电房、面料仓库、喷漆车间等场所的巡查，做好消防设施的防护工作，一旦发生火灾和其他事故，按Q/TZ G21202中规定的要求迅速启动应急管理预案，并做好各项响应措施。

5.2　技术部在设计过程中识别危险源，考虑在执行工艺过程中可能产生的危险源等有关问题。新产品在保证质量的前提下，向安全、环保、节能、可再生利用化发展，在设计评审阶段，技术部会同相关部门需对原材料的使用或生产工艺可能引起职业危害和生产安全性进行评审；将新出现的危险源纳入工艺控制或操作规程。

5.3　生产部日常应对生产设备及职业健康安全监测设备予以维护保养，以控制由设备引起的安全隐患发生，其设施、设备的维护、保养工作应符合Q/TZ G20607中5.1的有关要求。

5.4　采购部对生产车间的机动车辆进行严格控制，采取有效措施减少铅烟、氮氧化物等向大气的排放，确保车辆安全行驶，具体按 Q/TZ J105113 中的规定进行操作。

5.5　生产部应加强对员工安全操作意识的教育，各车间应将安全操作规程及警示标识张贴机台附近，树立安全第一的责任意识，操作人员应按 Q/TZ J113301 规定的要求进行设备操作，确保安全生产。

5.6　对原材料、危险品、仓库的物资管理，采购部应按保管物资品种设置灭火器材，灭火器材应处于良好状态，其材料的堆放、贮存、保管、安全防火应符合 Q/TZ G20808 规定的要求。

5.7　对于所提供的产品或服务中涉及重大危险源和风险的供应商和承包方，采购部应按 Q/TZ G20302 规定的要求对其施加影响，确保实现公司良好的职业健康安全绩效。

5.8　为确保锅炉的安全操作，控制对大气的污染，生产部应加强对锅炉的运行管理，锅炉的操作和运行应符合 Q/TZ J105112 的要求。

5.9　为安全发电、用电，降低污染，发电、配送电实行专人管理，配送电的操作应符合 Q/TZ J105114 的规定要求，柴油发电机操作应符合 Q/TZ J105115 的规定要求，生产部应加强日常的监督管理工作，确保公司用电安全。

5.10　为防止化学品、油品泄漏，引发火灾和爆炸事故，各部门应按 Q/TZ G21408 要求对其进行管理。采购部负责日常的监督管理工作，确保公司危险化学品的安全。

5.11　对新建、改建、扩建的工程项目应执行"三同时"制度，人事行政部应按 Q/TZ G20602、Q/TZ G20302 的要求实施管理。

5.12　对公司日常卫生、生活后勤管理和控制，食堂的安全管理，人事行政部应按 Q/TZ G21302、Q/TZ G21212 的要求执行；宿舍的安全管理应按 Q/TZ G201405 要求执行，并做好实施监督检查工作。

5.13　因厂房、设备维修，厂区内需要动用明火进行作业的，有关部门应按 Q/TZ G21218 规定的要求进行操作，人事行政部应按 Q/TZ G21221 的要求，做好消防安全工作。

5.14　为确保员工的安全健康和权益，公司应按 Q/TZ G201619、Q/TZ G201614、Q/TZ G21305、Q/TZ G21306、Q/TZ G21304 的规定和要求，履行合规义务和社会责任。

5.15　为严格执行相关的事故处理法规，避免类似的事故发生，对事故的调查和处理按 Q/TZ G21203 规定的要求执行，由安委会牵头负责。

5.16　对职业健康安全运行过程中出现的问题，有关部门应制定纠正措施方案，并对其有效性进行评估，确保方案实施有效。改进的策划和管理按 Q/TZ G20506 规定的要求执行。

6　记录

记录表单如下：

a)　危险源清单。

3.8.2 消除危险源和降低职业健康安全风险

3.8.2.1 标准条文

> **8.1.2 消除危险源和降低职业健康安全风险**
>
> 　　组织应通过采用下列控制层级，建立、实施和保持用于消除危险源和降低职业健康安全风险的过程：
>
> 　　a) 消除危险源；
>
> 　　b) 用危险性低的过程、操作、材料或设备替代；
>
> 　　c) 采用工程控制和重新组织工作；
>
> 　　d) 采用管理控制，包括培训；
>
> 　　e) 采用适当的个体防护装备。
>
> 　　**注**：在许多国家，法律法规要求和其他要求包括了组织无偿为工作人员提供个人防护设备（PPE）的要求。

3.8.2.2 理解与实施要点

（1）为确保控制过程能达到预期的结果，组织可按照消除、替代、工程控制、管理控制和使用个人防护装备的层级思路，单独或综合选用相应的方法。

1) 消除。消除系统中的危险源，可以从根本上防止事故发生。但是按照现代安全工程的观点，危险源是客观存在的，彻底消除危险源是不可能的。因此，通常采用两种方法来消除危险源：一是通过改变系统结构设计以消除危险源，如引入机械提升装置以消除手举或提重物这一危险行为；将裸露的传动装置加装防护罩等。二是通过政策、制度和标准，阻止高风险活动的发生。如选择符合国家标准的有毒物品，不得在作业场所使用国家明令禁止使用的有毒物品或者使用不符合国家标准的有毒物品，或使用不能致人伤害的物料来彻底消除某种危险源。

2) 替代。可以通过选择恰当的生产工艺、技术、设备，合理的设计、结构形式或合适的原材料来彻底消除某种危险源。如用压气或液压系统代替电力系统，防止发生事故；用液压系统代替压气系统，避免压力容器、管路破裂造成冲击波；用不燃性燃料代替可燃性燃料，防止发生火灾；用机器人代替人进入危险作业区工作等。值得注意的是，采用上述替代措施虽然消除了某种危险源，却又可能带来新的危险源。如用压气系统代替电力系统可以防止电气事故，但压气系统却可能发生物理性爆炸事故，组织应评价其有效性。

3) 工程控制和工作重组。利用技术进步，改善控制措施，如安装通风系统、机械防护、联锁装置、隔音罩等来减少和消除不安全因素。工作重组包括人员的重新调整，如本来由一个人可以完成的操作，由两个人来完成。一般一个人操作，另一个人监视，组成核对系统；设备的重新配置，如由人员和设备共同操作组成的人机并联系统，人的缺点由设备来弥补，设备发生故障时由人员发现故障并采取适当措施加以消除，以避免员工疲劳、设备超负荷运行而发生的职业健康安全事故。

4）管理控制，包括培训。对危险源的管理控制措施包括建立健全危险源管理的规章制度；明确责任、定期检查；加强危险源的日常管理；抓好信息反馈、及时整改隐患；规范使用警示警告标志、搞好危险源控制管理的考核评价和奖惩等工作；实施培训防止恐吓和骚扰；与承包方的健康安全协调规定；新员工上岗培训；管理叉车驾驶证；提供员工如何报告事件、不符合和迫害情况而不用担心受到报复的指南；改变工作模式（如轮岗）；为已确定处于危险状况（如与听力、手臂振动、呼吸系统疾病、皮肤病或暴露有关的危险）中的员工管理健康或医疗监测方案；向员工下达适当的指令（如门禁控制）。

5）个体防护装备（PPE）。规范使用个体防护装备，可使员工在生产过程中免遭或减轻事故和职业危害因素的伤害，直接对人体起到保护作用，如安全防护眼镜、听力保护器具、面罩、安全带和安全索、防护口罩和手套等。佩戴个体防护装备是最后一个层级的风险控制措施，其控制风险的力度相对前四种都要弱些，但其至少可以减轻对作业人员造成的伤害，是控制风险的最后一道屏障。

表3-5给出了风险控制层级特点比较。

（2）组织在制定风险控制措施时，应遵循控制措施层级选择顺序原则，优先考虑第一层级的风险控制措施，即首先考虑消除危险源，这样才能从根本上杜绝事故发生。对无法消除或消除代价过高的危险源，这时应考虑替代的措施来进行风险控制。如果无法采取替代措施，接下来再考虑工程控制、管理控制层级措施，最后才考虑采用个体防护装备。为了成功地将风险降低到最低可行合理的程度，通常需要组合几种控制措施，以强化风险的防控作用。对于PPE的使用，并不能防止事故的发生，只是减轻事故发生对当事人的伤害程度，因此，一般不能把其当作一个独立的风险控制层级单独使用，而是要把它与其他控制措施组合使用，无论作业现场采取了何种控制措施，进入施工现场的人员都要佩戴相应的个体防护装备。

（3）要完全消除生产过程中的潜在危险是不可能的，而导致人的不安全行为和因素又非常之多。并且，不安全状态与不安全行为往往又是相互关联的，很多不安全状态（机器设备的不安全状态）可以导致人的不安全行为，而人的不安全行为又会引起或扩大不安全状态。此外，任何事故发生都是一个动态过程，即人与物的状态都是随时间而变化的，事故的形成和发展是时间的函数。所以，加强安全管理非常重要。

表3-5　风险控制层级特点比较

序号	控制层级	控制对象	控制力度	措施内容	事例	特点
1	消除	源头	极强（完全、彻底）	通过对系统重新设计或通过政策、制度和标准，阻止高风险活动的发生	如引入机械提升装置以消除手举或提重物；停止使用危险化学品；在某区域不再使用叉车等	这些类型的控制措施及其组合，能够防止事故的发生
2	替代	源头	强	用低风险物品代替高风险物品	如用水性漆代替溶剂型漆；更换光滑的地板材料；降低设备的电压要求等	
3	工程控制	物的状态	较强	通过硬件设备、设施等，屏蔽能量或危险物质	如安装通风系统、放射源铅封保存装置的联锁控制、加装机械防护罩等。	
4	管理控制	人的行为	较弱	通过规程、制度等，规范人的操作行为	包括安全操作规程、安全措施、岗位任职资格条件、技能培训、应急处置方案等	
5	PPE	目标本身	弱	通过作业人员佩戴PPE，达到免遭或减轻事故和职业危害因素的伤害	如安全防护眼镜、听力保护器具、面罩、安全带和安全索、防护口罩和手套等	PPE不能够防止事故的发生，但对正确佩戴PPE的作业人员，可达到减缓伤害的目的

（4）《用人单位劳动防护用品管理规范》（安监总厅安健〔2018〕3号）第四条规定："劳动防护用品是由用人单位提供的，保障劳动者安全与健康的辅助性、预防性措施，不得以劳动防护用品替代工程防护设施和其他技术、管理措施"。第七条规定："用人单位应当为劳动者提供符合国家标准或者行业标准的劳动防护用品。使用进口的劳动防护用品，其防护性能不得低于我国相关标准"。《中华人民共和国职业病防治法》第二十二条规定："用人单位必须采用有效的职业病防护设施，并为劳动者提供个人使用的职业病防护用品"。

3.8.3 变更管理

3.8.3.1 标准条文

8.1.3 变更管理

组织应建立过程，用于实施和控制所策划的、影响职业健康安全绩效的临时性和永久性变更。这些变更包括：

    a) 新的产品、服务和过程，或对现有产品、服务和过程的变更，包括：

        ——工作场所的位置和周边环境；

        ——工作组织；

        ——工作条件；

        ——设备；

        ——劳动力；

    b) 法律法规要求和其他要求的变更；

    c) 有关危险源和职业健康安全风险的知识或信息的变更；

    d) 知识和技术的发展。

组织应评审非预期性变更的后果，必要时采取措施，以减轻任何不利影响。

注：变更可带来风险和机遇。

3.8.3.2 理解与实施要点

（1）变更过程的管理目标是在变更（如技术、设备、设施、工作惯例和程序、设计规范、原材料、人员配备、标准或规则的变更）发生变化时，通过尽可能减少因变更给工作环境带来新的危险源和职业健康安全风险，以改善工作中的职业健康安全。根据预期变更的特点，组织可以使用适当的方法（如设计评审）对变更的职业健康安全风险和职业健康安全机遇进行评价。变更管理的需求可成为策划的输出。因此，组织应建立变更过程并进行有效的控制，以避免或降低由于变更给组织或给职业健康安全绩效带来不利影响，确保变更实施后任何新的或变化的风险为可接受风险，从而确保实现预期的结果。组织发生职业健康安全管理体系变更主要有以下几种情况：

1）计划内变更。对于有计划实施的变更，组织应重新辨识危险源和职业健康安全风险、适用的合规义务要求，并识别和确定需要应对的新的风险和机遇，进而分析变更可能会对职业健康安全管理体系的有效性和对实现预期结果会产生怎样的影响。组织计划内的变更通常有：

——为响应市场需求，组织决定对产品性能（包括软件）做出改变，开发新产品；由于产品结构的改变，相应过程也进行了变更；由于产品技术的进步，对服务方式进行了改进；由于产能的调整，对相应的设备、人员组织和工作场地进行了重新布局和组合；

——为提高能源效率、减少物料损失、降低有害物质排放和改进安全措施，组织计划对工艺过程、工艺参数进行调整，对设备设施或工作环境进行改造；

——为了适应新的法规要求，组织对职业健康安全目标和绩效提出了新要求；

——有关危险源和相关的职业健康安全风险的知识或信息的变更；

——职业健康安全新的知识和技术的发展带来组织管理的提升和技术的进步、工艺的改进和产品结构的变更，如 ISO 45001：2018 取代 OHSAS 18001：2007。

2）非预期变更。在组织的经营和管理体系运营中，组织所处的内外部环境或条件有可能发生意外的变化，例如，外部供方或外部提供的产品或服务非预期变化、内部运营的异常情况、突发事件的出现、关键岗位员工的意外变更、紧急性的设备维护、生产计划临时性调整等。为应对这些变化，组织可能需要对既有的过程和活动做出应急性和临时性的变更。当发生非计划的变更时，组织应在适当的时机对变更所产生的后果进行预测和评估，并及时对变更产生的结果进行调查、分析和评审，识别可能或已经产生的危险源和职业健康安全风险，必要时采取相应的措施，尽可能消除或降低由于变更而对组织和职业健康安全绩效带来的不利影响。

3）临时性变更，是在正常过程发生故障时的一种替代，仅仅维持在一段限定或指定时间内的变更，这种变更往往以试验的方式实施，因此，事先要做好安全风险评估，识别可能或已经产生的危险源和职业健康安全风险，必要时采取相应的措施，尽可能消除或降低由于变更而对组织和职业健康安全绩效带来的不利影响。

4）永久性变更，任何不属于临时变更的变更，都是永久变更。永久性变更要考虑变更对于员工安全和健康的影响，组织必须进行全面细致的评估，至少应该明确：

——变更的技术基础；

——变更对于员工安全和健康的影响；

——对操作程序的更新；

——履行变更所需的时间；

——变更的审核和批准。

（2）不论何时，只要组织内出现任何变更情况，组织应审慎考虑是否启动变更管理。至于何种情况下无需启动变更管理过程，组织应审慎从事，除非自己能明确确定该变更不会带来新的危险源和潜在的风险，并且不会使现有的危险源和风险发生任何的变化。

（3）为了确保任何新的或变化的风险为可接受风险，变更管理过程需要考虑下列各方面：

——是否已产生新危险源；

——何为与新危险源相关的风险；

——源自其他危险源的风险是否已发生变化；

——变更是否可能对现有风险控制措施产生不利影响；

——在综合考虑了措施的可用性、可接受性以及现时和长期成本的情况下，是否已选择了最适宜的控制措施。

完成变更并重新投入系统运行前，组织应该通知相关的员工和承包商，或进行必要的培训，并更新相关的安全操作信息，包括相关的操作程序。组织在变更过程中，一定要留有记录，包括变更以后是否会带来新的危险源和风险的评估记录。

（4）在管理实践中，变更是不可避免的，也并不一定都是有害的，关键在于管理是否能够适应客观情况的变化。要及时预测和发现变化，并采取恰当的对策，做到顺应有利的变化，克服不利的变化。事故发生一般是多重原因造成的，包含着一系列的"变更—失误"连锁。从管理层次上来看，有组织领导的失误、计划人员的失误、监督者的失误及操作者的失误等。

（5）除本条款外，该标准涉及变更要求的条款还有：

——在策划过程中，组织应结合组织及其过程或职业健康安全管理体系的变更来确定和评价与职业健康安全管理体系预期结果有关的风险和机遇。对于所策划的变更，无论是永久性的还是临时性的，这种评价均应在变更实施前进行（6.1.1）；

——危险源的知识和相关信息的变更（6.1.2.1）；

——适当时对职业健康安全目标予以更新（6.2.1）；

——内部沟通时还应包括职业健康安全管理体系的变更（7.4.2）；

——对文件化信息的变更予以控制（7.5.3）；

——管理评审输出应包括任何对职业健康安全管理体系变更的需求（9.3）；

——必要时，当事件或不符合发生时，变更职业健康安全管理体系（10.2）。

3.8.3.3 实施案例

【例3-12】变更管理控制程序

变更管理控制程序

1 目的

为了对人员、管理、工艺、技术、设备、设施等永久性和暂时性的变化进行有计划的控制，从源头控制和削减在一定条件下产生的变更对职业健康安全的不利影响，对各类变更情况采取相应有效的控制措施，确保变更过程符合职业健康安全管理体系的要求。

2 范围

本标准规定了新改扩建项目、组织机构、重要人员、新设备/新工具/新材料导入、管理体系、法律法规、设备用途更改等变更事项。

本标准适用于职业健康安全管理体系运行过程中对变更的管理。

3 规范性引用文件

下列文件对于本文件的应用是必不可少的。凡是注日期的引用文件，仅注日期的版本适用于本文件。凡是不注日期的引用文件，其最新版本（包括所有的修改单）适用于本文件。

Q/TZ G21201　危险源辨识和风险评价控制程序

Q/TZ G21505　记录控制程序

Q/TZ G21506　法律法规要求和其他要求获取和更新控制程序

Q/TZ G201609　岗位任职资格条件

4　职责

4.1　总经办：

a)　负责协助各部门对变更各过程职业健康安全的调查、策划、实施和控制、验证、文件建立和完善等；

b)　负责办理新改扩建项目的申报手续；

c)　负责对应急计划变更的沟通，协助各部门将应急修订内容传达至员工；

d)　对新扩改建中的职业健康安全风险的控制、办理竣工验收、三同时验收、消防验收等到工作。

4.2　技术部：

a)　负责对工艺变更需要的产品设计、生产工艺、材料等的调查，控制有害物质、职业危害因素；

b)　负责设计变更的接受，并传达设计变更内容。

4.3　工程部：

a)　负责对作业场所合理布局，选择低能、高效、安全、噪声低的设备设施，控制作业场所职业危害因素，改善作业环境；

b)　负责设备更改前的危险源辨识及风险评价，降低设备更改带来的职业健康安全危害。

4.4　采购部：

a)　负责获取新材料的信息、MSDS、运行时的相关数据等资料；

b)　负责供应商变更的主要管理工作；

c)　负责设计变更的实施。

4.5　生产部：

a)　负责设备工具等用途更改前后的危险源辨识及风险评价，控制由于设备、工具等用途变更带来的职业健康安全危害；

b)　配合相关部门进行变更需求，并在生产过程中遵守、执行职业健康安全方面要求，从源头控制职业健康安全风险。

4.6　人事行政部：

a)　负责人员、组织机构及其职责的变更；

b)　负责组织对新进人员、调岗人员的职业健康安全培训教育；

c)　负责职业健康安全管理体系变更时文件的建立及修订，并将变更内容传达到各部门人员；

d)　负责法律、法规、标准变更时的及时更新，并将最新法规、标准传达到各部门人员。

5 程序

5.1 变更要求及级别划分

5.1.1 任何变更均应加以识别、评审、实施、验证、确认和控制，并在实施前得到批准。公司依据对职业健康安全造成影响的因素，确定其变更范围。

5.1.2 变更的级别划分：变更管理可分为重大变更、一般变更、临时变更：

a) 重大变更指对公司职业健康安全表现有重大影响的变更，变更前的潜在危险可能会造成重大经济损失或可能造成人员伤亡事故的变更；

b) 一般变更是指工作程序、设备、人员、承包商的改变，也包括职业健康安全管理体系风险评价过程中和管理体系各要素运行过程中的局部调整变更；

c) 临时变更是指作业场所在不改变风险评价结果的前提下，进行的暂时性变更以及本程序范围内个别条款的变更。

5.2 新改扩建项目管理

5.2.1 新、扩、改建项目应进行危险源辨识和风险评价，采取改善措施。

5.2.2 危险源辨识和风险评价应按 Q/TZ G21201 中规定的要求进行实施。

5.2.3 新、扩、改建项目需要配套建设的职业健康安全设施，必须执行"三同时"制度。

5.3 组织机构变更

5.3.1 公司组织机构变更必须经最高管理者批准，原则上不影响管理体系的运行。机构变更后，相应的管理职责、权限应重新分配，涉及相关部门目标应重新分解。

5.3.2 组织机构变更后，总经办应组织风险评价。

5.4 重要人员变更

5.4.1 重要人员包括总经理、管理者代表、部门经理等。

5.4.2 重要人员在聘用配备和变更时，应按 Q/TZ G201609 规定的教育、学历、经验、培训等符合条件的人群中选拔，在变更前，应由总经办实施变更通知，经总经理审核批准后，实施变更。

5.5 新设备、新工具、新材料导入管理

5.5.1 工程部在采购新设备前，要对安全、能耗、排污、职业危害、报废回收性等进行评估，并制定相应的控制措施。

5.5.2 采购部在新材料购买前，要考虑产品环保性质、职业危害。

5.6 管理体系的变更

5.6.1 公司承诺、方针、目标和绩效指标的变更，由总经办提出，经管理评审会议评审通过，总经理批准后实施。

5.6.2 各部门负责分管业务范围内各类变更的控制管理，变更管理的内容要在所涉及的要素中体现。

5.7　法律、法规变更

5.7.1　当职业健康安全有关的现行法律、法规和标准被修订或上级颁布了新的有关法律、法规和标准时，管理体系应做出相应的变更。

5.7.2　法律、法规和标准变更后的评审、确认和更新的工作程序，按Q/TZ G21506规定的要求进行。

5.8　设备用途更改管理

5.8.1　设备用途更改策划时，要考虑更改带来的危险源，要对风险进行控制，确保更改前后的危险源在法律法规允许的可控范围内。

5.8.2　设备用途更改策划时，要与工程一同对更改进行危险源辨识，执行Q/TZ G21201，实施结果报管理者代表批准。

5.9　主要供应商变更

当产品所使用的原料、辅料等关键供应商发生变更时，采购部应按照供应商的评价准则，评审其资质和满足公司职业健康安全管理体系要求的能力。

5.10　工艺变更管理

5.10.1　变更生产工艺，包括变更生产设备，变更工艺流程、工艺方法、工艺技术参数以及质量标准等，其变更可能只涉及上述某一环节，也可能涉及上述多环节，同时在工艺中增加或删除工序或某环节，也属于生产工艺的变更。

5.10.2　工艺参数控制等，应对需要变更的工艺方法进行安全性、有效性评价，确认对职业健康安全没有新的风险产生，进行小批量试用，收集数据，进行稳定性研究，按规定进行现场检查，原始数据资料审核，经批准后，按规定修订相关标准和工艺规程，经批准后进行变更。

5.11　变更管理控制

5.11.1　申请部门必须提供详细的变更方案及变更依据。对于重大变更应提供可行性报告。负责确认变更将涉及的部门，并在《变更申请表》中注明。

5.11.2　变更完成后，申请部门填写《变更验收表》，只有完成变更进行追踪批准之后，才能认为变更已经完成并允许执行。

5.11.3　变更涉及的相关部门，充分考虑变更的影响因素，对变更方案提出建议或意见，积极配合，支持变更的实施。

5.11.4　变更评价：是变更的专业评审。确认变更的影响因素，对相关变更内容及措施达成共识，确保各项变更符合相关法规要求和满足服务要求。

5.11.5　部门负责人组织变更评估会议，讨论变更申请、变更内容及变更的依据。负责及时地对已完成的变更执行情况进行确认跟踪，并将已批准的变更的开始执行日以文件形式通知变更相关人员和相关方。

5.11.6　所有变更在变更前应进行风险评价，变更的实施部门对变更实施过程进行风险分析，评价结果为可接受风险时方可执行变更，应及时将遗留风险和新带来的风险通知相关方。当合同有要求时，通知客户。

5.11.7 当发生职业健康安全事故后，总经办要组织相关部门进行分析，对导致事故发生的相关因素进行识别评价，并组织相关变更程序。

5.11.8 其他变更管理，以变更前后变化的大小判定是否需要进行危险源辨识，进行策划、实施、批准。

5.11.9 变更的全过程要留有记录并归档保存，记录管理应符合 Q/TZ G21505 中的规定。

6 记录

记录表单如下：

a) 变更申请表；

b) 变更验收表。

3.8.4 采购/总则

3.8.4.1 标准条文

> **8.1.4 采购**
>
> **8.1.4.1 总则**
>
> 组织应建立、实施和保持用于控制产品和服务采购的过程，以确保采购符合其职业健康安全管理体系。

3.8.4.2 理解与实施要点

（1）采购指来自外部供方提供的产品和服务。组织应识别来自外部供方提供的产品或服务的职业健康安全风险，根据他们对管理组织自身活动、产品和服务中的危险有害因素、对履行合规义务、提升职业健康安全绩效和实现职业健康安全目标等的影响程度，为采购的产品或服务规定职业健康安全要求，并与外部供方和合同方沟通有关职业健康安全要求。例如，采购或运输/转移危险化学品、材料和物质的事先批准要求；采购新机械和设备的事先批准要求和规范；机械和设备使用前安全运行程序和事先批准，和（或）物质使用前安全处理程序的事先批准等。组织可通过合同、协议、信息交流、检测、验收等方法对所采购的产品或服务的安全性能进行控制，对外部供方和合同方施加影响。

（2）在诸如产品、危险有害材料或物质、原材料、设备或服务等引入工作场所之前，采购过程应当被用于确定、评价和消除与之相关的危险源，以降低与之相关的职业健康安全风险。

组织的采购过程应满足诸如物资、设备、原材料以及其他物资和相关服务的要求，以符合组织的职业健康安全管理体系，还应满足协商（见该标准5.4）和沟通（见该标准7.4）的要求。

为确保员工所用设备、装置和材料是安全的，组织应通过以下方面来验证：

——设备按规范要求交付，且经过检测确保其能按预期进行工作；

——确保安装的设备功能符合设计要求；

——材料按规范要求交付；

——任何使用要求、注意事项或其他防护措施已得到沟通并可获取。

（3）特别要注意，ISO 9001中的采购过程控制是采购的产品、服务或过程的质量控制；ISO 14001中的采购过程控制是与采购的产品、服务或过程相关的环境因素及其对环境影响；ISO 45001中的采购过程控制是与采购的产品、服务或过程相关的危险源所导致的风险。采购过程本身的流程是一样的，但三个管理体系的控制对象是不一样的。

【例3-13】对相关方施加影响控制程序

对相关方施加影响控制程序

1 目的

对相关方实施管理，以确保实现公司良好的环境、职业健康安全绩效。

2 范围

本标准规定了对相关方的环境、安全管理内容。

本标准适用于公司对相关方的管理（包括原辅材料供方、废弃物处理方、建筑施工、运输、服务承包方、访问者等）。

3 规范性引用文件

下列文件对于本文件的应用是必不可少的。凡是注日期的引用文件，仅注日期的版本适用于本文件。凡是不注日期的引用文件，其最新版本（包括所有的修改单）适用于本文件。

Q/TZ G20602 新建、改建、扩建工程项目管理规定

Q/TZ G21403 固体废弃物管理办法

4 职责

4.1 采购部：

a) 负责供方、废弃物处理方的管理；

b) 负责对运输服务承包方的管理；

c) 负责制定对供方、承包方的环境、职业健康安全管理的《相关方管理事项一览表》。

4.2 生产部：

负责设备维修承包方、设备处理方的管理。

4.3 人事行政部：

负责建筑施工承包方以及相关的后勤服务承包方的管理。

4.5 各接待部门：

负责访问者的健康安全。

5 程序

5.1 对原辅材料供方的管理

5.1.1 采购部负责向除下述情况之外的供方传达公司的环境/安全方针，发出《供方环境/安全状况调查（兼评价）表》：

a) 海外的供方；

b) 向本公司提供贸易用的非加工生产型企业。

5.1.2 采购部会同技术部根据获取到的资料和反馈回来的环境、安全状况调查表，确定供方所提供的产品和服务中是否会产生或可能产生环境污染或安全事故，对其中可能造成重大环境影响或重大风险的供方提出下述要求：

a) 遵守有关的环境保护、安全生产的法律、法规及其他要求；

b) 在供货时不能发生化学品、油品、煤的泄漏、遗撒；

c) 化学危险品的合格证、标识、包装、MSDS的要求；

d) 尽量回用包装物；

e) 与这些供方以签订协议的方式，将环境、安全方面的有关要求传递给供方；

f) 供方人员要遵守公司内活动规定，确保在公司内的安全。

5.2 对提供设备的供方管理

5.2.1 采购部优先采购无污染、节约能源或符合环境、职业健康安全要求的设备，并向供方施加必要的环境、职业健康安全方面的影响。

5.2.2 在设备引入工作场所之前，生产部应组织相关部门对设备安装过程中可能够产生的环境因素和危险源进行识别、评价，以消除或减少新设备安装过程中带来的环境、职业健康安全风险。

5.2.3 设备按规范交付，且进行测试确保其环保、安全功能参数符合设计要求。

5.3 对承包方的管理

5.3.1 采购部负责废旧设备和废弃物处理方的选择和监督，具体按Q/TZ G21403中的有关规定要求执行。

5.3.2 人事行政部负责对建筑施工承包方的环境、安全管理，并与其签订《环境、安全管理协议》，见附录A。对其在施工当中的环境行为、安全工作进行监督管理，具体按Q/TZ G20602中的有关规定要求实施控制。

5.3.3 对其他承包方的管理，相应的管理部门也应签订协议，并考虑其间可能发生的油品、煤泄漏、废弃物排放等环境问题和运输、搬运过程中的安全问题，废弃物的处理不能造成二次污染，向那些可能造成重大环境影响和事故的承包方通报有关程序和作业指导书的相关内容。管理部门应将通报情况记录在外部信息交流记录中。

5.3.4 对客户、政府等访问者由接待部门预先做好各项安全准备工作，在公司内全程陪同，必要时向访问者宣传公司的健康安全方针，确保访问者的健康安全。

5.4 当供方或承包方不能按照有关的环境、安全协议或程序规定作业时，由相应的主管部门对其提出纠正要求，由该供方或承包方予以纠正。

5.5 有关部门在完成以上活动后，必要时应在《信息交流记录表》中作相应记录。

6 记录

记录表单如下：

a) 相关方管理事项一览表；

b) 供方环境/安全状况调查（兼评价）表；

c) 信息交流记录表。

附录 A

（资料性附录）

环境、安全管理协议

甲方： 乙方：

双方在充分认识保护环境和安全生产重要性的基础上，本着"精诚合作，尽可能减少环境污染，共同保护人类地球环境"和"预防为主、安全第一"的原则，签订本协议。

1 乙方应遵守国家有关环境保护和安全生产的法律、法规及其他要求。

2 乙方在完成产品过程中，若造成环境超标或发生重大环境污染事件，甲方考虑取消乙方的合格外部供方资格。

3 乙方（承包方）在进行施工时，不得造成甲方环境因素超标或发生重大环境污染事故，否则由此而造成的一切后果由乙方承担。

4 乙方（承包方）在甲方工作场所施工时，应具备安全生产能力，配备专职安全管理人员，遵守甲方有关安全要求，服从甲方对安全工作的统一管理和协调。

5 乙方（承包方）必须和有运输资格的物流公司签订环境/安全运输协议，确保在运输过程中不泄漏、不发生事故，如发生环境/安全事故，一律由乙方承担责任。

6 乙方（承包方）的人员或司机进入甲方厂区，必须遵守甲方的厂纪厂规，在甲方指定范围活动，服从甲方人员的统一指挥，如乙方（承包方）的人员违反本规则，出现任何损失由乙方（承包方）承担。

7 乙方（承包方）的货物必须按甲方的包装要求进行运输，如出现破损、雨淋、泄漏等，甲方有权拒收或乙方（承包方）负责赔偿。

8 乙方（承包方）负责甲方废弃物按《中华人民共和国固体废弃物污染环境防治法》规定执行，进行处理。乙方应以不造成上述污染物的二次污染为准则执行，若乙方违反协议中规定，造成环境污染事故，其责任将由乙方承担。

9 本协议一式两份，双方各执一份，自签订之日起生效。

甲 方 （盖章） 乙 方 （盖章）

代表签字： 代表签字：

日 期： 日 期：

3.8.5 承包方

3.8.5.1 标准条文

> **8.1.4.2 承包方**
>
> 组织应与承包方协调其采购过程，以辨识由下列方面所产生的危险源并评价和控制职业健康安全风险：
>
> a) 对组织造成影响的承包方的活动和运行；
>
> b) 对承包方工作人员造成影响的组织的活动和运行；
>
> c) 对工作场所内其他相关方造成影响的承包方的活动和运行。
>
> 组织应确保承包方及其工作人员满足组织的职业健康安全管理体系要求。组织的采购过程应规定和应用选择承包方的职业健康安全准则。
>
> **注：** 在合同文件中包含选择承包方的职业健康安全准则是有益的。

3.8.5.2 理解与实施要点

（1）承包方是指按照约定的规范、条款和条件向组织提供服务的外部组织（ISO 45001：2018，3.7）。对于从事职业健康安全相关活动的承包方来讲，至少具备以下几个条件：

——有符合国家规定的注册资金；

——有从事与相关活动相适应的具有法定执业资格的专业技术人员；

——有从事相关业务活动所应有的技术装备；

——良好的职业健康安全绩效记录；

——法律、行政法规规定的其他条件，如建筑承包方的相应的资质要求。

对于选择承包方的职业健康安全准则，组织可在合同文本中或招标说明中予以规定。涉及承包方的工作可能有建筑施工、动火作业、起重作业、登高作业、进入密闭空间、挖掘作业、叉车作业、打开化学品管道/容器等，这些都属于高强度、高风险作业。承包方还可包括在行政、会计和其他职能方面的顾问或专家。组织在制定选择承包方准则时，应进行分类，根据承包方需要从事相关工作的风险大小，简单划分出不同风险等级。针对不同风险的承包方类型，建立承包方的选择机制和标准。

（2）承包方应辨识其活动和运行过程中的危险源，这些危险源可能给组织的员工、相关方的员工和自身的员工带来职业健康安全风险。承包方应根据承揽的项目评价出重大危险源和重大职业健康安全风险，根据实际情况建立相应的安全措施和应急预案，并且在进入施工现场作业前组织演练，以提高施工现场作业人员在紧急情况下的现场应急响应能力和处置能力。演练完毕，应组织相关人员对应急预案的可行性和有效性进行评估，以完善应急预案。组织应参与或监督承包方应急演练的适宜性和充分性。

承包方应特别注意火灾爆炸、有害气体排放、噪声及其粉尘等重大危险源对其组织的员工和相关方的员工的影响。对承包方自身员工来讲，除了要考虑这些危险源以外，还要考虑电力伤害、高空坠落等安全因素对自身员工的影响。承包方应对施工人员进行安全教育和岗位技能培训，规范个人防护用品的使用要求，最大限度地降低职业健康安全风险。

（3）组织的活动和过程运行也有可能造成对承包方员工的职业健康安全风险。组织应辨识其作业现场的危险源和潜在的风险，对进入施工现场的承包方员工应告知其安全事项和提供必要的防护设备。对一些存在安全风险比较大的项目，组织要对对方的施工资质进行评审，确定具有专业水平的承包方承揽。如化工设备的委外检修等。另外，将活动分配给承包方并不能免除组织对员工职业健康安全所负有的责任。

（4）组织应与承包方签订专门的安全生产管理协议，或者在承包合同中约定各自的安全生产管理职责，实现对承包方活动的协调；组织应对承包方的安全生产工作统一协调、管理，定期进行安全检查，发现安全问题的，应当及时督促整改；组织还要对承包方进行定期或年度评价，除了现场施工表现外，还要对承包方的整体能力进行评价，根据评价情况，调整合格承包方名录；组织可以使用多种工具来确保在工作场所的承包方的职业健康安全绩效，如考虑以往职业健康安全绩效、安全培训或职业健康安全能力以及直接合同要求的合同奖励机制或资格预审准则。组织通过这些环节的控制，以确保承包方的作业活动处于整体受控状态，避免因承包方作业带来的各类事故和不良影响。

在与承包方进行协调时，组织应考虑到报告自身与承包方之间的危险源、控制承包方人员进入危险区域以及在紧急情况下遵循的程序。组织应明确承包方的活动如何与组织自身职业健康安全管理体系过程进行协调，如那些用于控制区域进入和受限空间进入、有害暴露评价和安全过程的管理以及如何对事件的报告进行协调。

（5）组织应建立、实施和保持过程，以确保承包方及其员工符合组织的职业健康安全管理体系要求，如制定《承包方职业健康安全管理制度》，对承包方的能力和资质要求、培训要求做出明确的规定。

3.8.6 外包

3.8.6.1 标准条文

8.1.4.3 外包

组织应确保外包的职能和过程得到控制。组织应确保其外包安排符合法律法规要求和其他要求，并与实现职业健康安全管理体系的预期结果相一致。组织应在职业健康安全管理体系内确定对这些职能和过程实施控制的类型和程度。

注：与外部供方进行协调可助于组织应对外包对其职业健康安全绩效的任何影响。

3.8.6.2 理解与实施要点

（1）外包指对外部组织执行组织的部分职能或过程做出安排（ISO 45001：

2018，3.29)。当一个过程被外包或当产品或服务由外部供方提供时，组织实施控制或施加影响的能力可能发生变化，即由直接控制变为有限控制甚至无法控制。如在某些情况下，发生在组织现场的外包过程可能直接受控；而在另一些情况下，组织影响外包过程或外部供方的能力可能是有限的。

(2)组织应确保其外包安排与法律法规和其他要求以及实现职业健康安全管理体系的预期结果相一致。《中华人民共和国安全生产法》提出了外包职能或过程方面的要求，第十三条规定："依法设立的为安全生产提供技术、管理服务的机构，依照法律、行政法规和执业准则，接受生产经营单位的委托为其安全生产工作提供技术、管理服务。生产经营单位委托前款规定的机构提供安全生产技术、管理服务的，保证安全生产的责任仍由本单位负责。"第四十六条规定："生产经营项目、场所发包或者出租给其他单位的，生产经营单位应当与承包单位、承租单位签订专门的安全生产管理协议，或者在承包合同、租赁合同中约定各自的安全生产管理职责；生产经营单位对承包单位、承租单位的安全生产工作统一协调、管理，定期进行安全检查，发现安全问题的，应当及时督促整改。"

(3)外包时，组织需对外包的职能和过程进行控制，以实现职业健康安全管理体系的预期结果。在外包的职能和过程中，符合该标准要求仍是组织的责任。

组织应根据以下因素，确定外包的职能或过程的控制程度：

——外部组织满足组织职业健康安全管理体系要求的能力；

——组织确定适当的控制措施或评价控制措施的充分性的技术能力；

——外包的过程或职能对组织实现职业健康安全管理体系预期结果能力的潜在影响；

——外包的过程或职能被再分包的程度；

——组织通过应用采购过程实现所需控制的能力；

——改进的机遇。

(4)组织应考虑外包过程对本组织管理重大危险源、满足法规要求和应对风险和机遇的能力可能会产生怎样的影响，根据影响的程度以及外包过程及其活动的性质、动作方式、潜在的紧急情况，策划运行管理的方法和措施，对外包过程实施直接或间接的控制。

通常，对于发生在组织现场内的某个（些）外包过程，如特种设备运行与管理、生产设备维护、消防安全设施运行等，组织可以对其实施直接的或程度较深的间接控制；而对于发生在组织场所外的某个（些）过程，尽管有时组织可以对其实施程度很深的控制，如委派驻场管理人员参与委托加工全过程管理；但多数情况下，某些发生在组织场所外的外包过程，如零部件加工、产品组装、售后服务、场外设施维护等，组织只能采取有限的控制措施，例如，合同或协议约束、规定运行程序和运行要求、实施监视测量计划、现场验证、提供培训和信息交流等。

(5)无论如何，组织应将外包过程纳入职业健康安全管理体系的范围，对其进行运行控制策划，并按照策划的方法和措施对其进行管理，以确保实现组织的职业健康安全方针和目标、履行组织的合规义务、提升组织的职业健康安全绩效。

3.8.7　应急准备和响应

3.8.7.1　标准条文

> **8.2　应急准备和响应**
>
> 　　为了对6.1.2.1中所识别的潜在紧急情况进行应急准备并做出响应，组织应建立、实施和保持所需的过程，包括：
> 　　a)　针对紧急情况建立所策划的响应，包括提供急救；
> 　　b)　为所策划的响应提供培训；
> 　　c)　定期测试和演练所策划的响应能力；
> 　　d)　评价绩效，必要时（包括在测试之后，尤其是在紧急情况发生之后）修订所策划的响应；
> 　　e)　与所有工作人员沟通并提供与其义务和职责有关的信息；
> 　　f)　向承包方、访问者、应急响应服务机构、政府部门、当地社区（适当时）沟通相关信息；
> 　　g)　必须考虑所有有关相关方的需求和能力，适当时确保其参与制定所策划的响应。
> 　　组织应保持和保留关于响应潜在紧急情况的过程和计划的文件化信息。

3.8.7.2　理解与实施要点

对于该标准6.1.2.1确定的紧急情况，组织有责任做出准备和响应。潜在的紧急情况和事故如火灾、爆炸、危险化学品的泄漏、消防安全设施失灵、自然灾害等，多为突发性情况，后果难以估计。与正常情况相比，他所造成的职业健康安全风险往往更为集中、更为严重。组织应建立、实施并保持一个或多个应急准备和响应的过程，并形成文件化信息，用来确定可能对职业健康安全造成影响的潜在紧急情况和事故，并针对所确定的潜在情况和事故，规定需要采取的应急准备和响应措施，以确保一旦发生紧急情况和事故时能及时有效地作出响应，以防止和降低随之产生的职业健康安全风险。

（1）组织在制定有关的应急准备和响应计划时，应考虑适用的法律法规和其他要求，包括事故的报警与通报、人员的紧急疏散、急救与医疗、消防与工程抢险措施、信息收集与应急决策和外部救援等。

组织应按策划的安排，做好应急准备工作，如配备相应的消防器材、设置泄漏报警装置等。组织应加强有关应急准备措施的日常的管理，使其处于完好状态，如对消防器材定期检查、定期更换呼吸器滤罐等，以确保一旦出现紧急情况，有关的措施立刻可以投入使用。

（2）为确保应急响应活动能够及时启动并有序实施，组织应对参与应急响应活动的人员就如何启动紧急预防、急救、应急响应和疏散程序进行培训。通过培训，组织应确保应急响应人员能够保持相应的应急响应能力，并能够完成被指派的活动。根据国务院 2019 年 2 月 17 日发布的《生产安全事故应急条例》（国务院令第 708 号）第十一条规定：组织的"应急救援人员经培训合格后，方可参加应急救援工作"。

应急培训的主要内容可包括：

——法规、条例和标准；

——安全卫生知识；

——安全技术与抢修技术；

——本组织专业知识；

——风险识别与控制；

——案例分析等。

（3）只要可行，组织就应定期测试所策划的响应措施，通常的做法是进行应急演练。应急演练的目的是验证应急准备响应措施的可操作性、设施的应急材料配备的可行性和有效性、员工的应急响应能力等，并对发现的问题及时采取措施进行完善。

根据 AQ/T 9007—2011《生产安全事故应急演练指南》，应急演练按照演练内容分为综合演练和单项演练，按照演练形式分为现场演练和桌面演练，不同类型的演练可相互组合。组织可以根据自己的实际情况，并依据相关法律法规和应急预案的规定，制定应急演练计划，按照"先单项后综合、先桌面后实战、循序渐进、时空有序"等原则，合理规划应急演练的频次、规模、形式、时间、地点等。

为了确保演练过程有效实施，组织应对演练过程做好策划，一方面是为了确保演练过程中有序开展，另一方面是可以防止在演练过程中出现新的紧急情况。一般情况下组织宜编制演练方案对应急演练过程进行指导，应急演练方案中一般应明确以下的内容：目的、组织结构、方式、时间、地点、参加人员、实施过程等内容。

（4）组织应定期对应急准备和响应过程以及所策划的措施进行评审，如果通过评审发现存在问题，组织应对相关的过程或措施进行必要的修订，其目的是为了确保相关的过程及策划的措施持续适宜、有效。除定期的评审外，在紧急情况发生后或者对策划的措施进行测试（如应急演练）之后（有关的应急响应措施启动后），组织也应结合应急处置的实施情况及其效果，对应急准备和响应过程以及所策划的措施进行评审，以及时发现问题，对过程和措施进行完善。

（5）组织应对所有层次的所有员工沟通和提供与他们的岗位和职责相关的信息，如应急准备和响应方案中的每个部门的职责和任务，部门之间的联系和沟通方式，发生重大安全事故时的报警电话、疏散路线和集中地点等相关信息，组织的各层次的员工都应了解和掌握。

（6）为确保有关紧急情况的应急准备和响应措施能够得到有效的实施，组织应当对潜在的紧急情况可能涉及的相关方进行识别确定，在适当时向他们提供有关的信息和培训，使有关的相关方明确其在应急准备和响应过程中的职责、获得所需要的知识。如对来访者介绍逃生出口通道的信息；对在储罐区开展维修作业的承包方人员进行应急预案的培训；危险化学品运输单位在运输车辆上注明运输物质的种类、应采取的应急措施的信息；社区的应急保障物资储备量的信息等。

（7）组织应在过程的所有阶段，考虑有关相关方的需求和能力并确保他们的参与，如应急服务机构、周边组织和居民。对于应急响应活动所需的外部服务（如爆炸物质处置专家、气象专家、毒理学家、外部测试实验室等），组织应预先核准相关的安排（以合同的方式做好安排）。对于人员的配置、响应的步骤和应急服务机构的局限性，组织应给予特别关注。

（8）组织还应综合考虑人员的技能和经验、运行的复杂性、风险影响程度、合规性义务等要求，确保需要保持的文件化信息，如应急准备和响应程序、火灾爆炸应急预案、化学品泄漏应急预案、危险化学品分布图、MSDS、应急物资分布图、疏散路线图等，以确保应急准备和响应过程能够按策划的要求得以实施。组织还应考虑合规义务的要求、自身管理的需要等因素，确定需要保留的文件化信息，如应急预案备案记录、应急演练记录、消防演练记录、应急物资检查记录、过程及措施的评审记录、培训记录等，为过程的运行及取得的结果提供证据。

3.8.7.3　实施案例

【例3-14】应急准备和响应控制程序

应急准备和响应控制程序

1　目的

确定与职业健康安全相关的潜在事故或紧急情况，规定应急措施，当应急情况发生时能够做出适当的响应，以便预防和减少可能伴随的职业健康安全风险。

2　范围

本标准规定了重大安全事故应急准备的具体事项和内容。

本标准适用于本公司活动、产品或服务中潜在的、意外的紧急情况控制。

3　规范性引用文件

下列文件对于本文件的应用是必不可少的。凡是注日期的引用文件，仅注日期的版本适用于本文件。凡是不注日期的引用文件，其最新版本（包括所有的修改单）适用于本文件。

Q/TZ G20506　改进控制程序

Q/TZ G21201　危险源辨识和风险评价控制程序

Q/TZ G21203　安全事故、事件调查和处理规定

Q/TZ G21204　触电及电力事故应急预案

Q/TZ G21205　机械伤害事故应急预案

Q/TZ G21212　消防安全设施故障应急预案

Q/TZ G21217　火灾爆炸应急预案

Q/TZ G21307　食堂食物中毒应急预案

Q/TZ G21308　高温中暑应急预案

Q/TZ G21413　化学品、油品泄漏应急预案

Q/TZ G21414　疫情防控应急预案

Q/TZ G21504　文件控制程序

4　职责

4.1　办公室：

a) 负责公司消防安全过程的潜在、紧急情况的分析，确定需采取应急措施的场所，组织相关部门制定并实施应急预案；

b) 负责公司厂区、生活、办公过程的潜在、紧急情况的分析，确定需采取应急措施的场所，组织相关部门制定并实施应急预案；

c) 组织进行应急准备和响应的培训，负责事故的调查和处理。

4.2　生产部：

负责生产过程的潜在、紧急情况的分析，确定需采取应急措施的场所，组织相关部门制定并实施应急预案。

4.3　各部门：

负责职责范围内的应急准备和响应。

4.4　总裁：

负责批准应急准备和响应中必需的资源配置。

5　程序

5.1　应急机构

公司成立应急指挥部，以应对可能发生的各种紧急情况。总指挥为总经理，值班室设在办公室，当总指挥不在现场时，由公司在现场的最高行政领导负责指挥。

5.2　应急准备

5.2.1　根据Q/TZ G21201中的有关要求，对紧急事件和潜在事故进行辨识，确定潜在事故和紧急情况，明确事故和紧急情况发生的可能性及场所，重点考虑以下几个方面：

a) 泄漏：液化气、油品、化学品仓库；

b) 火灾爆炸：仓库、车间、锅炉房。

5.2.2　对列入重大危险源和重大风险的紧急状态，规定应采取的预防处置措施：

a) 各主要责任部门制定相应的作业指导书，其内容主要包括：为防止发生事故应采取的预防措施，可能发生事故的场所配备的应急物资，事故发生时的应急处置和信息交流；

b) 在识别出的危险区域或潜在紧急状态发生点，相关责任部门应安装完善的应

急设施，如报警、防雷、灭火、消防栓、喷淋等应急设备设施，并准备充足的应急准备物资，各相关责任部门做好应急物资的标识，并定期检查，防止失效；

c) 在相关岗位准备完善的个人防护用品，如手套、口罩、靴子、安全帽、耳塞、防护眼镜，并训练员工熟练使用，生产部准备应急医药箱，并训练若干个急救人员；办公室组织培训若干名义务安全员、消防员，生产部人员配合；

d) 办公室准备紧急状态的联络办法以及与外部机构的联系渠道，保安及有关地点应有事故报告的电话及负责人姓名；张贴平面布置图。

5.2.3 办公室对消防器材和设施进行定点标识，每月定期检查其数量及完好性，并合理的维护与保养，对于过了保质期或使用效果不好的消防设备，要及时更换。

5.2.4 办公室组织有关部门每半年进行一次安全、环境专业性大检查，以减少事故隐患。检查的重点是特种作业、特种设备、特殊场所，如电焊、起重设备、锅炉压力容器、易燃易爆场所等。

5.2.5 公司以生产员工为主体，抽调各部门人员成立义务消防队。公司安委会协助办公室负责对义务消防队进行安全防火技能培训，并且每年组织一次安全防火演习。演习后要总结经验教训并将这些经验教训记录在《消防演习总结报告》中，根据演习报告中发现的问题对相关文件进行必要的修改。

5.2.6 办公室负责将火灾时疏散的路线和集合地点张贴在生产现场、办公楼的显要位置；各部门都有责任保持消防通道的畅通。

5.2.7 办公室负责健全包括有消防队、医院、安全生产监督管理局等单位以及公司各关键人员的通讯联络表，并同消防队、安全生产监督管理局等保持联络，以获取职业健康安全方面的相关资讯。

5.3 应急响应

5.3.1 发生紧急状态后，第一发现者应立即报告公司值班室和上级管理人员，同时采取预先制定的应急措施，如暂停生产、切断电源、关闭设备等，以减少由此造成的影响；值班室或上级管理人员按相关程序立即向总裁、安委会、生产部、办公室或相关部门进行信息联络，通报紧急情况。

5.3.2 在污染和风险有可能影响外部环境时，办公室负责及时通报可能受到污染或危害的单位和居民，同时相关部门与当地环保局或安全主管部门取得联系，报告事故状态及有关的措施。

5.3.3 当社会上出现流行疫情时（如非典、流感、甲肝、新冠肺炎等），凡公司出现与该病相似症状时，办公室应立即报告当地卫健委或疾控中心，并采取隔离措施。

5.3.4 应急响应人员接到通知后，应立即到达事故现场，按照相关的应急预案立即采取措施，尽可能减少不必要的经济损失。

a) 当发生火灾爆炸事故时，由安委会负责，按Q/TZ G21217规定的要求组织实施应急预案；

b) 当发生触电及电力事故、机械伤害事故时，由生产部负责，分别按Q/TZ

G21204、Q/TZ G21205 的规定的要求组织实施应急预案；

c) 当发生化学品、油品泄漏事故时，由采购部负责，按 Q/TZ G21413 规定的要求组织实施应急预案；

d) 当发生食物中毒、高温中暑、消防安全设施故障事故时，由办公室负责分别按 Q/TZ G21307、Q/TZ G21308、Q/TZ G21212 规定的要求组织实施应急预案；

e) 当有疫情紧急情况发生时，办公室应按 Q/TZ G21414 的规定要求，启动应急响应预案。

5.3.5 一旦局部失控应以保障人身安全为主，组织人员及时撤离（事故发生后执行确保人身安全的原则）。与传染病患者接触过的相关人员应进入隔离区观察，并对相关场所进行消毒处理。

5.3.6 事故发生部门负责人到现场确认应急措施的效果，必要时将不足之处及时进行纠正。

5.3.7 事故处理后，发生部门负责人应向归口管理部门及上级主管领导报告事故内容及所采取的应急措施的结果。

5.3.8 紧急状态发生后，发生部门按 Q/TZ G20506 的要求进行改进，调查事故原因，明确责任，评估处置措施，必要时修改相关文件。

5.3.9 事故完全处置结束后，发生部门负责人应填写《事故调查与处理报告》经主管领导或管理者代表审查，总裁确认。

5.4 纠正和完善

5.4.1 事故发生后，办公室应组织有关单位和人员进行调查（重伤、死亡事故，应有管理者代表组织调查），查明事故的原因、性质、经过、污染、伤亡、经济损失等情况。调查的结论填入《事故调查与处理报告》中。安全事故的调查与处理详见 Q/TZ G21203。

5.4.2 在事故调查的基础上，提出处理意见和防范措施建议。对事故责任人要做出行政或经济的处罚决定，必要时依法追究刑事责任。事故处理必须遵照"四不放过"的原则——事故原因分析不清不放过；事故责任者不明不放过；员工未受到教育不放过；没有防范措施不放过。

5.4.3 办公室依据《事故调查与处理报告》向有关单位发出《改进措施处理单》，并按 Q/TZ G20506 的要求对纠正和预防措施的实施效果进行监督验证。

5.4.4 每年度由办公室组织各相关部门对应急预案进行评审，并将评审结果记录在《应急预案评审表》上，特别是紧急情况发生后，必须组织人员对相关程序和作业指导书进行评审和修订。程序和作业指导书的修订按 Q/TZ G21504 中的有关规定执行。

5.5 培训

5.5.1 办公室组织各有关部门有计划地就应急预案及作业指导书进行培训，让有关人员了解其在应急期间的职责，掌握应急情况及措施。

5.5.2 当有关程序和作业指导书进行修订后，有关人员应重新培训教育。

5.6 报警电话

5.6.1 涉及公司职业健康安全的报警电话主要有：

——火警：119

——急救中心：112

——交通指挥中心：122

——公安报警：110

5.6.2 公司值班室：

白天： 行政部 8：00—17：00

晚上： 警卫室 17：00—8：00

6 记录

记录表单如下：

a) 消防演习总结报告；

b) 应急预案评审表；

c) 事故调查与处理报告。

【例3-15】某企业危险化学品火灾应急处置实施步骤

危险化学品火灾应急处置

步骤	处　置	负责人
报警	向中控室报告（中控室监控电视发现，直接执行以下程序）	发现火情第一人
	向公司消防队189×××3366（手机）××××（内线）报警	外操
	向公司应急指挥中心办公室及单元领导报告	副班长
应急程序启动	组织现场无关人员立刻撤离到紧急集合点（重复数遍），通知相关外操人员到事故现场集合，听从副班长的指挥，准备抢险作业	班长
切断泄漏源	1. 远程切断泄漏源前后的自控阀门	内操
	2. 关闭泄漏点前后的手动阀门（若可能）	副班长，事故岗位外操
	3. 塔器着火，切断系统与该塔器的所有联系（关闭根阀门）	副班长，事故岗位外操
	4. 根据现场火情决定降量或局部停工处理	班长/单元领导
人员疏散	组织现场与抢险无关的人员（含施工人员）撤离	事故岗位外操
消防、泡沫、干粉系统保障	1. 监视消防水系统自动运行情况，保证管网压力	副班长、岗位外操
	2. 启动泡沫（干粉）系统	岗位外操/副班长

（续）

步骤	处　置	负责人
灭火、冷却	1. 开消防水炮和消防喷淋（若有）对着火罐进行冷却，对邻近贮罐、设施降温隔离	单元应急人员
	2. 开通泡沫进行灭火	单元应急人员
泄漏物封堵回收	1. 检查确认附近的雨排阀、污排阀已经关闭	单元应急人员
	2. 放下清净下水总排口闸板，沙袋封堵外排沟	事故岗位外操、单元应急人员
	3. 用器皿或吸油棉回收泄漏物	班长、单元应急人员
警戒	携可燃气检测仪测试，划定警戒范围	单元应急人员
接应救援	打开消防通道，接应消防、气防、环境监测等车辆及外部应急增援	单元应急人员
带压堵漏	现场余火扑灭后，具备堵漏条件时，组织维修人员进入现场带压堵漏	单元领导
注意	1. 进入可能中毒区域戴空气呼吸器，其他附近区域戴过滤式防毒面具。接触有毒介质的关阀人员、回收人员和堵漏人员须穿防护服。 2. 人员疏散应根据风向标指示，撤离至上风口的紧急集合点，并清点人数。 3. 施工人员疏散时，应检查关闭现场火源，切断临时用电电源。 4. 报警时，须讲明着火地点、着火介质、火势、人员伤亡情况。 5. 对于可燃气体及轻质油着火处置中必须使用防爆工具。	

【例3-16】某企业消防演习总结报告

消防演练总结报告

演习目的： 　　使全体员工了解消防基础知识，增强自我保护能力，掌握对突发火灾的应变、逃生技能，学会灭火以及有序地进行人员的紧急疏散处理。
演习参加部门： 　　纸板车间当班人员及公司义务消防队成员、安委会成员及部分车间员工，参加人员150人左右。
演习地点： 　　公司厂区2号楼
演习日期： 　　2018年9月20日下午2：00至5：00

（续）

演习内容： 1. 初期火穴的扑救、控制、火场协调指挥、物资转移演练。 2. 火场人员疏散引导和伤员救护演练。 3. 火场警戒及配合义务消防队演练。 4. 灭火器材现场灭火演练。 5. 火灾事故处理教育及演习总结。
演习过程概况： 　　整个活动共分为现场模拟火灾疏散急救、初起火灾灭火器实射演练与室外消火栓操作演练三个过程，共历时3小时，参加人员150人左右。通过此次消防演练，不仅增强了员工的消防意识，同时还掌握了干粉灭火器、消防水带的操作使用步骤及方法，进一步提高员工应对突发事件的能力。
演习总结（包括改进建议）： 　　**一、领导重视，演练活动组织到位** 　　这次消防演练活动，安排周密，从演练策划、前期准备、组织实施到正式演练所经历的各个阶段，公司的领导都给予了很大的关心、支持和帮助。周总作为消防演练总指挥，对这次演练工作高度重视，认真审定演练方案，确定演练目的、原则和规模，亲临演练现场进行指挥，下达演练命令，观察演练情况，对演练工作进行全面控制。 　　安委会各小组成员对演练工作的全过程进行领导和指挥，参与演练方案的讨论和修订工作，各车间员工也积极参与这次活动。 　　**二、筹划缜密，演练方案安全可行** 　　根据安委会的要求，从我公司安全工作的实际情况出发，确定本次消防演练的主要任务是开展一次火灾事故的应急演练。其主要目的是使每位参与者能学会灭火器的正确使用方法，掌握火场逃生基本方法，提高自我安全意识，化解风险。经过认真研究，拟定了"公司消防演练方案"。安委会针对本次消防演练，做了充分的准备，在方案中就演练的时间、地点、内容、对象都做了具体的说明。 　　**三、积极参与，演练效果呈现良好** 　　消防演练于2018年9月20日下午2：00到5：00进行。首先，员工进行紧急疏散集合，各班组清点人数，消防演练总指挥讲述演习的目的和内容，并邀请区消防总队一大队XX警官为大家讲解常用的手提式干粉灭火器及消防水带的使用方法。而后参与演练的人员进行了实际操作演练。 　　**四、通过演练，活动达到预期目的** 　　通过消防演练，员工的防范意识和应急自救的能力得到加强。 　　1. 参与人员的消防安全意识有所增强，对抗击突发事件的应变能力有所提高，现场演练人员能有效组织、迅速地对火灾事故警报做出相应反映，对今后应对突发事件很有益处。 　　2. 演练前组织的消防基本知识培训，使参与人员的消防安全知识、突发应急能力、事故发生后逃生技巧得到了提升。 　　3. 安委会小组成员的组织能力、指挥能力、应变能力也受到了锻炼。

（续）

五、存在问题及改进建议

1. 没有完全掌握更为详细的电话报警，经过××警官的消防知识讲解和点评，我们才知道报警的时候，需要提供以下内容：

（1）火灾的详细地址，最好能说出附近的明显标志物；

（2）火灾现场的燃烧物是什么；

（3）火灾现场的火势大小情况；

（4）留下报警人的姓名电话，方便与外界消防人员的联系；

（5）要派人员在路口接应，及时帮助消防人员第一时间赶赴现场。

2. 部分员工对消防灭火器的使用及扑救方式上存在不足，经过培训解讲，才有了新的认识。灭火器的使用需要先把插销拔掉，然后一手紧紧握住喷管根部再按下提手，避免喷管乱甩喷射、打伤到人；灭火的顺序应该由近及远、由下至上，这样才能更有效地扑灭火源。

3. 部分员工没有从思想上引起高度重视，不严肃，表现为：

（1）由于现场模拟火灾的逼真度不高，员工没有紧张感；

（2）有个别员工在参与过程中有说笑现象。

火灾防范于未然，消防责任重于泰山。通过这次的消防演练，进一步增强了广大员工的防范意识和自救的能力，了解和掌握如何识别危险、如何采取必要的应急措施等基本操作，以便在事故中达到快速、有序、及时、有效的效果。而更为重要的是通过模拟现场环境，总结训练经验，努力寻找改进空间，从而全面提高参演人员的实战水平。今后公司将经常性地开展训练或演练工作，以提高公司员工的应急救援技能和应急反应综合素质，有效降低事故危害，确保公司安全、健康、有序的发展。

演习组织者：公司安委会	演习负责人：周总

编制：高志伟 2018.9.21　　　　　　　　　　审核：张明 2018.9.21

3.9 绩效评价

3.9.1 监视、测量、分析和评价绩效/总则

3.9.1.1 标准条文

---

9 绩效评价

9.1 监视、测量、分析和评价绩效

9.1.1 总则

组织应建立、实施和保持用于监视、测量、分析和评价绩效的过程。

组织应确定：

a) 需要监视和测量的内容，包括：

　　1) 满足法律法规要求和其他要求的程度；

　　2) 与所辨识的危险源、风险和机遇相关的活动和运行；

　　3) 实现组织职业健康安全目标的进展情况；

　　4) 运行控制和其他控制的有效性；

b) 适用时，为确保结果有效而所采用的监视、测量、分析和评价绩效的方法；

c) 组织评价其职业健康安全绩效所依据的准则；

d) 何时应实施监视和测量；

e) 何时应分析、评价和沟通监视和测量的结果。

组织应评价其职业健康安全绩效并确定职业健康安全管理体系的有效性。

组织应确保监视和测量设备在适用时得到校准或验证，并被适当使用和维护。

注： 法律法规要求和其他要求（如国家标准或国际标准）可能涉及监视和测量设备的校准或检定。

组织应保留适当的文件化信息：

——作为监视、测量、分析和评价绩效的结果的证据；

——记录有关测量设备的维护、校准或验证。

3.9.1.2 理解与实施要点

（1）绩效指可测量的结果（ISO 45001：2018，3.27），而职业健康安全绩效是与防止对工作人员的伤害和健康损害以及提供健康安全的工作场所的有效性相关的绩效（ISO 45001：2018，3.28）。为了全面、充分地了解组织的职业健康安全绩效，组织应建立过程，对其职业健康安全绩效进行监视、测量、分析及评价。通过职业健康安全绩效评价，组织的管理者可以确保获得可靠的和可验证的信息，以确定组织的职业健康安全绩效是否满足规定的要求，据此组织可以发现改进的机会并实施改进，不断提

升职业健康安全绩效，实现职业健康安全管理体系的预期结果。

——监视可包括持续的检查、监督、严格观察或确定状态，以便识别所要求的或所期望的绩效水平的变化。监视可应用于职业健康安全管理体系、过程或控制措施，例如包括访谈、对文件化信息的评审和对正在执行的工作的观察。

——测量通常涉及以目标或事件赋值。它是以定量数据为基础，并通常与安全方案和健康调查的绩效评价有关。示例包括使用经校准或验证的设备来测量对有害物质的暴露，或计算与危险源的安全距离。

——分析是通过考察数据以揭示联系、模式和趋势的过程。这可能意味着使用统计运算，包括从其他类似组织获取的信息，以帮助从数据中推断结论。这个过程经常与测量活动发生关系。

——绩效评价是为确定实现职业健康安全管理体系建立的目标主题的适宜性、充分性和有效性，所开展的活动。

监视和测量的区别：若过程可用过程参数形式表达的，那么用测量方式来进行控制；若过程不能用参数形式表达的，那么用监视方式来进行控制，例如内审、管理评审、监督检查等，监视可以由人进行，也可以由设备进行。测量是确定数值的过程，测量过程就是确定量值的一组操作，如进行检验、试验。组织应确定监视、测量的对象（即数据源），确保数据来源充分、合理、可行。实施监视和测量可以为组织提供职业健康安全管理体系运行所需的基础数据。

（2）组织应根据其职业健康安全目标、所识别的危险源和职业健康安全风险和机遇、法律法规要求和运行控制等来确定监视和测量的内容。通常我们需要考虑以下监视和测量：

1）为满足法律法规要求所需的监视和测量，包括但不限于：

——已识别的法律法规要求（例如：所有法律法规要求是否已确定；组织有关的法律法规要求文件化信息是否保持最新）；

——集体协议（当具有法律约束力时）；

——已识别的不符合法律法规要求的状况。

2）为满足其他要求所需的监视和测量，包括但不限于：

——集体协议（当不具有法律约束力时）；

——标准和准则；

——公司的和其他的方针、规则和制度；

——保险要求；

3）与所辨识的危险源、风险和机遇相关的活动和运行所需的监视和测量，包括但不限于：

——日常安全隐患的排查和整改；

——风险和机遇应对措施的有效性评价；

——定期进行员工职业健康体检；

——定期对工作场所化学有害物质接触限值的测量；

——对过程、工作场所和实际操作进行常规安全行为、管理水平的监控；

——对设备、设施安全进行检查、监控；

——相关方活动。

4）跟踪组织职业健康安全目标实现进展所需的监视和测量，包括但不限于：

——职业健康安全目标的实现数量；

——参与职业健康安全的员工人数；

——已培训员工占需培训员工数之比；

——与合规义务的符合程度；

——罚款或处罚数量；

——与产品或过程的危险源相关的费用；

——应急演练的次数；

——职业健康安全改进项目的投资回报。

5）确保运行和其他控制措施有效性的监视和测量，包括但不限于：

——运行控制措施和应急演练的有效性，或修改或引进新的控制措施的需求；

——对员工职业健康安全意识提高情况的监视；

——管理方案、运行控制、应急演练是否实施并行之有效；

——职业健康安全失败事件，包括危险事件（事故、事件和疾病）中吸取经验教训；

——事件和健康损害的发生及比率；

——事件的时间损失率、健康损害的时间损失率；

——按监管机构的评价所需采取的措施；

——按所收到的相关方意见采取的措施；

针对确定的监视和测量内容，组织还应按照相关标准和规范要求，规定适宜的测量方法、明确包括取样、试验、分析等在内的有关要求，确保结果准确有效并真实可靠。

（3）组织应当在职业健康安全管理体系中规定监视、测量、分析与绩效评价的所使用的方法，确保监视和测量的时机与分析和绩效评价结果的需求相协调，监视和测量的结果是可靠的、可重视的和可追溯的，分析和评价是可靠的和可重现的，并使组织能够报告趋势。

1）监视和测量的方法通常包括技术性监视和测量方法、管理性监视和测量方法以及被动性监视和测量方法三种。

①技术性监视和测量。技术性监视和测量一般委托有资质外部检测机构按照国家有关的检测规范进行检测，包括但不限于：

·机械安全装置的检测，如紧急制动装置、紧急断电装置；

·电气设备绝缘性能的测量，如接地电阻、泄漏电流；

·特种设备安全性能指标的检测，如电梯、行车、叉车安全性能指标；

·消防设施和器材以及劳动防护用品性能的检测，如自动喷水灭火系统、电工绝缘靴；

·工作场所空气质量（有害因素职业接触限值）的检测，如工作场所三苯接触限值。

②管理性监视和测量。管理性监视和测量指组织内部进行的监视和测量，包括但不限于：

·职业健康安全方针的贯彻情况总结；

·职业健康安全目标实现情况的统计；

·职业健康安全管理方案的实现情况的检查和总结；

·职业健康安全法律法规及其他要求的遵循情况评价；

·职业健康安全管理制度执行情况的检查、考核等。

③被动性监视和测量。被动性监视和测量指统计、调查、分析和记录职业健康安全管理体系的失败案例。这类失败案例包括事故案例、near－miss事件案例、人身伤害和健康损害案例、疾病案例和其他不良绩效案例。

2）监视和测量为组织实施管理提供了基础的数据，组织应对监视和测量的结果进行分析，用来识别不符合，了解合规义务履行情况、绩效的趋势、改进的机会等。组织应根据法律法规要求、自身管理等需求，确定对这些数据进行分析的方法和时机。组织在对基础数据进行分析时应考虑基础数据的质量、有效性、适宜性、完整性等，以确保通过数据分析获取信息是可信的。在进行数据分析时，组织应选择使用适宜的统计技术（如各种图表工具、指数分析、加权分析、汇总等），这有助于组织更好地开展数据分析工作，提高决策的可靠性。

3）组织应对照其职业健康安全方针、职业健康安全目标以及其他的职业健康安全绩效准则（如为消除、限制或预防职业活动中健康和安全危险及有害因素而制定的国家标准、行业标准）来评价其职业健康安全绩效。为了评价组织的职业健康安全绩效，组织应当建立恰当的职业健康安全绩效评价参数，这些参数应当具有组织的特点，与其职业健康安全方针一致，并与其职业健康安全风险相适应，可以使组织的内外部相关方更容易、更清晰理解组织和职业健康安全绩效。组织应确保设立的参数能够及时地响应组织所处的运营环境的变化，能够提供关于职业健康安全绩效的目前或未来趋势的信息，并能为组织开展绩效评价提供有用的信息。

（4）组织评价其职业健康安全绩效所依据的准则就是职业健康安全方针、职业健康安全目标、法律法规要求以及相关方要求、自身管理等因素设立职业健康安全绩效评价参数。组织应根据设立的职业健康安全绩效评价参数设立职业健康安全评价准则。职业健康安全评价准则是组织用来对当前的职业健康安全绩效水平进行评判、确定其优劣的证据。职业健康安全绩效评价参数强调的是从哪些方面对职业健康安全绩效进行评价，而职业健康安全绩效评价准则是对职业健康安全绩效评价参数的进一步明确，组织可以根据自己的实际情况以及管理需要，参考法律法规要求、设计水平、历史最好水平、历史平均水平、目标等设立职业健康安全评价准则。

（5）组织应根据监视和测量的内容、方法确定实施监视和测量的时机/频次，如对于连续排放的有毒有害气体，组织可以对其进行实时监控；而对于员工职业病检查的过程或活动，则宜根据其生产任务情况，合理安排监视或测量的时机。对于组织工作现场的空气质量，组织可按照策划的时间和频次要求，委托有资质的第三方专业机构进行监视和测量。危化品的使用和消防设施的维护保养状况需要通过一些现场检查的方法进行监视和测量，而一些关键岗位的运作可以结合仪器仪表的监测、统计数据的收集和现场检查的方法进行监测。

（6）组织应对监视和测量的结果进行分析、评价和沟通。分析、评价和沟通的目的之一是识别改进需求，应根据监视和测量的对象、内容的特点，确定分析、评价和沟通的方法和时机。评价可以是定性的，也可以是定量的。组织可按法律法规要求和其他要求建立沟通与交流过程，就监视和测量的结果进行外部或内部的信息交流与沟通。组织应当向那些具有职责和权限的人员（如当地安监部门、疾病控制中心）报告对职业健康安全绩效分析和评价的结果，以便启动适当的措施。应关注对统计技术在内的适用方法及其应用程度的确定。

（7）组织应按其已策划的评价准则对其职业健康安全绩效进行评价，以确保职业健康安全管理体系预期结果的有效性。为此，组织的监视和测量应在适当的过程控制的条件下进行，包括：

——选择采样和数据采集技术；

——校准和检定测量设备；

——测量所依据的国际标准和国家标准；

——使用合格人才；

——使用适当的数理统计方法，包括数据的解读和趋势分析。

（8）为了确保测量和监视结果正确，组织应对用于监视和测量职业健康安全有关参数的测量设备，按照规定的时间间隔或在使用测量设备前对其进行校准或检定（验证）。组织应对照能溯源到国际或国家标准的测量标准，当测量的某个量值不存在能溯源到国际或国家标准的测量标准时，组织应制定相应的能测量该量值的测量设备（可以称之为非标测量设备）的检定规程，然后按照该检定规程进行校准或检定（验证），并记录和保持校准或检定（验证）的证据。

当绩效测量和监视活动将计算机软件或系统用于收集、分析和监视数据且会影响职业健康安全绩效结果的准确性时，组织应在使用计算机软件或系统前对其进行确认，适当时，此类软件或其应用更改后也应予确认。

（9）组织应保留已经按照策划的要求实施监视、测量、分析和评价的文件化信息，这些文件化通常可包括职业健康安全绩效参数、职业健康安全评价准则、监视测量计划、监视测量结果、数据分析结果、绩效评价的结果、测量设备的校准记录等。

3.9.1.3 实施案例

【例3-17】绩效监视和测量及评价控制程序

绩效监视和测量及评价控制程序

1 目的

对可能具有重大危险源和重大风险的过程与活动的关键特性进行监视和测量，获得定性或定量的职业健康安全绩效，并对有关职业健康安全法律、法规的遵循情况进行定期评价，促进职业健康安全管理体系的有效运行和持续改进。

2 范围

本标准规定了职业健康安全监视和测量的控制程序要求。

本标准适用于公司职业健康安全绩效的监视、测量和评价。

3 规范性引用文件

下列文件对于本文件的应用是必不可少的。凡是注日期的引用文件，仅注日期的版本适用于本文件。凡是不注日期的引用文件，其最新版本（包括所有的修改单）适用于本文件。

Q/TZ G20513 监视和测量设备控制程序

Q/TZ G21203 安全事故、事件调查和处理规定

Q/TZ G21604 合规性评价控制程序

Q/TZ G201103 职业健康安全目标和管理方案控制程序

4 职责

4.1 人事行政部：

a) 负责对职业健康安全管理体系的运行情况进行监视和测量；

b) 负责对职业健康安全目标和管理方案进行考核；

c) 负责组织合规义务要求的评价。

4.2 品质部：

负责监视和测量设备的检定、校准和生产用材料的测量。

4.3 生产部：

负责特种设备的年度报检工作。

4.4 各部门：

负责对涉及本部门的职业健康安全管理体系的运行情况进行监控。

5 程序

5.1 监视和测量及评价的内容

职业健康安全管理体系的监视和测量及评价内容包括但不限于：

a) 职业健康安全绩效数据的监视和测量，如车间空气质量、噪声限值等；

b) 运行控制实施情况的监视和测量；

c) 职业健康安全目标和管理方案的完成情况的监视和测量；

d)　合规性义务（主要是法律法规和其他要求）遵循情况的评价。

5.2　职业健康安全绩效数据的监视和测量

各部门依据有关文件对职业健康安全绩效数据进行监视和测量，主要包括工作场所空气质量、噪声接触限值。主要监测项目见表1。

表1　职业健康安全绩效评价参数及评价准则

监测项目		责任部门	实施频次	监测指标（绩效参数）	方法和准则	备注
工作场所空气质量	苯	人事行政部	每年	见《职业健康安全目标管理方案》	GBZ 2.1—2019	委外
	甲苯					
	二甲苯					
	总粉尘					
噪声职业接触限值		人事行政部	每年	见《职业健康安全目标管理方案》	GBZ 2.2—2007	委外

5.3　有关运行控制的监控

5.3.1　各部门依据与本部门有关的职业健康安全运行控制程序、管理规定（办法）和作业指导书的要求进行监视、测量、检查。人事行政部每月一次组织各部门对监测情况进行检查并填写《职业健康安全巡查记录》；节假日前后的检查和专项的安全大检查，由人事行政部组织将检查结果填写在《职业健康安全检查汇总整改表》。

5.3.2　各岗位的安全隐患自查，纳入管理规定（办法）、操作规程或作业指导书，由操作者进行检查，必要时填写运行记录。

5.3.3　当出现异常和紧急情况时，随时进行监测与检查，对其动态跟踪，直到情况恢复正常，必要时填写运行记录。

5.3.4　对有可能产生职业健康危害的员工每年进行一次体检，由人事行政部负责组织并保留体检记录。检查由省级以上人民政府卫生行政部门批准的医疗卫生机构执行。检查中如发现不良健康现象时应进行工作调离。当发现职业病时，应按职业病管理条例的要求及时上报政府行政主管部门（一般为卫生局或职业病防治专业机构），并对患者进行专项治疗，直至康复（或稳定）。

5.3.5　对特种设备的年度检测工作，由生产部根据检修计划报请区特种设备检测所进行检测（如行车、叉车、电梯和储气罐等），并保持检测报告。

5.3.6　对涉及生产现场所使用的安全测试设备/仪器，由品质部按规定的时间间隔送国家计量部门进行校准/检定，并保持校准/检定报告。

5.4　职业健康安全目标和管理方案完成情况的跟踪监测与检查分析，按 Q/TZ G201103 的有关规定进行，由人事行政部负责考核并保存考核记录。

5.5　合规性义务遵循情况的评价

人事行政部每年对适用的合规义务要求遵循情况进行评价，具体按 Q/TZ G21604 中的有关要求执行。

5.6 监测和测量记录

5.6.1 需委托外部监测机构进行技术性监测的由人事行政部负责委外，并将相应的委托《监测（评价）报告》传达到相关部门，《监测（评价）报告》由人事行政部保管。

5.6.2 各部门负责本部门的监测记录的管理。

5.6.3 事故、事件的统计和处理按 Q/TZ G21203 中的有关要求执行，由人事行政部负责并保存安全事故事件的记录，由安委会保存工伤事故、职业病的记录。

5.7 监视设备的管理

用于职业健康安全监视测量的设备由品质部负责，具体按 Q/TZ G20513 中规定的要求定期进行检定和校准。

6 记录

记录表单如下：

a) 职业健康安全检查汇总整改表；

b) 职业健康安全巡查记录。

3.9.2 合规性评价

3.9.2.1 标准条文

9.1.2 合规性评价

组织应建立、实施和保持用于对法律法规要求和其他要求（见 6.1.3）的合规性进行评价的过程。

组织应：

a) 确定实施合规性评价的频次和方法；

b) 评价合规性，并在需要时采取措施（见 10.2）；

c) 保持对其关于法律法规要求和其他要求的合规状况的认识和理解；

d) 保留合规性评价结果的文件化信息。

3.9.2.2 理解与实施要点

为确保有效实施合规性评价，组织应建立、实施并保持合规性评价相关的过程。该过程的输入为组织适用的法律法规等合规义务的要求以及组织的现状信息。该过程的输出为全面、正确地确定了组织的合规性状态。合规性评价活动应由有能力的人员执行，既可以使用组织内部人员，也可使用外部资源。

（1）合规义务是组织应遵守的基本要求，组织应定期地对适用的合规义务的履行情况进行评价，然而每项合规义务的评价频次和时机可以不同，这取决于：

——组织的法律法规要求和其他要求；

——作为合规义务而采纳的其他要求的相关性；

　　——合规义务的变化情况；

　　——组织过去的与合规义务有关的绩效，包括与不符合相关的潜在不利影响；

　　——某过程或活动的预期绩效变化；

　　——组织的规模、类型和活动；

　　——不合规。

合规性评价应当是迭代的过程，为确定组织是否履行其合规义务，需要来自职业健康安全管理体系其他方面的输出结果。合规性的方法包括收集信息和数据，例如通过：

　　——审核；

　　——监管机构检查的结果；

　　——对法律法规的其他要求的分析；

　　——对事件和风险评价的文件和（或）记录的评审；

　　——对设施、设备和区域的检查；

　　——与有关人员面谈；

　　——对项目和工作的评审；

　　——对监视和测试结果的分析；

　　——设施巡查和（或）直接观察。

合规性评价可同时针对多项合规要求义务进行，也可专门针对某项合规义务要求进行。

（2）如果合规性评价结果表明未满足或潜在未满足法律法规要求时，组织则需要确定并采取必要的措施以实现合规。这可能需要与相关方（如政府监管机构）进行沟通，并就采取一系列措施满足其法律法规要求签订协议，协议一经签订，则成为合规义务。如果某个不合规项已通过职业健康安全管理体系过程得到识别并纠正，则此不合规项未必要升级为管理体系的不符合。与合规性有关的不符合，即使尚未导致实际的针对法律法规要求的不符合项，也需要予以纠正。

（3）通过合规评价，组织获得了对其合规状态认识和理解。合规性评价的频次应当足以使这些知识和理解保持为最新状态。评价应当以能为管理评审及时提供输入信息的方式实施，以便最高管理者能评审组织履行合规义务的情况，并保持组织对合规状态的了解。

组织应使用多种方法保持对其合规状况的认识和对其合规状况的理解，除了定期对其合规性进行评价外，也可在其他检查、评审或体系运行活动中取得这方面的信息，如在运行控制、监视和测量、内部审核、管理评审等活动中。当职业健康安全法律法规及其他应遵守的要求发生变化时，也应及时进行评价。

（4）组织应当保留合规性评价结果的文件化信息，如合规性评价结果的报告、内部和外部审核报告、内部沟通记录、外部信息通报等，以证实其已对适用的合规义务的履行情况进行了评价。

3.9.2.3 实施案例

【例 3-18】合规性评价控制程序

合规性评价控制程序

1 目的

评价法律法规和其他要求的遵循情况，促进管理体系的有效运行和持续改进。

2 范围

本标准规定了法律法规合规性评价的内容、频次和方法。

本标准适用于公司对职业健康安全管理体系适用的法律法规和其他要求的遵循情况的评价。

3 规范性引用文件

下列文件对于本文件的应用是必不可少的。凡是注日期的引用文件，仅注日期的版本适用于本文件。凡是不注日期的引用文件，其最新版本（包括所有的修改单）适用于本文件。

Q/TZ G20506   改进控制程序

Q/TZ G20704   绩效监视和测量和评价控制程序

Q/TZ G21505   记录控制程序

4 职责

4.1 管理者代表：

负责归口管理本程序，并对评价的结果做出处理。

4.2 人事行政部：

负责主持合规性评价活动，并将评价结果进行记录，并形成文件。

4.2 其他相关的职能部门：

参与评价并提供与本部门职责相关的评价材料。

5 程序

5.1 评价的内容

在法律法规和其他要求遵循情况评价时，应根据本公司的危险源和职业健康安全风险，对以下方面履行法律法规的情况进行评价：

a) 职业健康安全法律法规方面

    1) 车间粉尘、废气浓度；

    2) 车间噪声；

    3) 作业场所的温度；

    4) 食堂卫生管理；

    5) 女工保护；

    6) 劳动用工及薪酬；

    7) 消防安全及设施；

8) 机动车管理；

9) 特种设备和压力容器管理；

10) 配送电作业；

11) 化学品、油品的运输、储存、使用；

12) 事故报告和调查处理。

b) 其他要求

1) 当地政府和主管部门规定的职业健康安全方面的要求；

2) 当地社区和附近居民的要求；

3) 非政府组织（NGOs）在职业健康安全事务上合作的要求；

4) 顾客关于产品的安全要求及对公司组织产品生产、运输方面的职业健康安全要求。

5.2 评价的频次

5.2.1 每年至少进行一次合规性评价，两次时间间隔不超过12个月，可结合内审后的结果进行，也可根据需要安排。当出现下列情况之一时，可增加合规性评价频次：

a) 组织机构、产品范围、资源配置发生重大变化时；

b) 发生重大的职业健康安全事故及有关职业健康安全问题的投诉；

c) 当法律法规、标准及其他要求发生变化时；

d) 管理体系审核中发现严重不符合和不合规时。

5.2.2 人事行政部按时间要求及时召集有关部门和有关人员参加评价活动。

5.2.3 各职能部门应按时间要求做好资料准备工作。

5.3 评价的方法

5.3.1 根据选用的法律、法规及其他要求中的主要内容，对照本公司的执行情况，进行合规性评价。能量化的指标，尽可能量化说明。

5.3.2 合规义务的内容较为宏观，量化指标较少时，应在评价中对适用章节的主要内容概括评价，把合规义务与公司实际执行情况相对照，得出符合或者不符合的结论。

5.3.3 合规义务中有具体量化指标时（如国家标准、行业标准），评价中，应对适用的指标与公司达到的数值相比较，得出符合或者不符合的结论。

5.3.4 当部分要求、指标暂时不能满足合规义务时，要对不符合进行分析，并采取有效的纠正措施。当不符合较严重，可能导致职业健康安全事故时，应及时与相关部门进行信息沟通，并采取有效的纠正措施。

5.3.5 需委外检测的定量要求按Q/TZ G20704的要求进行。

5.4 合规性评价输入

合规性评价输入包括但不限于：

a) 公司执行合规义务情况；

b) 内、外部职业健康安全管理体系审核结果；

c) 化学品的采购、运输、贮存与保管情况；

d) 信息反馈，包括顾客、周边邻居的投诉、当地监管机构对公司的评价等；

e) 改进、纠正措施的状况，包括合理化建议，对内部审核和日常发现的不符合项采取的纠正措施的实施及其有效性的监控结果；

f) 可能影响职业健康安全管理体系的变更，包括内外部环境的变化，法律法规的变化，新材料、新技术、新工艺、新设备的开发等；

g) 重大安全隐患、职业健康安全事故的处理或改进的建议。

5.5 合规性评价输出

5.5.1 由人事行政部根据合规性评价输入的资料，评价公司的执行职业健康安全合规义务情况，并编制《法律法规和其他要求合规性评价报告》，经管理者代表审核，总经理批准，由人事行政部发至相关部门。评审结果作为管理评审的输入。

5.5.2 合规性评价记录包括：

a) 评审时间；

b) 执行情况；

c) 参加评价的部门人员；

d) 评价内容；

e) 评价结论意见。

5.5.3 评价记录应按 Q/TZ G21505 中规定的要求进行保存，作为合规性评价结果的证据。

5.6 改进、纠正措施的实施和验证

5.6.1 当合规义务的执行结果评价为不符合要求时，应分析原因并采取纠正措施，并组织实施改进、纠正措施并报告结果。

5.6.2 人事行政部对改进、纠正措施的实施效果进行跟踪验证，具体按 Q/TZ G20506 中规定的要求执行。

6 记录

记录表单如下：

a) 法律法规和其他要求合规性评价报告。

3.9.3 内部审核/总则

3.9.3.1 标准条文

9.2 内部审核

9.2.1 总则

组织应按策划的时间间隔实施内部审核，以提供下列信息：

a) 职业健康安全管理体系是否符合：

    1) 组织自身的职业健康安全管理体系要求，包括职业健康安全方针和职业健康安全目标；

    2) 本标准的要求；

b) 职业健康安全管理体系是否得到有效实施和保持。

3.9.3.2 理解与实施要点

内部审核是组织对其职业健康安全管理体系的自我评价。这一评价应该是定期进行的，通常间隔时间不超过12个月，以判定组织所建立的职业健康安全管理体系是否符合：

——组织根据自身特点和需求策划的职业健康安全管理体系的要求，包括职业健康安全方针和职业健康安全目标。如体系的运行情况是否符合组织的内部程序要求、组织的职业健康安全运行过程是否符合相应的操作规范、法律法规和其他要求、组织的职业健康安全方针是否与组织的战略方针相一致以及职业健康安全目标的实现程度等。

——标准的要求。通过内部审核，检查组织实施的职业健康安全管理体系是否全部覆盖了所有标准条款的要求，有没有遗漏。如组织的职业健康安全管理体系边界的确定，是不是全部包含了组织的所有场所和过程，组织有没有为了规避法律法规要求而将部分风险比较高的场所和过程排除在外；组织在职业健康方面有没有做到位，是否识别了这方面的风险等。如果有这些情况发生，说明组织的职业健康安全管理体系尚有不符合标准要求的地方，应采取纠正措施予以整改。如果组织因某种原因不能全部覆盖所有的场所和过程，应在范围中说明，同时要考虑法律法规的要求，以免误导相关方。

——通过内部审核来确定职业健康安全管理体系是否得到了有效的实施和保持。检查职业健康安全管理体系的实施是否得到预期的结果，以及发现问题并采取纠正措施持续改进职业健康安全管理体系的有效性。职业健康安全管理体系预期结果包括：持续改进职业健康安全绩效；满足法律法规和其他要求；实现职业健康安全目标。

内部审核的目的是检查体系存在的问题，以便进而加以改进。因此他除了要检查体系的符合性和有效性外，还应在审核过程中注意发生问题的迹象、趋势和隐患。所发现的问题，将写入审核结果报告，并提交最高管理者，以便进行改进，并为管理评审提供依据。

3.9.4 内部审核方案

3.9.4.1 标准条文

9.2.2 内部审核方案

组织应：

a) 在考虑相关过程的重要性和以往审核结果的情况下，策划、建立、实施和保持包含频次、方法、职责、协商、策划要求和报告的审核方案；

b) 规定每次审核的审核准则和范围；

c) 选择审核员并实施审核，以确保审核过程的客观性和公正性；

d) 确保向相关管理者报告审核结果；确保向工作人员及其代表（若有）以及其他有关的相关方报告相关的审核结果；

e) 采取措施，以应对不符合和持续改进其职业健康安全绩效（见第 10 章）；

f) 保留文件化信息，作为审核方案实施和审核结果的证据。

注： 有关审核和审核员能力的更多信息参见 GB/T 19011。

3.9.4.2 理解与实施要点

（1）为了确保内部审核能够有效地开展，组织应策划审核方案，用于指导内部审核的策划和实施，确定为实现审核方案的目标所需进行的内部审核。审核方案是针对特定时间段所策划并具有特定目标的一组（一次或多次）审核的安排，他可以涵盖一年或更长的时间，并可以包括一次或多次审核。审核方案包括策划、组织和实施审核所必要的所有活动，如频次、方法、职责、策划要求和审核报告等。

关于审核的频次，组织应进行定期内部审核（通常间隔不超过 12 个月），并根据需要进行不定期的审核。在体系运行的初期，审核的周期应短一些，当体系结构发生重大变化及发生严重职业健康安全事件后，应及时进行内部审核。

内部审核方案的策划、建立和实施应充分考虑相关过程的职业健康安全的重要性、影响组织的变化以及以往内部审核和外部审核的结果。同时，组织还应考虑：

——影响组织的重要变更，如高层领导的变更、组织机构的变更、企业重组等；

——绩效评价和改进结果；

——重要的职业健康安全风险和职业健康安全机遇。

（2）对于每次的内部审核，组织还应规定内部审核的准则和范围。审核准则可包括 ISO 45001：2018 的要求，组织职业健康安全管理体系文件化信息，以及组织的合规义务等。一次完整的审核应覆盖组织界定的整个职业健康安全管理体系范围，包括所有从事职业健康安全管理的部门、人员、现场、活动。

（3）内部审核应确保审核员的选择和审核实施过程保持客观、公正。通常审核员不应审核自己负责的工作。内审员可由组织内部人员或组织聘请的外部人员承担，无论哪种情况，从事审核的人员都应当具备必要的能力，审核员均应当独立于被审核的活动，并应当在任何情况下均以不带偏见、不带利益冲突的方式，公正、客观地进行审核。对于小型组织，只要审核员与所审核的活动无责任关系，就可以认为审核员是独立的。审核活动应以客观存在的审核证据为基础，以审核准则为依据，科学公正地做出评价和判断，确保审核过程有效性和审核结果的客观、公正。

（4）组织的相关管理者，如总经理、职业健康安全管理体系负责人、各职能部门负责人等，对各自分管工作中的职业健康安全管理工作负有领导责任，特别是组织主要负责人，是安全生产第一责任人，要将审核结果转化为对职业健康安全管理体系持续改进的动力，离不开领导作用的发挥，因此，保证相关管理者对审核结果的及时准确的获得十分重要。

（5）对于不符合的情况，审核组应进行仔细地分析，并以恰当的方式提出，确保向相关的员工，员工代表（如有）及有关的相关方报告相关的审核结果，以便使纠正措施得到及时实施。

（6）针对不符合，组织应举一反三，确定是否还存在类似的问题或者有潜在的类似问题。组织应对不符合产生的原因进行分析，其可能涉及人员、设备设施、物料、方法、作业环境、监测等多方面原因。责任部门应针对不符合产生的原因制定纠正措施，防止不符合再次发生，做到治标又治本。为确保应对措施有效，在制定纠正措施时，应考虑以下要求，以持续改进其职业健康安全绩效：

——针对不符合原因制定纠正措施，原因分析应切中要害；

——纠正措施应具有可操作性、合理性，与不符合的严重程度和伴随的影响相适应；

——纠正措施的职责和完成时间应合理、明确；

——应具有系统性，分析纠正措施可能带来的负面影响，防止产生新的不符合。

（7）组织应保留必要的文件化信息，如审核方案、审核实施计划、审核报告、不符合报告及关闭材料、审核会议签到记录等，以作为组织审核方案实施和审核结果的证据。

本书第6章详细介绍了内部审核的方法和过程以及审核案例。

3.9.5 管理评审

3.9.5.1 标准条文

9.3 管理评审

最高管理者应按策划的时间间隔对组织的职业健康安全管理体系进行评审，以确保其持续的适宜性、充分性和有效性。

管理评审应包括对下列事项的考虑：

a) 以往管理评审所采取措施的状况；

b) 与职业健康安全管理体系相关的内部和外部议题的变化，包括：

    1) 相关方的需求和期望；

    2) 法律法规要求和其他要求；

    3) 风险和机遇；

c) 职业健康安全方针和职业健康安全目标的实现程度；

d) 职业健康安全绩效方面的信息，包括以下方面的趋势：

    1) 事件、不符合、纠正措施和持续改进；

    2) 监视和测量的结果；

    3) 对法律法规要求和其他要求的合规性评价的结果；

    4) 审核结果；

    5) 工作人员的协商和参与；

    6) 风险和机遇；

e) 保持有效的职业健康安全管理体系所需资源的充分性；

f) 与相关方的有关沟通；

g) 持续改进的机会。

管理评审的输出应包括与下列事项有关的决定：

——职业健康安全管理体系在实现其预期结果方面的持续适宜性、充分性和有效性；

——持续改进的机会；

——任何对职业健康安全管理体系变更的需求；

——所需资源；

——措施（若需要）；

——改进职业健康安全管理体系与其他业务过程融合的机会；

——对组织战略方向的任何影响。

最高管理者应就相关的管理评审输出与工作人员及其代表（若有）进行沟通（见7.4）。

组织应保留文件化信息，以作为管理评审结果的证据。

3.9.5.2　理解与实施要点

（1）管理评审的目的是确保职业健康安全管理体系的持续适宜性、充分性、有效性。组织应当以提升其总体职业健康安全绩效为目标，定期评审并持续改进其职业健康安全管理体系。管理评审应围绕着职业健康安全管理体系的持续适宜性、充分性、有效性进行。

适宜性是指职业健康安全管理体系如何适合于组织及其运作方式、文化和业务活动，如职业健康安全管理体系与组织性质、规模、风险程度是否适宜，与其运营环境（法律、法规、市场、相关方要求等）是否适宜等。

充分性是指职业健康安全管理体系是否符合标准要求并予以正确地实施，如危险源辨识是否充分、合规义务是否存在缺漏、运行控制是否全面等。

有效性是指职业健康安全管理体系是否正在实现所预期的结果，如职业健康安全目标能否实现、重大危险源的控制是否有效、职业健康安全绩效是否得到改善、合规义务是否得到履行、员工意识是否得到提高、组织改进机制是否有效等。

（2）开展管理评审的方式可结合组织的实际情况进行，可包括：

——按既定的日程安排、会议纪要和正式确定的评审要点以正式会议的形式。

——通过电视、电话会议或网络视频的形式。网络视频可充分利用企业资源，使组织关键人物、信息变得更容易接近，最高领导者可以做出更快的决策，提高协同办公的效率。

——各部门单独进行评审，并负责向最高领导者报告评审情况的形式。

——可以把管理评审融入组织的业务过程中去，不同的最高管理者主持的管理评审会议都可以对管理评审的一部分内容进行涉及，然后集中把这些会议或是其他形式得出的管理评审结果进行汇总，最终形成管理评审的输出。

——为使管理评审增值并避免多次重复召开会议，管理评审的时间可与其他业务活动安排（如战略策划、经营策划、年度会议、运营会议、其他管理体系标准的评审）保持一致。

（3）管理评审应当是高层次的。组织的最高管理者应按照策划的周期，定期主持实施管理评审活动。管理评审结果可能会引起组织的职业健康安全方针、目标、体系文件、资源、机构职能、产品结构等重大项目的调整和改进，具有一定的风险性，因此，会议通常由组织最高管理者主持召开。其他参与者可以是涉及职业健康安全的部门管理人员、从事职业健康安全管理的专职人员，应能够对评审内容和结果发表观点，参与决策。

（4）为确保管理评审的科学性、有效性，组织应收集、准备充分的必要信息作为管理评审的输入。这些信息应至少包括以下内容：

1）以往管理评审所采取措施的状况，如这些措施是否得到实施，实施的效果如何，应有验证的结论或检查的结果。

2）与职业健康安全管理体系相关的内外部议题的变化，包括：

——相关方的需求和期望；

——适用的法律法规要求和其他要求的变化情况；

——组织的职业健康安全风险和职业健康安全机遇的变化情况。

3）职业健康安全方针和职业健康安全目标的满足程度。职业健康安全目标是否适宜，是否与职业健康安全方针保持一致，是否符合组织在相关职能、层次和职业健康安全管理体系的过程中已设定的对职业健康安全目标的要求，职业健康安全目标的监测、评价、实现结果的统计分析，以及是否需要更新和调整。

4）职业健康安全绩效方面的信息，包括以下方面的趋势：

——事件、不符合、纠正措施和持续改进。这些输入主要包括事件调查处理情况；不符合、纠正措施的落实及整改期情况；以及在体系的各个层面持续改进职业健康安全管理体系所取得的绩效方面的信息。

——监视和测量的结果。按照该标准9.1.1条款明确的监视和测量对象和内容，提供监视和测量的结果。

——合规性评价的结果，即组织的合规义务的履行情况。按照该标准9.1.2条款的要求，组织有哪些适用的法律法规和其他要求，其评价的结果如何，组织是否履行了这些法律法规和其他要求，是否有遗漏的部分，不履行合规义务是否会给组织带来风险等。

——审核结果。指内部审核结果（内部审核报告）、第二方和第三方审核结果。尤其是审核中涉及职业健康安全管理体系存在的普遍性、系统性问题和薄弱环节。

——员工参与和协商的输出。如职工代表大会形成的决议、员工的合理化建议以及员工参与组织职业健康安全管理事项协商结果的实施情况等。

——职业健康安全风险和职业健康安全机遇。组织在策划职业健康安全管理体系时确定需要应对的风险和机遇，包括考虑到该标准4.1条款所描述的因素和该标准4.2条款所提及的要求。应分析、评价所采取的应对措施是否有效，是否与其对产品和服务符合性的影响和潜在影响相适应，是否能够有效地控制风险和利用机遇。

5）为保持有效的职业健康安全管理体系所需的资源的充分性。组织所确定的建立、实施、保持和改进职业健康安全管理体系的所需的资源，是否已按策划的要求配备。

6）与相关方的有关沟通。如政府监管情况通报、社区投诉/抱怨改进建议落实情况等。

7）持续改进的机会。如通过内审、管理评审，发现体系存在的不符合和薄弱环节，采取措施予以改进的情况；利用应急演练发现的不足，改进应急响应的流程，使之更加科学合理的情况等。

（5）组织通过管理评审得出的结论或决定，即管理评审的输出应包括以下内容：

——有关职业健康安全管理体系的持续适宜性、充分性和有效性的结论。

——与持续改进机会有关的决策，如是否实施，如何实施有关的改进。

——可能对职业健康安全管理体系进行变更，如职能分配的优化、过程的调整等。

——资源的变化需求。随着组织内外部议题、条件和要求的发展变化，组织可能会对资源产生新的需求，包括实施改进措施时所需的资源，可能会提出调整、补充、改进资源需求方面的决定和措施，为职业健康安全管理体系的适宜性、充分性和有效性提供资源保障。例如，对职业健康安全专业人员的补充调整、购置新的安全设施、对工作场所的运行环境进行改造等，目的是确保资源满足体系持续有效运行的需求，尤其是满足改进或变更的需要。

——目标未满足时需要采取的措施，如完善支持目标实现的措施或管理方案。

——改进职业健康安全管理体系与其他业务过程融合的机会。如在改进产品开发过程、采购过程、设备管理过程中与职业健康安全管理体系融合程度的措施。

——对组织战略方向的任何建议，如调整产品结构、改变生产运营方式等。

评审的结果需要做出一些改进的决策，但这并不意味着每一次的评审都要针对该标准9.3条款的要求一一做出决策，而是根据评审输入和评审过程的实际情况确定，输出要针对输入。对管理评审提出的改进决策，在执行中应由有关人员进行跟踪，并验证这些改进决策的效果，跟踪并验证的记录构成管理评审记录的一部分，并作为下一次管理评审的输入记录。

组织进行管理评审时不需要一次性针对 a）～g）所列的管理评审的议题，而是要根据策划的安排，确定各管理评审的议题的评审时间和方式。

（6）组织应将管理评审的相关输出结果向有关员工（主要是负责职业健康安全相关要素的人员、职业健康安全委员会员工及其代表）通报，以便采取相应的措施。

（7）组织应保持评审的输入和输出记录。评审记录应包括评审要点的说明及将采取的纠正、纠正措施、措施的责任者、完成措施所可能需要的资源及措施预计完成日期等的简要描述。记录可采取任何适合于企业的形式。管理评审记录通常包括评审活动策划记录，如评审计划、评审通知等；包括评审活动实施记录，如会议签到、会议记录、部门总结、演示文稿等；包括评审结果的记录，如管理评审纪要或报告、管理评审改进措施及验证记录等。评审记录应予以保存。

（8）最高管理者可以决定哪些人员参与管理评审。典型的参与人员包括：安全人员、关键职能部门的管理者和最高管理者。鉴于整合的目的，其他管理体系的代表（例如，质量、环境、能源、有害物质过程管理等）也可以参与管理评审。

3.9.5.3 实施案例

【例 3－19】管理评审与内部审核的区别

管理评审与内部审核的区别

区别	内部审核	管理评审
定义不同	为获得客观证据并对其进行客观评价，以确定满足审核准则的程度所进行的系统的、独立的并形成文件的过程	对客体实现所规定目标的适宜性、充分性和有效性的确定
目的不同	评价 OH&S 管理体系运行的符合性、有效性；第二方、第三方审核前准备	评价 OH&S 管理体系的适宜性、充分性和有效性
依据不同	ISO 45001、体系文件、法律法规要求和其他要求	法律法规要求和其他要求、相关方需求和期望、内部审核的结果
性质不同	属战术性控制	属战略性控制
结果不同	提出纠正措施，并跟踪实施	改进管理体系、修订管理手册和程序文件，持续改进 OH&S 管理体系的适宜性、充分性和有效性
执行者不同	与被审核领域无直接关系的审核员	是最高管理者
关系	内审的结果是管理评审的输入内容之一	

3.10 改进

3.10.1 总则

3.10.1.1 标准条文

10 改进

10.1 总则

　组织应确定改进的机会（见第 9 章），并实施必要的措施，以实现其职业健康安全管理体系的预期结果。

3.10.1.2 理解与实施要点

（1）职业健康安全管理体系的预期结果包括持续改进职业健康安全绩效、满足法律法规要求和其他要求以及实现职业健康安全目标，这些结果的实现有赖于职业健康安全管理体系的有效实施。在组织的日常运行过程中，可能会出现一些影响管理体系持续正常、有效实施的情形，如未按安全操作规程进行操作、设备设施发生故障、未能及时应对变化等。组织应能够及时发现并针对这些情形采取相应的措施，以确保职业健康安全管理体系正常、有效地运行，实现预期结果。

（2）组织可以通过以下过程的实施发现改进的机会，如对职业健康安全绩效的监视、测量、分析、评价（该标准9.1.1）、对法律法规要求和其他要求的合规性评价（9.1.2）、对职业健康安全管理体系的审核（该标准9.2）、管理评审（该标准9.3）等。

（3）针对发现的改进机会，组织应采取措施予以应对，这些措施通常包括：控制并纠正不符合，针对不符合采取纠正措施；持续改进职业健康安全管理体系的适宜性、充分性和有效性。

（4）改进的例子可包括纠正、纠正措施、持续改进、突破性变革、创新和重组。其中：

1）纠正和纠正措施，纠正是指为消除已发现的不符合所采取的措施，纠正措施是为消除不符合的原因并防止再发生所采取的措施。通过采取纠正和纠正措施，消除运行过程输出中出现的不符合预期的结果，并确保以后不再出现类似不符合。

2）持续改进是提高绩效的循环活动，是组织通过PDCA循环（其中包括改进在内）的重复性活动，从而达到绩效不断提升的目的。

3）突破性变革是一种创造性变革，即为了适应发展需要，对传统体制结构进行根本性改造，进而形成一种面向未来的先进体制结构。

4）创新是实现或重新分配价值的、新的或变化的客体，它可以是产品、服务、过程、人、组织、体系、资源等可感知或想象的任何事物。

5）重组在这里是指组织制定和控制的，将显著改变组织原有形式或组织原来结构的计划实施行为，是对组织进行的最大调整。重组通常伴随突破性变革同时产生，只有组织的原有体系、产品和服务出现重大变故情况下才有可能发生，重组也被视作为改进的一种形式。

3.10.2　事件、不符合和纠正措施

3.10.2.1　标准条文

10.2　事件、不符合和纠正措施

组织应建立、实施和保持包括报告、调查和采取措施在内的过程，以确定和管理事件和不符合。

当事件或不符合发生时，组织应：

a) 及时对事件和不符合做出反应，并在适用时：

1) 采取措施予以控制和纠正；

2) 处置后果；

b) 在工作人员的参与（见5.4）和其他相关方的参加下，通过下列活动，评价是否采取纠正措施，以消除导致事件或不符合的根本原因，防止事件或不符合再次发生或在其他场合发生：

1) 调查事件或评审不符合；

2) 确定导致事件或不符合的原因；

3) 确定类似事件是否曾经发生过，不符合是否存在，或它们是否可能会发生；

c) 在适当时，对现有的职业健康安全风险和其他风险的评价进行评审（见6.1）；

d) 按照控制层级（见8.1.2）和变更管理（见8.1.3），确定并实施任何所需的措施，包括纠正措施；

e) 在采取措施前，评价与新的或变化的危险源相关的职业健康安全风险；

f) 评审任何所采取措施的有效性，包括纠正措施；

g) 在必要时，变更职业健康安全管理体系。

纠正措施应与事件或不符合所产生的影响或潜在影响相适应。

组织应保留文件化信息作为以下方面的证据：

——事件或不符合的性质以及所采取的任何后续措施；

——任何措施和纠正措施的结果，包括其有效性。

组织应就此文件化信息与相关工作人员及其代表（若有）和其他有关的相关方进行沟通。

注：及时报告和调查事件可有助于消除危险源和尽快降低相关职业健康安全风险。

3.10.2.2 理解与实施要点

（1）事件指发生和可能发生与工作相关的健康损害或人身伤害（无论严重程度），或者死亡的情况。"事故""未遂事件"和"紧急情况"均属于"事件"范畴内。不符合指未满足要求，可能是对任何偏离相关的工作标准、惯例、程序、法规要求以及职业健康安全管理要求。组织应建立有效的过程，调查和处理事件和对不符合进行处置，通过分析事件和不符合的原因，防止事件和不符合的重复发生。事件调查和不符合评审可以是分开的过程，也可合并为一个过程，这取决于组织的要求。

事件、不符合和纠正措施的示例可包括但不限于：

——事件：平地跌倒（无论有无损伤）；腿部骨折；石棉肺；听力损伤；可能导致职业健康安全风险的建筑物或车辆的损坏；

——不符合：设备防护装置不能正常工作；未满足法律法规要求和其他要求；未执行规定的程序；

——纠正措施（如控制层级所示：见标准8.1.2条款）：消除危险源；用低危险性

材料替代；重新设计或改造设备或工具；制定程序；提升受影响的员工的能力；改变使用频率；使用个体防护装备。

（2）出现事件、不符合时，组织应及时做出响应，积极应对。应对是主动关注，是针对出现的状况，采取相应措施和对策。包括适用时，组织应采取以下措施：

1）立即控制并纠正该事件或不符合，消除事件、不符合的危害。如抢修损坏的报警装置，加强监控。

2）必要时，组织还需要对事件、不符合的后果进行处置，进一步消除和减少事件和不符合带来的影响。如通报监管当局、告知周边社区公众、进行赔偿等。

（3）组织还应对事件、不符合进行调查分析，确定其发生的原因，评价采取纠正措施的需求，并采取针对性的措施以消除导致事件、不符合发生的根本原因（根本原因分析是指通过询问发生了什么、如何发生以及为何发生，来探索与一个事件或不符合有关的所有可能问题的实践），防止事件、不符合再次发生或在别处发生。评价时应有员工参与和其他有关相关方的参加，以确保措施的有效实施。组织应通过以下活动评价是否需要采取措施：

1）评审和分析所发生的事件和不符合，调查事件和不符合的情况、等级、危害程度、影响范围等，评定和分析事件、不符合的性质，比如是轻微不符合，还是严重不符合。

2）确定导致事件、不符合的原因，即找出是什么因素造成该事件和不符合的结果，或者找出事件、不符合发生的条件。对事件、不符合造成的影响进行分析，确定根本的、可能导致的促使事件和不符合发生的职业健康安全缺陷和其他因素。当确定事件或不符合的根本原因时，组织宜使用与被分析的事件或不符合的性质相适宜的方法。根本原因分析的焦点是预防，该分析可以识别多个引起失效的因素，包括与沟通、能力、疲劳、设备或程序有关的因素。

3）确定是否存在或是否可能发生类似的事件或不符合，实施"举一反三"。并应分析确定是否还有可能在以后会再次发生类似的事件和不符合，即所发生的事件和不符合是孤立的，还是具有普遍性的、规律性的、重复性的。

（4）适当时，对现有的职业健康安全风险和其他风险的控制措施，在实施前进行必要的风险评价，以确保这些措施与问题的严重程度和面临的风险相适应，并能有效控制因这些措施的实施而产生新的职业健康安全风险。

（5）当需要采取新的控制措施或需要对现有控制措施加以改进时，则组织应遵循控制措施层级选择顺序原则来选定控制措施。关于控制措施层级选择顺序的原则是：可行时应首先考虑消除危险源，其次才考虑降低风险（或者通过减少事件发生的可能性，或者通过降低潜在的人身伤害或健康损害的严重程度），最后才考虑采用个体防护装备。需注意的是，在遵循控制措施层级选择顺序原则时，组织还需综合考虑相关的成本、降低风险的益处、可用的选择方案的可靠性。

如果组织所采取的措施导致其需要对职业健康安全管理体系进行必要的变更，组织应及时地实施相应的变更，如重新分配职责、修订操作规程、提高人员能力要求等，并将有关变更与涉及的人员进行沟通。

（6）在采取措施前，如果组织识别出了新的或变化的危险源，或者确定了对新的变化的控制措施的需求，组织应确保所采取的措施应在实施前进行职业健康安全风险评价，从而使组织活动中所涉及的所有危险有害因素始终处于受控状态下。

（7）评价所采取措施的有效性。组织付诸实施的措施可能因事件、不符合的性质不同及产生的原因不同而有许多种，但纠正措施必须是与产生的原因是相对应的。对有效性进行评审，是确认其是否达到了消除事件和不符合的原因并防止再次发生的预期目的。如不能实现预期目的，组织应确定并实施更为有效的纠正措施；如能取得良好效果，应巩固所取得的成果，采取相应文件化的更改。

（8）在处理事件、不符合的过程中，可能发现需要变更原来的职业健康安全管理体系，可能涉及机构重组、流程变革、工艺改进、技术创新、资源完善等，以确保职业健康安全管理体系的适宜性、充分性和有效性。

（9）组织采取的纠正措施应与所产生的事件、不符合的影响或潜在影响相适应。组织不一定对所有的事件、不符合都要采取纠正措施，或者采取的纠正措施虽然不能消除事件、不符合的原因，但是只要将其事件、不符合的再发生降低到可接受的水平，有时对组织来说也是可以接受的。纠正措施应该是针对那些带有普遍性、规律性、重复性或重大的事件和不符合采取的措施，而对于偶然的、个别的或需要投入很大成本才能消除原因的事件或不符合，组织应通过综合评审这些事件、不符合对组织影响程度后，再做出是否需要采取纠正措施的决定。

（10）组织应保留适当的文件化信息以证明事件和不符合得到及时有效的应对，他们应能体现事件、不符合的性质、所采取的措施以及这些措施的效果。这些文件化信息通常包括不符合报告、不符合处置记录、纠正措施记录、跟踪验证记录等。组织还应将这些信息与相关的员工、员工代表（如有时）和其他相关方进行沟通，以明确各自的安全责任、提高自身的安全意识，同时也促进员工或员工代表参与安全事务管理的兴趣。

（11）根据《中华人民共和国安全生产法》第八十条规定："生产经营单位发生生产安全事故后，事故现场有关人员应当立即报告本单位负责人。单位负责人接到事故报告后，应当迅速采取有效措施，组织抢救，防止事故扩大，减少人员伤亡和财产损失，并按照国家有关规定立即如实报告当地负有安全生产监督管理职责的部门，不得隐瞒不报、谎报或者迟报，不得故意破坏事故现场、毁灭有关证据。"《生产安全事故报告和调查处理条例》（国务院493号令）第九条规定："事故发生后，事故现场有关人员应当立即向本单位负责人报告；单位负责人接到报告后，应当于1小时内向事故发生地县级以上人民政府安全生产监督管理部门和负有安全生产监督管理职责的有关部门报告。"组织发生事故后及时向单位负责人和有关主管部门报告，有助于应急救援措施的实施和事故的调查处理。如果事故没有及时报告，可能导致隐患不能及时排除，使事故中的伤害变得更加严重。同时，由于没有报告，就不能开展事故调查，组织就不能从事故中吸取教训，从而给组织带来消除危险源和尽快降低职业健康安全风险的障碍。

3.10.2.3 实施案例

【例3-20】安全事故、事件调查和处理规定

安全事故、事件调查和处理规定

1 范围

本标准规定了公司安全事故、事件调查和处理的工作程序。

本标准适用于公司各部门发生事故和事件的报告、调查及处理过程。

2 规范性引用文件

下列文件对于本文件的应用是必不可少的。凡是注日期的引用文件，仅注日期的版本适用于本文件。凡是不注日期的引用文件，其最新版本（包括所有的修改单）适用于本文件。

GB/T 6441—1986　企业职工伤亡事故分类

GB/T 6721　企业职工伤亡事故经济损失统计标准

Q/TZ G20506　改进控制程序

Q/TZ G21202　应急准备与响应控制程序

3 职责

3.1　公司总经理是公司安全管理第一责任人，各部门负责人是本部门安全管理第一责任人。

3.2　公司全体员工有责任在其活动或服务中遵守法律法规及环境与健康安全文件的要求，防止或减少事故、事件的再发生。

3.3　各部门负责人对本部门事故、事件的纠正和预防工作负责。

3.4　办公室对公司的事故、事件的纠正和预防负责，督促有关部门的事故和事件得到及时的纠正和预防，并对完成情况进行检查。

3.5　安全生产委员会是事故综合管理部门，具体负责事故调查、处理工作。

4 程序

4.1　事故的分类和分级

4.1.1　事故的分类

事故的分类见表1。

表1　事故的分类

划分依据	划分类别	事故报告
企业事故发生的性质	火灾事故 ——在生产过程中，由于各种原因引起的火灾，并造成人员伤亡或财产损失的事故	报火警（电话119）、安委会（电话699）、办公室（电话699）、门卫（电话675）
	爆炸事故 ——在生产过程中，由于各种原因引起的爆炸，并造成人员伤亡或财产损失的事故	报火警（电话119）、安委会（电话699）、办公室（电话699）、门卫（电话675）
	设备事故 ——由于设计、制造、安装、施工、使用、检维修、管理等原因造成机械、动力、电讯、仪器（表）、容器、运输设备、管道等设备及建筑物损坏造成损失或影响生产的事故	安委会（电话699）、生产部（电话621）、办公室（电话699）、门卫（电话675）
	生产事故 ——由于指挥错误、违反工艺操作规程和劳动纪律或其他原因，造成停产、减产、环境污染等的事故	生产部（电话621）、安委会（电话699）
	交通事故 ——车辆在行驶过程中，由于违反交通规则或因机械故障造成车辆损坏、财产损失或人员伤亡的事故	厂外交通事故应先报当地交通部门，厂内交通事故报办公室（电话699）和安委会（电话699）
	人身事故 ——除上述五类事故外，职工在劳动过程中发生的与工作有关的人身伤亡或急性中毒事故	应在保护好事故现场的同时，迅速抢救受伤或中毒的人员，拨急救电话120，并采取防止事故扩大的措施

4.1.2　事故的分级

根据公司危险源和风险的性质，参考国家关于事故的分级标准，公司内按事故的严重程度将事故划分为四级：轻伤事故、重伤事故、死亡事故、重大死亡事故，见表2。

表2　事故的分级

级别划分依据	事故级别		划分范围
企业事故严重程度	轻伤事故		指损失工作日低于105日的失能伤害
	重伤事故		失能天数在105至6000个工作日的伤害
	死亡事故	重大伤亡事故	指一次事故死亡1至2人的事故
		特大伤亡事故	指一次事故死亡3人以上的事故（含3人）

4.1.3　重伤标准

按 GB/T 6441 执行。

4.1.4　人身事故经济损失计算

按 GB/T 6721 执行。

4.1.5　损失工作日

按 GB/T 6441—1986 附录 B 执行。

4.2　事故的报告

4.2.1　事故发生后，事故当事人或发现人要立即采取措施，同时直接或逐级报告分管副总。

4.2.2　分管副总接到重伤、死亡、重大死亡事故报告后，应当立即报告企业主管部门和企业所在地安全生产行政主管部门。

4.2.3　工作人员确诊患有职业病的，由公司办公室按规定上报认定工伤。

4.3　事故应急

制定相应的应急预案，对发生人员伤亡、中毒、火灾、爆炸事故实行应急管理，具体见 Q/TZ G21202。

4.4　事故调查与分析

4.4.1　安委会为事故综合管理部门，负责各类事故的汇总、统计和上报工作，监督各类事故的调查处理情况，负责事故管理的考核工作。

4.4.2　事故调查权限

事故调查权限见表3。

表3　事故调查权限

事故级别	责任调查部门
轻伤事故	安委会、工会会同有关职能部门成立事故调查组，负责事故调查及处理工作
重伤事故	总经理、分管副总、管理者代表、安委会、工会会同有关职能部门成立事故调查组，负责事故调查及处理工作
死亡事故	公司有关人员配合外部机构进行调查

4.4.3　事故调查组

4.4.3.1　调查组组成人员

事故发生后，应立即成立事故调查组，着手事故调查。调查组组成人员包括：

组长：分管副总或安委会主任

副组长：办公室主任

成员：

工会：一名人员

安委会：一名专业人员

发生事故部门：部门责任者，一名专业人员

4.4.3.2　人员资质

a)　对相关法律法规要求清楚；

b)　具有相关的专业特长、知识、或受过相关的培训，清楚事故调查的程序；

c)　具有相关经验和调查的技巧；

d)　与所发生的事故无直接利害关系；

e)　具有认真负责、实事求是的品德。

4.4.3.3　职责

a)　查明事故原因、过程和人员伤亡、经济损失情况；

b)　确定事故级别、事故责任者；

c)　提出事故处理意见、防范措施和建议；

d)　写出事故调查报告。

4.4.3.4　权限

调查组有权向发生事故的有关部门和事故有关人员了解情况和索取有关资料，任何部门和个人不得推诿、阻挠或拒绝。

4.4.4　事故调查

事故调查要求按表4进行。

表4　事故调查要求

序号	项 目	主 要 要 求
1	调查内容	a) 事故发生的时间、地点、经过、原因、责任情况； b) 死伤者姓名、性别、年龄、工种、工龄、职称职务、受教育和技术培训情况、伤势部位、死亡原因； c) 人证、物证、旁证、事故前的情况、事故中的变化、事故后的状况
2	调查方法	a) 现场勘察； b) 物证收集； c) 人证材料收集； d) 背景资料
3	事故分析	a) 整理分析有关证据、资料； b) 确定事故发生的时间、地点、经过； c) 采用ETA、FTA等方法确定事故的直接原因和间接原因； d) 事故责任分析

表4（续）

序号	项 目	主 要 要 求
4	提出预防措施	a) 工程技术措施； b) 教育培训措施； c) 管理措施
5	编制事故报告	a) 事故基本情况； b) 事故经过； c) 原因分析； d) 事故教训及预防措施； e) 事故责任分析及对事故责任者的处理意见； f) 附件

4.4.5 事故处理

4.4.5.1 事故处理坚持"四不放过"的原则（即事故原因不清不放过；事故责任人和员工没有受到教育不放过；事故责任不明不放过；纠正、预防措施不落实不放过）。由安委会对相关责任单位和责任人进行处理，制定相应防范措施，并在实施前进行风险评估。并按照 Q/TZ G20506 对相应的纠正措施进行检查、跟踪、验证。

4.4.5.2 因忽视安全生产、违章指挥、违章作业、违反劳动纪律、玩忽职守或者发现事故隐患、危险情况不采取有效措施、不积极处理以致造成事故的，按公司有关规定，对部门负责人和事故责任者给予行政处分；构成犯罪的由司法机关依法追究刑事责任。

4.4.5.3 对事故造成的伤亡人员的工伤认定、工伤评残和工伤保险待遇处理，由公司安委会会同办公室、工会按《工伤保险条例》的规定进行上报处理。

4.4.5.4 凡是与外单位发生业务关系的过程中发生事故，造成经济损失的，追究有关负责人的管理责任。

4.4.5.5 对下列人员必须严肃处理：

a) 对工作不负责，不严格执行各项规章制度，违反劳动纪律、造成事故的主要责任者；

b) 对已列入安全技术措施和隐患整改项目不按期完成，又不采取措施而造成事故的主要责任者；

c) 因违章指挥，强令冒险作业，或经劝阻不听而造成事故的主要责任者；

d) 因忽视劳动条件，削减劳动保护技术措施而造成事故的主要责任者；

e) 因设备长期失修、带病运转，又不采取紧急措施而造成事故的主要责任者；

f) 发生事故后，不按"四不放过"原则处理，不认真吸取教训，不采取整改措施，造成事故重复发生的主要责任者。

4.4.6 事故汇报

4.4.6.1 汇报人员要求：发生轻伤事故，由部门经理在工作例会上进行汇报；发生重伤、死亡及以上事故，由安委会主任（或常务副主任）在公司行政例会上汇报。

4.4.6.2 汇报材料要求：

在公司例会上汇报：事故、事件调查、处理报告、事故现场图片。

4.4.7 事故统计

4.4.7.1 工伤事故按 GB/T 6441—1986 第 6 章的要求进行统计。

4.4.7.2 安委会及时进行事故统计、分析、进行事故汇编，年终汇总。

4.4.7.3 事故统计内容包括：事故发生时间、地点、经过、原因、教训、防范措施、责任人、责任处理等。

5 记录

记录表单如下：

a) 事故、事件调查处理报告。

3.10.3 持续改进

3.10.3.1 标准条文

> **10.3 持续改进**
>
> 组织应通过下列方式持续改进职业健康安全管理体系的适宜性、充分性与有效性：
>
> a) 提升职业健康安全绩效；
> b) 促进支持职业健康安全管理体系的文化；
> c) 促进工作人员参与职业健康安全管理体系持续改进措施的实施；
> d) 就有关持续改进的结果与工作人员及其代表（若有）进行沟通；
> e) 保持和保留文件化信息作为持续改进的证据。

3.10.3.2 理解与实施要点

（1）组织应建立持续改进的机制，明确持续改进的基本活动、要求、职责、步骤和方法，并关注改进效果。标准提出了持续改进的具体 5 项要求：

1）持续改进是组织确保职业健康安全管理体系有效运行、提升职业健康安全绩效的重要手段。职业健康安全管理体系的充分性、适宜性和有效性对组织的职业健康安全绩效有着直接的显著影响，如：未能明确过程的某些管理要求可能导致过程失控；未充分考虑作业人员的能力水平，在作业过程中使用了过多的学术性语言，可能使他们因为不能正确理解从而导致有关要求不能被有效执行；未能完成组织的职业健康安全目标而影响组织的预期结果的实现等。组织可考虑对职业健康安全管理体系过程及过程之间的相互关系、与组织的业务过程的融合程度等方面实施持续改进，不断提升职业健康安全绩效。

2）组织的健康安全文化是组织文化的重要组成部分，组织只要有健康安全生产工作存在，就会有相应的组织健康安全文化存在。所有的事故都是可以防止的，所有安全操作隐患是可以控制的。健康安全文化的核心是以人为本，这就需要将健康安全责任落实到组织全员的具体工作中，通过培育员工共同认可的健康安全价值观和健康安全行为规范，在组织内部营造自我约束、自主管理和团队管理的健康安全文化氛围，最终实现持续改进职业健康安全绩效、建立职业健康安全生产长效机制的目标。健康安全文化要在组织中真正起到作用，需要健康和安全理念内化与心、外化与行、固化于制。由此，组织管理的制度层必须与健康安全理念相结合，将健康安全理念的指导思想、目标和行为要求用组织的价值观、愿景和使命的形式进行规定和固化，以便将健康安全理念贯彻于生产经营的全过程，彰显其核心作用。

3）为鼓励员工参与持续改进活动，组织必须采取一定的激励措施，以推动员工参与实施持续改进职业健康安全管理体系的积极性。组织持续改进中的激励措施包括奖励建议、一次性奖金、工资激励、职位激励、团队激励等。

4）向员工及员工代表沟通持续改进的结果，不但是保证职业健康安全管理体系正常运行的一个方面，同时还能够传递管理体系持续改进的要求和机会的信息。组织应特别注重与职业健康安全有紧密联系的员工进行沟通，如锅炉工、行车工、电工、危险岗位操作工等。组织的员工及员工代表参与职业健康安全管理，会使得组织的职业健康安全管理工作开展得有针对性，进而确定职业健康安全持续改进的重点。

5）组织应保留文件化信息，作为持续改进的证据。如年度改进计划、目标考核结果、与相关员工就持续改进有关方面的沟通结果等。

（2）持续改进的机遇示例包括但不限于：

——新技术；

——组织内部和外部的良好实践；

——相关方的意见和建议（包括组织的非管理人员）；

——职业健康安全相关议题的新知识和新理解；

——新的或改进的材料；

——员工能力或技能的变化；

——用更少的资源实现绩效改进（如简化、精简等）。

第4章 职业健康安全法律法规体系

4.1 职业健康安全法律法规的形式

4.1.1 职业健康安全法律法规的主要表现形式

4.1.1.1 法律

全国人民代表大会及其常务委员会行使国家立法权。全国人民代表大会制定和修改刑事、民事、国家机构和其他的基本法律。全国人大常委会制定和修改除应由全国人民代表大会制定的法律以外的其他法律。法律通过后由国家主席签署主席令予以公布。签署公布法律的主席令载明该法律的制定机关、通过和施行日期。法律签署公布后,及时在《中华人民共和国全国人民代表大会常务委员会公报》和中国人大网以及在全国范围内发行的报纸上刊载。在《中华人民共和国全国人民代表大会常务委员会公报》上刊登的法律文本为标准文本。

4.1.1.2 行政法规

行政法规由国务院有关部门或者国务院法制机构具体负责起草,重要的行政管理的法律、行政法规草案由国务院法制机构组织起草。行政法规由国务院总理签署国务院令公布,并及时在《中华人民共和国国务院公报》和中国政府法制信息网以及在全国范围内发行的报纸上刊载,在《中华人民共和国国务院公报》上刊登的行政法规文本为标准文本。

4.1.1.3 地方性法规、自治条例和单行条例

省、自治区、直辖市的人民代表大会及其常务委员会根据本行政区域的具体情况和实际需要,在不同宪法、法律、行政法规相抵触的情况下,可以制定地方性法规。设区的市人民代表大会及其常务委员会根据本市的具体情况和实际需要,在不同宪法、法律、行政法规和本省、自治区的地方性法规相抵触的前提下,可以对危化品管理、消防安全、职业健康安全等方面的事项制定地方性法规,法律对设区的市制定地方性法规事项另有规定的,从其规定。自治区自治条例和单行条例,报全国人大常务委员会批准后生效。地方性法规、自治区的自治条例和单行条例公布后,及时在本级人民代表大会常务委员会公报和中国人大网、本地方人民代表大会网站以及本行政区域范

围内发行的报纸上刊载。在常务委员会公报上刊登的地方性法规、自治条例和单行条例文本为标准文本。

4.1.1.4 规章

国务院各部、委员会、中国人民银行、审计署和具有行政管理职能的直属机构，可以根据法律和国务院行政法规、决定、命令，在本部门的权限范围内制定规章。省、自治区、直辖市和设区的市、自治州的人民政府，可以根据法律、行政法规和本省、自治区、直辖市的地方性法规，制定规章。部门规章由部门首长签署命令予以公布。地方政府规章由省长、自治区主席、市长或自治州州长签署命令予以公布。部门规章签署公布后，及时在《中华人民共和国国务院公报》或者部门公报和中国政府法制信息网以及全国范围内发行的报纸上刊载。地方政府规章签署公布后，及时在本级人民政府公报和中国政府法制信息网以及在本行政区范围内发行的报纸上刊载。在各类公报上刊载的文本为标准文本。

4.1.1.5 国际条约

国际条约，指我国作为国际法主体同外国缔结的双边、多边协议和其他具有条约、协定性质的文件。

4.1.2 法律法规的效力

关于法律法规的效力，根据《中华人民共和国立法法》的规定，具体有以下几个方面：

（1）宪法具有最高的法律效力，一切法律、行政法规、地方性法规、自治条例和单行条例、规章都不得同宪法相抵触。

（2）法律的效力高于行政法规、地方性法规、规章。

（3）行政法规的效力高于地方性法规、规章。

（4）地方性法规的效力高于本级和下级地方政府规章。

（5）省、自治区的人民政府制定的规章的效力高于本行政区域内的设区的市、自治州的人民政府制定的规章。

（6）自治条例和单行条例依法对法律、行政法规、地方性法规作变通规定的，在本自治地方适用自治条例和单行条例的规定。

（7）经济特区法规根据授权对法律、行政法规、地方性法规作变通规定的，在本经济特区适用经济特区法规的规定。

（8）部门规章之间、部门规章与地方政府规章之间具有同等效力，在各自的权限范围内施行。

（9）同一机关制定的法律、行政法规、地方性法规、自治条例和单行条例、规章，特别规定与一般规定不一致的，适用特别规定；新的规定与旧的规定不一致的，适用新的规定。

（10）法律、行政法规、地方性法规、自治条例和单行条例、规章不溯及既往，但为了更好地保护公民、法人和其他组织的权利和利益而作的特别规定除外。

（11）法律之间对同一事项的新的一般规定与旧的特别规定不一致，不能确定如何适用时，由全国人民代表大会常务委员会裁决。

（12）行政法规之间对同一事项的新的一般规定与旧的特别规定不一致，不能确定如何适用时，由国务院裁决。

（13）地方性法规、规章之间不一致时，由有关机关依照下列规定的权限做出裁决：

——同一机关制定的新的一般规定与旧的特别规定不一致时，由制定机关裁决；

——地方性法规与部门规章之间对同一事项的规定不一致，不能确定如何适用时，由国务院提出意见，国务院认为应当适用地方性法规的，应当决定在该地方适用地方性法规的规定；认为应当适用部门规章的，应当提请全国人民代表大会常务委员会裁决；

——部门规章之间、部门规章与地方政府规章之间对同一事项的规定不一致时，由国务院裁决。

（14）根据授权制定的法规与法律规定不一致，不能确定如何适用时，由全国人民代表大会常务委员会裁决。

4.2 我国职业健康安全法律法规体系

我国职业健康安全法律法规体系由宪法、职业健康安全专项法、职业健康安全相关法、国务院职业健康安全行政法规、职业健康安全地方性法规、职业健康安全部门规章、职业健康安全地方性规章以及职业健康安全国际公约构成。

（1）宪法。《中华人民共和国宪法》是我国的根本大法，是立法的基础，是指导性、原则性的法律规范。国内的一切法律法规，都是在宪法的原则指导下制定的，并不得以任何形式与宪法相违背。

我国宪法在职业健康安全方面，规定了劳动者的权利和义务。宪法的有关规定是职业健康安全立法的依据和指导原则。

（2）职业健康安全专项法。专项法是针对特定的职业健康安全领域和保护对象而制定的单行法律。如《中华人民共和国安全生产法》《中华人民共和国职业病防治法》《中华人民共和国消防法》《中华人民共和国矿山安全法》《中华人民共和国交通安全法》《中华人民共和国特种设备安全法》《中华人民共和国突发事件应对法》等都属于此类。

（3）职业健康安全相关法。职业健康安全涉及社会生产活动各个方面，因而我国制定颁布的一系列法律均与此相关。如《中华人民共和国刑法》《中华人民共和国劳动法》《中华人民共和国妇女权益保障法》《中华人民共和国工会法》《中华人民共和国未成年人保护法》《中华人民共和国标准化法》等部分条款也与职业健康安全有关，属于此类。

（4）职业健康安全行政法规。由国务院组织制定并批准，为规范职业健康安全管理而颁布实施的条例、规定等。如《危险化学品安全管理条例》《工伤保险条例》《特种设备安全监察条例》《建设工程安全生产管理条例》《企业职工伤亡事故报告和处理规定》《中华人民共和国安全许可证条例》等。

（5）职业健康安全部门规章。由国务院有关部委为加强职业健康安全管理工作而颁布的规范性文件，如原国家安全生产监督总局发布的《安全生产违法行为行政处罚办法》《生产安全事故信息报告和处置办法》《职业病危害项目申报办法》《用人单位职业健康监护监督管理办法》《生产经营单位安全培训规定》《关于推进工贸企业安全生产标准化的通知》等。

（6）职业健康安全地方性法规和地方性规章。职业健康安全地方性法规和地方性规章是有立法权的地方权力机关和地方政府机关依据《中华人民共和国宪法》和相关法律制定的职业健康安全规范性文件。这些规范性文件是根据本地实际情况和特定的职业健康安全问题制定的，并在本地区实施，有较强的可操作性。职业健康安全地方性法规和地方性规章不能和法律、法规、国务院行政规章相抵触。

（7）职业健康安全国际公约。经我国批准生效的国际劳工公约，是我国职业健康安全法律法规体系的组成部分。国际劳工公约，是国际职业健康安全规范的一种形式，它不是由国际劳工组织直接实施的法律规范，而是采用经会员国批准，并由会员国作为制定国内职业健康安全法律法规依据公约文本。在被国际劳工组织列出的 8 项核心公约中，目前我国已批准其中的 100 号、111 号、138 号和 182 号公约，分别为《男女同工同酬公约》《（就业和职业）歧视公约》《准予就业最低年龄公约》《禁止和立即行动消除最恶劣形式的童工劳动公约》。

我国职业健康安全法律法规体系结构如图 4-1 所示。

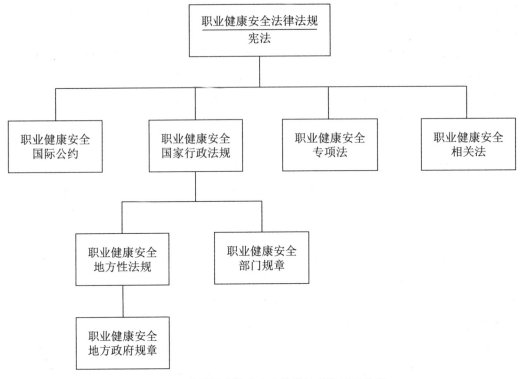

图 4-1 我国职业健康安全法律法规体系结构图

4.3 我国职业健康安全标准体系

4.3.1 职业健康安全标准

4.3.1.1 基本概念

职业健康安全标准指以保护人和物的生命与财产安全以及为消除、限制或预防职业活动中健康和安全危险及有害因素而制定的标准。

4.3.1.2 标准的分类

根据《中华人民共和国标准化法》（以下简称《标准化法》）的规定，把标准分为国家标准、行业标准、地方标准和团体标准、企业标准五级。国家标准分为强制性标准、推荐性标准，行业标准、地方标准是推荐性标准。强制性标准必须执行。

（1）强制性标准。《标准化法》第十条规定："对保障人身健康和生命财产安全、国家安全、生态环境安全以及满足经济社会管理基本需要的技术要求，应当制定强制性国家标准。"我国强制性标准制定的范围和对象，符合 WTO/TBT（贸易技术壁垒协定）的基本原则。该协定在避免不必要的贸易技术壁垒原则的第一条规定：成员国对贸易作用有保护作用的措施不应超过正当目标所需的范围，即：国家安全、防止欺诈行为、保护人类健康和安全、保护动植物生命或健康以及保护环境等 5 个方面，以保护其产品出口质量。对这些范围的内容可以制定技术法规。所以，实施强制性标准，是国内和国际的共同要求。

强制性标准的形式分为全文强制和条文强制。标准的全部技术内容需要强制时，为全文强制形式；标准中部分技术内容需要强制时，为条文强制形式。条文强制标准虽然不是所有的内容都必须强制执行，但标准属性仍属于强制性标准——即使有一条内容是强制性的，其属性也是强制性标准。

国家标准中的强制性标准和强制性条款，企业必须严格执行；不符合强制性标准的产品、服务，不得生产、销售、进口或者提供。强制性国家标准代号为"GB"。

（2）推荐性标准。推荐性标准又称非强制性标准或自愿性标准，指生产、交换、使用等方面，通过经济手段或市场调节而自愿采用的一类标准。这类标准不具有强制性，任何单位均有权决定是否采用，违犯这类标准，不构成经济或法律方面的责任。应当指出的是，推荐性标准一经接受并采用，或各方商定同意纳入经济合同中，就成为各方必须共同遵守的技术依据，具有法律上的约束性，企业必须严格执行。推荐性国家标准代号为"GB/T"。

对于企业标准来说不存在推荐性，企业标准作为企业组织生产、服务的依据，企业必然要保证其得以严格贯彻执行。

职业健康安全标准中的大部分属于强制性标准的范畴，是法规规定的必须强制执行的标准。部分职业健康安全标准虽然是推荐性的标准，但被法规引用或在法规中有明确要求的，企业也必须严格执行。如《女职工劳动保护特别规定》中规定女职工经期禁忌从事高处作业分级标准中规定的第三级、第四级高处作业，虽然 GB/T 3608—2008《高处作业分级》是推荐性标准，但法规有要求的，企业应严格执行。ISO 45001 中所规定的"满足适用的法律法规要求和其他要求"，这里面就包括满足适用的职业健康安全标准要求的含义（合规义务）。

4.3.2 职业健康安全标准体系

职业健康安全标准体系是由职业健康安全标准组成的系统，主要由职业健康安全基础通用标准、职业安全标准和职业健康标准三大模块组成。

（1）职业健康安全基础通用标准指在一定范围内，作为其他职业健康安全标准的基础并普遍使用的标准，具有广泛指导意义的标准。

（2）职业安全标准指以保护人和物的生命与财产安全为目的而制定的标准。

（3）职业健康标准指为消除、限制或预防职业活动中健康和安全危险及有害因素而制定的标准。

我国职业健康安全标准体系结构如图 4-2 所示。

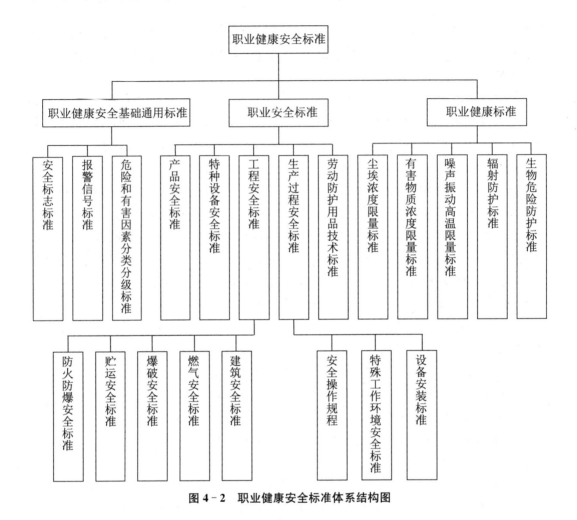

图 4-2　职业健康安全标准体系结构图

4.4　我国主要的职业健康安全法律法规和其他要求简介

4.4.1　职业健康安全法律法规

4.4.1.1　宪法

《中华人民共和国宪法》于 1982 年 12 月 4 日第五届全国人民代表大会第五次会议通过，1982 年 12 月 4 日全国人民代表大会公告公布施行。根据 1988 年 4 月 12 日第七届全国人民代表大会第一次会议通过的《中华人民共和国宪法修正案》、1993 年 3 月 29 日第八届全国人民代表大会第一次会议通过的《中华人民共和国宪法修正案》、1999 年 3 月 15 日第九届全国人民代表大会第二次会议通过的《中华人民共和国宪法修正案》、2004 年 3 月 14 日第十届全国人民代表大会第二次会议通过的《中华人民共和国宪法修正案》和 2018 年 3 月 11 日第十三届全国人民代表大会第一次会议通过的《中华人民共和国宪法修正案》修正。

第四十二条 中华人民共和国公民有劳动的权利和义务。国家通过各种途径，创造劳动就业条件，加强劳动保护，改善劳动条件，并在发展生产的基础上，提高劳动报酬和福利待遇。国家对就业前的公民进行必要的劳动就业训练。

第四十三条 中华人民共和国劳动者有休息的权利。国家发展劳动者休息和休养的设施，规定职工的工作时间和休假制度。

第四十八条 国家保护妇女的权利和利益，实行男女同工同酬……

4.4.1.2 安全生产法

《中华人民共和国安全生产法》共7章114条，于2002年6月29日第九届全国人民代表大会常务委员会第二十八次会议通过，2002年6月29日中华人民共和国主席令第七十号公布，自2002年11月1日起施行。根据2014年8月31日第十二届全国人民代表大会常务委员会关于修改《中华人民共和国安全生产法》的决定修正，自2014年12月1日起施行。

[适用范围]

第二条 在中华人民共和国领域内从事生产经营活动的单位（以下统称生产经营单位）的安全生产，适用本法；有关法律、行政法规对消防安全和道路交通安全、铁路交通安全、水上交通安全、民用航空安全以及核与辐射安全、特种设备安全另有规定的，适用其规定。

[安全生产方针]

第三条 安全生产工作应当以人为本，坚持安全发展，坚持安全第一、预防为主、综合治理的方针，强化和落实生产经营单位的主体责任，建立生产经营单位负责、职工参与、政府监管、行业自律和社会监督的机制。

[安全生产条件]

第十七条 生产经营单位应当具备本法和有关法律、行政法规和国家标准或者行业标准规定的安全生产条件；不具备安全生产条件的，不得从事生产经营活动。

[安全生产责任]

第十八条 生产经营单位的主要负责人对本单位安全生产工作负有下列职责：

（一）建立、健全本单位安全生产责任制；

（二）组织制定本单位安全生产规章制度和操作规程；

（三）组织制定并实施本单位安全生产教育和培训计划；

（四）保证本单位安全生产投入的有效实施；

（五）督促、检查本单位的安全生产工作，及时消除生产安全事故隐患；

（六）组织制定并实施本单位的生产安全事故应急救援预案；

（七）及时、如实报告生产安全事故。

[安全生产投入]

第二十条 生产经营单位应当具备的安全生产条件所必需的资金投入，由生产经营单位的决策机构、主要负责人或者个人经营的投资人予以保证，并对由于安全生产所必需的资金投入不足导致的后果承担责任。

有关生产经营单位应当按照规定提取和使用安全生产费用，专门用于改善安全生产条件。安全生产费用在成本中据实列支。安全生产费用提取、使用和监督管理的具体办法由国务院财政部门会同国务院安全生产监督管理部门征求国务院有关部门意见后制定。

[安全生产教育和培训]

第二十五条　生产经营单位应当对从业人员进行安全生产教育和培训，保证从业人员具备必要的安全生产知识，熟悉有关的安全生产规章制度和安全操作规程，掌握本岗位的安全操作技能，了解事故应急处理措施，知悉自身在安全生产方面的权利和义务。未经安全生产教育和培训合格的从业人员，不得上岗作业。

生产经营单位使用被派遣劳动者的，应当将被派遣劳动者纳入本单位从业人员统一管理，对被派遣劳动者进行岗位安全操作规程和安全操作技能的教育和培训。劳务派遣单位应当对被派遣劳动者进行必要的安全生产教育和培训。

生产经营单位应当建立安全生产教育和培训档案，如实记录安全生产教育和培训的时间、内容、参加人员以及考核结果等情况。

[特种作业人员资质要求]

第二十七条　生产经营单位的特种作业人员必须按照国家有关规定经专门的安全作业培训，取得相应资格，方可上岗作业。

特种作业人员的范围由国务院负责安全生产监督管理部门会同国务院有关部门确定。

["三同时"制度]

第二十八条　生产经营单位新建、改建、扩建工程项目（以下统称建设项目）的安全设施，必须与主体工程同时设计、同时施工、同时投入生产和使用。安全设施投资应当纳入建设项目概算。

[危险物品的容器、运输工具及特种设备检测要求]

第三十四条　生产经营单位使用的危险物品的容器、运输工具，以及涉及人身安全、危险性较大的海洋石油开采特种设备和矿山井下特种设备，必须按照国家有关规定，由专业生产单位生产，并经具有专业资质的检测、检验机构检测、检验合格，取得安全使用证或者安全标志，方可投入使用。检测、检验机构对检测、检验结果负责。

[危险源及危险作业]

第三十六条　生产、经营、运输、储存、使用危险物品或者处置废弃危险物品的，由有关主管部门依照有关法律、法规的规定和国家标准或者行业标准审批并实施监督管理。

生产经营单位生产、经营、运输、储存、使用危险物品或者处置废弃危险物品，必须执行有关法律、法规和国家标准或者行业标准，建立专门的安全管理制度，采取可靠的安全措施，接受有关主管部门依法实施的监督管理。

第三十七条 生产经营单位对重大危险源应当登记建档，进行定期检测、评估、监控，并制定应急预案，告知从业人员和相关人员在紧急情况下应当采取的应急措施。

生产经营单位应当按照国家有关规定将本单位重大危险源及有关安全措施、应急措施报有关地方人民政府安全生产监督管理部门和有关部门备案。

[员工宿舍安全要求]

第三十九条 生产、经营、储存、使用危险物品的车间、商店、仓库不得与员工宿舍在同一座建筑物内，并应当与员工宿舍保持安全距离。

生产经营场所和员工宿舍应当设有符合紧急疏散要求、标志明显、保持畅通的出口。禁止锁闭、封堵生产经营场所或者员工宿舍的出口。

[执行安全操作规程]

第四十一条 生产经营单位应当教育和督促从业人员严格执行本单位的安全生产规章制度和安全操作规程；并向从业人员如实告知作业场所和工作岗位存在的危险因素、防范措施以及事故应急措施。

[使用劳动防护用品]

第四十二条 生产经营单位必须为从业人员提供符合国家标准或者行业标准的劳动防护用品，并监督、教育从业人员按照使用规则佩戴、使用。

[参加工伤保险]

第四十八条 生产经营单位必须依法参加工伤保险，为从业人员缴纳保险费。国家鼓励生产经营单位投保安全生产责任保险。

[从业人员的安全生产权利]

第四十九条 生产经营单位与从业人员订立的劳动合同，应当载明有关保障从业人员劳动安全、防止职业危害的事项，以及依法为从业人员办理工伤保险的事项。

生产经营单位不得以任何形式与从业人员订立协议，免除或者减轻其对从业人员因生产安全事故伤亡依法应承担的责任。

第五十条 生产经营单位的从业人员有权了解其作业场所和工作岗位存在的危险因素、防范措施及事故应急措施，有权对本单位的安全生产工作提出建议。

第五十一条 从业人员有权对本单位安全生产工作中存在的问题提出批评、检举、控告；有权拒绝违章指挥和强令冒险作业。

生产经营单位不得因从业人员对本单位安全生产工作提出批评、检举、控告或者拒绝违章指挥、强令冒险作业而降低其工资、福利等待遇或者解除与其订立的劳动合同。

第五十二条 从业人员发现直接危及人身安全的紧急情况时，有权停止作业或者在采取可能的应急措施后撤离作业场所。

生产经营单位不得因从业人员在前款紧急情况下停止作业或者采取紧急撤离措施而降低其工资、福利等待遇或者解除与其订立的劳动合同。

第五十三条 因生产安全事故受到损害的从业人员，除依法享有工伤保险外，依照有关民事法律尚有获得赔偿的权利的，有权向本单位提出赔偿要求。

[从业人员的安全生产义务]

第五十四条 从业人员在作业过程中，应当严格遵守本单位的安全生产规章制度和操作规程，服从管理，正确佩戴和使用劳动防护用品。

第五十五条 从业人员应当接受安全生产教育和培训，掌握本职工作所需的安全生产知识，提高安全生产技能，增强事故预防和应急处理能力。

第五十六条 从业人员发现事故隐患或者其他不安全因素，应当立即向现场安全生产管理人员或者本单位负责人报告；接到报告的人员应当及时予以处理。

[生产安全事故应急救援预案]

第七十八条 生产经营单位应当制定本单位生产安全事故应急救援预案，与所在地县级以上地方人民政府组织制定的生产安全事故应急救援预案相衔接，并定期组织演练。

[安全生产事故报告制度]

第八十条 生产经营单位发生生产安全事故后，事故现场有关人员应当立即报告本单位负责人。

单位负责人接到事故报告后，应当迅速采取有效措施，组织抢救，防止事故扩大，减少人员伤亡和财产损失，并按照国家有关规定立即如实报告当地负有安全生产监督管理职责的部门，不得隐瞒不报、谎报或者迟报，不得故意破坏事故现场、毁灭有关证据。

4.4.1.3 劳动法

1994 年 7 月 5 日第八届全国人民代表大会常务委员会第八次会议通过。根据 2009 年 8 月 27 日第十一届全国人民代表大会常务委员会第十次会议《关于修改部分法律的决定》第一次修正。根据 2018 年 12 月 29 日第十三届全国人民代表大会常务委员会第七次会议《关于修改〈中华人民共和国劳动法〉等七部法律的决定》第二次修正。

[适用范围]

第二条 在中华人民共和国境内的企业、个体经济组织（以下统称用人单位）和与之形成劳动关系的劳动者，适用本法。

国家机关、事业组织、社会团体和与之建立劳动合同关系的劳动者，依照本法执行。

[工作时间和休息休假]

第三十六条 国家实行劳动者每日工作时间不超过八小时、平均每周工作时间不超过四十四小时的工时制度。

第三十八条 用人单位应当保证劳动者每周至少休息一日。

第三十九条 企业因生产特点不能实行本法第三十六条、第三十八条规定的，经劳动行政部门批准，可以实行其他工作和休息办法。

第四十一条　用人单位由于生产经营需要，经与工会和劳动者协商后可以延长工作时间，一般每日不得超过一小时；因特殊原因需要延长工作时间的，在保障劳动者身体健康的条件下延长工作时间每日不得超过三小时，但是每月不得超过三十六小时。

[劳动安全卫生设施和"三同时"制度]

第五十三条　劳动安全卫生设施必须符合国家规定的标准。

新建、改建、扩建工程的劳动安全卫生设施必须与主体工程同时设计、同时施工、同时投入生产和使用。

[安全卫生条件要求]

第五十四条　用人单位必须为劳动者提供符合国家规定的劳动安全卫生条件和必要的劳动防护用品，对从事有职业危害作业的劳动者应当定期进行健康检查。

[特种作业上岗要求]

第五十五条　从事特种作业的劳动者必须经过专门培训并取得特种作业资格。

[劳动者安全卫生权利和义务]

第五十六条　劳动者在劳动过程中必须严格遵守安全操作规程。

劳动者对用人单位管理人员违章指挥、强令冒险作业，有权拒绝执行；对危害生命安全和身体健康的行为，有权提出批评、检举和控告。

[女职工和未成年工特殊保护]

第五十八条　国家对女职工和未成年工实行特殊劳动保护。

未成年工是指年满十六周岁未满十八周岁的劳动者。

第五十九条　禁止安排女职工从事矿山井下、国家规定的第四级体力劳动强度的劳动和其他禁忌从事的劳动。

第六十条　不得安排女职工在经期从事高处、低温、冷水作业和国家规定的第三级体力劳动强度的劳动。

第六十一条　不得安排女职工在怀孕期间从事国家规定的第三级体力劳动强度的劳动和孕期禁忌从事的活动。对怀孕七个月以上的女职工，不得安排其延长工作时间和夜班劳动。

第六十二条　女职工生育享受不少于九十天的产假。

第六十三条　不得安排女职工在哺乳未满一周岁的婴儿期间从事国家规定的第三级体力劳动强度的劳动和哺乳期禁忌从事的其他劳动，不得安排其延长工作时间和夜班劳动。

第六十四条　不得安排未成年工从事矿山井下、有毒有害、国家规定的第四级体力劳动强度的劳动和其他禁忌从事的劳动。

第六十五条　用人单位应当对未成年工定期进行健康检查。

4.4.1.4　职业病防治法

《中华人民共和国职业病防治法》共7章88条，于2001年10月27日第九届全国人民代表大会常务委员会第二十四次会议通过；根据2011年12月31日第十一届全国人民代表大会常务委员会第二十四次会议《关于修改〈中华人民共和国职业病防治法〉的决定》第一次修正；根据 2016 年 7 月 2 日第十二届全国人民代表大会常务委员会第二十一次会议《关于修改〈中华人民共和国节约能源法〉等六部法律的决定》第二次修正。根据 2017 年 11 月 4 日第十二届全国人民代表大会常务委员会第三十次会议《关于修改〈中华人民共和国会计法〉等十一部法律的决定》第三次修正。根据 2018 年 12 月 29 日第十三届全国人民代表大会常务委员会第七次会议《关于修改〈中华人民共和国劳动法〉等七部法律的决定》第四次修正。

［适用范围］

第二条 本法适用于中华人民共和国领域内的职业病防治活动。

本法所称职业病，是指企业、事业单位和个体经济组织等用人单位的劳动者在职业活动中，因接触粉尘、放射性物质和其他有毒、有害因素而引起的疾病。

职业病的分类和目录由国务院卫生行政部门会同国务院劳动保障行政部门制定、调整并公布。

［职业病防治方针］

第三条 职业病防治工作坚持预防为主、防治结合的方针，建立用人单位负责、行政机关监管、行业自律、职工参与和社会监督的机制，实行分类管理、综合治理。

［工会组织的监督职能和用人单位的责任］

第四条 劳动者依法享有职业卫生保护的权利。

用人单位应当为劳动者创造符合国家职业卫生标准和卫生要求的工作环境和条件，并采取措施保障劳动者获得职业卫生保护。

工会组织依法对职业病防治工作进行监督，维护劳动者的合法权益。用人单位制定或者修改有关职业病防治的规章制度，应当听取工会组织的意见。

第五条 用人单位应当建立、健全职业病防治责任制，加强对职业病防治的管理，提高职业病防治水平，对本单位产生的职业病危害承担责任。

第六条 用人单位的主要负责人对本单位的职业病防治工作全面负责。

第七条 用人单位必须依法参加工伤保险。

［职业卫生要求］

第十五条 产生职业病危害的用人单位的设立除应当符合法律、行政法规规定的设立条件外，其工作场所还应当符合下列职业卫生要求：

（一）职业病危害因素的强度或者浓度符合国家职业卫生标准；

（二）有与职业病危害防护相适应的设施；

（三）生产布局合理，符合有害与无害作业分开的原则；

（四）有配套的更衣间、洗浴间、孕妇休息间等卫生设施；

（五）设备、工具、用具等设施符合保护劳动者生理、心理健康的要求；

（六）法律、行政法规和国务院卫生行政部门关于保护劳动者健康的其他要求。

[职业病危害项目申报制度]

第十六条 国家建立职业病危害项目申报制度。

用人单位工作场所存在职业病目录所列职业病的危害因素的，应当及时、如实向所在地卫生行政部门申报危害项目，接受监督。

职业病危害因素分类目录由国务院卫生行政部门制定、调整并公布。职业病危害项目申报的具体办法由国务院卫生行政部门制定。

[职业病危害预评价制度]

第十七条 新建、扩建、改建建设项目和技术改造、技术引进项目（以下统称建设项目）可能产生职业病危害的，建设单位在可行性论证阶段应当进行职业病危害预评价。

职业病危害预评价报告应当对建设项目可能产生的职业病危害因素及其对工作场所和劳动者健康的影响作出评价，确定危害类别和职业病防护措施。

["三同时"制度]

第十八条 建设项目的职业病防护设施所需费用应当纳入建设项目工程预算，并与主体工程同时设计，同时施工，同时投入生产和使用。

建设项目在竣工验收前，建设单位应当进行职业病危害控制效果评价。

[职业病防治资金投入要求]

第二十一条 用人单位应当保障职业病防治所需的资金投入，不得挤占、挪用，并对因资金投入不足导致的后果承担责任。

[职业病的预防和控制]

第二十二条 用人单位必须采用有效的职业病防护设施，并为劳动者提供个人使用的职业病防护用品。

用人单位为劳动者个人提供的职业病防护用品必须符合防治职业病的要求；不符合要求的，不得使用。

第二十三条 用人单位应当优先采用有利于防治职业病和保护劳动者健康的新技术、新工艺、新设备、新材料，逐步替代职业病危害严重的技术、工艺、设备、材料。

第二十四条 产生职业病危害的用人单位，应当在醒目位置设置公告栏，公布有关职业病防治的规章制度、操作规程、职业病危害事故应急救援措施和工作场所职业病危害因素检测结果。

对产生严重职业病危害的作业岗位，应当在其醒目位置，设置警示标识和中文警示说明。警示说明应当载明产生职业病危害的种类、后果、预防以及应急救治措施等内容。

第二十五条 对可能发生急性职业损伤的有毒、有害工作场所，用人单位应当设置报警装置，配置现场急救用品、冲洗设备、应急撤离通道和必要的泄险区。

对放射工作场所和放射性同位素的运输、贮存，用人单位必须配置防护设备和报警装置，保证接触放射线的工作人员佩戴个人剂量计。

对职业病防护设备、应急救援设施和个人使用的职业病防护用品，用人单位应当进行经常性的维护、检修，定期检测其性能和效果，确保其处于正常状态，不得擅自拆除或者停止使用。

[职业病危害因素监测要求]

第二十六条　用人单位应当实施由专人负责的职业病危害因素日常监测，并确保监测系统处于正常运行状态。

用人单位应当按照国务院安全生产监督管理部门的规定，定期对工作场所进行职业病危害因素检测、评价。检测、评价结果存入用人单位职业卫生档案，定期向所在地安全生产监督管理部门报告并向劳动者公布。

职业病危害因素检测、评价由依法设立的取得国务院卫生行政部门或者设区的市级以上地方人民政府卫生行政部门按照职责分工给予资质认可的职业卫生技术服务机构进行。职业卫生技术服务机构所作检测、评价应当客观、真实。

发现工作场所职业病危害因素不符合国家职业卫生标准和卫生要求时，用人单位应当立即采取相应治理措施，仍然达不到国家职业卫生标准和卫生要求的，必须停止存在职业病危害因素的作业；职业病危害因素经治理后，符合国家职业卫生标准和卫生要求的，方可重新作业。

[职业卫生培训要求]

第三十四条　用人单位的主要负责人和职业卫生管理人员应当接受职业卫生培训，遵守职业病防治法律、法规，依法组织本单位的职业病防治工作。

用人单位应当对劳动者进行上岗前的职业卫生培训和在岗期间的定期职业卫生培训，普及职业卫生知识，督促劳动者遵守职业病防治法律、法规、规章和操作规程，指导劳动者正确使用职业病防护设备和个人使用的职业病防护用品。

劳动者应当学习和掌握相关的职业卫生知识，增强职业病防范意识，遵守职业病防治法律、法规、规章和操作规程，正确使用、维护职业病防护设备和个人使用的职业病防护用品，发现职业病危害事故隐患应当及时报告。

劳动者不履行前款规定义务的，用人单位应当对其进行教育。

[职业健康检查要求]

第三十五条　对从事接触职业病危害的作业的劳动者，用人单位应当按照国务院卫生行政部门的规定组织上岗前、在岗期间和离岗时的职业健康检查，并将检查结果书面告知劳动者。职业健康检查费用由用人单位承担。

用人单位不得安排未经上岗前职业健康检查的劳动者从事接触职业病危害的作业；不得安排有职业禁忌的劳动者从事其所禁忌的作业；对在职业健康检查中发现有与所从事的职业相关的健康损害的劳动者，应当调离原工作岗位，并妥善安置；对未进行离岗前职业健康检查的劳动者不得解除或者终止与其订立的劳动合同。

职业健康检查应当由取得《医疗机构执业许可证》的医疗卫生机构承担。卫生行政部门应当加强对职业健康检查工作的规范管理，具体管理办法由国务院卫生行政部门制定。

[职业健康监护档案要求]

第三十六条 用人单位应当为劳动者建立职业健康监护档案，并按照规定的期限妥善保存。

职业健康监护档案应当包括劳动者的职业史、职业病危害接触史、职业健康检查结果和职业病诊疗等有关个人健康资料。

劳动者离开用人单位时，有权索取本人职业健康监护档案复印件，用人单位应当如实、无偿提供，并在所提供的复印件上签章。

[应急救援要求]

第三十七条 发生或者可能发生急性职业病危害事故时，用人单位应当立即采取应急救援和控制措施，并及时报告所在地卫生行政部门和有关部门。安全生产监督管理部门接到报告后，应当及时会同有关部门组织调查处理；必要时，可以采取临时控制措施。卫生行政部门应当组织做好医疗救治工作。

对遭受或者可能遭受急性职业病危害的劳动者，用人单位应当及时组织救治、进行健康检查和医学观察，所需费用由用人单位承担。

[未成年工和女职工特殊规定]

第三十八条 用人单位不得安排未成年工从事接触职业病危害的作业；不得安排孕期、哺乳期的女职工从事对本人和胎儿、婴儿有危害的作业。

[劳动者职业卫生保护权利]

第三十九条 劳动者享有下列职业卫生保护权利：

（一）获得职业卫生教育、培训；

（二）获得职业健康检查、职业病诊疗、康复等职业病防治服务；

（三）了解工作场所产生或者可能产生的职业病危害因素、危害后果和应当采取的职业病防护措施；

（四）要求用人单位提供符合防治职业病要求的职业病防护设施和个人使用的职业病防护用品，改善工作条件；

（五）对违反职业病防治法律、法规以及危及生命健康的行为提出批评、检举和控告；

（六）拒绝违章指挥和强令进行没有职业病防护措施的作业；

（七）参与用人单位职业卫生工作的民主管理，对职业病防治工作提出意见和建议。

用人单位应当保障劳动者行使前款所列权利。因劳动者依法行使正当权利而降低其工资、福利等待遇或者解除、终止与其订立的劳动合同的，其行为无效。

[职业病诊断、鉴定资料提供要求]

第四十七条 用人单位应当如实提供职业病诊断、鉴定所需的劳动者职业史和职业病危害接触史、工作场所职业病危害因素检测结果等资料；卫生行政部门应当监督检查和督促用人单位提供上述资料；劳动者和有关机构也应当提供与职业病诊断、鉴定有关的资料。

[职业病病人待遇规定]

第五十六条 用人单位应当保障职业病病人依法享受国家规定的职业病待遇。

用人单位应当按照国家有关规定，安排职业病病人进行治疗、康复和定期检查。

用人单位对不适宜继续从事原工作的职业病病人，应当调离原岗位，并妥善安置。

用人单位对从事接触职业病危害的作业的劳动者，应当给予适当岗位津贴。

4.4.1.5 消防法

《中华人民共和国消防法》于1998年4月29日第九届全国人民代表大会常务委员会第二次会议通过；2008年10月28日第十一届全国人民代表大会常务委员会第五次会议修订，2019年4月23日第十三届全国人民代表大会常务委员会第十次会议修订，自2019年4月23日起施行。

[消防工作方针]

第二条 消防工作贯彻预防为主、防消结合的方针，按照政府统一领导、部门依法监管、单位全面负责、公民积极参与的原则，实行消防安全责任制，建立健全社会化的消防工作网络。

[建设工程消防设计、施工要求]

第九条 建设工程的消防设计、施工必须符合国家工程建设消防技术标准。建设、设计、施工、工程监理等单位依法对建设工程的消防设计、施工质量负责。

第十条 对按照国家工程建设消防技术标准需要进行消防设计的建设工程，实行建设工程消防设计审查验收制度。

[消防安全职责]

第十六条 机关、团体、企业、事业等单位应当履行下列消防安全职责：

（一）落实消防安全责任制，制定本单位的消防安全制度、消防安全操作规程，制定灭火和应急疏散预案；

（二）按照国家标准、行业标准配置消防设施、器材，设置消防安全标志，并定期组织检验、维修，确保完好有效；

（三）对建筑消防设施每年至少进行一次全面检测，确保完好有效，检测记录应当完整准确，存档备查；

（四）保障疏散通道、安全出口、消防车通道畅通，保证防火防烟分区、防火间距符合消防技术标准；

（五）组织防火检查，及时消除火灾隐患；

（六）组织进行有针对性的消防演练；

（七）法律、法规规定的其他消防安全职责。

单位的主要负责人是本单位的消防安全责任人。

[消防安全管理规定]

第十九条 生产、储存、经营易燃易爆危险品的场所不得与居住场所设置在同一建筑物内，并应当与居住场所保持安全距离。

生产、储存、经营其他物品的场所与居住场所设置在同一建筑物内的，应当符合国家工程建设消防技术标准。

第二十一条 禁止在具有火灾、爆炸危险的场所吸烟、使用明火。因施工等特殊情况需要使用明火作业的，应当按照规定事先办理审批手续，采取相应的消防安全措施；作业人员应当遵守消防安全规定。

进行电焊、气焊等具有火灾危险作业的人员和自动消防系统的操作人员，必须持证上岗，并遵守消防安全操作规程。

第二十二条 生产、储存、装卸易燃易爆危险品的工厂、仓库和专用车站、码头的设置，应当符合消防技术标准。易燃易爆气体和液体的充装站、供应站、调压站，应当设置在符合消防安全要求的位置，并符合防火防爆要求。

已经设置的生产、储存、装卸易燃易爆危险品的工厂、仓库和专用车站、码头，易燃易爆气体和液体的充装站、供应站、调压站，不再符合前款规定的，地方人民政府应当组织、协调有关部门、单位限期解决，消除安全隐患。

第二十三条 生产、储存、运输、销售、使用、销毁易燃易爆危险品，必须执行消防技术标准和管理规定。

进入生产、储存易燃易爆危险品的场所，必须执行消防安全规定。禁止非法携带易燃易爆危险品进入公共场所或者乘坐公共交通工具。

储存可燃物资仓库的管理，必须执行消防技术标准和管理规定。

[消防设施管理规定]

第二十八条 任何单位、个人不得损坏、挪用或者擅自拆除、停用消防设施、器材，不得埋压、圈占、遮挡消火栓或者占用防火间距，不得占用、堵塞、封闭疏散通道、安全出口、消防车通道。人员密集场所的门窗不得设置影响逃生和灭火救援的障碍物。

[消防组织方面的规定]

第三十九条 下列单位应当建立单位专职消防队，承担本单位的火灾扑救工作：

（一）大型核设施单位、大型发电厂、民用机场、主要港口；

（二）生产、储存易燃易爆危险品的大型企业；

（三）储备可燃的重要物资的大型仓库、基地；

（四）第一项、第二项、第三项规定以外的火灾危险性较大、距离国家综合性消防救援队较远的其他大型企业；

（五）距离国家综合性消防救援队较远、被列为全国重点文物保护单位的古建筑群的管理单位。

第四十条 专职消防队的建立，应当符合国家有关规定，并报当地消防救援机构验收。

专职消防队的队员依法享受社会保险和福利待遇。

4.4.1.6 特种设备安全监察条例

《特种设备安全监察条例》（国务院令第 373 号）是由朱镕基总理签署，于 2003 年 3 月 11 日公布的国家法规，自 2003 年 6 月 1 日起施行。依《国务院关于修改〈特种设备安全监察条例〉的决定》（国务院令第 549 号）修订，修订版于 2009 年 1 月 24 日公布，自 2009 年 5 月 1 日起施行。

[特种设备种类]

第二条 本条例所称特种设备是指涉及生命安全、危险性较大的锅炉、压力容器（含气瓶，下同）、压力管道、电梯、起重机械、客运索道、大型游乐设施和场（厂）内专用机动车辆。

[适用范围]

第三条 特种设备的生产（含设计、制造、安装、改造、维修，下同）、使用、检验检测及其监督检查，应当遵守本条例，但本条例另有规定的除外。

军事装备、核设施、航空航天器、铁路机车、海上设施和船舶以及矿山井下使用的特种设备、民用机场专用设备的安全监察不适用本条例。

房屋建筑工地和市政工程工地用起重机械、场（厂）内专用机动车辆的安装、使用的监督管理，由建设行政主管部门依照有关法律、法规的规定执行。

[安全、节能制度]

第五条 特种设备生产、使用单位应当建立健全特种设备安全、节能管理制度和岗位安全、节能责任制度。

特种设备生产、使用单位的主要负责人应当对本单位特种设备的安全和节能全面负责。

特种设备生产、使用单位和特种设备检验检测机构，应当接受特种设备安全监督管理部门依法进行的特种设备安全监察。

[特种设备的生产]

第十条 特种设备生产单位，应当依照本条例规定以及国务院特种设备安全监督管理部门制订并公布的安全技术规范（以下简称安全技术规范）的要求，进行生产活动。

特种设备生产单位对其生产的特种设备的安全性能和能效指标负责，不得生产不符合安全性能要求和能效指标的特种设备，不得生产国家产业政策明令淘汰的特种设备。

第十一条 压力容器的设计单位应当经国务院特种设备安全监督管理部门许可，方可从事压力容器的设计活动。

压力容器的设计单位应当具备下列条件：

（一）有与压力容器设计相适应的设计人员、设计审核人员；

（二）有与压力容器设计相适应的场所和设备；

（三）有与压力容器设计相适应的健全的管理制度和责任制度。

第十二条 锅炉、压力容器中的气瓶（以下简称气瓶）、氧舱和客运索道、大型游乐设施以及高耗能特种设备的设计文件，应当经国务院特种设备安全监督管理部门核准的检验检测机构鉴定，方可用于制造。

第十三条 按照安全技术规范的要求，应当进行型式试验的特种设备产品、部件或者试制特种设备新产品、新部件、新材料，必须进行型式试验和能效测试。

第十四条 锅炉、压力容器、电梯、起重机械、客运索道、大型游乐设施及其安全附件、安全保护装置的制造、安装、改造单位，以及压力管道用管子、管件、阀门、法兰、补偿器、安全保护装置等（以下简称压力管道元件）的制造单位和场（厂）内专用机动车辆的制造、改造单位，应当经国务院特种设备安全监督管理部门许可，方可从事相应的活动。

前款特种设备的制造、安装、改造单位应当具备下列条件：

（一）有与特种设备制造、安装、改造相适应的专业技术人员和技术工人；

（二）有与特种设备制造、安装、改造相适应的生产条件和检测手段；

（三）有健全的质量管理制度和责任制度。

第十五条 特种设备出厂时，应当附有安全技术规范要求的设计文件、产品质量合格证明、安装及使用维修说明、监督检验证明等文件。

[特种设备的使用]

第二十三条 特种设备使用单位，应当严格执行本条例和有关安全生产的法律、行政法规的规定，保证特种设备的安全使用。

第二十四条 特种设备使用单位应当使用符合安全技术规范要求的特种设备。特种设备投入使用前，使用单位应当核对其是否附有本条例第十五条规定的相关文件。

第二十五条 特种设备在投入使用前或者投入使用后 30 日内，特种设备使用单位应当向直辖市或者设区的市的特种设备安全监督管理部门登记。登记标志应当置于或者附着于该特种设备的显著位置。

第二十六条 特种设备使用单位应当建立特种设备安全技术档案。安全技术档案应当包括以下内容：

（一）特种设备的设计文件、制造单位、产品质量合格证明、使用维护说明等文件以及安装技术文件和资料；

（二）特种设备的定期检验和定期自行检查的记录；

（三）特种设备的日常使用状况记录；

（四）特种设备及其安全附件、安全保护装置、测量调控装置及有关附属仪器仪表的日常维护保养记录；

（五）特种设备运行故障和事故记录；

（六）高耗能特种设备的能效测试报告、能耗状况记录以及节能改造技术资料。

第二十七条　特种设备使用单位应当对在用特种设备进行经常性日常维护保养，并定期自行检查。

特种设备使用单位对在用特种设备应当至少每月进行一次自行检查，并作出记录。特种设备使用单位在对在用特种设备进行自行检查和日常维护保养时发现异常情况的，应当及时处理。

特种设备使用单位应当对在用特种设备的安全附件、安全保护装置、测量调控装置及有关附属仪器仪表进行定期校验、检修，并作出记录。

锅炉使用单位应当按照安全技术规范的要求进行锅炉水（介）质处理，并接受特种设备检验检测机构实施的水（介）质处理定期检验。

从事锅炉清洗的单位，应当按照安全技术规范的要求进行锅炉清洗，并接受特种设备检验检测机构实施的锅炉清洗过程监督检验。

第二十八条　特种设备使用单位应当按照安全技术规范的定期检验要求，在安全检验合格有效期届满前1个月向特种设备检验检测机构提出定期检验要求。

检验检测机构接到定期检验要求后，应当按照安全技术规范的要求及时进行安全性能检验和能效测试。

未经定期检验或者检验不合格的特种设备，不得继续使用。

第二十九条　特种设备出现故障或者发生异常情况，使用单位应当对其进行全面检查，消除事故隐患后，方可重新投入使用。

特种设备不符合能效指标的，特种设备使用单位应当采取相应措施进行整改。

第三十条　特种设备存在严重事故隐患，无改造、维修价值，或者超过安全技术规范规定使用年限，特种设备使用单位应当及时予以报废，并应当向原登记的特种设备安全监督管理部门办理注销。

［特种设备的定义］

第九十九条　本条例下列用语的含义是：

（一）锅炉，是指利用各种燃料、电或者其他能源，将所盛装的液体加热到一定的参数，并对外输出热能的设备，其范围规定为容积大于或者等于30L的承压蒸汽锅炉；出口水压大于或者等于0.1MPa（表压），且额定功率大于或者等于0.1MW的承压热水锅炉；有机热载体锅炉。

（二）压力容器，是指盛装气体或者液体，承载一定压力的密闭设备，其范围规定为最高工作压力大于或者等于0.1MPa（表压），且压力与容积的乘积大于或者等于2.5MPa·L的气体、液化气体和最高工作温度高于或者等于标准沸点的液体的固定式容器和移动式容器；盛装公称工作压力大于或者等于0.2MPa（表压），且压力与容积的乘积大于或者等于1.0MPa·L的气体、液化气体和标准沸点等于或者低于60℃液体的气瓶；氧舱等。

（三）压力管道，是指利用一定的压力，用于输送气体或者液体的管状设备，其范围规定为最高工作压力大于或者等于0.1MPa（表压）的气体、液化气体、蒸气介质或者可燃、易爆、有毒、有腐蚀性、最高工作温度高于或者等于标准沸点的液体介质，且公称直径大于 25mm 的管道。

（四）电梯，是指动力驱动，利用沿刚性导轨运行的箱体或者沿固定线路运行的梯级（踏步），进行升降或者平行运送人、货物的机电设备，包括载人（货）电梯、自动扶梯、自动人行道等。

（五）起重机械，是指用于垂直升降或者垂直升降并水平移动重物的机电设备，其范围规定为额定起重量大于或者等于 0.5t 的升降机；额定起重量大于或者等于 1t，且提升高度大于或者等于 2m 的起重机和承重形式固定的电动葫芦等。

（六）客运索道，是指动力驱动，利用柔性绳索牵引箱体等运载工具运送人员的机电设备，包括客运架空索道、客运缆车、客运拖牵索道等。

（七）大型游乐设施，是指用于经营目的，承载乘客游乐的设施，其范围规定为设计最大运行线速度大于或者等于 2m/s，或者运行高度距地面高于或者等于 2m 的载人大型游乐设施。

（八）场（厂）内专用机动车辆，是指除道路交通、农用车辆以外仅在工厂厂区、旅游景区、游乐场所等特定区域使用的专用机动车辆。

特种设备包括其所用的材料、附属的安全附件、安全保护装置和与安全保护装置相关的设施。

4.4.1.7　女职工劳动保护特别规定

《女职工劳动保护特别规定》是为减少和解决女职工在劳动中因生理特点造成的特殊困难，保护女职工健康制定。由中华人民共和国国务院于 2012 年 4 月 28 日发布，自公布之日起施行。1988 年 7 月 21 日国务院发布的《女职工劳动保护规定》同时废止。

［适用范围］

第二条　中华人民共和国境内的国家机关、企业、事业单位、社会团体、个体经济组织以及其他社会组织等用人单位及其女职工，适用本规定。

［女职工禁忌从事的劳动范围］

附录：女职工禁忌从事的劳动范围

一、女职工禁忌从事的劳动范围：

（一）矿山井下作业；

（二）体力劳动强度分级标准中规定的第四级体力劳动强度的作业；

（三）每小时负重 6 次以上、每次负重超过 20 公斤的作业，或者间断负重、每次负重超过 25 公斤的作业。

二、女职工在经期禁忌从事的劳动范围：

（一）冷水作业分级标准中规定的第二级、第三级、第四级冷水作业；

（二）低温作业分级标准中规定的第二级、第三级、第四级低温作业；

（三）体力劳动强度分级标准中规定的第三级、第四级体力劳动强度的作业；

（四）高处作业分级标准中规定的第三级、第四级高处作业。

三、女职工在孕期禁忌从事的劳动范围：

（一）作业场所空气中铅及其化合物、汞及其化合物、苯、镉、铍、砷、氰化物、氮氧化物、一氧化碳、二硫化碳、氯、己内酰胺、氯丁二烯、氯乙烯、环氧乙烷、苯胺、甲醛等有毒物质浓度超过国家职业卫生标准的作业；

（二）从事抗癌药物、己烯雌酚生产，接触麻醉剂气体等的作业；

（三）非密封源放射性物质的操作，核事故与放射事故的应急处置；

（四）高处作业分级标准中规定的高处作业；

（五）冷水作业分级标准中规定的冷水作业；

（六）低温作业分级标准中规定的低温作业；

（七）高温作业分级标准中规定的第三级、第四级的作业；

（八）噪声作业分级标准中规定的第三级、第四级的作业；

（九）体力劳动强度分级标准中规定的第三级、第四级体力劳动强度的作业；

（十）在密闭空间、高压室作业或者潜水作业，伴有强烈振动的作业，或者需要频繁弯腰、攀高、下蹲的作业。

四、女职工在哺乳期禁忌从事的劳动范围：

（一）孕期禁忌从事的劳动范围的第一项、第三项、第九项；

（二）作业场所空气中锰、氟、溴、甲醇、有机磷化合物、有机氯化合物等有毒物质浓度超过国家职业卫生标准的作业。

4.4.1.8 危险化学品安全管理条例

《危险化学品安全管理条例》是为加强危险化学品的安全管理，预防和减少危险化学品事故，保障人民群众生命财产安全，保护环境制定的国家法规。由中华人民共和国国务院于2002年1月26日发布，自2002年3月15日起施行。2011年2月16日国务院第144次常务会议修订通过，自2011年12月1日起施行。根据2013年12月4日国务院第32次常务会议通过，2013年12月7日中华人民共和国国务院令第645号公布，自2013年12月7日起施行的《国务院关于修改部分行政法规的决定》修正。

[适用范围]

第二条 危险化学品生产、储存、使用、经营和运输的安全管理，适用本条例。

[危险化学品的定义]

第三条 本条例所称危险化学品，是指具有毒害、腐蚀、爆炸、燃烧、助燃等性质，对人体、设施、环境具有危害的剧毒化学品和其他化学品。

[危险化学品管理方针]

第四条 危险化学品安全管理，应当坚持安全第一、预防为主、综合治理的方针，强化和落实企业的主体责任。

生产、储存、使用、经营、运输危险化学品的单位（以下统称危险化学品单位）的主要负责人对本单位的危险化学品安全管理工作全面负责。

危险化学品单位应当具备法律、行政法规规定和国家标准、行业标准要求的安全条件，建立、健全安全管理规章制度和岗位安全责任制度，对从业人员进行安全教育、法制教育和岗位技术培训。从业人员应当接受教育和培训，考核合格后上岗作业；对有资格要求的岗位，应当配备依法取得相应资格的人员。

[新改扩建项目安全条件审查]

第十二条 新建、改建、扩建生产、储存危险化学品的建设项目（以下简称建设项目），应当由安全生产监督管理部门进行安全条件审查。

建设单位应当对建设项目进行安全条件论证，委托具备国家规定的资质条件的机构对建设项目进行安全评价，并将安全条件论证和安全评价的情况报告报建设项目所在地设区的市级以上人民政府安监部门；安监部门应当自收到报告之日起45日内作出审查决定，并书面通知建设单位。具体办法由国务院安监部门制定。

新建、改建、扩建储存、装卸危险化学品的港口建设项目，由港口部门按照国务院交通部门的规定进行安全条件审查。

[危险化学品的管道铺设要求]

第十三条 生产、储存危险化学品的单位，应当对其铺设的危险化学品管道设置明显标志，并对危险化学品管道定期检查、检测。

进行可能危及危险化学品管道安全的施工作业，施工单位应当在开工的7日前书面通知管道所属单位，并与管道所属单位共同制定应急预案，采取相应的安全防护措施。管道所属单位应当指派专门人员到现场进行管道安全保护指导。

[危险化学品安全生产许可证、工业产品生产许可证]

第十四条 危险化学品生产企业进行生产前，应当依照《安全生产许可证条例》的规定，取得危险化学品安全生产许可证。

生产列入国家实行生产许可证制度的工业产品目录的危险化学品的企业，应当依照《工业产品生产许可证管理条例》的规定，取得工业产品生产许可证。

负责颁发危险化学品安全生产许可证、工业产品生产许可证的部门，应当将其颁发许可证的情况及时向同级工业和信息化主管部门、环境保护主管部门和公安机关通报。

[安全技术说明书和化学品安全标签]

第十五条 危险化学品生产企业应当提供与其生产的危险化学品相符的化学品安全技术说明书，并在危险化学品包装（包括外包装件）上粘贴或者拴挂与包装内危险化学品相符的化学品安全标签。化学品安全技术说明书和化学品安全标签所载明的内容应当符合国家标准的要求。

危险化学品生产企业发现其生产的危险化学品有新的危险特性的，应当立即公告，并及时修订其化学品安全技术说明书和化学品安全标签。

[信息报告及风险控制]

第十六条 生产实施重点环境管理的危险化学品的企业，应当按照国务院环境保护主管部门的规定，将该危险化学品向环境中释放等相关信息向环境保护主管部门报告。环境保护主管部门可以根据情况采取相应的环境风险控制措施。

[危险化学品的包装]

第十七条 危险化学品的包装应当符合法律、行政法规、规章的规定以及国家标准、行业标准的要求。

危险化学品包装物、容器的材质以及危险化学品包装的型式、规格、方法和单件质量（重量），应当与所包装的危险化学品的性质和用途相适应。

[危险化学品的包装、容器许可证制度及检验]

第十八条 生产列入国家实行生产许可证制度的工业产品目录的危险化学品包装物、容器的企业，应当依照《中华人民共和国工业产品生产许可证管理条例》的规定，取得工业产品生产许可证；其生产的危险化学品包装物、容器经国务院质检部门认定的检验机构检验合格，方可出厂销售。

运输危险化学品的船舶及其配载的容器，应当按照国家船舶检验规范进行生产，并经海事机构认定的船舶检验机构检验合格，方可投入使用。

对重复使用的危险化学品包装物、容器，使用单位在重复使用前应当进行检查；发现存在安全隐患的，应当维修或者更换。使用单位应当对检查情况作出记录，记录的保存期限不得少于2年。

[安全设施、设备及警示标志]

第二十条 生产、储存危险化学品的单位，应当根据其生产、储存的危险化学品的种类和危险特性，在作业场所设置相应的监测、监控、通风、防晒、调温、防火、灭火、防爆、泄压、防毒、中和、防潮、防雷、防静电、防腐、防泄漏以及防护围堤或者隔离操作等安全设施、设备，并按照国家标准、行业标准或者国家有关规定对安全设施、设备进行经常性维护、保养，保证安全设施、设备的正常使用。

生产、储存危险化学品的单位，应当在其作业场所和安全设施、设备上设置明显的安全警示标志。

[通信、报警装置]

第二十一条 生产、储存危险化学品的单位，应当在其作业场所设置通信、报警装置，并保证处于适用状态。

[安全评价]

第二十二条 生产、储存危险化学品的企业，应当委托具备国家规定的资质条件的机构，对本企业的安全生产条件每3年进行一次安全评价，提出安全评价报告。安全评价报告的内容应当包括对安全生产条件存在的问题进行整改的方案。

生产、储存危险化学品的企业，应当将安全评价报告以及整改方案的落实情况报所在地县级人民政府安全生产监督管理部门备案。在港区内储存危险化学品的企业，应当将安全评价报告以及整改方案的落实情况报港口部门备案。

[剧毒化学品及易制爆危险化学品]

第二十三条 生产、储存剧毒化学品或者国务院公安部门规定的可用于制造爆炸物品的危险化学品（以下简称易制爆危险化学品）的单位，应当如实记录其生产、储存的剧毒化学品、易制爆危险化学品的数量、流向，并采取必要的安全防范措施，防止剧毒化学品、易制爆危险化学品丢失或者被盗；发现剧毒化学品、易制爆危险化学品丢失或者被盗的，应当立即向当地公安机关报告。

生产、储存剧毒化学品、易制爆危险化学品的单位，应当设置治安保卫机构，配备专职治安保卫人员。

[危险化学品储存]

第二十四条　危险化学品应当储存在专用仓库、专用场地或者专用储存室（以下统称专用仓库）内，并由专人负责管理；剧毒化学品以及储存数量构成重大危险源的其他危险化学品，应当在专用仓库内单独存放，并实行双人收发、双人保管制度。

危险化学品的储存方式、方法以及储存数量应当符合国家标准或者国家有关规定。

第二十五条　储存危险化学品的单位应当建立危险化学品出入库核查、登记制度。

对剧毒化学品以及储存数量构成重大危险源的其他危险化学品，储存单位应当将其储存数量、储存地点以及管理人员的情况，报所在地县级人民政府安全生产监督管理部门（在港区内储存的，报港口部门）和公安机关备案。

[危险化学品仓库]

第二十六条　危险化学品专用仓库应当符合国家标准、行业标准的要求，并设置明显的标志。储存剧毒化学品、易制爆危险化学品的专用仓库，应当按照国家有关规定设置相应的技术防范设施。

储存危险化学品的单位应当对其危险化学品专用仓库的安全设施、设备定期进行检测、检验。

[危险化学品的使用安全]

第二十八条　使用危险化学品的单位，其使用条件（包括工艺）应当符合法律、行政法规的规定和国家标准、行业标准的要求，并根据所使用的危险化学品的种类、危险特性以及使用量和使用方式，建立、健全使用危险化学品的安全管理规章制度和安全操作规程，保证危险化学品的安全使用。

[危险化学品安全使用许可证]

第二十九条　使用危险化学品从事生产并且使用量达到规定数量的化工企业（属于危险化学品生产企业的除外，下同），应当依照本条例的规定取得危险化学品安全使用许可证。

前款规定的危险化学品使用量的数量标准，由国务院安全生产监督管理部门会同国务院公安部门、农业主管部门确定并公布。

第三十条　申请危险化学品安全使用许可证的化工企业，除应当符合本条例第二十八条的规定外，还应当具备下列条件：

（一）有与所使用的危险化学品相适应的专业技术人员；

（二）有安全管理机构和专职安全管理人员；

（三）有符合国家规定的危险化学品事故应急预案和必要的应急救援器材、设备；

（四）依法进行了安全评价。

［危险化学品的经营安全］

第三十三条 国家对危险化学品经营（包括仓储经营，下同）实行许可制度。未经许可，任何单位和个人不得经营危险化学品。

依法设立的危险化学品生产企业在其厂区范围内销售本企业生产的危险化学品，不需要取得危险化学品经营许可。

依照《中华人民共和国港口法》的规定取得港口经营许可证的港口经营人，在港区内从事危险化学品仓储经营，不需要取得危险化学品经营许可。

第三十四条 从事危险化学品经营的企业应当具备下列条件：

（一）有符合国家标准、行业标准的经营场所，储存危险化学品的，还应当有符合国家标准、行业标准的储存设施；

（二）从业人员经过专业技术培训并经考核合格；

（三）有健全的安全管理规章制度；

（四）有专职安全管理人员；

（五）有符合国家规定的危险化学品事故应急预案和必要的应急救援器材、设备；

（六）法律、法规规定的其他条件。

第三十七条 危险化学品经营企业不得向未经许可从事危险化学品生产、经营活动的企业采购危险化学品，不得经营没有化学品安全技术说明书或者化学品安全标签的危险化学品。

第三十八条 依法取得危险化学品安全生产许可证、危险化学品安全使用许可证、危险化学品经营许可证的企业，凭相应的许可证件购买剧毒化学品、易制爆危险化学品。民用爆炸物品生产企业凭民用爆炸物品生产许可证购买易制爆危险化学品。

［危险化学品的运输安全］

第四十三条 从事危险化学品道路运输、水路运输的，应当分别依照有关道路运输、水路运输的法律、行政法规的规定，取得危险货物道路运输许可、危险货物水路运输许可，并向工商行政部门办理登记手续。

危险化学品道路运输企业、水路运输企业应当配备专职安全管理人员。

第四十四条 危险化学品道路运输企业、水路运输企业的驾驶人员、船员、装卸管理人员、押运人员、申报人员、集装箱装箱现场检查员应当经交通部门考核合格，取得从业资格。具体办法由国务院交通运输主管部门制定。

危险化学品的装卸作业应当遵守安全作业标准、规程和制度，并在装卸管理人员的现场指挥或者监控下进行。水路运输危险化学品的集装箱装箱作业应当在集装箱装箱现场检查员的指挥或者监控下进行，并符合积载、隔离的规范和要求；装箱作业完毕后，集装箱装箱现场检查员应当签署装箱证明书。

第四十五条 运输危险化学品，应当根据危险化学品的危险特性采取相应的安全防护措施，并配备必要的防护用品和应急救援器材。

用于运输危险化学品的槽罐以及其他容器应当封口严密，能够防止危险化学品在运输过程中因温度、湿度或者压力的变化发生渗漏、洒漏；槽罐以及其他容器的溢流和泄压装置应当设置准确、起闭灵活。

运输危险化学品的驾驶人员、船员、装卸管理人员、押运人员、申报人员、集装箱装箱现场检查员，应当了解所运输的危险化学品的危险特性及其包装物、容器的使用要求和出现危险情况时的应急处置方法。

第四十六条 通过道路运输危险化学品的，托运人应当委托依法取得危险货物道路运输许可的企业承运。

第四十七条 通过道路运输危险化学品的，应当按照运输车辆的核定载质量装载危险化学品，不得超载。

危险化学品运输车辆应当符合国家标准要求的安全技术条件，并按照国家有关规定定期进行安全技术检验。

危险化学品运输车辆应当悬挂或者喷涂符合国家标准要求的警示标志。

第四十八条 通过道路运输危险化学品的，应当配备押运人员，并保证所运输的危险化学品处于押运人员的监控之下。

运输危险化学品途中因住宿或者发生影响正常运输的情况，需要较长时间停车的，驾驶人员、押运人员应当采取相应的安全防范措施；运输剧毒化学品或者易制爆危险化学品的，还应当向当地公安机关报告。

[危险化学品登记与事故应急救援]

第六十六条 国家实行危险化学品登记制度，为危险化学品安全管理以及危险化学品事故预防和应急救援提供技术、信息支持。

第六十七条 危险化学品生产企业、进口企业，应当向国务院安全生产监督管理部门负责危险化学品登记的机构（以下简称危险化学品登记机构）办理危险化学品登记。

危险化学品登记包括下列内容：

（一）分类和标签信息；

（二）物理、化学性质；

（三）主要用途；

（四）危险特性；

（五）储存、使用、运输的安全要求；

（六）出现危险情况的应急处置措施。

4.4.2 职业健康安全标准

4.4.2.1 GB 18218—2018《危险化学品重大危险源辨识》

GB 18218—2018《危险化学品重大危险源辨识》于 2018 年 11 月 19 日发布，

2019年3月1日实施。本标准全部内容为强制性的。本标准代替GB 18218—2009《危险化学品重大危险源辨识》。

[标准范围]

本标准规定了辨识危险化学品重大危险源的依据和方法。

本标准适用于危险化学品的生产、储存、使用和经营危险化学品的生产经营单位。

本标准不适用于：

a) 核设施和加工放射性物质的工厂，但这些设施和工厂中处理非放射性物质的部门除外；

b) 军事设施；

c) 采矿业，但涉及危险化学品的加工工艺及储存活动除外；

d) 危险化学品的厂外运输（包括铁路、道路、水路、航空、管道等运输方式）；

e) 海上石油天然气开采活动。

[术语和定义]

危险化学品：具有毒害、腐蚀、爆炸、燃烧等性质，对人体、设施、环境具有危害的剧毒化学品和其他化学品。

单元：涉及危险化学品的生产、储存装置、设施或场所，分为生产单元和储存单元。

临界量：某种或某类危险化学品构成重大危险源所规定的最小数量。

危险化学品重大危险源：长期地或临时地生产、储存、使用和经营危险化学品，且危险化学品的数量等于或超过临界量的单元。

生产单元：危险化学品的生产、加工及使用等的装置及设施，当装置及设施之间有切断阀时，以切断阀作为分隔界限划分为独立的单元。

储存单元：用于储存危险化学品的储罐或仓库组成的相对独立的区域，储罐区以罐区防火堤为界限划分为独立的单元。仓库以独立的库房（独立建筑物）为界限划分的独立单元。

混合物：由两种或者多种物质组成的混合体或者溶液。

[辨识依据]

危险化学品重大危险源的辨识依据是危险化学品的危险特性及其数量，具体见表4-1（GB 18218—2018，表1）和表4-2（GB 18218—2018，表2）。危险化学品的纯物质及其混合物应按GB 30000.2、GB 30000.3、GB 30000.4、GB 30000.5、GB 30000.7、GB 30000.8、GB 30000.9、GB 30000.10、GB 30000.11、GB 30000.12、GB 30000.13、GB 30000.14、GB 30000.15、GB 30000.16、GB 30000.18的规定进行分类。危险化学品重大危险源可分为生产单元危险化学品重大危险源和储存单元危险化学品重大危险源。

[危险化学品临界量的确定方法]

危险化学品临界量的确定方法如下：

a) 在表 4-1（GB 18218—2018，表 1）范围内的危险化学品，其临界量按表 4-1（GB 18218—2018，表 1）确定；

b) 未在表 4-1（GB 18218—2018，表 1）范围内的危险化学品，依据其危险性，按表 4-2（GB 18218—2018，表 2）确定临界量；若一种危险化学品具有多种危险性，按其中最低的临界量确定。

表 4-1　危险化学品名称及其临界量（GB 18218—2018，表 1）

序号	危险化学品名称和说明	别名	CAS 号	临界量/t
1	氨	液氨；氨气	7664-41-7	10
2	二氟化氧	一氧化二氟	7783-41-7	1
3	二氧化氮		10102-44-0	1
4	二氧化硫	亚硫酸酐	7446-09-5	1
5	氟		7782-41-4	1
6	碳酰氯	光气	75-44-5	0.3
7	环氧乙烷	氧化乙烯	75-21-8	10
8	甲醛（含量＞90%）	蚁醛	50-00-0	5
9	磷化氢	磷化三氢；膦	7803-51-2	1
10	硫化氢		7783-06-4	5
11	氯化氢（无水）		7647-01-0	20
12	氯	液氯；氯气	7782-50-5	5
13	煤气（CO，CO 和 H_2、CH_4 的混合物等）			20
14	砷化氢	砷化三氢；胂	77-84-42-1	1
15	锑化氢	三氢化锑；锑化三氢；脎	7803-52-3	1
16	硒化氢		7783-07-5	1
17	溴甲烷	甲基溴	74-83-9	10
18	丙酮氰醇	丙酮合氰化氢 2-羟基异丁腈；氰丙醇	75-86-5	20
19	丙烯醛	烯丙醛；败脂醛	107-02-8	20
20	氟化氢		7664-39-3	1
21	1-氯-2，3-环氧丙烷	环氧氯丙烷（3-氯-1，2 环氧丙烷）	106-89-8	20
22	3-溴-1，2-环氧丙烷	环氧溴丙烷 溴甲基环氧乙烷；表溴醇	3132-64-7	20
23	甲苯二异氰酸酯	二异氰酸甲苯酯；TDI	26471-62-5	100

表 4-1 (续)

序号	危险化学品名称和说明	别名	CAS 号	临界量/t
24	一氯化硫	氯化硫	10025-67-9	1
25	氰化氢	无水氢氰酸	74-90-8	1
26	三氧化硫	硫酸酐	7446-11-9	75
27	3-氨基丙烯	烯丙胺	107-11-9	20
28	溴	溴素	7726-95-6	20
29	乙撑亚胺	吖丙啶；1-氮杂环丙烷；氮丙啶	151-56-4	20
30	异氰酸甲酯	甲基异氰酸酯	624-83-9	0.75
31	叠氮化钡	叠氮钡	18810-58-7	0.5
32	叠氧化铅		13424-46-9	0.5
33	雷汞	二雷酸汞；雷酸汞	628-86-4	0.5
34	三硝基苯甲醚	三硝基茴香醚	28653-16-9	5
35	2，4，6三硝基甲苯	梯恩梯；TNT	118-96-7	5
36	硝化甘油	硝化丙三醇；甘油三硝酸酯	55-63-0	1
37	硝化纤维素〔干的或含水（或乙醇）＜25%〕			1
38	硝化纤维素（未改型的，或增塑的，含增塑剂＜18%）	硝化棉	9004-70-0	1
39	硝化纤维素（含乙醇≥25%）			10
40	硝化纤维素（含氮≤12.6%）			50
41	硝化纤维素（含水≥25%）			50
42	硝化纤维素溶液（含氮量≤12.6%，含硝化纤维素≤55%）	硝化棉溶液	9004-70-0	50
43	硝酸铵（含可燃物＞0.2%，包括以碳计算的任何有机物，但不包括任何其他添加剂）		6484-52-2	5
44	硝酸铵（含可燃物≤0.2%）		6484-52-2	50
45	硝酸铵肥料（含可燃物≤0.4%）			200
46	硝酸钾		7757-79-1	1000
47	1，3丁二烯	联乙烯	106-99-0	5
48	二甲醚	甲醚	115-10-5	50

表 4 - 1 (续)

序号	危险化学品名称和说明	别名	CAS 号	临界量/t
49	甲烷，天然气		74—82—8（甲烷） 8006—14—2 （天然气）	50
50	氯乙烯	乙烯基氯	75—01—4	50
51	氢	氢气	133—74—0	5
52	液化石油气（含丙烷、丁烷及其混合物）	石油气（液化的）	68476—85—7 74—98—6（丙烷） 106—97—8（丁烷）	50
53	一甲胺	氨基甲烷；甲胺	74—89—5	5
54	乙炔	电石气	74—86—2	1
55	乙烯		74—85—1	20
56	氧（压缩的或液化的）	液氧；氧气	7782—44—7	200
57	苯	纯苯	71—43—2	50
58	苯乙烯	乙烯苯	100—42—5	500
59	丙酮	二甲基酮	67—64—1	500
60	2—丙烯腈	丙烯腈；乙烯基氰；氰基乙烯	107—13—1	50
61	二硫化碳		75—15—0	50
62	环己烷	六氢化苯	110—82—7	500
63	1，2-环氧丙烷	氧化丙烯；甲基环氧乙烷	75—56—9	10
64	甲苯	甲基苯；苯基甲烷	108—88—3	500
65	甲醇	木醇；木精	67—56—1	500
66	汽油（乙醇汽油、甲醇汽油）		86290—81—5 （汽油）	200
67	乙醇	酒精	64—17—5	500
68	乙醚	二乙基醚	60—29—7	10
69	乙酸乙酯	醋酸乙酯	141—78—6	500
70	正己烷	己烷	110—54—3	500
71	过乙酸	过醋酯；过氧乙酸；乙酰过氧化氢	79—21—0	10

表 4-1（续）

序号	危险化学品名称和说明	别名	CAS号	临界量/t
72	过氧化甲基乙基酮（10%＜有效氧含量≤10.7%，含A型稀释剂≥48%）		1338—23—4	10
73	白磷	黄磷	12185—10—3	50
74	烷基铝	三烷基铝		1
75	戊硼烷	五硼烷	19624—22—7	1
76	过氧化钾		17014—71—0	20
77	过氧化钠	双氧化钠；二氧化钠	1313—60—6	20
78	氯酸钾		3811—04—9	100
79	氯酸钠		7775—09—9	100
80	发烟硝酸		52583—42—3	20
81	硝酸（发红烟的除外，含硝酸＞70%）		7697—37—2	100
82	硝酸胍	硝酸亚氨脲	506—93—4	50
83	碳化钙	电石	75—20—7	100
84	钾	金属钾	7440—09—7	1
85	钠	金属钠	7440—23—5	10

表 4-2　未在表 4-1 中列举的危险化学品类别及其临界量（GB 18218—2018，表2）

类别	符号	危险性分类及说明	临界量/t
健康危害	J（健康危害性符号）	—	—
急性毒性	J1	类别1，所有暴露途径，气体	5
	J2	类别1，所有暴露途径，固体、液体	50
	J3	类别2、类别3，所有暴露途径，气体	50
	J4	类别2、类别3，吸入途径，液体（沸点≤35℃）	50
	J5	类别2，所有暴露途径，液体（除J4外）、固体	500
物理危险	W（物理危险性符号）	—	—
爆炸物	W1.1	—不稳定爆炸物 —1.1项爆炸物	1
	W1.2	1.1，1.2，1.5，1.6项爆炸物	10
	W1.3	1.4项爆炸物	50
易燃气体	W2	类别1和类别2	10

表 4－2（续）

类别	符号	危险性分类及说明	临界量/t
气溶胶	W3	类别 1 和类别 2	150（净重）
氧化性气体	W4	类别 1	50
易燃液体	W5.1	—类别 1 —类别 2 和 3，工作温度高于沸点	10
	W5.2	—类别 2 和 3，具有引发重大事故的特殊工艺条件，包括危险化工工艺、爆炸极限范围或附近操作、操作压力大于 1.6MPa 等	50
	W5.3	—不属于 W5.1 或 W5.2 的其他类别 2	1000
	W5.4	—不属于 W5.1 或 W5.2 的其他类别 3	5000
自反应物质和混合物	W6.1	A 型和 B 型自反应物质和混合物	10
	W6.2	C 型、D 型、E 型自反应物质和混合物	50
有机过氧化物	W7.1	A 型和 B 型有机过氧化物	10
	W7.2	C 型、D 型、E 型有机过氧化物	50
自燃液体和自燃固体	W8	类别 1 自燃液体 类别 2 自燃固体	50
氧化性固体和液体	W9.1	类别 1	50
	W9.2	类别 2、类别 3	200
易燃固体	W10	类别 1 易燃固体	200
遇水放出易燃气体的物质和混合物	W11	类别 1 和类别 2	200

［重大危险源的辨识指标］

生产单元、储存单元内存在危险化学品的数量等于或超过表 4－1（GB 18218—2018，表 1）、表 4－2（GB 18218—2018，表 2）规定的临界量，即被定为重大危险源。单元内存在的危险化学品的数量根据危险化学品种类的多少区分为以下两种情况：

（1）生产单元、储存单元内存在的危险化学品为单一品种，则该危险化学品的数量即为单元内危险化学品的总量，若等于或超过相应的临界量，则定为重大危险源。

（2）生产单元、储存单元内存在的危险化学品为多品种时，则按式（1）计算，若满足式（1），则定为重大危险源：

$$S = q_1/Q_1 + q_2/Q_2 + \cdots + q_n/Q_n \geq 1 \tag{1}$$

式中：

S ——辨识指标；

$q_1，q_2，\cdots，q_n$——每种危险化学品实际存在量，单位为吨（t）；

Q_1，Q_2，$\cdots$，Q_n——与每种危险化学品相对应的临界量，单位为吨（t）。

4.4.2.2　GB/T 3608—2008　高处作业分级

GB/T 3608—2008《高处作业分级》于2008年10月30日发布，2009年6月1日实施。本标准为推荐性标准。本标准代替GB/T 3608—1993。

［标准范围］

本标准规定了高处作业的术语和定义、高度计算方法及分级。

本标准适用于各种高处作业。

［术语和定义］

高处作业：在距坠落高度基准面2m或2m以上有可能坠落的高处进行的作业。

坠落高度基准面：通过可能坠落范围内的最低处的水平面。

可能坠落范围：以作业位置为中心，可能坠落范围半径为半径划成的与水平面垂直的柱形空间。

可能坠落范围半径R：为确定可能坠落范围而规定的相对于作业位置的一段水平距离。

注：可能坠落范围半径用米表示，其大小取决于与作业现场的地形、地势或建筑物分布等有关的基础高度，具体的规定是在统计分析了许多高处坠落事故案例的基础上作出的。

基础高度h_b：以作业位置为中心，以6m为半径，划出的垂直于水平面的柱形空间内的最低处与作业位置间的高度差。

注：基础高度用米表示。

［高处］作业高度h_w：作业区各作业位置相应坠落高度基准面的垂直距离中的最大值。

注：高处作业高度用米表示，计算方法见附录A（GB/T 3608—2008，附录A）。

［高处作业分级］

（1）高处作业高度分为2m至5m、5m以上至15m、15m以上至30m及30m以上四个区段。

（2）直接引起坠落的客观危险因素分为11种：

a)　阵风风力五级（风速8.0m/s）以上；

b)　GB/T 4200—2008规定的Ⅱ级或Ⅱ级以上的高温作业；

c)　平均气温等于或低于5℃的作业环境；

d)　接触冷水温度等于或低于12℃的作业；

e)　作业场地有冰、雪、霜、水、油等易滑物；

f)　作业场地光线不足，能见度差；

g)　作业活动范围与危险电压带电体小于表4-3（GB/T 3608—2008，表1）的规定；

表4-3 作业活动范围与危险电压带电体的距离（GB/T 3608—2008，表1）

危险电压带电体的电压等级/kV	距离/m
≤10	1.7
35	2.0
63～110	2.5
220	4.0
330	5.0
500	6.0

h) 摆动，立足处不是平面或只是很小的平面，即任一边小于500mm的矩形平面、直径小于500mm的圆形平面或具有类似尺寸的其他形状的平面，致使作业者无法维持正常姿势；

i) GB 3869—1997规定的Ⅲ级或Ⅲ级以上的体力劳动强度；

j) 存在有毒气体或空气中含氧量低于0.195的作业环境；

k) 可能会引起各种灾害事故的作业环境和抢救突然发生的各种灾害事故。

（3）不存在第2条（GB/T 3608—2008，4.2）列出的任一种客观危险因素的高处作业按表4-4（GB/T 3608—2008，表2）规定的A类分级，存在第2条（GB/T 3608—2008，4.2）列出的一种或一种以上客观危险因素的高处作业按表4-4（GB/T 3608—2008，表2）规定的B类法分级。

表4-4 高处作业分级（GB/T 3608—2008，表2）

分类法	高处作业高度/m			
	$2 \leq h_w \leq 5$	$5 < h_w \leq 15$	$15 < h_w \leq 30$	$h_w > 30$
A	Ⅰ	Ⅱ	Ⅲ	Ⅳ
B	Ⅱ	Ⅲ	Ⅳ	Ⅳ

4.4.2.3 GBZ 2.1—2019 工作场所有害因素职业接触限值 第1部分：化学有害因素

GBZ 2.1—2019《工作场所有害因素职业接触限值 第1部分：化学有害因素》于2019年8月27日发布，2019年4月1日实施。本部分为GBZ 2的第1部分。本部分代替GBZ 2.1—2007《工作场所有害因素职业接触限值 第1部分：化学有害因素》。

注：GBZ为中华人民共和国职业卫生标准。

[标准范围]

本部分规定了工作场所化学有害因素的卫生要求、检测评价及控制原则。

本部分适用于工业企业卫生设计以及工作场所化学有害因素职业接触的管理、控

251

制和职业卫生监督检查等。

[术语和定义]

化学有害因素：化学有害因素包括工作场所存在或产生的化学物质、粉尘及生物因素。

职业接触限值（OELs）：劳动者在职业活动过程中长期反复接触某种或多种职业性有害因素，不会引起绝大多数接触者不良健康效应的容许接触水平。化学有害因素的职业接触限值分为时间加权平均容许浓度、短时间接触容许浓度和最高容许浓度三类。

注：改写 GBZ/T 224—2010，定义 5.1。

时间加权平均容许浓度（PC-TWA）：以时间为权数规定的 8h 工作日、40h 工作周的平均容许接触浓度；

短时间接触容许浓度（PC-STEL）：在实际测得的 8 h 工作日、40 h 工作周平均接触浓度遵守 PC-TWA 的前提下，容许劳动者短时间（15min）接触的加权平均浓度。

注：改写 GBZ/T 224—2010，定义 5.3。

最高容许浓度（MAC）：在一个工作日内、任何时间、工作地点的化学有害因素均不应超过的浓度。

注：改写 GBZ/T 224—2010，定义 5.2。

峰接触浓度（PE）：在最短的可分析的时间段内（不超过 15 min）确定的空气中特定物质的最大或峰值浓度。对于接触具有 PC-TWA 但尚未制定 PC-STEL 的化学有害因素，应使用峰接触浓度控制短时间的接触。在遵守 PC-TWA 的前提下，容许在一个工作日内发生的任何一次短时间（15 min）超出 PC-TWA 水平的最大接触浓度。

生物监测：系统地对劳动者的血液、尿等生物材料中的化学物质或其代谢产物的含量（浓度）、或由其所致的无害生物效应水平进行的系统监测，目的是评价劳动者接触化学有害因素的程度及其可能的健康影响。

注：改写 GBZ/T 224—2010，定义 6.1.2。

生物接触限值（BELs）：针对劳动者生物材料中的化学物质或其代谢产物、或引起的生物效应等推荐的最高容许量值，也是评估生物监测结果的指导值。每周 5 d 工作、每天 8 h 接触，当生物监测值在其推荐值范围以内时，绝大多数的劳动者将不会受到不良的健康影响。又称生物接触指数（Biological Exposure Indices，BEIs）或生物限值（biological limit values，BLVs）。

[工作场所空气中化学有害因素职业接触限值]

工作场所空气中化学物质有害因素职业接触限值见表 4-5 [GBZ 2.1—2019，表 1（部分）]。

表4-5 工作场所空气中化学有害因素职业接触限值[GBZ 2.1—2019, 表1（部分）]

序号	中文名	英文名	化学文摘号 CAS号	OELs (mg/m³)			临界不良健康效应	备注
				MAC	PC-TWA	PC-STEL		
1	安妥	Antu	86-88-4	—	0.3	—	甲状腺效应；恶心	—
2	氨	Ammonia	7664-41-7	—	20	30	眼和上呼吸道刺激	—
3	2-氨基吡啶	2-Aminopyridine	504-29-0	—	2	—	中枢神经系统损伤；皮肤、黏膜刺激	皮
4	氨基磺酸铵	Ammonium sulfamate	7773-06-0	—	6	—	呼吸道，眼及皮肤刺激	—
5	氨基氰	Cyanamide	420-04-2	—	2	—	眼和呼吸道刺激；皮肤刺激	—
6	奥克托今	Octogen	2691-41-0	—	2	4	眼刺激	—
7	巴豆醛（丁烯醛）	Crotonaldehyde	4170-30-3	12	—	—	眼和呼吸道刺激；慢性鼻炎；神经功能障碍	—
8	百草枯	Paraquat	4685-14-7	—	0.5	—	呼吸系统损害；皮肤、黏膜刺激	—
9	百菌清	Chlorothalonile	1897-45-6	1	—	—	皮肤刺激、致敏；眼和呼吸道刺激	G2B, 敏
10	钡及其可溶性化合物（按Ba计）	Barium and soluble compounds, as Ba	7440-39-3 (Ba)	—	0.5	1.5	消化道刺激；低血钾	—
11	倍硫磷	Fenthion	55-38-9	—	0.2	0.3	胆碱酯酶抑制	皮
12	苯	Benzene	71-43-2	—	6	10	头晕、头痛，意识障碍；全血细胞减少；再障；白血病	皮, G1
13	苯胺	Aniline	62-53-3	—	3	—	高铁血红蛋白血症	皮
14	苯基醚（二苯醚）	Phenyl ether	101-84-8	—	7	14	上呼吸道和眼刺激	皮
15	苯醌	Benzoquinone	106-51-4	—	0.45	—	眼、皮肤刺激	—

表 4 - 5（续）

序号	中文名	英文名	化学文摘号 CAS号	OELs（mg/m³）			临界不良健康效应	备注
				MAC	PC-TWA	PC-STEL		
16	苯硫磷	EPN	2104-64-5	—	0.5	—	胆碱酯酶抑制	皮
17	苯乙烯	Styrene	100-42-5	—	50	100	眼、上呼吸道刺激；神经衰弱；周围神经症状	皮、G2B
18	吡啶	Pyridine	110-86-1	—	4	—	眼、呼吸道、皮肤刺激；神经衰弱及植物神经紊乱；肝、肾损害	—
19	苄基氯	Benzyl chloride	100-44-7	5	—	—	呼吸道炎症；皮肤、上呼吸道和眼刺激；肝肾损害	G2A
20	丙酸	Propionic acid	79-09-4	—	30	—	眼、皮肤和呼吸道刺激	—
21	丙酮	Acetone	67-64-1	—	300	450	呼吸道和眼刺激；麻醉；中枢神经系统损害	—
22	丙酮氰醇（按CN计）	Acetone cyanohydrin, as CN	75-86-5	3	—	—	呼吸道刺激；头痛；缺氧/紫绀	皮
23	丙烯醇	Allyl alcohol	107-18-6	—	2	3	眼和上呼吸道刺激	皮
24	丙烯腈	Acrylonitrile	107-13-1	—	1	2	中枢神经系统损害；下呼吸道刺激	皮、G2B
25	丙烯菊酯	allethrin	584-79-2	—	5	—	皮肤刺激；神经系统损害	—
26	丙烯醛	Acrolein	107-02-8	0.3	—	—	眼和上呼吸道刺激；肺水肿；肺气肿	皮
27	丙烯酸	Acrylic acid	79-10-7	—	6	—	皮肤、眼及呼吸道刺激	皮
28	丙烯酸甲酯	Methyl acrylate	96-33-3	—	20	—	眼、皮肤和呼吸道刺激；皮肤损害及过敏	皮、敏

表 4-5（续）

序号	中文名	英文名	化学文摘号 CAS号	OELs (mg/m³)			临界不良健康效应	备注
				MAC	PC-TWA	PC-STEL		
29	丙烯酸正丁酯	n-Butyl acrylate	141-32-2	—	25	—	皮肤、眼和呼吸道刺激；麻醉	敏
30	丙烯酰胺	Acrylamide	79-06-1	—	0.3	—	中枢神经系统损害；周围神经系统损害	皮、G2A
31	草甘膦	Glyphosate	1071-83-6	—	5	—	肝、肾功能损伤	G2A
32	草酸	Oxalic acid	144-62-7	—	1	2	呼吸道、眼和皮肤刺激	—
33	抽余油（60℃~220℃）	Raffinate oil (60℃~220℃)	—	—	300	—	麻醉；眼、皮肤和呼吸道黏膜刺激；神经系统功能障碍；肝、肾、血液系统改变	—
34	重氮甲烷	Diazomethane	334-88-3	—	0.35	0.7	呼吸道刺激；中枢神经系统抑制	—
35	臭氧	Ozone	10028-15-6	0.3	—	—	刺激	—
36	o,o-二甲基-S-(甲基氨基甲酰甲基)二硫代磷酸酯（乐果）	o,o-dimethyl methylcarbamoylmethyl phosphorodithioate (Rogor)	60-51-5	—	1	—	胆碱酯酶抑制	皮
37	O,O-二甲基-(2,2,2-三氯-1-羟基乙基)磷酸酯（敌百虫）	(2,2,2-trichloro-1-hydroxyethyl) dimethylphosphonate (Trichlorfon, Metrifonate or Dipterex)	52-86-6	—	0.5	1	胆碱酯酶抑制	—
38	N-3,4-二氯苯基-N',N'-二甲基脲（敌草隆）	1,1-Dimethyl-3-(3,4-Dichlorophenyl) urea (Diuron)	330-54-1	—	10	1	呼吸道、眼、皮肤刺激；贫血	—

表 4－5（续）

序号	中文名	英文名	化学文摘号 CAS 号	OELs（mg/m³） MAC	OELs（mg/m³） PC－TWA	OELs（mg/m³） PC－STEL	临界不良健康效应	备注
39	2，4－二氯苯氧基乙酸（2，4－滴）	2，4－Dicholrophenoxyac-etic acid（2，4－D）	94－75－7	—	10	—	甲状腺效应；肾小管损伤	皮，G2B
40	二氯二苯基三氯乙烷（滴滴涕，DDT）	Dichlorodiphenyltrichloro-ethane（DDT）	50－29－3	—	0.2	—	神经系统损害；肝肾损害；呼吸道；皮肤及眼刺激	G2A
41	碲及其化合物（不含碲化氢）（按 Te 计）	Tellurium and Compounds（except H₂Te），as Te	13494－80－9（Te）	—	0.1	—	中枢神经系统损伤，肝损伤	—
42	碲化铋（按 Bi₂Te₃ 计）	Bismuth telluride，as Bi₂Te₃	1304－82－1	—	5	—	呼吸道，眼，皮肤刺激；肝肾影响；贫血	—
43	碘	Iodine	7553－56－2	1	—	—	眼，上呼吸道和皮肤刺激	—
44	碘仿	Iodoform	75－47－8	—	10	—	中枢神经系统损害；呼吸道刺激	—
45	碘甲烷	Methyl iodide	74－88－4	—	10	—	眼刺激；中枢神经系统损害	皮
46	叠氮酸蒸气	Hydrazoic acid vapor	7782－79－8	0.2	—	—	鼻，眼，眼刺激；低血压	—
47	叠氮化钠	Sodium azide	26628－22－8	0.3	—	—	心脏损害；肺损伤	—
48	1，3－丁二烯	1，3－Butadiene	106－99－0	—	5	—	眼和呼吸道刺激；麻醉；神经衰弱；皮肤灼伤或冻伤	G1
49	2－丁氧基乙醇	2－butoxyethanol	117－76－2	—	97	—	刺激	—
50	丁烯	Butylene	25167－67－3	—	100	—	窒息，弱麻醉和弱刺激作用。液态丁烯皮肤冻伤	—
51	毒死蜱	Chlorpyrifos	2921－88－2	—	0.2	—	胆碱酯酶抑制	皮
52	对苯二胺	p－phenylene diamine	106－50－3	—	0.1	—	皮肤致敏，呼吸系统损伤	皮，敏

表 4-5（续）

序号	中文名	英文名	化学文摘号 CAS号	OELs (mg/m³) MAC	PC-TWA	PC-STEL	临界不良健康效应	备注
53	对苯二甲酸	Terephthalic acid	100-21-0	—	8	15	眼、皮肤、黏膜和上呼吸道刺激	—
54	对二氯苯	p-Dichlorobenzene	106-46-7	—	30	60	眼、皮肤、上呼吸道刺激；肝损害	G2B
55	对硫磷	Parathion	56-38-2	—	0.05	0.1	胆碱酯酶抑制	皮、G2B
56	对特丁基甲苯	p-Tert-butyltoluene	98-51-1	—	6	—	眼、上呼吸道刺激	—
...	......	......	......	......	......	......		......
357	正庚烷	n-Heptane	142-82-5	—	500	1000	中枢神经系统损害；上呼吸道刺激	—
358	正己烷	n-Hexane	110-54-3	—	100	180	中枢神经系统损害；上呼吸道刺激	皮

说明：

(1) 在备注栏内标有"皮"的化学物质（如有机磷酸酯类化合物、芳香胺、苯的硝基、氨基化合物等），表示可因皮肤、黏膜和眼睛直接接触蒸气、液体和固体，通过完整的皮肤吸收引起全身效应。使用"皮"的标识，旨在提示即使该化学有害因素的空气浓度≤PC-TWA值，劳动者接触这些物质仍有可能通过皮肤接触而引起过量的接触。患有皮肤病或皮肤破损时可明显影响皮肤吸收。

(2) 在备注栏内标有"敏"化学物质，指已有的人或动物资料证实该物质可能具有致敏作用，但并不表示该物质 PC-TWA 值大小依据的临界不良健康效应是致敏效应，也不表示致敏作用是制定其 PC-TWA 值的唯一依据。未标有"敏"标识物质并不表示该物质没有致敏能力，只反映目前尚缺乏科学证据或尚未定论。

(3) 化学物质的致癌性标识按国际癌症组织（IARC）分级，作为参考性资料：
——G1 确认人类致癌物（Carcinogenic to humans）；
——G2A 可能人类致癌物（Probably carcinogenic to humans）；
——G2B 可疑人类致癌物（Possibly carcinogenic to humans）。

[工作场所空气中粉尘的职业接触限值]

工作场所空气中粉尘的职业接触限值见表4－6（GBZ 2.1—2019，表2）。

表4－6 工作场所空气中粉尘职业接触限值（GBZ 2.1—2019，表2）

序号	中文名	英文名	化学文摘号 CAS号	PC－TWA（mg/m³）总尘	呼尘	临界不良健康效应	备注
1	白云石粉尘	Dolomite dust	—	8	4	尘肺病	—
2	玻璃钢粉尘	Fiberglass reinforced plastic dust	—	3	—	尘肺病；呼吸道、皮肤刺激	—
3	茶尘	Tea dust	—	2	—	哮喘	—
4	沉淀SiO₂（白炭黑）	Precipitated silica dust	112926－00－8	5	—	上呼吸道及皮肤刺激	—
5	大理石粉尘（碳酸钙）	Marble dust	(1317－65－3)	8	4	眼、皮肤刺激；尘肺病	—
6	电焊烟尘	Welding fume	—	4	—	电焊工尘肺	G2B
7	二氧化钛粉尘	Titanium dioxide dust	13463－67－7	8	—	下呼吸道刺激	G2B
8	沸石粉尘	Zeolite dust	—	5	—	尘肺病；肺癌	G1
9	酚醛树脂粉尘	Phenolic aldehyde resin dust	—	6	—	上呼吸道刺激	—
10	工业酶混合尘	Industrial enzyme-containing dust	—	2	—	皮肤、眼、上呼吸道刺激	敏
11	谷物粉尘（游离SiO₂含量<10%）	Grain dust (free SiO₂<10%)	—	4	—	上呼吸道刺激；尘肺；过敏性哮喘	敏
12	硅灰石粉尘	Wollastonite dust	13983－17－0	5	—	—	—
13	硅藻土粉尘（游离SiO₂含量<10%）	Diatomite dust (free SiO₂<10%)	61790－53－2	6	—	尘肺病	—
14	过氯酸铵粉尘	Ammonium Perchlorate	7790－98－9	8	—	肺间质纤维化	二

表 4 - 6（续）

序号	中文名	英文名	化学文摘号 CAS号	PC - TWA (mg/m³) 总尘	PC - TWA (mg/m³) 呼尘	临界不良健康效应	备注
15	滑石粉尘（游离 SiO₂ 含量<10%）	Talc dust (free SiO₂<10%)	14807 - 96 - 6	3	1	滑石尘肺	—
16	活性炭粉尘	Active carbon dust	64365 - 11 - 3	5	—	尘肺病	—
17	聚丙烯粉尘	Polypropylene dust	—	5	—	—	—
18	聚丙烯腈纤维粉尘	Polyacrylonitrile fiber dust	—	2	—	肺通气功能损伤	—
19	聚氯乙烯粉尘	Polyvinyl chloride (PVC) dust	9002 - 86 - 2	5	—	下呼吸道刺激；肺功能改变	—
20	聚乙烯粉尘	Polyethylene dust	9002 - 88 - 4	5	—	呼吸道刺激	—
21	铝尘 铝金属、铝合金粉尘 氧化铝粉尘	Aluminum dust; Metal & alloys dust; Aluminium oxide dust	7429 - 90 - 5	3 4	—	铝尘肺；眼损害；黏膜、皮肤刺激	—
22	麻尘（游离 SiO₂ 含量 <10%） 亚麻 黄麻 苎麻	Flax, jute and ramie dusts (free SiO₂<10%) Flax Jute Ramie	—	1.5 2 3	—	棉尘病	—
23	煤尘（游离 SiO₂ 含量<10%）	Coal dust (free SiO₂<10%)	—	4	2.5	煤工尘肺	—
24	棉尘	Cotton dust	—	1	—	棉尘病	—
25	木粉尘（硬）	Wood dust	—	3	—	皮炎、鼻炎、结膜炎；哮喘、外源性过敏性肺炎；鼻咽癌等	G1；敏
26	凝聚 SiO₂ 粉尘	Condensed silica dust	—	1.5	0.5	—	—

表 4-6（续）

序号	中文名	英文名	化学文摘号 CAS号	PC-TWA (mg/m³) 总尘	PC-TWA (mg/m³) 呼尘	临界不良健康效应	备注
27	膨润土粉尘	Bentonite dust	1302-78-9	6	—	鼻、喉、肺、眼刺激；支气管哮喘	—
28	皮毛粉尘	Fur dust	—	8	—	过敏性肺泡炎；支气管哮喘	敏
29	人造矿物纤维绝热棉粉尘（玻璃棉、矿渣棉、岩棉）	Man-made mineral fiber insulation cotton (Fibrous glass, Slag wool, Rock wool) dust	—	5 1f/mL	— —	质量浓度：皮肤和眼刺激纤维浓度：呼吸道不良健康效应	—
30	桑蚕丝尘	Mulberry silk dust	—	8	—	眼和上呼吸道刺激；肺功能损伤	—
31	砂轮磨尘	Grinding wheel dust	—	8	—	轻微致肺纤维化作用	—
32	石膏粉尘	Gypsum dust	10101-41-4	8	4	上呼吸道、眼和皮肤刺激；肺炎等	—
33	石灰石粉尘	Limestone dust	1317-65-3	8	4	眼、皮肤刺激；尘肺眼、皮肤刺激；尘肺	D
34	石棉（石棉含量>10%）粉尘纤维	Asbestos (Asbestos>10%) dust Asbestos fibre	1332-21-4	0.8 0.8f/ml	— —	石棉肺；肺癌，同皮瘤	G1
35	石墨粉尘	Graphite dust	7782-42-5	4	2	石墨尘肺	—
36	水泥粉尘（游离 SiO₂ 含量<10%）	Cement dust (free SiO₂ <10%)	—	4	1.5	水泥尘肺	—
37	炭黑粉尘	Carbon black dust	1333-86-4	4	—	炭黑尘肺	G2B
38	碳化硅粉尘	Silicon carbide dust	409-21-2	8	4	尘肺病；上呼吸道刺激	—

表 4-6（续）

序号	中文名	英文名	化学文摘号 CAS号	PC-TWA (mg/m³) 总尘	PC-TWA (mg/m³) 呼尘	临界不良健康效应	备注
39	碳纤维粉尘	Carbon fiber dust	—	3	—	上呼吸道、眼及皮肤刺激	—
40	矽尘 10%≤游离SiO₂含量≤50% 50%<游离SiO₂含量≤80% 游离SiO₂含量>80%	Silica dust 10%≤free SiO₂≤50% 50%<free SiO₂≤80% free SiO₂>80%	14808-60-7	1 0.7 0.5	0.7 0.3 0.2	矽肺	G1 （结晶型）
41	稀土粉尘（游离SiO₂含量<10%）	Rare-earth dust (free SiO₂<10%)	—	2.5	—	稀土尘肺；皮肤刺激	—
42	洗衣粉混合尘	Detergent mixed dust	—	1	—	皮肤、眼和上呼吸道刺激；致敏	敏
43	烟草尘	Tobacco dust	—	2	—	鼻咽炎；肺损伤	—
44	萤石混合性粉尘	Fluorspar mixed dust	—	1	0.7	矽肺	—
45	云母粉尘	Mica dust	12001-26-2	2	1.5	云母尘肺	—
46	珍珠岩粉尘	Perlite dust	93763-70-3	8	4	眼、皮肤、上呼吸道刺激	—
47	蛭石粉尘	Vermiculite dust	—	3	—	眼、上呼吸道刺激	—
48	重晶石粉尘	Barite dust	7727-43-7	5	—	眼刺激；尘肺	—
49	其他粉尘ª	Particles not otherwise regulated	—	8	—	—	—

表中列出的各种粉尘（石棉纤维尘除外）。凡游离SiO₂等于或高于10%者，均按矽尘职业接触限值对待。

ª指游离SiO₂低于10%，不含石棉和有毒物质，而未制定职业接触限值的粉尘。

GB/T 45001–2020/ISO 45001：2018职业健康安全管理体系内审员培训教程

[工作场所空气中生物因素的职业接触限值]

工作场所空气中生物因素的职业接触限值见表 4-7（GBZ 2.1-2019，表 3）。

表 4-7 工作场所空气中生物因素职业接触限值（GBZ 2.1-2019，表 3）

序号	中文名	英文名	化学文摘号 CAS号	OELs MAC	OELs PC-TWA	OELs PC-STEL	临界不良健康效应	备注
1	白僵蚕孢子	Beauveria bassiana	—	6×10^7 孢子数/m^3	—	—	—	—
2	枯草杆菌蛋白酶	Subtilisins	1395-21-7; 9014-01-1	—	15ng/m^3	30ng/m^3	—	敏
3	工业酶	Industrial enzyme	—	—	1.5μg/m^3	3μg/m^3	肺功能下降	敏

[生物监测指标和职业接触生物限值]

生物监测指标和职业接触生物限值见表 4-8（GBZ 2.1-2019，表 4）。

表 4-8 生物监测指标和职业接触生物限值（GBZ 2.1-2019，表 4）

序号	接触的化学有害因素 中文名	接触的化学有害因素 英文名	生物监测指标 中文名	生物监测指标 英文名	职业接触生物限值	采样时间
1	苯	Benzene	尿中苯巯基尿酸	S-phenylmercapturic acid in urine (S-PMA)	47μmol/molCr (100μg/gCr)	工作班后
			尿中反-反式粘糠酸	t, t-muconic acid (tt-MA) in Urine	2.4mmol/molCr (3.0mg/gCr)	工作班后

表4-8（续）

序号	接触的化学有害因素		生物监测指标			职业接触生物限值	采样时间
	中文名	英文名	中文名	英文名			
2	苯乙烯	Styrene	尿中苯乙醇酸加苯乙醛酸	Mandelic acid plus phenyl-glyoxylic acid in urine		295 mmol/molCr（400mg/gCr）	工作班末
						120 mmol/molCr（160mg/gCr）	下一工作班前
3	丙酮	Acetone	尿中丙酮	Acetone in urine		50mg/L	工作班末
4	草甘膦	Glyphosate	尿中草甘膦	Glyphosate in urine		0.6mg/L	工作班末
5	1,3-丁二烯	1,3-Butadiene	尿中1,2-双羟基-4-（N-乙酰半胱氨酸）丁烷	1,2-bis-hydroxy-4-(N-acetylcysteine) butane (DHBMA) in urine		2.9mg/gCr	工作班末
6	二甲苯	Xylene	尿中甲基马尿酸	Methylhippuric acids in urine		0.3g/gCr 或 0.4g/L	工作班末
7	N,N-二甲基甲酰胺	N,N-Dimethyl-formamide	血中N-甲基氨甲酰血红蛋白加合物（NMHb）	N-methylcarbyl hemog-lobin adduct		135nmol/gHb	持续接触4个月后任意时间
8	N,N-二甲基乙酰胺	N,N-Dimethy-lacetamide	尿中N-甲基乙酰胺	N-Methylacetamide in urine		20.0mg/gCr	工作周末的班末
9	二氯甲烷	Dichloromethane	尿中二氯甲烷	Dichloromethane in urine		0.3mg/L	工作班末
10	二硫化碳	Carbon disulfide	尿中2-硫代噻唑烷-4-羧酸	2-Thiothiazolidine-4-carboxylic acid (TTCA) in urine		1.5 mmol/molCr（2.2 mg/g Cr）	工作班末或接触末
11	酚	Phenol	尿中总酚	Total phenol in urine		150 mmol/mol Cr（125 mg/g Cr）	工作周末的班末

表 4 – 8（续）

序号	接触的化学有害因素		生物监测指标		职业接触生物限值	采样时间
	中文名	英文名	中文名	英文名		
12	氟及其无机化合物	Fluorides and its inorganic compounds	尿中氟	Fluorides in urine	42 mmol/molCr（7mg/gCr）	工作班后
					24 mmol/molCr（4mg/gCr）	工作班前
13	镉及其无机化合物	Cadmium and inorganic compounds	尿中镉	Cadmium in urine	5μmol/molCr（5μg/gCr）	不做严格规定
			血中镉	Cadmium in blood	45nmol/L（5μg/L）	不做严格规定
14	汞及其无机化合物	Mercury and inorganic compounds	尿中总汞	Total inorganic mercury in urine	20μmol/molCr（35μg/gCr）	接触 6 个月后工作班前
15	甲苯	Toluene	尿中马尿酸	Hippuric acid in urine	1 mol/molCr（1.5g/gCr）	工作班末（停止接触后）
					11 mmol/L（2.0 g/L）	工作班末（停止接触后）15min～30min）
			终末呼出气甲苯	Toluene in End – Exhaled Ai	20mg/m³	
					5mg/m³	工作班前
16	甲苯二异氰酸酯	toluene diisocyanate, TDI	尿中甲苯二胺	Toluenediamine（2，4 – TDA）in urine	1μmol/molCr	工作班末
17	可溶性铬盐	Soluble Chromate	尿中总铬	Total Chromium in urine	65μmol/molCr（30μg/gCr）	接触一个月后工作周末的班末

表 4 - 8（续）

序号	接触的化学有害因素		生物监测指标			职业接触生物限值	采样时间
	中文名	英文名	中文名	英文名			
18	铅及其化合物	Lead and compounds	血中铅	Lead in blood		2.0μmol/L（400μg/L）	接触三周后的任意时间
19	三氯乙烯	Trichloroethylene	尿中三氯乙酸	Trichloroacetic acid in urine		0.3mmol/L（50mg/L）	工作周末的班末
20	三硝基甲苯	Trinitrotoluene	血中 4 - 氨基 - 2，6 - 二硝基甲苯 - 血红蛋白加合物	Hemoglobin Adducts of 4 - Amino - 2，6 - Dinitrotoluene in Blood		200ng/gHb	接触 4 个月后的任意时间
21	四氯乙烯	Tetrachloroethylene	血中四氯乙烯	Tetrachloroethylene in blood		0.3 mg/L	工作周末的班前
22	锑及其化合物	Antimony and its compounds	尿中锑	Antimony in urine		85μg/L	工作周末
23	五氯酚	Pentachlorophenol	尿中总五氯酚	Total pentachlorophenol in urine		0.64 mmol/molCr（1.5 mg/g Cr）	工作周末的班末
24	1 -溴丙烷	1 - Bromopropane	尿中 1 -溴丙烷	1 - Bromopropane in urine		20μg/L	工作班后
25	一氧化碳	Carbon monoxide	血中碳氧血红蛋白	Carboxyhemoglobin in blood		5%HbCO	工作班末
26	乙苯	Ethyl benzene	尿中苯乙醇酸加苯乙醛酸	Mandelic acid and phenylglyoxylic acid (MA and PGA) in urine		0.8g/gCr	工作班末

表 4 – 8（续）

序号	接触的化学有害因素		生物监测指标		职业接触生物限值	采样时间
	中文名	英文名	中文名	英文名		
27	有机磷酸酯类农药	Organophosphate insecticides	全血胆碱酯酶活性（校正值）	cholinesterase activity of Whole blood (correction value)	原基础值或参考值的 70%	开始接触后 3 个月内，任意时间
					原基础值或参考值的 50%	持续接触 3 个月后，任意时间
28	正己烷	n – Hexane	尿中 2，5 – 己二酮	2，5 – Hexanedione in urine	35.0μmol/L（4.0mg/L）	工作班后

注：Cr，肌酐英文名称 Creatinine 的缩写。

4.4.2.4　GBZ 2.2—2007《工作场所有害因素职业接触限值　第2部分：物理因素》

GBZ 2.2—2007《工作场所有害因素职业接触限值　第2部分：物理因素》于2007年4月12日发布，2007年11月1日实施。本部分第13章、第14章和第15章为推荐性条款，其余为强制性条款。该标准修订将GBZ 2—2002《工作场所有害职业接触限值》分为GBZ 2.1《工作场所有害因素职业接触限值　第1部分：化学有害因素》和GBZ 2.2《工作场所有害因素职业接触限值　第2部分：物理因素》。自本部分实施之日起，GBZ 2—2002中相应的内容作废。

[标准范围]

本部分规定了工作场所物理因素职业接触限值。

本部分适用于存在或产生物理因素的各类工作场所。适用于工作场所卫生状况、劳动条件、劳动者接触物理因素程度、生产装置泄露、防护措施效果的监测、评价、管理、工业企业卫生设计及职业卫生监督检查等。

本部分不适用于非职业性接触。

[标准内容介绍]

GBZ 2.2—2007标准对超高频辐射职业接触限值、高频磁场职业接触限值、工频电场职业接触限值、激光辐射职业接触限值、微波辐射职业接触限值、紫外辐射职业接触限值、高温作业职业接触限值、噪声职业接触限值、手持振动职业接触限值以及煤矿井下采掘工作场所气象条件、体力劳动强度分级等相关内容进行了规定和要求，现摘编部分，供体系运行过程中参考。

（1）高温作业职业接触限值

1）术语和定义

高温作业：在生产劳动过程中，其工作地点平均WBGT指数等于或大于25℃的作业。

WBGT指数：又称为温球黑球温度，是综合评价人体接触作业环境热负荷的一个基本参量，单位为摄氏度（℃）。

接触时间率：劳动者在一个工作日内实际接触高温作业的累计时间与8h的比率。

本地区室外通风设计温度：近十年本地区气象台正式记录每年最热月份的每日13时～14时的气温平均值。

2）卫生要求

接触时间率100%，体力劳动强度为Ⅳ级，WBGT指数限值为25℃；劳动强度分级每下降一级，WBGT指数限值增加1℃～2℃；接触时间率每减少25%，WBGT限值指数增加1℃～2℃，见表4-9（GBZ 2.2—2007，表8）。本地区室外通风设计温度≥30℃的地区，表4-9（GBZ 2.2—2007，表8）中规定的WBGT指数相应增加1℃。

表4-9 工作场所体力劳动强度 **WBGT** 限值（GBZ 2.2—2007，表8）　　℃

接触时间率	体力劳动强度			
	Ⅰ	Ⅱ	Ⅲ	Ⅳ
100%	30	28	26	25
75%	31	29	28	26
50%	32	30	29	28
25%	33	32	31	30
注：体力劳动强度分级按本标准第14章执行，实际工作中可参考附录B。				

（2）噪声职业接触限值

1）术语和定义

生产性噪声：在生产过程中产生的一切声音。

稳态噪声：在观察时间内，采用声级计"慢档"动态特性测量时，声级波动<3dB（A）的噪声。

非稳态噪声：在观察时间内，采用声级计"慢档"动态特性测量时，声级波动≥3dB（A）的噪声。

脉冲噪声：噪声突然爆发又很快消失，持续时间≤0.5s，声压有效值变化≥40dB（A）的噪声。

A计权声压级（A声级）：用A计权网络测得的声压级。

等效连续A计权声压级（等效声级）：在规定的时间内，某一连续稳态噪声的A计权声压，具有与时变的噪声相同的均方A计权声压，则这一连续稳态的声级就是此时变噪声的等效声级，单位用dB（A）表示。

按额定8h工作日规格化的等效连续A计权压级（8h等效声级）：将每一天实际工作时间内接触的噪声强度等效为工作8h的等效声级。

按额定每周工作40h规格化的等效连续A计权压级（每周40h等效声级）：非每周5d工作制的特殊工作场所接触的噪声声级等效为每周工作40h的等效声级。

2）卫生要求

每周工作5d，每天工作8h，稳态噪声限值为85dB（A），非稳态噪声等效声级的限值为85dB（A）；每周工作5d，每天工作时间不等于8h，需计算8h等效声级，限值为85dB（A）；每周工作不是5d，需计算40h等效声级，限值为85dB（A），见表4-10（GBZ 2.2—2007，表9）。

表4-10 工作场所噪声职业接触限值（GBZ 2.2—2007，表9）

接触时间	接触限值/dB（A）	备注
5d/w，=8h/d	85	非稳态噪声计算8h等级声级
5d/w，≠8h/d	85	计算8h等级声级
≠5d/w	85	计算40h等级声级

脉冲噪声工作场所，噪声声压级峰值和脉冲次数不超过表 4 - 11（GBZ 2.2—2007，表 10）的规定。

表 4 - 11　工作场所脉冲噪声职业接触限值（GBZ 2.2—2007，表 10）

工作日接触脉冲次数（n）/次	声压级峰值/dB（A）
$n \leqslant 100$	140
$100 < n \leqslant 1000$	130
$1000 < n \leqslant 10000$	120

（3）体力劳动强度分级

1）术语和定义

能量代谢率：从事某工种的劳动者在工作日内各类活动（包括休息）的能量消耗的平均值，以单位时间（每分钟）内每平方米体表面积的能量消耗值表示，单位为 KJ/（min·m²）。

劳动时间率：劳动者在一个工作日内实际工作时间与日工作时间（8h）的比率，以百分率表示。

体力劳动性别系数：相同体力强度引起的男女不同生理反应的系数。在计算体力劳动强度指数时，男性系数为 1，女性系数为 1.3。

体力劳动方式系数：在相同体力强度下，不同劳动方式引起的生理反应的系数。在计算体力劳动强度时，"搬"的方式系数为 1，"扛"的方式系数为 0.40，"推/拉"的方式系数为 0.05。

体力劳动强度指数：区分体力劳动强度等级的指数。指数大，反映体力劳动强度大；指数小，反映体力劳动强度小。

2）体力劳动强度分级规定

体力劳动强度分为四级，见表 4 - 12（GBZ 2.2—2007，表 13）。

表 4 - 12　体力劳动强度分级表（GBZ 2.2—2007，表 13）

体力劳动强度级别	劳动强度指数（n）
Ⅰ	$n \leqslant$
Ⅱ	$15 < n \leqslant 20$
Ⅲ	$20 < n \leqslant 25$
Ⅳ	$n > 25$

实际工作中体力劳动强度分级的职业描述可参考表 4 - 13（GBZ 2.2—2007，附录 B 中表 B.1）。

表4-13　常见职业体力劳动强度分级表（GBZ 2.2—2007，附录 B 中表 B.1）

体力劳动强度分级	职业描述
Ⅰ（轻劳动）	坐姿：手工作业或腿的轻度活动（正常情况下，如打字、缝纫、脚踏开头关等）； 立姿：操作仪器，控制、查看设备，上臂用力为主的装配工作
Ⅱ（中等劳动）	手和臂持续动作（如锯木头等）；臂和腿的工作（如卡车、拖拉机或建筑设备等运输操作等）；臂和躯干的工作（如锻造、风动工具操作、粉刷、间断搬运中等重物、除草、锄田、摘水果和蔬菜等）
Ⅲ（重劳动）	臂和躯干负荷工作（如搬重物、铲、锤锻、锯刨或凿硬木、割草、挖掘等）
Ⅳ（极重劳动）	大强度的挖掘、搬运，快到极限节律的极强活动

第5章 5S与职业健康安全管理体系（ISO 45001）

5.1 5S的起源

5S管理起源于日本，最先重视和进行这方面研究的是从事制造业的质量管理专家。20世纪四五十年代以前，日本制造的工业品因品质低劣，在欧美市场上也只能摆在地摊上卖，日本制造的工业品面临着被市场淘汰的命运。为此，日本企业认识到只有提升产品质量，抢占国际市场，才能走出困境。这一时期，日本的质量管理专家纷纷从现场管理的角度，提出了许多有利于提高产品质量的实质性做法，这些做法包括：

——各种物品按规定、定量摆放整齐；

——经常对现场实物进行盘点，区分有用的和没用的，没有用的坚决清除掉；

——确定物品放置场所，规定放置方法；

——对工作场所经常进行打扫，清除脏污，保持场所干净、整洁。

在这一时期，显然5S管理的系统架构尚未形成，有的只是一些零散的方法与措施，但这对5S管理体系的最终形成和发展提供了前提条件。1950年，日本劳动安全协会提出"安全始于整理整顿，而终于整理整顿"的宣传口号，当时只推行了5S中的整理、整顿，目的在于确保生产安全和作业空间，后来因生产管理的需求及水准的提升，才继续增加了其余3个S，即"清扫、清洁、素养"，从而形成目前广泛推行的5S架构，也使其重点由环境品质扩及至人的行为品质，在安全、卫生、效率、品质及成本方面得到较大改善。1986年，首本5S著作问世，从而对整个日本现场管理模式起到了冲击作用，并由此掀起5S热潮，使之后来发展成为现场管理中一种有效管理模式。

日本企业将5S活动作为工厂管理的基础，推行各种质量管理手法，使二战后产品质量得以迅速提高，奠定了经济大国的地位。而在日本最有名的就是丰田公司倡导推行的5S，由于5S对于塑造企业形象、降低成本、准时交货、安全生产、高度的标准化、创造令人心怡的工作场所等现场改善的巨大作用，逐渐被各国管理界所认同。随着世界经济的发展，5S现已成为工厂管理的一股新潮流。

5.2 5S的主要内容

5.2.1 整理

整理即区分要与不要的物品，保留要的物品，将不要的物品坚决清除出工作现场。

把要与不要的物品分开，再将不需要的物品加以处理，并规定现场必需物品的最多允许数量，做到所有必要的物品在现场都能找得到，这是开始改善生产现场的第一步。其要点是对生产现场的现有摆放和停滞的各种物品进行分类，区分什么是现场需要的，什么是现场不需要的；其次，对于现场不需要的物品，诸如用剩的材料、多余的半成品、切下的料头、切屑、垃圾、废品、多余的工具、报废的设备、员工的个人生活用品等，要坚决清理出生产现场，这项工作的重点就是在于坚决把现场不需要的东西清理掉。对于车间里各个工位或设备的前后、通道左右、厂房上下、工具箱内外，以及车间的各个死角，都要彻底搜寻和清理，达到现场无不用之物。坚决做好这一步，是树立好作风的开始。日本有的公司提出口号：效率和安全始于整理。

5.2.2 整顿

将工作场所内需用的物品按规定定位、定量摆放整齐，并加以明确标识，使物品处于在必要的时候马上就能取出来的状态。

通过一番整理后，对生产现场需要留下的物品进行科学合理的布置和摆放，以便能在最短的时间内知道和找到所需要的东西。生产现场物品合理的摆放有利于提高工作效率和产品质量，保障安全生产。整顿活动的要点如下：

（1）物品摆放要有固定的地点和区域，以便于寻找，消除因混放而造成的差错。

（2）物品摆放地点要科学合理。例如，根据物品的使用频率，经常使用的东西应放得近些（如放在作业区内），偶尔使用或不经常使用的东西则应放得远些（如集中放在车间某处），危险品应在特定的场所内保管。

（3）物品摆放目视化，使定量装载的物品做到过目知数，摆放不同物品的区域采用不同的色彩和标志加以区别。

5.2.3 清扫

将工作场所及工作用的设备清扫干净，保持工作场所干净、亮丽。

生产现场在生产过程中会产生灰尘、油污、垃圾等而使现场变脏。脏的现场会使设备精度降低，故障多发，影响产品质量；脏的现场会影响人们的工作情绪，产生压抑感，极易发生安全事故。因此，必须通过清扫活动来清除那些脏物，创建一个明快、舒畅的工作环境。清扫活动的要点如下：

（1）划分责任区。对于清扫，要利用公司的平面图，进行区域责任区划分，实行区域责任制。各责任区要细化成各自的定置图，责任到人。公共区域（如休息室、会议室）可采用轮值的方式，不应有任何清扫不到的死角。

（2）设备点检。对设备的清扫，着眼于对设备的维护保养。清扫设备要同设备的点检结合起来，清扫即点检；清扫设备要同时做设备的润滑工作，清扫也是保养。

（3）制定清扫标准。制定相关的清扫基准，明确清扫对象、方法、重点、程度、周期、使用工具、责任人等项目，保证清扫质量，推进清扫工作的标准化、规范化。

5.2.4 清洁

将整理、整顿、清扫做法制度化、标准化，并维持成果。

整理、整顿、清扫之后要认真维护，使现场保持完美和最佳状态。清洁是对前三项活动的坚持与深入，从而清除安全事故发生的根源，创造一个良好的工作环境，使员工能愉快地工作。清洁活动的要点如下：

（1）车间环境不仅要整齐，而且要做到清洁卫生，保证员工身体健康，提高员工劳动热情。

（2）不仅物品要清洁，而且员工本身也要做到清洁，如工作服要清洁，仪表要整洁，及时理发、剃须、修指甲、洗澡等。

（3）要使环境不受污染，进一步消除浑浊的空气、粉尘、噪声和污染源，消除职业病。

（4）将"3S"培养成一种习惯，做到制度化、规范化，并贯彻执行及维持成果。

5.2.5 素养

人人养成好习惯，依规定行事，培养积极进取精神。

素养是5S活动的核心，也是5S活动的最终目的。没有人员素质的提高，各项活动就不能顺利开展，开展了也坚持不了。所以，抓"5S"活动，要始终着眼于提高人的素质。素养活动的要点如下：

（1）持续推进4S工作。前4S是基本动作，也是手段，主要借这些基本动作来使员工在无形中养成一种保持整洁的习惯。通过前4S的持续实践，可以使员工实际体验"整洁"的作业场所，从而养成爱整洁的习惯。如果前4S没有落实，则第5个S（素养）就没有办法达成。

（2）建立共同遵守的规章制度。企业是一个组织，要想提高员工素养，首先得让员工有据可依才行。没有规矩，不成方圆。素养推行前期，首先要对企业里大家都认同的行为规范进行总结提炼，制定大部分人都认可的有关规则、规定，然后大家共同遵守。这个规则能为多数人创造一个舒畅、轻松、愉快的工作环境。

（3）实施各种教育培训。企业内员工素质的提高，不断的培训是最有效的方法。培训既可以增加员工的知识，也可以提高他们的工作能力；在行动中，还可以改变他们的思想行为。这是4S的最佳保证。

（4）开展各种精神提升的活动。如早会、征文比赛等，这样有利于培养团队精神，使员工保持良好的精神面貌。

5.3　5S 与 ISO 45001 的联系

许多管理工作是相辅相成的，搞好 5S 管理对推行职业健康安全管理体系有很大的帮助。以至于许多企业在推行 5S 管理的时候，和安全（英文 Safety）管理结合起来，合称为 6S（6S 即：整理、整顿、清扫、清洁、素养、安全）。其实，作者认为，安全本来就是 5S 活动重点解决的问题，只要彻底地做好 5S 活动，其他的 S 都是水到渠成的事。5 个 S 的活动中的每一个环节均体现了职业健康安全的内容，见表5-1。

表 5-1　5S 与职业健康安全的联系

5S	含义	与职业健康安全的联系
整理	区分用与不要用的物品，要用的物品留下来，不要用的物品清理掉	现场的混乱主要是由于各种各样的物品太多造成的。物品过多就会造成通道不畅、阻碍视线、堆放过高、影响作业等不良状况，增加了安全事故发生的概率。如果这样的现场发生紧急情况，其后果不堪设想
整顿	把工作场所内需用的物品依规定定位，定量摆放整齐，并进行明确标识	整顿要求现场物品都有明确的摆放位置，按照规定的要求正确摆放，同时限定了保存的数量，再加上醒目的标识，现场就会变得整齐有序，工作起来会顺畅许多。生产中使用的一些有毒有害、易燃物品同样按照要求进行管理，其职业健康安全方面的隐患会大大降低。即便是不慎发生了问题，也能及时发现并加以解决。 另外，消防器材按照整顿的要求管理之后，寻找、使用起来会更迅速、有效
清扫	清除工作场所内的脏污，并防止脏污的发生，保持工作场所干净亮丽	清扫的过程实际就相当于对设备的初步点检。因此，清扫有利于发现设备安全隐患。通过每天持续不断的清扫，设备得到良好的保养，可以有效防止一些设备可能发生的故障，使人员受伤害的可能性降低。 清扫要求寻找对策消除脏污发生源，同样会对安全管理有所帮助。例如设备漏油现象的消除，不仅仅是污染没有了，也大大降低了发生燃烧事故的可能性。 另外，清扫有利于工作环境的改善，减少粉尘、化学气体及其他有害物，对防止职业病是非常有益的
清洁	将整理、整顿、清扫的做法制度化、规范化，并维持成果	将整理、整顿、清扫形成制度后，人人都分担一定的 5S 职责，现场的整齐有序、清洁明快得以维持。有利于形成良好的工作氛围，组织有序的生产活动，职业健康安全管理水平也就得到相应提高

表5-1（续）

5S	含义	与职业健康安全的联系
素养	人人养成好习惯，依规定行事，培养积极进取精神	严格按照标准作业的习惯养成之后，职业健康安全方面的规章制度也就得到有效落实。员工养成积极改善的工作态度，各项工作（包括职业健康安全工作）绩效就会不断提高，这是企业不断发展的动力源泉

5.4 5S 与 ISO 45001 的特点比较

（1）ISO 45001 是以系统安全的思想为基础，管理的核心是系统中导致事故的根源，即危险源，强调通过危险源辨识、风险评价和风险控制来达到事故控制的目的。而 5S 从改变现场面貌入手，通过塑造清爽亮丽的工作现场，消除安全隐患，从而控制安全事故的发生。

（2）ISO 45001 要求从方针的制定、管理策划、实施与运行到检查与纠正措施和管理评审来持续提高管理水平和职业健康安全绩效。而 5S 通过提高人的素养，养成积极改善的工作态度，达到绩效的不断提高。

（3）ISO 45001 是通过内部的管理评审和第三方的认证审核，持续不断地提高管理水平和职业健康安全绩效。而 5S 是通过提高全员的安全卫生意识，养成良好的工作习惯，通过不断的安全卫生检查监督机制，达到持续不断地提高管理水平和管理业绩的目的。

（4）ISO 45001 提供持续满足法律法规的要求，改善员工的工作环境和生活环境，减少职业病的发生。而 5S 是通过不断的整理、整顿、清扫、清洁的程序化，使大家养成人人按照规则来做事的好习惯，从而减少安全事故的发生，创造和谐发展的空间。

5.5 在实施 ISO 45001 过程中导入 5S 活动内容

日本在 20 世纪 50 年代就提出了"安全始于整理整顿，而终于整理整顿"的宣传口号，目的在于确保安全和作业空间，改善工作环境，杜绝工作现场的脏乱发生，消除安全隐患。因此，组织在实施职业健康安全管理体系过程中同时导入 5S 活动，认真地做好整理、整顿、清扫、清洁、素养工作，对体系的建立和实施将起到积极的作用。

5.5.1 规范物品摆放

安全事故、事件的发生，往往与工作现场脏乱、物品摆放不规范以及员工违规操作，有规定不按规定办等因素有关。因此，在体系建立初期，应对物品摆放进行规范，以消除可能产生事故的诱因。物品摆放要以安全为前提，执行物品摆放安全十法：

方法一 摆放不稳而易于倒下的长形件，不要竖着靠在壁、柱及机械设备上。否则，要用铁丝等捆好，不使其倒下。

方法二 工件、托板、铁箱等要整齐地叠放，防止倾倒伤人。

方法三 在架子上放置物品，重物、大物在下，轻物、小物在上。架子上面不可放置物品。

方法四 在高处不要乱放东西。高处作业完毕后，工具和材料务必要拿下来。

方法五 生产现场上的废铁、木块、油布、纸箱等应尽快拿走，并按规定分类放在指定的场所或容器内。

方法六 机械设备的周边，配电柜、灭火器、消防栓等的周围、出入口、楼梯道、紧急出口处不要放置物品。

方法七 在运输和摆放材料、制品、废料等时，不占据通道，不压在通道黄线上或定置的黄线上。临时占用和占线后，应尽快拿走。

方法八 经常打扫通道和作业场地，特别是油腻、铁屑、钢丸等应立刻清除，以防滑倒和扎伤脚。

方法九 冬天寒冷易结冰时，不要在通道上洒水，以防滑倒。

方法十 乙醇、涂料、油漆、稀释剂、香蕉水等化学危险品一定要防止泄漏和妥善存放，避免靠近火源并放在指定场所。危险废弃物也要放在规定地点，并加强管理。

5.5.2 生产过程中的安全操作要求

在产品实现过程中，要保障员工人身和财产安全，必须搞好安全生产责任制，贯彻各项安全生产规章制度和劳动保护规定，强化安全管理，加强安全监督。以机电行业为例，其生产过程中的安全操作要求有：

5.5.2.1 特种作业人员持证上岗

电工、金属焊接与切割（电、气）、起重机械（含电梯）作业、登高架设、锅炉作业（司炉和水质化验）、压力容器作业、制冷（含制氧）、企业内自动车辆驾驶等人员，需经县级以上安全技术培训部门考核合格后才能上岗。

5.5.2.2 使用劳动防护用品

（1）工作时应穿工作服，扎紧袖口或戴好袖套。留有超过颈部以下长发、留有披发或发辫的应将头发塞在工作帽内。旋转机床切削时不准戴手套，操作旋转机械或检修试车时，不准戴围巾、头巾或穿裙子、系领带、饰物和散开衣襟。

（2）高速切削或有崩屑、颗粒物飞溅时，要戴防护眼睛。切削铸铁、塑料等产生粉尘、有毒物时，要戴口罩。

（3）铸造、锻造作业时不得赤膊穿背心，浇铸炽热金属液还要穿鞋盖。在易燃、易爆、明火、高温作业时不得穿化纤服装。

（4）高处作业或在有高处作业、机械化运输设备的下面工作时应戴安全帽，高处作业（离地 2m 以上）在非固定支撑面上和坡度大于 45°的斜面上工作应使用安全带和安全网、吊笼，并不应穿硬底鞋。

（5）电气作业应穿绝缘鞋，带电作业（检修）应戴绝缘手套。

5.5.2.3 安全标志颜色和安全位置距离

（1）红色表示禁止和停止，出现危险警报时应立即处理。黄色表示注意和警告。绿色表示正常情况。

（2）在车间布局中，加工设备最小间距（机件活动达最大范围）：小设备不小于 0.7m，大设备不小于 2m。与墙、柱间距：小设备不小于 0.7m，大设备不小于 0.9m。设备操作空间不小于 0.6m，人行道宽不小于 1m，车行道宽不小于 1.8m。高于 2m 的运输线应有牢固护网（罩）。

5.5.2.4 机械加工安全要求

（1）设备运转中或惯性运转时，不得测量工件、手摸工件、清洁机器。清除废屑要在停机后，用刷子或铁钩，禁止手拉、嘴吹。

（2）机床导轨和运动的台面上不可放置工具、量具、手柄、小工件等。不可隔着运动的物体传送物件。不准手持小工件钻孔、磨削。

（3）大型机床行程末端外应设栏杆，禁止人员在此间隙停留或通过，不可在直线运动部件正前方观察、测量和加工。

（4）临时停电应切断电源开关，并将操纵装置归零。两人操作或维修中，开动机床时应与他人联系。

（5）不得超限（如载荷、速度、压力、温度、期限等）使用设备。

5.5.2.5 磨削作业安全要求

（1）砂轮机不能正对着经常有人来往的地方，操作者应站在砂轮的侧面，不可站在砂轮的正面。

（2）作业应配眼镜或护目镜，干磨时要戴口罩，通风除尘。镁合金磨削时注意防火。

（3）砂轮紧固以压紧到足以带动砂轮而不产生滑动为宜。大卡盘按对角线成对顺序逐步均匀旋紧，防止压裂。

（4）砂轮旋转应无明显跳动。产生振动往往因砂轮重心与回转轴线不重合，须做平衡试验。砂轮修整时发生强烈振动则因工具位置过高，逆砂轮旋转方向所致。

（5）砂轮外需有防护罩，内圆磨和手持小砂轮（直径不大于 50mm）除外。砂轮不得超速使用，更新砂轮时尤应注意。

（6）根据砂轮结合剂选择磨削液，树脂结合剂不能用碱性磨削液，橡胶结合剂不能用油基磨削液。

5.5.2.6 电气作业安全要求

（1）电焊机、手持式电动工具、移动式电风扇及临时用电设备应可靠地接地（接零），设备外壳的绝缘电阻不应小于 $2M\Omega$。

（2）临时用电线路必须用绝缘良好的电线，沿墙或悬空架设，距地面大于 2.5m。电灯应用安全电压 36V。

（3）不得开动情况不明的电源或动力源开关、闸。

（4）熔断器内的熔断元件应与负荷匹配。电气设备应注意漏电，防止过载或短路，以免电击、燃烧和爆炸。

5.5.2.7 其他作业安全要求

（1）起动机械的钢丝绳及吊钩应无明显磨损，衬套磨损不得超过厚度的 5%，负荷时无永久变形。钢丝绳尾端的装卡应牢固可靠，在卷扬筒上至少要留有 3 圈。

（2）油漆作业现场应具有良好的通风，电器设施应达到防爆要求。容器内作业也要通风。

（3）易燃易爆品库房灭火方法不同的化学危险品及性质相抵触的易燃易爆品不能储存在一起，库房门窗都应向外开启。库房电器开关和照明应达防爆要求。

（4）平时可能接触的旋转装置及冲压机脚踏开关的外露部分都应有防护罩，脚踏板应能防止滑动。

5.5.3 职业健康安全教育与技能训练

在 5S 推行过程中，企业通常要结合本身的实际情况，开展对员工进行职业健康安全教育和技能训练，其目的是为了进一步提高广大员工搞好事故预防工作的责任感和自觉性。其次，职业健康安全技术知识的普及和安全技能的提高，能使广大员工掌握工业伤害事故发生发展的客观规律，提高安全操作技术水平，掌握安全检测技术和控制技术，搞好事故预防，保护自身和他人的安全健康。职业健康安全教育主要有以下三个内容：

（1）思想教育，主要是正面宣传职业健康安全生产的重要性，选取典型事故进行分析，从事故的社会影响、经济损失、个人受害后果几个方面进行教育。

（2）法规教育，主要是学习上级有关文件、条例、本企业已有的具体规定、制度和纪律条文。

（3）职业健康安全技术教育，包括生产技术、一般职业健康安全技术的教育和专业安全技术的训练。其内容主要是本企业安全技术知识、工业卫生知识和消防知识，本班组动力特点、危险地点和设备安全防护注意事项；电气安全技术和触电预防；急救知识；高温、粉尘、有毒、有害作业的防护；职业病原因和预防知识；运输安全知识；保健仪器、防护用品的发放、管理和正确使用知识等。

专业安全技术训练，是指对锅炉等受压容器、电、气焊接、易燃易爆、化工有毒有害、微波及射线辐射等特殊工种进行的专门安全知识和技能训练。

5.5.4 职业健康安全检查

职业健康安全检查可与5S检查合并进行。职业健康安全检查是检查和揭露不安全因素的好形式，也是消除隐患、预防杜绝工伤事故，改善劳动条件的一项有力措施，是企业实施职业健康安全管理体系和推行5S管理的一项重要内容。通过职业健康安全检查可以发现企业及生产过程中的危险源，以便有计划地采取措施，保证安全生产和员工身心健康。

5.5.4.1 职业健康安全检查的内容

（1）查有无进行三级教育。

（2）查安全操作规程是否公开张挂或放置。

（3）查在布置生产任务时有无布置职业健康安全工作。

（4）查安全防护、保险、报警、急救装置或器材是否完备。

（5）查个人劳动防护用品是否齐备及正确使用。

（6）查工作衔接配合是否合理。

（7）查事故隐患是否存在。

（8）查职业健康安全计划措施是否落实和实施。

5.5.4.2 职业健康安全检查的类型

职业健康安全检查可分为日常性检查、专业性检查、季节性检查、节假日前后的检查和不定期检查等五种类型。

（1）日常性检查，即经常的、普遍的检查。一般每年进行2～4次；车间、科室每月至少进行一次；班组每周、每班次都应进行检查。专职安技人员的日常检查应该有计划，针对重点部位周期性进行。

（2）专业性检查是针对特种作业、特种设备、特殊场所进行的检查，如电焊、气焊、起重设备、运输车辆、锅炉压力容器、易燃易爆场所等。

（3）季节性检查是根据季节特点，为保障安全生产的特殊要求所进行的检查。如春季风大，要着重防火、防爆；夏季高温多雨雷电，要着重防暑、降温、防汛、防台风、防雷击、防触电；冬季着重防寒、防冻等。

（4）节假日前后的检查包括节日前进行安全生产综合检查，节日后要进行遵章守纪的检查等。

（5）不定期检查指在装置、机器、设备开工和停工前，检修中，新装置、新设备竣工及试运转时进行的安全检查。

5.5.4.3 安全点检

安全点检是安全检查的一种，可纳入日常性安全检查中去，也可作为上班5分钟、下班5分钟的5S活动内容的一部分，其检查的重点对象是作业现场中物的因素，其目的在于发现物的不安全状态，以便及早采取措施消除物的不安全状态。

由于安全点检是检查工作现场的设备、工具等是否存在不安全因素，所以安全点检应由现场操作人员进行。安全点检是日常工作的一部分，应该经常进行，同时要制定安全点检标准，以客观地衡量被检查对象是否有问题。表5-2给出了某企业安全点检表的内容。

表5-2 安全点检表

安全点检内容		符合√ 不符合×	不符合 事实描述	验证 结果	验证员/ 日期
机械 设备	1. 各防护罩有无未用损坏、不适合？ 2. 设备运转有无振动、杂音、松脱现象？ 3. 设备润滑系统是否良好、有无漏油？ 4. 压力容器是否保养良好？				
电气 设备	1. 各电气设备有无接地装置？ 2. 电气开关护盖及保险丝是否符合要求？ 3. 电气装置有无可能短路和过热起火？ 4. 厂内外临时配用电是否符合规定？				
劳动 防护 用品	1. 员工是否及时佩带合适的劳动防护用品？ 2 防护用品是否维护良好？				
消防 设备	1. 灭火器材是否按配置地点吊挂？ 2. 消防设施设备是否保养良好？				
工作 环境	1. 通道楼梯及消防通道有无障碍物？ 2. 油污废物是否置于密封盖之废料桶内？ 3. 衣物用具是否悬挂或存于指定处？ 4. 物品存放是否稳妥有序？ 5. 工作台、门窗有无缺损？				
急救 设备	1. 急救箱是否能用？药品是否不足？ 2. 急救器材是否完好？ 3. 快速淋洗器是否保养良好？				

5.5.5 目视安全管理

目视安全管理主要是利用颜色刺激人的视觉，来达到警示及作为行动的判断标准，以起到危险预知的目的。在企业生产中所发生的灾害或事故，大部分是由于人为的疏忽，因此，有必要追究到底是什么原因导致人为的疏忽，如何预防工作疏忽。其中，利用安全色是很有必要的一种手段。

5.5.5.1 安全色

安全色是传递安全信息含义的颜色，即在机械或设备危险的部位使用一定含义的颜色来预先警醒作业人员，防止灾害发生。现代科学认为，色彩是"最响亮的语言"，不同的色彩会对人们的心理活动产生不同的影响，同时也使人们在生理做出不同的反应。GB 2893—2008《安全色》对安全色彩做了如下规定：

（1）红色。红色是传递禁止、停止、危险或提示消防设备、设施的信息。红色会使人产生很强的兴奋感和刺激性，易使人的神经紧张，血压升高，心跳和呼吸加快，从而引起高度警觉。因此，凡是禁止、停止、消防和有危险的器件或环境均应涂以红色的标记作为警示的信号。如各种禁止标志；交通禁令标志；消防设备标志；机械的停止按钮、刹车及停车装置的操纵手柄；机器转动部件的裸露部分，如飞轮、齿轮、皮带轮等轮辐部分；指示器上各种表头的极限位置的刻度；各种危险信号旗等。

（2）黄色。黄色是传递注意、警告的信息。黄色的注目性和视觉性都非常好，特别能引起人的注意。所以，凡是警告人们注意的器件、设备及环境都应以黄色表示。如各种警告标志；道路交通标志和标线；警戒标记，如危险机器和坑池周围的警戒线等；各种飞轮、皮带轮及防护罩的内壁；警告信号旗等。

（3）蓝色。蓝色是传递必须遵守规定的指令性信息。蓝色在太阳光的直射下，色彩显得鲜明，给人感觉如同面对一望无际的大海，心旷神怡。蓝色用作交通标志，会使司机在行驶时心情舒畅、精力充沛，不易疲劳。如各种指令标志；交通指示车辆和行人行驶方向的各种标线等标志。

（4）绿色。绿色是传递安全的提示性信息。绿色能使人联想到大自然，由此产生舒适、恬静、安全感。如各种提示标志；车间厂房内的安全通道、行人和车辆的通行标志、急救站和救护站等；消防疏散通道和其他安全防护设备标志；机器启动按钮及安全信号旗等。

5.5.5.2 对比色

使安全色更加醒目的反衬色，包括黑、白两种颜色。安全色与对比色同时使用时，应按表5-3规定搭配使用。

表5-3 安全色与对比色的使用

安全色	对比色
红色	白色
蓝色	白色
黄色	黑色
绿色	白色

注：黑色与白色互为对比色。

5.5.5.3 安全色与对比色的相间条纹

——红色与白色相间条纹，表示禁止人们进入危险的环境（图5-1）；

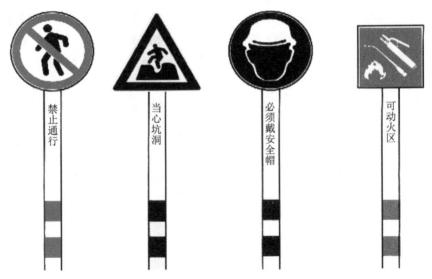

图 5-1　安全标志杆上的色带

——黄色与黑色相间条纹，表示提醒人们特别注意的意思（图 5-1、图 5-2）；

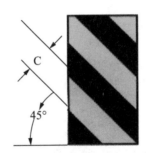

图 5-2　提醒特别注意标志

——蓝色与白色相间条纹，表示必须遵守规定的信息（图 5-3）；

图 5-3　指示性导向标志

——绿色与白色相间条纹，与提示标志牌共同使用，更为醒目地提示人们（图 5-1）。

5.5.5.4　安全标志

（1）安全标志

是由安全色、几何图形和图形符号所构成，用以表达特定的安全信息。此外，还有补充标志，它是安全标志的文字说明，必须与安全标志同时使用。

安全标志的作用，主要是引起人们对不安全因素的注意，预防事故发生。但不能代替安全操作规程和防护措施。

（2）安全标志的种类

GB 2894—2008《安全标志及其使用导则》中规定的安全标志种类，共分禁止标志、警告标志、指令标志和提示标志等四类。现将其情况分述如下：

①禁止标志

禁止标志的含义是不准或制止人们的某种行动。其图形如图5-4所示（注：图形为黑色，禁止符号与文字底色为红色）：

·禁止吸烟　　　　·禁止触摸　　　　·禁止乘人

图5-4　禁止标志

②警告标志

警告标志含义是提醒人们对周围环境引起注意，以避免可能发生危险的图形标志。其图形如图5-5所示（注：图形、警告符号及字体为黑色，图形底色为黄色）。

·注意安全　　　　·当心扎脚　　　　·当心电离辐射

图5-5　警告标志

③指令标志

指令标志的含义是强制人们必须做出某种动作或采用防范措施的图形标志。图形如图5-6所示（注：图形为白色，指令标志底色均为蓝色）。

·必须戴防护眼镜　　　　·必须戴安全帽　　　　·必须系安全带

图5-6　指令标志

④提示标志

提示标志的含义是向人们提供某种信息（如标明安全实施或场所等）的图形标志。图形如图5-7所示。

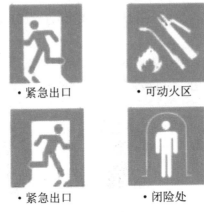

图5-7　提示标志

⑤提示标志的方向辅助标志

提示标志提示目标的位置时要加方向辅助标志。按实际需要指示左向或向下时，辅助标志应放在图形标志的左方，如指示右向时，则应放在图形标志的右方，如图5-8所示。

图5-8　提示标志的方向辅助标志

⑥电力行业安全标志

电力行业安全标志如图5-9所示。

图5-9　电力行业安全标志

⑦消防安全标志

消防安全标志如图5-10所示。

消防手动启动器　　　　　　发声警报器　　　　　　火警电话

紧急出口　　　　　　　　紧急出口　　　　　　　滑动开门

图 5 - 10　消防安全标志

（3）其他与安全检查有关的色标

除了上述安全色和安全标志外，企业里还有一些色标与安全有关系。常见的色标主要有气瓶、气体管道和电气供电流等方面的漆色。

①气瓶的色标。

为了迅速识别气瓶内盛装的介质，原国家劳动总局颁发的《气瓶安全监察规程》对气瓶颜色和气瓶字样的颜色做了规定，参见表 5 - 4。

表 5 - 4　气瓶漆色表

气瓶名称	外表面颜色	字样	字样颜色
氢	深绿	氢	红
氧	天蓝	氧	黑
氨	黄	液氨	黑
氯	草绿	液氯	白
压缩空气	黑	空气	白
氮	黑	氮	黄
二氧化碳	铝白	液化二氧化碳	黑
氩	灰	氩	绿
煤气	灰	煤气	红
石油气	铝白	液化石油	红

②工业管路的基本识别色。

根据国标 GB 7231—2003 规定，工业管路的识别色主要有：

水	艳绿
水蒸气	大红
空气	淡灰
气体	中黄
酸或碱	紫
可燃液体	棕
其他液体	黑
氧	淡蓝

工业管路标识方法见图5-11。

图5-11　工业管路标识方法

③供电汇流条的色标。

在企业里，配电室的母线汇流条，单间配电箱的汇流条等都漆有色标。主要是：

A 相母线	黄色
B 相母线	绿色
C 相母线	红色
D 地线	黑色

5.5.6　劳动防护用品

5.5.6.1　劳动防护用品的种类

劳动防护用品按照防护部位分为九类，其主要防护作用和使用注意事项如表5-5所示。

表5-5　劳动防护用品分类表

序号	类别	主要防护作用	产品种类	使用和注意事项
1	安全帽类	用于保护头部，防撞击、挤压伤害	主要有塑料、橡胶、玻璃、胶纸、防寒和竹、藤安全帽	1) 不能把安全帽当坐垫用，以防变形，降低防护作用； 2) 发现帽子有龟裂、下凹、裂痕和磨损等情况，要立即更换
2	呼吸护具类	预防尘肺和职业病	按用途分有：防尘、防毒、供氧三类；按作用原理分有：过滤式、隔绝式两类	1) 应根据自己的头型大小选择合适的面具； 2) 应注意不要让头带和头发压在面罩密合框内，也不能让面罩的头带爪弯向面罩内； 3) 使用者在佩戴面具之前应将自己的胡须剃刮干净
3	眼防护具	保护作业人员的眼、面部，防止外来伤害	焊接用眼防护具、炉窑用眼护具、防冲击眼护具、微波防护具、激光防护镜以及防X射线、防化学、防尘等眼护镜	护目镜、面罩的宽窄大小要适合使用者的脸型，镜片磨损、粗糙、镜架损坏会影响操作人的视力，应立即调换新的
4	听力护具	保护听力不受伤害	耳塞、耳罩、帽盔	90dB（A）以上（长期）或在115 dB（A）以上（短时）环境中工作时应使用听力护具
5	防护鞋	保护足部免受伤害	防砸、绝缘、防静电、耐酸碱、耐油、防滑鞋等	橡胶鞋有绝缘保护作用，主要用于电气、水力清砂、露天作业等岗位；球鞋有绝缘、防滑保护作用，主要用于检修、电气、起重机等工种；防滑靴能防止操作人员滑倒，主要用于油库、退火炉等岗位；护趾安全鞋能保护脚趾在物体砸落时不受伤害，主要用于铸造、炼钢等工种
6	防护手套	用于手部保护	耐酸碱手套、电工绝缘手套、电焊手套、防X射线手套、金属防切割手套、石棉手套等	戴各类手套时，注意不要让手腕裸露出来，以防在作业时焊接火星或其他有害物溅入袖内受到伤害；各类机床或有被夹挤危险的地方，严禁使用手套

表 5-5（续）

序号	类别	主要防护作用	产品种类	使用和注意事项
7	防护服	保护员工免受劳动环境中的物理、化学因素的伤害	特殊防护服、一般作业服	1）白帆布防护服能使人体免受高温的烘烤，并有耐燃烧特点，主要用于炼钢、浇钢、焊接等工作； 2）劳动布防护服对人体起一般屏蔽保护作用，主要用于非高温、重体力作用的工种，如检修、起重机、电气等工种； 3）涤卡布防护服能对人体起一般屏蔽保护作用，主要用于后勤和职能人员等岗位
8	防坠落护具	防止坠落事故发生	安全带、安全绳和安全网	1）在基准面 2m 以上高处作业须系安全带； 2）使用时应将安全带系在腰部，挂钩要扣在不低于作业者所处水平位置的可靠处，不能扣在作业者的下方位置，以防坠落时加大冲击力，使人受伤； 3）要经常检查安全带缝制部位和挂钩部分，发现断裂和磨损，要及时修理和更换。如果保险套丢失，要加上后再用
9	护肤用品	用于外露皮肤的保护	护肤膏、洗涤剂	护肤用品包装应完整，未经启封，其保质期不低于 1 年

5.5.6.2 劳动防护用品的发放

劳动防护用品是保护劳动者安全健康的一种预防性辅助措施，根据安全生产、防止职业性伤害的需要，按照不同工种、不同劳动条件进行发放。原国家安全生产监督管理总局于 2018 年 1 月 15 日颁布了《用人单位劳动防护用品管理规范》文件，对用人单位合理配备、正确使用劳动防护用品做了明确的规定，表 5-6 给出了某企业劳保用品发放标准。

表 5-6 劳保用品发放标准一览表

序号	工种	工作服 (1)	工作鞋 (1)	劳防手套 (易耗)	胶鞋 (1)	眼护具 (1)	防尘口罩 (易耗)	安全帽 (1)	安全带 (1)	护听器 (1)
1	司炉工	√		√			√			
2	电工	√	√	√	√				√	√
3	叉车工	√	√	√				√		

表 5-6（续）

序号	工种	名称［使用期限（年）］								
		工作服	工作鞋	劳防手套	胶鞋	眼护具	防尘口罩	安全帽	安全带	护听器
		(1)	(1)	(易耗)	(1)	(1)	(易耗)	(1)	(1)	(1)
4	司 机	√	√	√	√					
4	电焊工	√	√		√	√		√	√	
5	汽车维修员	√	√	√		√				
6	五层线员工	√	√							√
7	生产一线员工	√	√							

注："√"表示该种类劳动防护用品必须配备。

5.6 危险源辨识、风险评价和风险控制策划

危险源的辨识、风险评价和风险控制策划工作是组织建立职业健康安全管理体系的输入点，认真细致的危险源识别和风险评估是体系策划的重要基础，其结果——重大及不可容忍的风险是职业健康安全管理的对象，是各种管理程序、制度、标准的核心，组织建立职业健康安全管理体系的目的就是要对危险源和风险进行有效控制并不断地改进。因此，在实施职业健康安全管理体系过程中开展5S活动，从改变现场面貌入手，通过塑造清爽亮丽的工作现场，消除安全隐患，从而控制安全事故的发生。

5.6.1 危险源的分类

5.6.1.1 根据危险源在事故发生发展过程中的作用进行分类

根据危险源在事故发生发展过程中的作用，安全科学理论把危险源划分成两大类：

（1）第一类危险源。根据能量意外释放理论，能量或危险物质的意外释放是伤亡事故发生的物理本质。因此把作业过程中存在的可能发生意外释放的能量或危险物质称为第一类危险源。为了防止第一类危险源导致事故，必须采取措施约束，根据能量和危险物质，控制危险源。例如，某工程项目隧道施工涉及爆破工艺，该项目设置炸药库，炸药库中储存的炸药和雷管则是第一类危险源。

（2）第二类危险源。正常情况下，作业过程中的能量或危险物质受到约束和限制，不会发生意外释放，即不会发生事故。但是，一旦该约束或限制能量或危险物质的措施受到破坏或失效，则将发生事故。导致能量或危险物质约束或限制措施破坏或失效的种种原因称作第二类危险源。第二类危险源主要包括物的故障、人的失误、环境因素三个方面。上例中如果该项目制定危险爆破物品管理办法或其他管理制度，规

范人的行为、物的状态和环境因素，控制爆炸事故的发生，这些办法或制度则是限制措施。但如果作业人员在炸药库内动火，可能发生爆炸事故，作业人员违规作业就是第二类危险源。

（3）事故起因分析。一起伤亡事故的发生往往是两类危险源共同作用的结果。第一类危险源是伤亡事故发生的能量主体，决定事故后果的严重程度。第二类危险源是第一类危险源造成事故的必要条件，决定事故发生的可能性。两类危险源相互关联、相互依存。第一类危险源的存在是第二类危险源出现的前提，第二类危险源的出现是第一类危险源导致事故的必要条件。因此，危险源辨识的首要任务是辨识第一类危险源，在此基础上再辨识第二类危险源。

5.6.1.2 按导致事故和职业危害源的直接原因进行分类

GB/T 13861—2009《生产过程危险和有害因素分类与代码》根据导致事故和职业危害源的直接原因，将生产过程中的危险和有害因素分为四大类：

（1）人的因素

1）心理、生理性危险和有害因素

——负荷超限（体力负荷超限；听力负荷超限；视力负荷超限；其他负荷超限）；

——健康状况异常（人员的伤、病期）；

——从事禁忌作业（如女工经期、孕期从事禁忌作业）；

——心理异常（情绪异常；冒险心理；过度紧张；其他心理异常）；

——辨识功能缺陷（感知延迟；辨识错误；其他辨识功能缺陷）；

——其他心理、生理性危险和有害因素。

2）行为性危险和有害因素

——指挥错误（指挥失误；违章操作；其他指挥错误）；

——操作错误（误操作；违章作业；其他操作错误）；

——监护失误；

——其他行为性危险和有害因素。

（2）物的因素

1）物理性危险和有害因素

——设备、设施、工具、附件缺陷（强度不够；刚度不够；稳定性差；密封不良；耐腐蚀性差；应力集中；外形缺陷；外露运动件；操作器缺陷；制动器缺陷；设备、设施、工具、附件其他缺陷）；

——防护缺陷（无防护；防护装置和设施缺陷；防护不当；支撑不当；防护距离不够；其他防护缺陷）；

——电伤害（带电部位裸露；漏电；静电和杂散电流；电火花；其他电伤害）；

——噪声（机械性噪声；电磁性噪声；流体动力性噪声；其他噪声）；

——振动危害（机械性振动；电磁性振动；流体动力性振动；其他振动危害）；

——电离辐射；

——非电离辐射（紫外辐射；激光辐射；微波辐射；超高频辐射；高频电磁场；工频电场）；

——运动物伤害［抛射物；飞溅物；坠落物；反弹物；土、岩滑动；料堆（垛）滑动；飞流卷动；其他运动物危害］；

——明火；

——高温物质（高温气体；高温液体；高温固体；其他高温物质）；

——低温物质（低温气体；低温液体；低温固体；其他低温物质）；

——信号缺陷（无信号设施；信号选用不当；信号位置不当；信号不清；信号显示不准；其他信号缺陷）；

——标志缺陷（无标志；标志不清晰；标志不规范；标志选用不当；标志位置缺陷；其他标志缺陷）；

——有害光照；

——其他物理性危险和有害因素。

2）化学性危险和有害因素

——爆炸品；

——压缩气体和液化气体；

——易燃液体；

——易燃固体、自燃物品和遇湿易燃物品；

——氧化剂和有机过氧化物；

——有毒品；

——放射性物品；

——腐蚀品；

——粉尘和气溶胶；

——其他化学性危险和有害因素。

3）生物性危险和有害因素

——致病微生物（细菌、病毒、真菌、其他致病性微生物）；

——传染病媒介物；

——致害动物；

——致害植物；

——其他生物危险和有害因素。

（3）环境因素

1）室内作业场所环境不良

——室内地面滑；

——室内作业场所狭窄；

——室内作业场所杂乱；

——室内地面不平；

——室内梯架缺陷；

——地面、墙和天花板上的开口缺陷；

——房屋基础下沉；

—— 室内安全通道缺陷；

——房屋安全出口缺陷；

——采光照明不良；

——作业场所空气不良；

——室内温度、湿度、气压不适；

——室内给、排水不良；

——室内涌水；

——其他室内作业场所环境不良。

2）室外作业场所环境不良

——恶劣气候与环境；

——作业场地和交通设施湿滑；

——作业场地狭窄；

——作业场地杂乱；

——作业场地不平；

——航道狭窄、有暗礁或险滩；

——脚手架、阶梯和活动梯架缺陷；

——地面开口缺陷；

——建筑物和其他结构缺陷；

——门和围栏缺陷；

——作业场地基础下沉；

——作业场地安全通道缺陷；

——作业场地安全出口缺陷；

——作业场地光照不良；

——作业场地空气不良；

——作业场地温度、湿度、气压不适；

——作业场地涌水；

——其他室外作业场所环境不良。

3）地下（含水下）作业环境不良

——隧道/矿井顶面缺陷；

——隧道/矿井正面或侧壁缺陷；

——隧道/矿井地面缺陷；

——地下作业面空气不良；

——地下火；

——冲击地压；

——地下水；

——水下作业供氧不当；

——其他地下作业环境不良。

4）其他作业环境不良

——强迫体位；

——综合性作业环境不良；

——以上未包括的其他作业环境不良。

（4）管理因素

1）职业安全卫生组织机构不健全

2）职业安全卫生责任制未落实

3）职业安全卫生管理规章制度不完善

——建设项目"三同时"制度未落实；

——操作规程不规范；

——事故应急预案及响应缺陷；

——培训制度不完善；

——其他职业安全卫生管理规章制度不健全。

4）职业安全卫生投入不足

5）职业健康管理不完善

6）其他管理因素缺陷

5.6.1.3　按事故类别进行分类

参照 GB/T 6441—1986《企业职工伤亡事故分类》，综合考虑起因物，引起事故发生的诱导原因、致害物、伤害方式将危险因素分为 20 类：

（1）物体打击。指物体在重力或其他外力的作用下产生运动、打击人体或造成人身伤亡事故，不包括因机械设备、车辆、超重机械、坍塌等引发的物体打击。

（2）车辆伤害。指企业机动车辆在行驶中引起的人体坠落和物体倒塌、下落挤压伤亡事故，不包括超重设备提升、牵引车辆和车辆停驶时发生的事故。

（3）机械伤害。指机械设备运动（静止）部件、工具、加工件直接与人体接触引起夹击、碰撞、剪切、卷入、绞、碾、割、刺等伤害，不包括车辆、超重机械引起的机械伤害。

（4）超重伤害。指各种超重作业（包括超重安装、检修、试验）中发生的挤压、坠落、（吊具、吊重）物体打击和触电。

（5）触电。包括雷击伤亡事故。

（6）淹溺。包括高处坠落淹溺，不包括矿山、井下透水淹溺。

（7）灼烫。指火焰烧伤、高温物体烫伤、化学灼伤（酸、碱、盐、有机物引起的体内、外灼伤）、物理灼伤（光、放射性物质引起的体内、外灼伤），不包括电灼伤和火焰引起的烧伤。

（8）火灾。

（9）高处坠落。指在高处作业中发生坠落造成的伤亡事故，不包括触电坠落事故。

（10）坍塌。指物体在外力或重力作用下，超过自身的强度极限或因结构稳定性破坏而造成的事故，如挖沟时的土石塌方、脚手架坍塌、堆置物倒塌等，不适用于矿山冒顶片帮和车辆、超重机械、爆破引起的坍塌。

（11）冒顶片帮。指地下开采作业面空间顶面和边帮岩石冒落、崩塌，是各类矿山、隧道、巷道开采较为直接的地质灾害。

（12）透水。指各种巷道或矿坑作业面突然出现涌水的现象。

（13）放炮。指爆破作业中发生的伤亡事故。

（14）火药爆炸。指火药、炸药及其制品在生产、加工、运输、储存中发生的爆炸事故。

（15）瓦斯爆炸。指煤矿由于瓦斯超限导致的爆炸事故。

（16）锅炉爆炸。

（17）容器爆炸。

（18）其他爆炸。包括化学性爆炸（指可燃性气体、粉尘等与空气混合形成爆炸性混合物，接触引爆能源时发生的爆炸事故）。

（19）中毒和窒息。包括中毒、缺氧、窒息和中毒性窒息。

（20）其他伤害。指上述以外的危险因素，如摔、扭、挫、擦、刺、割伤和非机动车碰撞、扎伤等。

5.6.1.4 按职业健康影响危害性质进行分类

按照国卫疾控发〔2015〕92 号《职业病危害因素分类目录》（2015 版）的规定，作业场所的职业危害可分为粉尘危害、化学因素危害、物理因素危害、放射性因素危害、生物因素危害和其他因素危害 6 种。

（1）粉尘类。主要包括煤尘、石墨粉尘、炭黑粉尘、铝尘等 52 项。

（2）化学因素。主要包括各类重金属、腐蚀性化学品、有毒有害化学品等 375 项。

（3）物理因素。主要包括噪声、高温、振动、激光、低温、高低气压、电磁场等 15 项。

（4）放射性因素。主要包括各类电离辐射和放射性物质主生的辐射等 8 项。

（5）生物因素。主要包括艾滋病病毒、布鲁氏菌、森林脑炎病毒、炭疽芽孢杆菌等 6 项。

（6）其他因素。包括金属烟、井下不良作业条件（限于井下工人）、刮研作业（限于手工刮研作业人员）3 项。

5.6.2 危险源辨识方法

5.6.2.1 对照法

与有关的法律、法规、标准、规范、规程或经验相对照来辨识危险源。有关的标准、规范、规程，以及常用的安全检查表，都是在长期的实践中积累而成的。因此，对照法是一种基于经验的方法，适用于有以往经验可供借鉴的情况。常用的对照法体现在如下一些形式：

（1）询问、交谈

对于组织的某项工作具有经验的人，往往能指出其工作中的危害。从指出的危害中，可初步分析出工作所存在的危险源。

（2）现场观察

通过对作业环境的现场观察，可发现存在的危险源。从事现场观察的人员，要求具有安全技术知识和掌握了完善的职业健康安全法律法规和标准。

（3）查阅有关记录

查阅组织的事故、职业病的记录，可从中发现存在的危险源。

（4）获得外部信息

从有关类似组织、文献资料、专家咨询等方面获取有关危险源信息，加以分析研究，可辨识出组织存的危险源。

（5）工作任务分析

通过分析组织成员工作任务中所涉及的危害，可识别出有关的危险源。

（6）安全检查表（Safety Checklist，SCL）

针对相对静止的设备和设施等，通过事先编制的安全检查表对其进行系统的检查并确定其中的危险源和风险的方法。具体地讲，就是为了系统地发现工厂、车间、工艺过程或机械、设备、产品以及各种操作、管理和组织措施中的不安全因素，事先把检查对象加以分解，把大系统分解成小的子系统，找出不安全因素，然后确定检查项目和标准要求，将检查项目按系统的构成顺序编制成表，以便进行检查，避免漏检，这种表称之为安全检查表。

5.6.2.2 系统安全分析

系统安全分析是从安全角度进行的系统分析，通过揭示系统中可能导致系统故障或事故的各种原因及其相互关联来辨识系统中的危险源。系统安全分析方法经常被用来辨识可能带有严重事故后果的危险源，也可用于辨识没有事故经验的系统的危险源。系统越复杂，越需要利用系统安全分析方法来辨识危险源。常见的系统性危险源辨识方法有以下几种：

（1）危险源与可操作性分析（Hazard and Operation Analysis，HAZOP）：此方法是一种对复杂的工艺过程中的危险源实行严格审查和控制的技术。通过事先确定的引导词和工艺过程中的参数进行匹配找出可能的偏差，以辨识危险源并确定控制其伴随的风险的方法。

对于一种工艺或产品，在其生产过程中某些部分可能会没有像所期望的那样运转，而这种偏离正常的运转将对过程的其他部分带来严重后果。即这种偏离使系统中产生了危险源。用于研究这种偏离现象，能够辨识由于偏离而产生危险源的技术是危险与可操作性研究。

危险与可操作性研究是应用正规系统标准检查方法，检查工艺过程和设备工程的意图，以评价工艺和设备个别项目的误操作或故障的潜在危险和对其整个设备的影响后果。

（2）预先危害分析（Preliminary Hazard Analysis，PHA）：是在每项生产活动之前，特别是在设计的开始阶段，对系统存在危险类别、出现条件、事故后果等进行概略地分析，尽可能评价出潜在的危险性。该方法一般用在设计、施工、检维修、改扩建之前，作为实现系统安全的危害分析的初步或初始的计划，是在方案开发初期阶段或设计阶段之初完成的，其目的是辨识系统中存在的潜在危险，确定其危险等级，防止这些危险源失控而酿成事故。另外，也可为进一步利用 HAZOP、FMEA、ETA、FTA 等方法进行深入、系统的分析工作做好准备。

（3）事件树分析（Event Tree Analysis，ETA）：是一种从确定的初始原因事件，分析随后各环节"成功（正常）"或"失败（异常、失效）"的发展变化过程，并预测各种可能的结果以辨识系统存在的危险源的方法，即时序逻辑分析判断方法。其基本原理是：任何事物从初始原因到最终结果所经历的每一个中间环节都有成功（或正常）或失败（或失效）两种可能或分支。如果将成功记为1，并用作上分支，将失败记为0，作为下分支，然后再分别从这两个状态开始，仍按成功（记为1）或失败（记为0）两种可能分析。这样一直分析下去，直到最后结果为止，最后即形成一个水平放置的树状图。

（4）故障树分析（Fault Tree Analysis，FTA）：是一种根据系统可能发生的或已经发生的事故结果，层层追溯寻找与事故发生有关的原因、条件和规律，确定最终的根源。通过这样一个分析过程，可辨识系统中导致事故的危险源。

故障树分析是一种严密的逻辑过程分析，分析中所涉及的各种事件、原因及其相互关系，需要运用一定的符号予以表达。故障树分析所用符号有三类，即事件符号、逻辑门符号、转移符号。

（5）失效模式与影响分析（Failure Mode and Effects Analysis，FMEA）：失效模式与影响分析是系统安全工程的一种方法。根据系统可以划分为子系统、设备和元件的特点，按实际需要将系统进行分割，然后分析各自可能发生的故障类型及其产生的影响，以便采取相应的对策，提高系统的安全可靠性。

5.6.3 风险评价方法及风险分级

5.6.3.1 风险矩阵法

风险矩阵法是通过综合考虑风险后果和概率两方面的因素进行风险评估的方法。风险矩阵通常根据对后果和概率分级的不同分为 3×4 矩阵、4×4 矩阵等。其数学表达式为：

$$R = C \times F$$

式中：

R——风险值；

F——事故发生频率；

C——发生事故严重程度。

以 3×4 风险矩阵为例：

（1）严重程度（C）

将严重程度（C）分成 A、B、C 三个等级，见表 5-7。

表5-7 严重程度（C）等级

等级	分值	备注
A级危险	4分	能引起死亡、重伤或永久性的功能丧失、疾病
B级危险	2分	能引起需要员工损失工时的受伤和疾病
C级危险	1分	仅引进需要急救处理的受伤和疾病

（2）频率（F）

将事故发生频率（F）分成四个等级，见表 5-8。

表5-8 事故发生频率（F）等级

等级	分值
非常可能	8分
可能	4分
不太可能	2分
几乎不可能	1分

（3）风险评估矩阵

由表 5-7 和表 5-8 形成的 3×4 风险评估矩阵见表 5-9。

表5-9 风险评估矩阵

风险评估矩阵	A级（4分）	B级（2分）	C级（1分）
非常可能（8分）	I—32	I—16	II—8
可能（4分）	I—16	II—8	III—4
不太可能（2分）	II—8	III—4	IV—2
几乎不可能（1分）	III—4	IV—2	IV—1
注：风险的分级、矩阵的分值等可根据需要划分，并非一定要3×4的形式，可以为4×4或是其他。			

（4）风险的分级

将表5-9风险矩阵分为四个等级，针对不同等级的风险采取相应的风险控制措施，具体见表5-10。

表5-10 风险等级及需要采取的行动

风险等级	描述	需要的行动
I	不能容忍	应当立即停止使用，落实工程控制措施，把风险降低到级别III或以下
II	不希望发生	采取工程控制措施，在不超过6个月内把风险降低到级别III或以下
III	有条件容忍	应当确认程序或控制措施已经落实，强调管理措施
IV	可以容忍	不需要采取措施降低风险

5.6.3.2 作业条件危险性评估法（LEC）

作业条件危险性评估法用于系统有关的三种因素之积来评估操作人员伤亡风险大小，其数学表达式为：

$$D=L\times E\times C$$

式中：

D——风险值；

L——发生事故的可能性大小；

E——暴露与危险环境的频繁程度；

C——发生事故产生的后果。

（1）事故发生可能性（L）

事故发生的可能性大小，当用概率来表示时，绝对不可能发生的事故概率为0；而必然发生的事故概率为1。然而，从系统安全角度考察，绝对不发生事故是不可能的，所以人为地将发生事故可能性极小的分数定为0.1，而必然要发生的事故的分数定为10，介于这两种情况之间的情况指定为若干中间值，如表5-11所示。

表 5 – 11　事故发生的可能性（L）

分数值	事故发生的可能性
10	完全可以预料
6	相当可能
3	可能，但不经常
1	可能性小，完全意外
0.5	很不可能，可以设想
0.2	极不可能
0.1	实际不可能

（2）暴露于危险环境的频度（E）

人员出现在危险环境中的时间越多，则危险性越大。规定连续暴露在危险环境的情况定为10，而非常罕见地出现在危险环境中定为0.5，同样，将介于两者之间的各种情况规定若干个中间值，如表 5 – 12 所示。

表 5 – 12　暴露于危险环境的频度（E）

分数值	频繁程度
10	连续暴露
6	每天工作时间内暴露
3	每周一次，或偶尔暴露
2	每月一次暴露
1	每年几次暴露
0.5	非常罕见的暴露

（3）发生事故产生的后果（C）

事故造成的人身伤害与财产损失变化范围很大，所以规定分数值为1~100，把需要救护的轻微伤害或较小财产损失的分数规定为1，把造成死亡或重大财产损失的可能性分数规定为100，其他情况的数值均为1与100之间，如表 5 – 13 所示。

表 5 – 13　发生事故产生的后果（C）

分数值	后果
100	大灾难，许多人死亡，或造成重大财产损失
40	灾难，数人死亡，或造成重大财产损失

表 5-13（续）

分数值	后果
15	非常严重，一人死亡，或造成一定的财产损失
7	严重，重伤，或造成较小的财产损失
3	重大，致残，或很小的财产损失
1	引人注目，不利于基本的安全卫生要求

（4）风险值（D）

风险值 D 求出之后，关键是如何确定风险级别的界限值，而这个界限值并不是长期固定不变，在不同时期，组织应根据其具体情况来确定风险级别的界限值，以符合持续改进的思想。表 5-14 内容可作为确定风险级别界限值及其相应风险控制的参考。

表 5-14 风险分级划分（D）

D 值	危险程度	风险等级
>320	极其危险	1
160~320	高度危险	2
70~160	显著危险	3
20~70	一般危险	4
<20	稍有危险	5

（5）重大风险的确定

当 $D=LEC \geq 90$ 分时，或者风险超过法规要求时，该风险为重大风险或不可容许风险。

5.6.4 风险控制策划

针对辨识和评价出的重大或不可容忍的风险，组织应策划具体的控制措施，一般可以根据风险的级别采取不同的对策。

按照风险的定义，有三条途径来控制风险：一是采取措施消除危险源，这是最好的办法，实现本质的安全；二是采取减少危险源或风险发生的可能性，如加强管理、建立监督机制等；第三就是采取措施减少危险源发生以后引发后果的严重程度。在具体操作时，应考虑以预防为主的原则，一般的做法是：

——如果可能，完全消除危险源和风险；

——如果不能消除，应努力降低风险；

——可能情况下，使工作适合于人；

——利用技术进步，改善控制措施；

——将技术管理与程序控制结合起来；

——要求引入计划的维护措施；

——作为最终手段，使用个人防护用品；

——应急方案的需求等。

表5-15给出某组织风险控制的计划。

表5-15　风险控制措施及实施期限

等级	危险程度	应采取的行动/控制措施	实施期限
E/1级	极其危险（红色）	在采取措施降低危险源前，不能继续工作，对改进措施进行评估	立刻
D/2级	高度危险（橙色）	采取紧急措施降低风险，建立运行控制程序，定期检查、测量及评估	立即或近期整改
C/3级	显著危险（黄色）	可考虑建立目标，建立操作规程，加强培训及沟通	2年内治理
B/4级	一般危险（蓝色）	可考虑建立操作规程、作业指导书，但需要定期检查	有条件、有经费时治理
A/5级	稍有危险（绿色）	无需采用控制措施，但需保存记录	

风险控制措施计划应在实施前予以评审，应针对以下内容进行评审：

——计划的控制措施是否使风险降低到可容许的水平；

——是否会产生新的危险源；

——是否已选定了投资效果最佳的解决方案；

——计划的控制措施技术的可行性及可靠性如何；

——计划的措施的先进性、安全性如何；

——计划的控制措施是否会被应用于实际工作中。

5.7　ISO 45001条款与5S之间的对应关系

ISO 45001条款与5S之间的对应关系，可参考表5-16。

表5-16　ISO 45001：2018与5S条款对照

序号	ISO 45001：2018	1S	2S	3S	4S	5S
1	4.1理解组织及其所处的环境	○	○			
2	4.2理解工作人员和其他相关方的需求和期望	○	○			
3	4.3确定职业健康安全管理体系的范围	○	○			

表 5－16（续）

序号	ISO 45001：2018	1S	2S	3S	4S	5S
4	4.4 职业健康安全管理体系	○	○			
5	5.1 领导作用和员工参与					○
6	5.2 职业健康安全方针					○
7	5.3 组织的角色、职责和权限					○
8	5.4 工作人员的协商与参与					○
9	6.1.1 应对风险和机遇的措施/总则	○	○			○
10	6.1.2 危险源辨识及风险和机遇评价	○	○	○	○	○
11	6.1.3 法律法规要求和其他要求的确定	○	○			
12	6.1.4 措施的策划	○	○	○		○
13	6.2.1 职业健康安全目标					○
14	6.2.2 实现职业健康安全目标的策划	○	○	○	○	○
15	7.1 资源	○				○
16	7.2 能力					○
17	7.3 意识					○
18	7.4 沟通					○
19	7.5 文件化信息	○	○			○
20	8.1.1 运行策划和控制/总则					○
21	8.1.2 消除危险源和降低职业健康安全风险	○	○	○	○	
22	8.1.3 变更管理	○	○			
23	8.1.4 采购	○	○		○	
24	8.2 应急准备和响应	○				
25	9.1.1 监视、测量、分析和评价绩效/总则	○				○
26	9.1.2 合规性评价	○	○			○
27	9.2 内部审核					○
28	9.3 管理评审					○
29	10.1 改进/总则	○				○
30	10.2 事件、不符合和纠正措施	○				○
31	10.3 持续改进	○				○

注：○表示 ISO 45001：2018 条款与 5S 最接近的对应情况。

5.8 5S实施效果展示

图5-12给出的几组照片为不同行业的组织实施职业健康安全管理体系导入5S管理的效果展示。

a) 电缆行业

b) 电子行业

c) 机械行业

d) 家电行业

图5-12 5S实施效果图

第6章 内部审核

内部审核是暴露组织问题、放大组织风险、寻找改进机会的重要抓手，是 ISO 45001 职业健康安全管理体系有效运行的基本组织保证和体制保证。所谓"审核"指"为获得客观证据并对其进行客观的评价，以确定满足审核准则的程度所进行的系统的、独立的并形成文件的过程"（ISO 9000：2015，3.13.1）。在体系运行到一定阶段，进行体系内部审核，检查体系运行的符合性和有效性，以便及时发现存在问题，实施纠正预防措施，完善和改进体系。由于 ISO 45001 和当前新增或修订的其他 ISO 管理体系一样，均采用了 Annex SL 规定的高级结构作为框架，其基本的审核方法和要求也与 ISO 9001、ISO 14001 管理体系的审核一样，所以组织可以进行一体化内部审核，即组织一个审核组，对 ISO 9001、ISO 14001、ISO 45001 实施统一的内部审核，这样可以减少很多重复的工作量。

6.1 内部审核的策划

6.1.1 内审的总体要求

（1）最高管理者对内部审核必须给予足够的重视，管理者代表要全面参与。

（2）内审要由一个职能部门来管理，明确其职责和权限。

（3）培训并组建一支合格的三合一内审队伍（ISO 9001/ISO 14001/ ISO 45001），由审核组长和内审员组成。

（4）明确内审的目的、范围和准则。

（5）建立并保持审核程序，准备有关工作文件和记录表格。

6.1.2 内审方案的策划

内审方案的内容包括审核目的、审核准则、审核范围、审核频次、审核方法、审核时间、资源需求等。

审核方案的安排应确保审核过程的客观与公正（包括审核员的选择、审核的实施），应保证审核人员不审核自己的部门。

对企业而言，一般在证书有效期内策划一次审核方案，策划的输出为"××公司 ISO 45001：2018 内审方案"，见 6.1.2.8。

>>> 第6章
内部审核

内审方案一般由管理者代表编制，总经理批准。

6.1.2.1　审核的目的

审核的目的是确定一次审核要完成的任务，组织应依据明确的审核目的来实施一次具体的职业健康安全管理体系内审。不同类型的管理体系审核其目的是不完全相同的，同一类型的审核在不同的情况下也会有不同的审核目的。审核目的通常可包括：

（1）判断职业健康安全管理体系是否符合职业健康安全管理体系标准的要求以及组织确定的职业健康安全管理体系的要求。

（2）评价职业健康安全管理体系是否得到了正确的实施和保持以及实现目标的有效性。

（3）识别职业健康安全管理体系潜在的改进方向。

（4）评价职业健康安全管理体系满足相关方要求和法律法规要求的能力。

（5）为管理评审输入做准备，为职业健康安全管理体系的调整、完善和改进提供依据。

（6）为外部审核做准备。组织在接受第三方认证审核，包括监督审核之前，通常需要安排一次集中式审核以发现问题并及时纠正。

6.1.2.2　审核范围

审核范围是审核内容和界限，通常包括对实际位置、组织单元、产品、活动和过程以及覆盖的时期的描述。审核范围的确定是组织确定申请第三方审核、签订审核合同的依据。

（1）实际位置。职业健康安全管理体系的所有相关活动都是在具体位置进行的，位置的变更会导致体系的变更，进而对审核结果产生影响。实际位置包括固定或临时的场所所处的地址及场所中的办公室、生产设施（如厂房）、仓库、环境保护设施、安全消防设施、应急设施、安全防护设施、生活后勤服务设施。也包括在场所之外的活动与过程发生的位置，如运输服务、上门维修等。对于职业健康安全管理体系还可能包括相关的危险废弃物处理边界和接口、工作场所附近和源于工作场所之外但可能影响组织员工的健康和安全的危险源。

（2）组织单元。组织的活动和过程是通过组织的单元实施的，组织单元包括在管理体系中承担相应的职能的单位、部门、岗位以及承担工作任务或项目的临时性组织（如建筑施工企业的项目经理部）以及外派机构（如设立在组织地理位置以外的销售、售后服务部门），组织单元的职责是否明确、资源是否充分、分工是否合理、接口是否清楚、人员是否具备必要的能力直接影响过程和活动的有效性和效率。

（3）产品。审核产品的范围可以是变化的。一个以产品生产的组织，其产品的类型及所涉及的生产工艺流程差别很大，生产现场可能分散在不同的场所。因此，只要产品生产的场所能界定，危险源所造成的风险能界定，审核范围可以依据产品来确定。因此，组织的内部审核范围如果是依据产品范围来确定的，其审核范围应比第三方审核的审核范围大。

（4）活动和过程。组织职业健康安全管理体系的活动和过程直接构成了审核对象，在确定过程和活动时，尤其要关注重大危险源、不可接受的风险、应急响应能力和履行合规义务的活动和过程，切忌为了有利于获取第三方审核认证而把具有危险源的过程和活动排除在外，这是不允许的。在确定审核范围时，还要关注在组织的固定场所之外的活动和过程，如运输过程、售后服务。

（5）审核覆盖的时期。通常指审核需要追溯到组织管理体系运行的时间段。在第三方审核中，初次认证审核、监督审核和再认证审核所覆盖的时间是不一样的。初次审核的时间是管理体系文件发布以来到现场审核时的这段时间；监督审核的时间是上次现场审核最后一天到本次监督审核前一天的时间段；再认证审核则要对自认证证书颁发以来3年管理体系运行的有效性做一个整体的评价。

无论是第一方审核还是第三方审核，标准中所规定的条款都要进行审核。但是针对第二方审核（供方现场评价）目标而策划的内部审核，则应针对合同或协议中所涉及的相应要求实施审核。目前组织实施的内部审核基本上都是为实施第三方审核做准备的，因此，内部审核中应覆盖职业健康安全管理体系标准中全部条款的要求。

6.1.2.3 审核准则

审核准则也称为审核依据，是审核所持的准绳，其标准定义为："用于与客观证据进行比较的一组方针、程序或要求"（ISO 9000：2015，3.13.7）。就是职业健康安全管理体系建立时所遵循的要求及管理体系本身形成的所有规定。审核准则通常包括法律、法规、政策、方针、管理体系标准、管理体系文件等。

针对内部审核而言，审核准则通常包括以下几个方面。

（1）职业健康安全管理体系标准。职业健康安全管理体系标准为ISO 45001：2018《职业健康安全管理体系 要求及使用指南》。

（2）职业健康安全法律法规及其他要求。按标准要求组织在建立职业健康安全管理体系时应遵守法律法规和其他要求的承诺，这也是实施职业健康安全管理体系的最基本的要求。

（3）组织编制的职业健康安全管理体系文件。职业健康安全管理体系文件是依据职业健康安全管理标准编制的，他对组织内部管理体系的实施提供强制性指令和具体运行指导，一经正式发布就是企业的内部管理法规，因此，这些文件是内部审核准则的主体部分，如职业健康安全手册、程序文件以及职业健康安全方针目标、操作规程、作业指导书等。

6.1.2.4 审核的重点

在体系建立的初始阶段，内部审核的重点主要是验证和确认体系文件的适用性、符合性和有效性。其重点包括：

（1）体系文件是否符合ISO 45001：2018的要求。内部审核要覆盖职业健康安全管理体系文件中的全部要求。审核不论采用以部门为主进行审核，还是采用以过程为主进行审核，但标准中的全部条款都要覆盖，不可遗漏。查阅运行记录，以验证职业健康安全管理体系是否有效的实施。

（2）规定的职业健康安全方针和职业健康安全目标是否可行。职业健康安全方针和目标是否保持一致，职业健康安全目标是否结合组织特点，目标是否明确、具体和量化，职业健康安全管理方案中的技术方案和技术措施是否有设计书，是否可行，实施经费是否落实到位，是否确定了责任部门和责任人，是否制定了职业健康安全管理方案的实施计划。

（3）组织所识别出的危险源，特别是评价出的重大危险源是否得到了控制；考虑到缺少程序指导可能导致偏离职业健康安全方针、目标的安全生产控制点，是否编制了运行程序、作业指导书和操作规程；在这些生产控制点是否落实了责任人。对其中可能产生意外事故，造成重大风险的关键安全生产控制点，是否制定了应急准备与相应控制程序和作业指导书。

（4）结合组织活动、产品和服务的特点及识别和评价出的重大危险源，是否已收集到了国家及地方相关职业健康安全法律法规及其他要求的文件并列出清单；是否对这些法律、法规及其他要求进行了合规性评价；是否对组织的员工进行了职业健康安全法律法规及其他要求的宣传教育。

（5）重点查阅体系运行后的职业健康安全生产监测记录，是否发生过职业病和安全事故，组织采取了什么对策。规定的记录是否起到见证的作用。

（6）实施现场观察。现场观察是现场审核中的重要一环，通过观察可以发现体系运行中出现的问题；可以观察出组织中是否有遗留的未识别出的危险源，特别是重大危险源；确定的安全生产控制点，特别是关键安全生产控制点，是否有相应的控制程序、作业指导书或操作规程；现场管理人员及操作人员是否明确自己的职责，是否经过培训，熟悉本岗位的专业技术及安全生产知识；对可能产生事故造成重大风险的人员是否掌握应急措施，对某些特殊岗位是否实施了上岗制度。对现场观察应重点选择组织活动、产品和服务过程中的现场，如生产流水线、配电房及锅炉房、储藏有毒、有害、危险品仓库及其他有关危险源的现场。

在体系运行阶段，除关注体系的符合性、适宜性外，重点应评价体系的有效性和组织识别改进的机会。

6.1.2.5 审核的频次和时机

职业健康安全管理体系内部审核分为例行的常规审核和特殊情况下的追加审核。

例行的常规审核按预先编制的年度审核方案进行。职业健康安全管理体系建立之初，频次可多一些。至于各部门各过程的审核频次，可以根据审核中发现问题的大小、多寡以及该部门的重要程度来决定。

在一年的审核中，应确保所有的部门的所有过程至少被审核一次。两次内审的时间间隔不得超过 12 个月。

在下列特殊情况下，应追加进行职业健康安全管理体系内部审核：

（1）法律、法规及其他外部要求发生变化；

（2）发生重大的职业健康安全事故以及相关方重大投诉；

（3）原材料、工艺流程发生重大改变或新技术、新工艺采用时；

（4）组织结构或职业健康安全管理体系结构发生较大变化；

（5）验证所要求的纠正措施是否已实施，并保持其有效性；

（6）有建立合同关系的要求，验证职业健康安全管理体系是否持续满足规定的要求并被实施。

6.1.2.6 审核的方式

在进行职业健康安全管理体系内部审核时，要考虑审核的方式，通常有按过程审核、按部门审核、顺向追踪、逆向追溯四种方式。

（1）按过程审核。一个过程往往涉及多个职能部门，审核一个过程要到不同的部门去才能掌握和了解该过程的实施情况，所以按过程审核的优点是目标明确，能体现出过程的符合性、接口清楚，其缺点是一个过程通常需要涉及多个部门，审核路线重复往返多。

（2）按部门审核。一个部门往往承担若干个职能，审核时对该部门归口管理的过程（即主要的职能）要重点审核，不能遗漏，相关过程可以依据相关程序进行抽样审核，所以按部门审核的优点是以部门主要职能为主线审核，且由于审核时间较为集中，所以审核效率高。但一个部门通常要涉及多个过程和接口，易发生疏漏，造成过程的覆盖不够全面。

（3）顺向追踪。指按职业健康安全管理体系运作的顺序进行审核，可以有两种含义：其一是从体系文件审查追踪到体系运行；其二是按组织活动、产品或服务过程流程，从过程开始直到过程最终（并不是逐个过程查证，而是抽样），从产生事故风险的危险源查安全生产的控制，直到事故风险得到有效的改善。这种方式的优点是可以系统了解职业管理体系运行的整个情况，接口和协调情况易于掌握，其缺点是费时、费工。

（4）逆向追溯。是指按职业健康安全管理体系运作顺序反方向进行审核，即从体系实施情况查到文件，从组织活动、产品或服务过程中的最后查证到过程的最初工序，也就是事故风险的改善查证到危险源的控制。这种审核查证方式的优点是从职业健康安全管理体系运行的结果来查证，有较强的针对性，问题集中，切实具体。其缺点是当问题复杂时，由于审核时间的限制，不易达到预期的结果，所以一般适宜于职业健康安全管理体系较简单时采用。

事实上这四种方式都不是独立使用的，往往是两两结合起来使用的，根据不同的审核对象，变换审核方式的组合是审核员应掌握的基本技巧。如：为了提高审核效率，审核方式通常采用部门审核，而在追溯某一过程实施情况时，又采用过程审核。

6.1.2.7　审核计划的编制

（1）集中式年度审核计划

集中式审核类似于认证审核，就是在确定的时间内（一般 2～15 天）一次性集中审核管理体系覆盖的所有区域和过程。其优点是审核具有连续性、系统性，可以节约大量的时间和人力资源，缺点是会给正常生产带来一些影响。目前，大多企业采用集中式审核方式。例 6-1 给出了某企业集中式年度内审计划。

（2）滚动式年度审核计划

滚动式审核指按照一定的时间间隔（月或季）分期对若干部门或过程进行一次审核，逐期开展，在一个生产经营周期（通常为年）使 ISO 45001 所涉及的部门、过程和场所每年至少被审核一次，而对重要的过程和部门及场所可安排多频次审核。其优点是可以扩大抽样，尽可能充分地发现组织管理体系运行的薄弱环节，给正常的生产带来的影响小，缺点是缺乏系统性。

【例 6-1】某企业 ISO 45001：2018 年度内审计划（集中式）

ISO 45001：2018 年度内审计划（集中式）

1. 审核目的

检查本公司职业健康安全管理体系的符合性、有效性和适宜性，寻求改进的机会，评价是否具备申请职业健康安全管理体系第三方审核认证的条件。

2. 审核范围

职业健康安全管理体系覆盖的产品设计开发、制造、服务涉及的所有部门场所和过程。

3. 审核准则

ISO 45001：2018　职业健康安全管理体系文件；适用的法律、法规及其他要求。

4. 审核日程安排（具体的审核日期在审核实施计划中确定）

部门	审核条款 ISO 45001：2018	2019 年度内审计划											
		1	2	3	4	5	6	7	8	9	10	11	12
领导层	4.1/4.2/4.3/4.4/5.1/5.2/5.3/5/4/ 6.1.1/6.1.2/6.1.3/6.1.4/6.2.1/ 6.2.2/7.1/7.4/8.1/8.2/9.1.1/9.1.2/ 9.2.1/9.2.2/9.3/10.1/10.2/10.3								X				
人事行政部	5.2/5.3/6.1.1/6.1.2/6.1.3/6.1.4/ 6.2.1/6.2.2/7.2/7.3/7.4/7.5.1/ 7.5.2/7.5.3/8.1/8.2/8.2/9.1.1/ 9.1.2/10.1/10.2/ 10.3								X				

（续）

部门	审核条款							2019 年度内审计划				
	ISO 45001：2018	1	2	3	4	5	6	7	8	9	10	11	12
品质部	5.2/5.3/6.1.2/6.2.1/7.27.3/7.4/7.5/8.1/8.2/9.1.1/10.2								⊠				
技术部	5.2/5.3/6.1.2/6.2.1/7.2/7.3/7.4/7.5/8.1/8.2								⊠				
生产部	5.2/5.3/6.1.2/6.2.1/7.2/7.3/7.4/7.5/8.1/8.2/9.1.1/10.2								⊠				
采购部	5.2/5.3/6.1.2/6.2.1/7.2/7.3/7.4/7.5/8.1.4.1/8.1.4.2/8.1.4.3/8.2								⊠				
销售部	5.2/5.3/6.1.2/6.2.1/7.2/7.3/7.4/7.5/8.1/8.2								⊠				
财务部	5.2/5.3/6.1.2/6.2.1/7.2/7.3/7.4/7.5/8.1/8.2								⊠				
车间	5.2/5.3/6.1.2/6.2.1/7.2/7.3/7.4/7.5/8.1/8.2/9.1.1/10.2								⊠				

注：

已计划	已审核	已制定措施	措施已实施	措施已验证

编制/日期：　　　　　　　审核/日期：　　　　　　　批准/日期：

由于 ISO 45001 和当前新增或修订的其他 ISO 管理体系一样，均采用了 Annex SL 规定的高级结构作为框架，其基本的审核方法和要求也与 ISO 9001、ISO 14001 管理体系的审核一样，对于同时实施三体系的组织，内审时应同时进行，以提高内审的质量和效率。

6.1.2.8　内审方案的案例

例 6-2 给出了某企业 ISO 45001 内审方案。

【例 6 - 2】某企业 ISO 45001 内审方案

××公司 ISO 45001：2018 内审方案

P. 审核方案的建立	目标、范围与程度	目标：□管理体系要求；□相关方的需求和期望；□法律法规和合同要求；□供方评价的需要；□其他 范围与程度： (1) 审核频次：每年至少进行一次，两次内部审核的时间间隔不得超过 12 个月； (2) 审核范围：ISO 45001：2018 所覆盖的产品设计开发、制造、服务涉及的所有部门场所和过程
	职责	管理者代表确保审核活动有效实施；审核组长和审核员实施审核活动；最高管理者对审核方案管理进行授权；公司体系办负责内部审核员的具体事务和资料管理
	风险	管理者代表负责识别可能影响审核方案目标实现的风险
	资源	保证审核过程所需的办公资源、人力资源、技术资源、时间资源、财务资源和信息资源
	程序	执行《内部审核控制程序》
D. 审核方案的实施	审核日程安排	制定《内部审核实施计划》，具体安排审核日程，进行审核活动协调
	审核准则	(1) ISO 45001：2018； (2) 职业健康安全管理体系文件； (3) 适用的法律、法规及标准； (4) 顾客及其他相关方的要求； (5) 周围居民及其他相关方对公司职业健康安全行为的投诉与处理
	审核方法	采用按部门审核的方式进行。一般应连续进行至审核结束，当遇到特殊情况时，可以间隔式地安排内部审核日程
	聘任审核员	公司聘任的经过专业培训的 ISO 45001：2018 内部审核员共 5 名，具备一定的专业知识和内部审核工作能力，且取得内审员资格证书
	选择审核组	审核组由 5 名内审员组成，每次从中选择一名担任审核组组长
	指导审核活动	管理者代表指导审核活动，包括提供适宜的审核指导文件，保持与审核组及时有效沟通，随时向审核组提供必要的技术指导，确保向相关管理者报告审核结果，确保向员工、员工代表（如有时）和其他相关方报告相关审核结果
	保持记录	对纪录的收集、审查、归档、保存、处置等过程进行管理。保持与审核有关的记录，包括：内部审核实施计划、内审检查表、不符合报告、内部审核报告，适用时，还包括纠正措施的验证报告

（续）

C. 审核方案的监视	监视审核方案的实施，并按适当的时间间隔进行评审，确定审核方案的适宜性以及实施的符合性和有效性，并识别改进活动的需要。包括审核组实施审核计划的能力，与审核方案和日程安排的符合性，接受审核部门和审核员的反馈。由于某种原因需要调整审核方案的内容时，应及时调整审核方案
A. 审核方案的评审及改进	根据对审核方案监视和测量结果，分析审核方案实施过程中存在的不满足要求或某些不良变化趋势，识别改进区域，并根据需要改进审核方案

注：本审核方案适应于一个认证有效期（三年）。

编制人：　　　　　　　批准人：　　　　　　　日期：

6.2　内部审核的准备

6.2.1　组成审核组

（1）审核组成员

审核组由审核组长和内审员组成。审核组长由管理者代表任命。审核组成员应经过培训，考试合格，获得 ISO 45001 内审员证书。内审员由管理者代表和审核组长共同选择、确定。

（2）内审员的能力要求

内审员的能力应包括在三方面：法规知识、职业健康安全专业知识、体系知识。审核组成员中应由比较熟悉组织重大危险源和职业健康安全风险控制的内审员组成。

6.2.2　文件收集与审查

内部审核员通常参与了组织的职业健康安全管理体系的建立与完善活动，对组织的文件化管理体系比较熟悉，所以一般不需要对已有的文件进行重新审核，这应该结合组织的具体情况来决定。

在进行现场审核前，内审员重点收集的文件可以包括以下内容：

（1）与受审核过程、部门和区域有关的程序文件、作业指导书。

（2）公司适用的法律法规及标准要求；顾客和相关方要求；周围居民及其他相关方对公司职业健康安全行为的投诉与处理。

（3）重要的记录，如最近几次内部审核和外部审核的报告、事件、不符合报告及纠正措施的实施记录等。

6.2.3　编制内审实施计划

由内审组长编制内审实施计划，主要内容包括：

（1）审核目的；

（2）审核范围；

（3）审核依据准则；

（4）审核组成员名单及分工情况；

（5）审核的时间和地点；

（6）各主要审核活动的预期日期和持续时间；

（7）首次会议、末次会议以及审核过程中需安排的与受审核部门领导交换意见的会议安排；

（8）审核报告的分发范围和预定的发布日期。

一般计划应提前 7~10 天，由审核组长通知各相关部门负责人。

例 6-3 和例 6-4 分别给出了按部门编制的内审实施计划和按过程编制的内审实施计划。

【例 6-3】按部门编制的内审实施计划

ISO 45001 审核实施计划（按部门编制）

审核目的	检查本公司职业健康安全管理体系的符合性、有效性和适宜性，寻求改进的机会，评价是否具备申请职业健康安全管理体系第三方审核认证的条件		
审核范围	公司产品设计开发、制造、服务涉及的所有部门场所和过程以及相关方管理活动		
审核依据	ISO 45001：2018　质量管理体系文件，适用的法律、法规及其他要求		
审核组长	×××	审核员	第一小组：A、B 第二小组：C、D
审核时间	2019 年 8 月 18 日至 8 月 19 日		
首次会议时间	8 月 18 日 08 时 30 分		
末次会议时间	8 月 19 日 16 时 30 分		

（续）

日期	时间	受审核部门	部门负责人	审核内容	审核员	备注
18 日	9：00—10：30	人事行政部（含食堂、宿舍）	—	4.1/4.2/4.3/4.4/5.1/5.2/5.3/5.4/6.1.1/6.1.2/6.1.3/6.1.4/6.2.1/6.2.2/7.1/7.4/8.1.1/8.1.2/8.1.3/8.2/9.1.1/9.1.2/9.2.1/9.2.2/9.3/10.1/10.2/10.3	A、B	第一组
	10：30—12：00	采购部（含材料、危化品库）	—	5.2/5.3/6.1.2/6.2.1/7.2/7.3/7.4/7.5/8.1.4.1/8.1.4.2/8.1.4.3/8.2	A、B	
	13：00—15：30	品质部（含检测室）	—	5.2/5.3/6.1.2/6.2.1/7.2/7.3/7.4/7.5/8.1.1/8.1.2/8.1.3//8.2	C、D	第二组
	15：30—17：00	技术部/销售部（含成品库）	—	5.2/5.3/6.1.2/6.2.1/7.2/7.3/7.4/7.5/8.1.1/8.1.2/8.1.3/8.2	C、D	
19 日	8：30—11：30	生产部（含车间、配电室、发电机房）	—	5.2/5.3/6.1.2/6.2.1/7.2/7.3/7.4/7.5/8.1.1/8.1.2/8.1.3/8.2	A、B	第一组
	13：30—15：30	领导层/管代	—	4.1/4.2/4.3/4.4/5.1/5.2/5.3/5/4/6.1.1/6.1.26.1.3/6.1.4/6.2.1/6.2.2/7.1/7.4/8.1/8.2/9.1.1/9.1.2/9.2.1/9.2.2/9.3/10.1/10.2/10.3	C、D	第二组
	15：30—16：30	补充审核，汇总审核情况。			A、B、C、D	

编制：　　　　　　　审核：　　　　　　　批准：

【例 6-4】按过程编制的内审实施计划

ISO 45001 审核实施计划（按过程编制）

审核目的	检查本公司职业健康安全管理体系的符合性、有效性和适宜性，寻求改进的机会，评价是否具备申请职业健康安全管理体系第三方审核认证的条件		
审核范围	公司产品设计开发、制造、服务涉及的所有部门场所和过程以及相关方管理活动		
审核依据	ISO 45001：2018 管理体系文件，适用的法律、法规及其他要求		
审核组长	×××　　审核员		第一小组：A、B 第二小组：C、D

（续）

审核时间	2019 年 8 月 18 日至 8 月 19 日
首次会议时间	8 月 18 日 8 时 30 分
末次会议时间	8 月 19 日 16 时 30 分

日期	时间	审核员		备注
		A、B	C、D	
2019.8.18	9：00—12：00 13：30—14：30	职业健康安全运行控制过程（8.1.1/8.1.2/8.1.3/8.2）相关部门：生产部（含车间、发电机房、锅炉房、配电室）、人事行政部（含员工食堂、宿舍）、技术部（含试验室）、销售部（含成品库）、品质部（含检测室）、财务部（8.1.1/8.1.2/8.1.3/8.1.4.1/8.1.4.2/8.1.4.3/8.2）、采购部（含危化品库）	战略管理、体系运行管理过程（4.1/4.2/4.3/4.4/5.1/5.2/5.3/5.4/6.2.1/6.2.2/9.2.1/9.2.2/9.3）相关部门：管理层、总经办、人事行政部	
2019.8.18	14：30—18：00	绩效监测、合规性评价过程（9.1.1/9.1.2）相关部门：总经办、人事行政部	信息交流、参与协商过程（7.4.1/7.4.2/7.4.3/5.4）相关部门：总经办、安委会、工会	
2019.8.19	8：30—12：00	风险管理、危险源识别和评价过程（6.1.1/6.1.2.1/6.1.2.2/6.1.2.3/6.1.3/6.1.4）相关部门：总经办、各部门	资源管理过程（7.1/7.2/7.3）相关部门：总经办、人事行政部	
2019.8.19	13：30—15：00	改进过程（10.1/10.2/10.3）相关部门：管代、总经办	文件管理过程（7.5.1/7.5.2/7.5.3）相关部门：人事行政部、技术部	
	15：00—15：30	相关部门或过程：补充审核		
	15：30—16：00	内部评定：审核组人员参加		
	16：00—16：30	审核情况通报：受审核方领导参加		

编制：　　　　　　　　　审核：　　　　　　　　　批准：

6.2.4 编写检查表

（1）检查表的作用

1）使审核员保持明确的审核目标。审核员可以依据检查表的内容进行审核，使审核员不至于偏离目标和审核主题，检查表实际起到提示作用。

2）确保审核工作的系统和完整。由于审核内容较为繁杂，单凭经验或记忆，难免有遗漏之处，审核员通过对审核对象的策划将审核内容列出，可以确保审核内容的系统和完整。

3）保证审核的节奏和连续性。审核过程实际上是一次紧张而有节奏的活动，由于审核时间的限制，不允许在某一个过程或部门逗留过长时间，因此，事先按审核计划中的时间安排和要求将审核要求列成检查表，可起到备忘录的作用，有助于保持审核工作的节奏和连续性。

4）减少审核员的偏见和随意性。事先编制好检查表后按检查表进行审核，可以减少由于审核员的特长或兴趣偏好和感情等因素而对现场审核所造成影响，减少了可能出现的偏见和随意性。

5）明确审核的抽样样本。审核抽样的目的是提供信息，以使审核员确信能够实现审核目标。抽样时应考虑可用数据的质量，因为抽样数据不足或数据不准确将不能提供有用的结果。应根据抽样方法和所要求的数据类型（如为了推断出特定行为模式或得出对总体的推论）选择适当的样本。

6）作为审核记录存档。审核结束，检查表、审核计划与审核报告均作为审核记录存入档案备查。组织也可以利用若干相关的审查表建立数据库，以备今后为同类型的审核编制检查表作参考。

（2）检查表的编写要点

在具体的一次审核中，审核工作可以按部门进行（按部门审核），也可以按条款进行（按过程审核），检查表的编制方法和步骤也因审核的具体方式的不同而不同。检查表的编制，主要根据审核准则或受审核方的文件，列出"审核内容"，确定"审核方法"。

在编制检查表时，应注意以下几点：

1）以标准、准则等规范性文件为依据。

2）应覆盖审核职能的全部单位、过程和条款。

3）抓住重点，也就是关注受审核部门的主要、关键或特殊过程。

4）抽样要有代表性（分类、重要性，通常抽2~5个样本）。

5）时间要留有余地。

6）检查表应有可操作性（检查表应有具体的抽样方法和检查方法，如选择什么样本，数量多少，问什么问题，问什么人，观察什么事物等）。

7）检查表要注意审核的全面性。

（3）检查表的内容

1）受审核部门、审核时间、审核员；

2）审核的依据，即在该区域审核时所依据的审核准则，列出要审核的内容，说明"查什么"。

3）审核方法，即列出审核的步骤和具体方法包括抽样方案，说明"怎么查"。

4）审核记录栏，供现场审核时记录审核结果。

表 5-1 给出了内部审核员按照 ISO 45001：2018 条款编写的内审检查表，供参考。

表 5-1 ISO 45001：2018 内审检查表

受审部门		部门负责人			
审核员		审核日期			
ISO 45001：2018 条款	审核方法			记录	评价
4 组织所处环境					
4.1 理解组织及其所处的环境	是否有证据表明组织对其所处的内外部议题进行了分析				
4.2 理解工作人员和其他相关方的需求和期望	1. 与组织有关的相关方是谁？ 2. 这些相关方的有关需求和期望有哪些？ 3. 这些需求和期望中有哪些是合规义务？是否具备相关的知识严格执行？ 4. 有无对这些相关方及其要求的相关信息进行监视和评审？				
4.3 确定职业健康安全管理体系的范围	是否对职业健康安全管理体系的边界和适用性进行确定				
4.4 职业健康安全管理体系	组织是否建立、实施、保持和持续改进职业健康安全管理体系				
5 领导作用和工作人员参与					
5.1 领导作用和承诺	1. 最高管理者对管理体系的领导作用和承诺提供哪些证据？ 2. 内审的有效性、目标的实现程度、方针、目标与战略的一致、文件适合与业务过程、提供的资源、合规性评价结果、最高管理者参与或指导哪些培训，如何支持中层领导或管理人员工作？				

表 5-1（续）

ISO 45001：2018 条款	审核方法	记录	评价
5.2 职业健康安全方针	1. 方针的内容是否满足 5 个承诺、1 个适合、1 个框架的要求？ 2. 方针是否形成文件、在内部沟通、是否被相关方所获取？ 3. 方针的内容及管理是否与公司的业务过程相关且适宜？		
5.3 组织的角色、职责和权限	1. 查看部门职责和权限，各部门职责是否有重叠或真空？权限是否明确？理解是否清晰？是否分派职责和权限，以包括确保体系符合标准要求？ 2. 是否任命最高管理者中的成员承担特定的职业健康安全职责，按标准建立、实施和保持职业健康安全管理体系，向最高管理者报告职业健康安全管理体系绩效和任何改进的需求？ 3. 所有管理者是否承诺对体系持续改进，并能在控制的领域内承担责任？		
5.4 工作人员的协商和参与	是否为确保组织控制下的工作人员参与建立、策划、实施评价和改进职业健康安全管理体系采取相关的措施？		
6 策划			
6.1 应对风险和机遇的措施 6.1.1 总则	1. 策划职业健康安全管理体系时，是否考虑到 4.1 和 4.2 中所提及的问题？有无指出职业健康安全管理体系的范围？ 2. 是否确定需要应对的风险和机遇？以及潜在的紧急情况？有无相应的需要应对风险和机遇的文件化信息？		
6.1.2 危险源辨识及风险和机遇的评价 6.1.2.1 危险源辨识	1. 是否针对影响职业健康安全的危险源进行辨识？ 2. 有哪些危险源和重大危险源？如何进行危险源评价？重大危险源信息是否进行及时更新？ 3. 抽一部分危险源，评定其辨识的合理性、科学性；现场巡视各处，简单验证危险源是否有遗漏，风险评价是否合理？		
6.1.2.2 职业健康安全风险和职业健康安全管理体系的其他风险的评价	风险评价方法是否及时主动？现场核实针对识别出的重大风险制定目标、管理方案及采取措施是否落实？风险评价是否与运行经验和采取的风险控制措施的能力相适应？		

表 5 - 1（续）

ISO 45001:2018 条款	审核方法	记录	评价
6.1.2.3 职业健康安全机遇和职业健康安全管理体系的其他机遇的评价	组织识别出的职业健康安全机遇和其他机遇有哪些？		
6.1.3 法律法规要求和其他要求的确定	1. 与组织职业健康安全有关的合规义务有哪些？有无形成文件的信息？其他要求的适用性如何？版本是否及时更新？ 2. 判断是否准确？现场验证其适用性。		
6.1.4 措施的策划	策划的措施是否与业务活动过程相融合？如何评价这些措施的有效性？		
6.2 职业健康安全目标及其实现的策划 6.2.1 职业健康安全目标	1. 是否建立职业健康安全目标？目标是否围绕部门确定的重大危险源、合规义务并考虑风险和机遇？ 2. 目标是否选择适当的参数来量化评价？如何沟通？ 3. 通过哪些方法实现目标？评价目标结果的参数是哪些？		
6.2.2 实现职业健康安全目标的策划	在策划如何实现职业健康安全目标时，公司是否考虑： 1. 完成的时限； 2. 由谁去完成目标； 3. 是否有充足的资源； 4. 如何评价结果。		
7 支持			
7.1 资源	1. 组织为建立、实施、保持和持续改进管理体系所需的资源有哪些？是否配备所需的人员、基础设施？如何提供并维护所需的环境？ 2. 是否在相应的文件确定组织所需的知识，并在必要的范围内得到？		
7.2 能力	1. 与绩效有关的人员和与合规性有关的人员的能力要求有哪些？ 2. 能力要求描述中有无对人员适当的教育、培训或经历要求，确保员工能够胜任？ 3. 有无相应措施获得所需能力，如何评价措施有效性？有无相应的记录证明人员能力？		

表 5-1（续）

ISO 45001：2018 条款	审核方法	记录	评价
7.3　意识	1. 现场观察工作人员工作习惯、行为与重大危险源有关岗位人员的操作或行为或现场的状况感知，工作人员是否知晓管理体系方针和目标？ 2. 工作人员是否知晓与工作相关的危险源和职业健康安全风险？ 3. 工作人员是否知晓其对管理体系的贡献？ 4. 工作人员是否知晓不符合管理体系的后果？		
7.4　沟通 7.4.1　总则	1. 组织如何进行内外部沟通？如何策划内外部沟通过程？有哪些记录来证明？ 2. 重大危险源、职业健康安全绩效、合规义务和持续改进建议相关信息。		
7.4.2　内部沟通	内部信息沟通是否包括组织适当的职能和层次？是否包括员工提出的合理化建议？		
7.4.3　外部沟通	外部信息沟通的内容？正确的？负面的（如投诉）？是否及时给出清晰回复？是否涉及绩效的改进？		
7.5　文件化信息 7.5.1　总则	1. 公司有无文件化的管理体系？体系文件中是否包含方针和目标？ 2. 有无对管理体系覆盖范围进行描述？有无对体系的主要要素及其相互作用的描述？相关文件的查询途径？标准所要求的文件和记录？ 3. 为确保涉及职业健康安全风险管理过程进行有效策划、运行和控制所需的文件和记录？		
7.5.2　创建和更新	1. 文件是否有标题、制定人、日期、编号、版本等，评审人是否签字？批准人是否签字？包括电子版文件。 2. 文件化信息内容是否完整？版本是否有效？文件化信息是否对记录的标识、收集、编目、归档、保存、维护、查阅、处置管理做出了规定？		

表 5-1（续）

ISO 45001：2018 条款	审核方法	记录	评价
7.5.3 文件化信息的控制	1. 文件是否在使用现场可查阅？文件是否清晰完整？是否有保密文件并如何管理？查文件发放表或电子版文件查阅权限？文件是否保存完成，电子版文件是否有备份或杀毒等措施？是否可以打开可读？作废文件的保存时间、标识、处理或销毁方法？ 2. 是否建立了外来文件清单，是否对外来文件进行了识别并控制分发？ 3. 是否对所保存的作为符合性证据的形成文件的信息予以保护，防止非预期的更改。		
8 运行			
8.1 运行策划和控制 8.1.1 总则	1. 组织有哪些运行控制？根据运行的性质、识别出风险和机遇、重大危险源及确定的合规义务有哪些风险控制要求？有无明确运行准则？ 2. 现场验证控制是否有效：噪声控制、危化学品控制、车间空气质量控制、设备安全风险控制、职业病防治管理等。		
8.1.2 消除危险源和降低职业健康安全风险	通过哪些层级来控制职业健康安全风险？效果如何？		
8.1.3 变更管理	有无变更计划？有无变更的评审？变更所采取的措施？		
8.1.4 采购 8.1.4.1 总则	是否按要求对供方的能力进行评价和选择供方？是否识别来自外部供方提供的产品或服务的职业健康安全风险？		
8.1.4.2 承包方	是否与承包方签订安全生产管理协议？是否对承包方的能力做出规定？承包商是否辨识其活动和运行过程中的危险源？这些危险源可能给公司的工作人员、相关方的工作人员和自身的工作人员带来哪些职业健康安全风险？		
8.1.4.3 外包	有无外包过程的识别？是否对外包过程进行监控？		

表 5-1（续）

ISO 45001：2018 条款	审核方法	记录	评价
8.2 应急准备和响应	1. 有无应急准备控制文件？ 2. 应急准备物资是否齐全？现场有效性如何？ 3. 是否进行了预案的演练？是否定期评审响应措施？ 4. 是否发生过紧急情况？是否进行纠正措施？是否向有关相关方提供信息或培训？ 5. 潜在事件、事故是否遗漏？预防手段如何保持？应急程序是否有验证？如火灾、报警、灭火整个过程是不是按规定去做？		
9 绩效评价			
9.1 监视、测量、分析和评价绩效 9.1.1 总则	1. 是否策划监视测量分析过程？ 2. 目标完成情况？工作场所有害因素职业接触限值？运行过程中准则的实际数据？确定为合规义务完成情况？ 3. 监视测量过程中是否使用计量器具？如何管理的？收集事故、职业病、事件等检测结果？被审核方守法记录？		
9.1.2 合规性评价	1. 公司对职业健康安全管理控制是否符合法律法规要求？是否确定合规性评价的频次、条件、结论及相关的证实？是否出现不合规情况？采取何种措施？识别为合规义务的执行情况？ 2. 关注目标检查执行情况，关注定期评审法律、法规符合性审核验证其是否违法		
9.2 内部审核 9.2.1 总则	1. 公司是否定期进行内部审核？内部审核的频次和结果是否满足企业体系运行要求？ 2. 内部审核是否得到了有效的实施和保持？		
9.2.2 内部审核方案	1. 有无内部审核方案及相关的文件化信息？内部审核方案有无考虑相关过程的职业健康安全风险的重要性、影响组织的变化以及以往审核的结果？是否规定每次审核的准则和范围？ 2. 如何选择审核员并实施审核，确保审核过程的客观和公正？有无相关管理者报告审核结果？		
9.3 管理评审	1. 管理评审输入是否满足输入要求？是否包括以往管理评审采取措施的情况？ 2. 职业健康安全目标的实现程度？应对风险和机遇采取的措施是否有效？有无改进的机会？ 3. 管理评审输出资料是否满足要求？并保留形成文件的信息？		

表 5-1（续）

ISO 45001：2018 条款	审核方法	记录	评价
10　改进			
10.1　总则	1. 如何确定和选择改进机会，采取了哪些措施？ 2. 抽一部分记录，看是否按程序要求进行原因分析并采取对策？ 3. 查看纠正措施是否合理？现场验证纠正措施效果如何？		
10.2　事件、不符合和纠正措施	出现职业健康安全事故时如何处理和报告？请提供最近 3 次的事故处理报告，是否做到"四不放过"？对各种纠正措施、预防措施，在实施前有无评价新的风险？如何评价？是否能提供相应的记录？		
10.3　持续改进	1. 是否与其相关的工作人员及工作人员代表（如有）沟通持续改进的结果？ 2. 是否保留持续改进的依据？		

6.3　内部审核的实施

6.3.1　首次会议

首次会议是审核组和企业各部门负责人共同参加的一次会议，会议由审核组组长主持，首次会议主要内容：

（1）宣布审核计划，明确审核目的、范围和依据准则。

（2）介绍审核过程安排及审核组成员分工。

（3）说明审核的方法和程序。

（4）确认沟通渠道。

（5）说明审核的注意事项和要求，希望各个部门密切配合。

（6）确认末次会议的时间。

首次会议的要求：

（1）首次会议应准时、简短、明了。

（2）首次会议时间以不超过半小时为宜。

（3）获得受审核部门的理解和支持。

（4）与会人员都要签名。

6.3.2 现场审核

6.3.2.1 审核证据的收集

在现场审核过程中，内审员主要通过面谈、对活动的观察以及文件的评审和查阅记录以及对一些关键过程实施现场查看等方法收集与审核目的、审核范围和审核准则有关的信息。

6.3.2.2 审核发现

把审核过程中获取的经验证的信息，对照审核依据和准则形成审核发现，以表明其与依据、准则符合或不符合，并同时识别其改进的机会。审核发现的内容为符合项和不符合项。对审核证据或审核发现有分歧时，应尽量协商解决。并记录尚未解决的问题。

6.3.3 审核组内部会议

一般每天的现场审核结束后，审核组应召开会议，进行内部交流、沟通和协调。现场审核结束后的审核组会议应对职业健康安全管理体系的符合性和有效性做出基本评价，决定不符合项，开具不符合报告。

6.3.4 不符合项的确定与不符合报告

（1）确定不符合项的原则

1）不符合的确定，应严格遵守依据审核证据的原则。

2）凡依据不足的，不能判为不符合。

3）有意见分歧的不符合项，可通过协商和重新审核来决定。

（2）不符合项的形成

1）职业健康安全管理体系文件不符合标准、适用的法律、法规或政策的要求，即文件规定不符合标准（该说的没说到）。这种不符合通常称为"体系性不符合"。例如企业编制的某一职业健康安全管理体系文件对标准的某一要求未做描述，或对标准的要求理解有误，导致文件的规定出现不满足标准的要求。

2）职业健康安全管理体系的实施现状未按标准、管理体系文件或适用的法律法规或政策的要求执行，即实施现状不符合文件规定（说到的没做到）。这种不符合通常称为"实施性不符合"。例如审核中发现某部门的相关方投诉处置过程未按照规定的流程进行操作，或文件未发放到相关的使用部门。

3）职业健康安全管理体系的运行结果未达到预定的目标，即实施效果不符合规定要求（做到的没有效果）。这种不符合通常可称为"效果性不符合"。例如企业车间空气质量达不到目标的要求，虽然采取了一些措施，但类似问题还在不断发生。

4）职业健康安全管理体系的运行未能符合法律法规要求和其他要求，即职业健康安全行为不符合法规要求。这种不符合通常称为"合规性不符合"。例如审核中发现消防器材的配备不符合相关法规的要求，起重设备没有按相关的法规要求进行年检等。

（3）不符合的性质

1）严重不符合

影响管理体系实现预期结果能力的不符合称之为严重不符合（CNAS－CC01：2015，3.12）。严重不符合可能是下列情况：

——对过程控制是否有效或者产品或服务能否满足规定要求存在严重的怀疑；

——多项轻微不符合都与同一要求或问题有关，可能表明存在系统性失效，从而构成一项严重不符合。

严重不符合项具有以下一项或几项特征：

——体系与标准、合同不符。

——体系出现系统性失效。如某一条款，某一关键过程重复出现失效现象，又未能采取有效的纠正措施加以消除，形成系统性失效。如组织的安全部、生产部均出现文件和资料控制方面的不符合，这说明整个系统文件管理失控，从而导致体系系统性失效。

——体系运行区域性失效。如果一个部门或活动现场，有程序文件或作业指导书，但运行过程未按规定要求实施，以至于多次出现安全生产事故、职业病，而未能加以纠正，造成该部门体系要素全面失效。

——体系运行是按规定要求进行，但仍多次出现安全生产事故、职业病，未查明原因，也未能采取有效的纠正措施。

——组织违反法律、法规或其他要求的行为较严重。

2）轻微不符合

不影响管理体系实现预期结果能力的不符合称之为轻微不符合（CNAS－CC01：2015，3.13）。轻微不符合项的判断标准有：

①对满足职业健康安全管理体系条款或体系文件的要求而言，是个别的、偶然的、孤立的、性质轻微的不符合。

②对保证所审核范围的体系而言，是次要的问题。

③不太可能导致出现下列结果的不符合：

——体系失效；

——降低对过程的控制能力；

——导致某些重大危险源和风险失控。

（4）不符合报告的编写

经过审核组讨论确定的不符合报告，由审核员负责编写，受审核部门确认，不符合报告的内容应该包括以下几个方面：

1）不符合事实的描述；

2）判为不符合事实的理由；

3）不符合的审核准则及对应的条款；

4）不符合项的性质；

5）审核员、审核组长的签字；

6）受审核部门的确认意见。

（5）不符合事实的描述要求

1）只陈述客观事实，不进行主观猜测和推断；

2）事实描述应完整、准确、清晰、简明，便于追溯，证据来源可包括时间、地点、事件、人物（一般不写姓名只注明岗位）等信息；

3）准确地写出审核准则，以便于受审核部门正确理解、分析原因，制定纠正措施；

4）不能用结论代替客观事实的描述；

5）不符合事实应经过受审核方的确认。

（6）不符合报告的格式

不符合报告没有统一的格式规定，在保证基本信息足够的前提下，可以由组织自己规定适用的格式。例6-5给出了某企业内部审核不符合报告示例，供参考。

【例6-5】某企业内部审核不符合报告示例

不符合报告（1）

受审核部门	金工车间	部门负责人	李　明
审核员	张成会	审核日期	2019.4.19

不符合事实陈述：

　　审核员现场巡查车间，发现新安装的激光下料切割机无操作规程，设备主管解释说这是新设备，说明书全是外文，正在协调厂家提供中文说明书，现全凭员工经验操作。不符合 ISO 45001：2018 中 8.1.1 条款"组织应：a）建立过程准则；b）按照准则实施过程控制"之要求以及《中华人民共和国安全生产法》第四十一条"生产经营单位应当教育和督促从业人员严格执行本单位的安全生产规章制度和安全操作规程；并向从业人员如实告知作业场所和工作岗位存在的危险因素、防范措施以及事故应急措施。"之规定。

不符合标准条款：ISO 45001：2018 中 8.1.1

不符合项类型：□严重　　■轻微

审核员：张成会	部门负责人：李　明
日期：2019.4.19	日期：2019.4.19

不符合原因及分析：

1. 对标准条款和法规要求理解不够，对员工培训计划的策划不够充分。

2. 员工安全意识不强，车间领导重视程度不够。

部门负责人：李　明	日期：2019.4.20

（续）

建议的纠正措施计划：			
1. 由人力资源部负责，组织有关部门员工进行标准条款和相关法规要求的学习，并进行考核。			
2. 组织专业人员对说明书进行翻译并消化理解，尽快制定《激光下料切割机操作规程》。			
3. 加强对车间员工的安全意识教育，增强领导安全责任心。			
预定完成时间：2019.4.30	部门负责人： 审核员认可：张成会	日期：2019.4.25 日期：	

纠正措施完成情况：
  1. 人力资源部已在4月28日组织有关人员对标准条款和相关法规要求的学习，并进行了考核。
  2. 设备说明书已翻译完成，并在消化理解的基础上制定了《激光下料切割机操作规程》，并下发执行。
  （附：培训记录，略）			

	部门负责人：李 明	日期：2019.4.28	
纠正措施的验证： 经验证，该纠正措施实施有效，同意关闭。			
	审核员：张成会	日期：2019.4.29	

不符合报告（2）

受审核部门	物控部/仓库	部门负责人	张石磊
审核员	雷 平	审核日期	2019.4.18

不符合事实陈述：

现场巡查劳保用品仓库，发现电焊工用的防护眼镜外包装没有任何标识，询问管理员这家供应商生产的劳保产品是否有生产许可证，回答不清楚。不符合 ISO 45001 中的 8.1.4.1 条款"组织应建立、实施和保持用于控制产品和服务的采购，以确保采购符合其职业健康安全管理体系"之要求以及《中华人民共和国安全生产法》第四十二条"生产经营单位必须为从业人员提供符合国家标准或者行业标准的劳动防护用品，并监督、教育从业人员按照使用规则佩戴、使用"之规定。
  不符合标准条款：ISO 45001：2018 中 8.1.4.1
  不符合项类型：□严重　　■轻微

	审核员：雷 平 日期：2019.4.18	部门负责人：张石磊 日期：2019.4.18

不符合原因及分析：
  1. 对标准条款和法规要求理解不够，也没有按体系文件的要求去开展工作。
  2. 忽略了对该供应商的评价，在没有评价的情况下向其采购劳动防护用品。		

	部门负责人：张石磊	日期：2019.4.18

（续）

建议的纠正措施计划： 　　1. 由人力资源部负责，组织有关部门员工进行标准条款和相关法规要求的学习，并进行考核。 　　2. 向对方索取企业合规性资料，根据资料和实际质量情况，对其进行重新评价。 　　3. 对所有提供劳动防护用品的供应商的资料进行整理，检查有否类似问题的供应商，如有的话，须马上整改。		
	部门负责人：张石磊	日期：2019.4.25
预定完成时间：2019.4.30	审核员认可：雷　平	日期：2019.4.25
纠正措施完成情况： 　　1. 人力资源部已在 5 月 28 日组织有关人员对标准条款和相关法规要求的学习，并进行了考核。 　　2. 已重新对提供劳保用品的供方进行了评价，并确定了新的外部合格供方。 （附：培训记录，略）		
	部门负责人：张石磊	日期：2019.4.28
纠正措施的验证： 　　经验证，该纠正措施实施有效，同意关闭。		
	审核员：雷　平	日期：2019.4.30

6.3.5　末次会议

审核结束后，由审核小组召开末次会议，会议要求企业主要领导和各个部门的负责人参加。会议由审核组长主持，会议的内容包括：

（1）感谢各部门的支持

感谢受审核部门审核期间所给予的支持和配合，使得审核得以顺利进行。

（2）重申本次审核的目的、范围和依据准则

重申要简要，重申审核目的、依据和范围，使与会者对审核的脉络能有清楚的了解，更好地理解审核中的调查结果。

（3）简要介绍审核过程

要正式报告审核的过程及审核涉及的部门，并要再次说明，审核只是一种抽样活动，存在着抽样带来的风险。组长要提醒审核只是一种管理的手段。

（4）宣读不符合报告

组长或审核员要逐项宣读不符合报告，这些报告在会前要经过受审核部门的确认。不符合报告的原件要留给受审核部门。

（5）宣读审核结论

注意：审核结论中必须有符合性、有效性方面的结论。

（6）对纠正措施的实施及完成期限的要求

对审核存在的主要问题，审核组应要求受审核部门不要"就事论事"，而应"举一反三"采取纠正措施。因为审核是抽样检查，存在的问题不一定就是查到的部门存

在，其他的地方也可能存在。可向受审核部门提出采取纠正措施的期限要求。

（7）受审核部门讲话

受审核部门可对这次审核活动提出评价意见，以及采取纠正措施表明自己的态度。

（8）最高管理者讲话

主要是针对审核过程中出现的问题，对受审核部门提一些要求。对一些涉及面大的整改事项，可落实责任人和配合部门。

（9）结束

审核组长宣布本次审核活动正式结束，并再次对受审核部门的支持表示感谢。末次会议时间控制在 30 分钟到 60 分钟。

6.4　编写审核报告

审核报告是审核组结束现场审核工作后必须编制的一份文件，应由审核组长编写。审核组长对审核报告的准确性与完整性负责。审核报告涉及的项目应按审核计划中所规定的，编写过程中如欲对此有所变动，应取得有关各方的一致同意。审核报告通常由组织管理者代表审批后，并根据具体情况分发给相关受审核部门和人员。

审核报告的格式没有统一的规定和要求，各组织通常会根据需要设计适用的格式。例 6-6 给出了某企业审核报告案例，供参考。

【例 6-6】某企业审核报告案例

内部管理体系审核报告

审核目的：检查本公司职业健康安全管理体系的符合性、有效性和适宜性，寻求改进的机会，评价是否具备申请职业健康安全管理体系第三方审核认证的条件。
审核范围：公司产品设计开发、制造、服务涉及的所有部门场所和过程以及相关方管理活动。
审核依据：ISO 45001：2018；体系文件，适用的法律、法规及其他要求。 审核日期：2018 年 8 月 18 日至 8 月 19 日
受审核部门：管理层/管代/总经办/工会/安委会、行政部/食堂/宿舍/配电房、品管部/化验室、生产部/车间、技术部、采购部/原材料库/化学品库、销售部/成品库。
审核组长：××× 审核员：第一小组：A、B； 第二小组：C、D。

（续）

审核过程综述：
2018 年 8 月 18 日—2018 年 8 月 19 日，根据已安排的内审计划，由×××担任组长，上述组员为成员对公司职业健康安全管理体系的运行是否有效进行了内审。本次内审是公司按照 ISO 45001：2018 职业健康安全管理体系标准换版后组织的第一次内审，内审员均已参加了培训机构组织的 ISO 45001：2018 职业健康安全管理体系标准换版培训，并取得了相应的内审员资格。在本次内部审核活动中，审核员本着实事求是、公正客观的原则，发扬高度负责的精神，依据 ISO 45001：2018 及据此编制的职业健康安全管理手册、程序文件和公司相关的管理文件及相关的法律法规，就涉及的所有要素和过程，对相关职能部门体系运行情况进行了耐心、全面、细致和认真地审核。由于公司领导及各相关部门的重视、支持和配合，本次审核工作按照审核计划的安排顺利完成。在 2 天的审核过程中，审核组审核了与公司职业健康安全管理体系有关的包括公司高层领导在内的 7 个部门，同时查看了生产现场和各项设施，对 ISO 45001：2018 的所有要求做了抽查证实。 　　管理评审计划在 2018 年 11 月中下旬进行，故本次未对其进行审核。
不符合项统计与分析（包括：数量、严重程度、特定部门优缺点、特定程序执行情况、存在的主要问题等）： 　　本次内审共发现不符合项 5 个，均为一般不符合项。内审结果表明：公司的管理体系已经正常运行，但仍存在一些不容忽视的问题，主要是：（1）个别部门对新版标准的要求还不够熟悉，应有针对性地加强体系要求的培训；（2）风险识别还不够全面和充分，应加强措施落实；（3）部分场所危险源识别不够充分，应加强对这些危险源的识别、评价和措施应对工作；（4）适用的法律、法规及其他要求收集有遗漏，应予以补充完善；（5）职业健康安全标识管理有待进一步规范和完善。另外提出了一些建议，均表示可以接受。5 个不符合项分布情况见不符合项分布表（略）。
对管理体系的评价（包括：文件体系与标准的符合性、实施效果、发现和改进体系运行的措施等）： 　　总体上看，公司职业健康安全管理体系得到了有效的实施和保持，职业健康安全管理体系已经在比较正常地运行，风险和机遇得到了有效管控，已初步建立持续改进的机制。各部门和全体员工的职业健康安全意识有了很大的提高，对本部门的职责、分解的职业健康安全目标及管理体系的控制要求也比较熟悉，基本上能按规定的要求去实施。因此，职业健康安全目标能得以较好地实现，职业健康安全绩效符合规定的要求，顾客、相关方对公司的职业健康安全管理及反映出来的绩效比较满意，公司员工的素质基本能适应体系运行的要求。 　　本次内审，各部门均很配合，实事求是，尽管在审核中发现一些问题，但相关部门均表示应按体系要求加以整改，这必将对管理体系的持续改进起到很好的作用。
结论： 　　1. 公司职业健康安全管理体系已经按照标准要求建立，并得到了有效的实施和保持，管理体系运行能够符合要求，对危险源进行了有效管理，较好地履行了合规性义务，职业健康安全绩效得到了提升，风险和机遇得到了有效管控，能够实现方针、目标。 　　2. 公司所实施的职业健康安全管理体系是适宜、有效的。建议在对本次审核提出的不符合项按规定时间纠正完成之后，可以申请 ISO 45001：2018 职业健康安全管理体系认证审核。

（续）

纠正措施要求及审核报告分发对象：
1. 不符合项要求各部门在 9 月 10 日前关闭；
2. 本报告分发对象：
1）公司领导；
2）受审核方；
3）公司内审员。
本次内审的情况提交管理评审，对一些涉及面较大的主要问题，经管理评审会议提出整改措施。
审核组长：×× 2018.8.19 管理者代表：×× 2018.8.19 批准（日期）：×× 2018.8.19

6.5 内审中纠正措施的跟踪验证

6.5.1 对纠正措施完成情况进行跟踪验证，评价其有效性，并报告验证结果

审核组应对受审核部门采取的纠正措施的实施情况和有效性进行跟踪。审核组接受到受审核部门完成纠正措施并提交的实施证据后，应对纠正措施完成情况及其有效性进行验证。

审核员验证并认为纠正措施确已完成并达到预期效果后，出具验证有效的意见，这项不符合项就关闭了。如果经审核员验证发现未完成纠正措施或未达到预期的效果，则应提请受审核部门继续完成或重新采取更为有效的纠正措施。

6.5.2 不符合跟踪原则

（1）所有在内审中发现的不符合项，必须由受审部门针对不符合产生的原因制定纠正措施，防止不符合再次发生，内部审核员进行跟踪验证，形成闭环。

（2）根据不符合性质和程度，可对其相应的纠正措施采用不同的跟踪验证方式。

1）针对严重不符合项或只有到现场才能验证的轻微不符合项，再次组织内部审核员到受审核部门现场，检查、核实纠正措施的效果。

2）针对轻微不符合项，由受审核部门提交纠正措施的实施记录或报告，审核部门据此安排内部审核员书面验证其是否已完成（参见例 6 - 5）。

3）针对短期内无法完成而又制定了纠正措施计划或管理方案的轻微不符合项的跟踪验证，审核组在下次内部审核时再予复查。

6.6 内审后续活动跟踪的重要性

内审后续活动跟踪的重要性主要体现在以下几方面：

（1）使受审核部门对已形成的不符合进行清理和总结，彻底解决过去出现的问题，防止职业健康安全管理体系运行受到影响。

（2）监控受审核部门对现存的不符合采取的措施，防止其滋生、蔓延或进一步扩大，造成更大的不良后果。

（3）督促受审核部门认真分析原因，防止再发生，立足于改进完善职业健康安全管理体系，为未来职业健康安全管理体系的运行创造良好的条件。

6.7　内部审核员

内部管理体系审核是一种内部评价活动，这种评价是通过内审员的审核工作完成的。内审员的能力与素质如何，是影响一个组织内部管理体系审核效果的主要因素。

6.7.1　内部审核员应具备的能力

作为一名内审员除应具有较好的语言、文字交流和沟通能力外，还应具备下列方面的知识和技能：

（1）通用知识和技能

1）掌握审核原则、程序和审核方法，保证审核的一致性和系统性，理解与审核有关的各种风险。

2）了解受审核方管理体系和引用文件，理解审核范围并运用审核准则。

3）理解受审核方的组织概况，包括组织结构、业务、管理实践等。

4）掌握适用的与受审核方审核范围相关的法律法规要求。

5）理解审核中运用抽样技术的适宜性和后果。

6）确认审核证据的充分性和适宜性以支持审核发现的结论。

7）评定影响审核发现和结论可靠性的因素。

（2）特定领域和专业的知识和技能

1）特定领域管理体系标准要求、原则及其应用。

2）特定领域法规要求及专有技术要求。

3）特定领域与专业有关的风险管理原则、方法和技术等。

4）特定领域的术语。

5）特定领域的过程和惯例。

（3）职业健康安全管理体系内审员的专业知识和技能的说明示例

1）通用知识和技能

——组织内外部环境（议题）分析方法（例如 SWOT 分析法）；

——危险源辨识，包括那些在工作场所影响人体机能的因素（例如物理、化学和生物因素，性别、年龄、生理缺陷或其他生理、心理或健康因素）；

——风险评价，确定风险的性质和等级；

——确定控制措施（确定控制措施宜基于控制措施的层级选择顺序）；

——健康和人员因素的评价（包括生理和心理因素）和评定原则；

——暴露的监视方法及其职业健康安全风险评价（包括上述人员因素之外的或与职业健康相关的）和消除或者减少这些暴露的相关策略；

——人的行为，人与人的相互作用及人与机器、过程和工作环境的相互作用（包括工作环境、人因工效和安全设计原则，信息和沟通技术）；

——组织所要求的不同类型和层级的职业健康安全能力的评价和该能力的评定；

——鼓励员工参与的方法；

——鼓励员工健康生活和自律（与吸烟、毒品、酒精、体重相关因素、锻炼、压力和进攻性行为等有关的方法），包括他们的工作时间和私人生活；

——职业健康安全绩效测量方法和指标的制定、使用和评价；

——识别潜在的紧急情况以及应急计划、预防、响应和恢复的原则和实践；

——事件（包括事故和工作相关的疾病）调查和评价的方法；

——与健康相关信息的确定和使用（包括工作相关的暴露和疾病监视数据），但应特别关注这些信息的特殊方面的机密性；

——医学信息的理解（包括医疗术语以充分理解有关的预防伤害和健康损害的数据）；

——职业接触限值标准的了解；

——监视和报告职业健康安全绩效的方法；

——理解和职业健康安全有关的法律法规要求和其他方法，使得审核员能够评价职业健康安全管理体系。

2）与审核行业相关的知识和技能

——与特定运作和行业相关的过程、设备、原材料、有毒有害物质、过程循环、维护、后勤，工作流程的组织、工作实践、倒班制、组织文化、领导作用、行为和其他事项；

——典型的危险源和风险，包括与行业相关的健康和人员因素。

6.7.2 内部审核员的职责

内部审核员是维持、提高管理体系运行效果的骨干力量。其职责是：

（1）遵守有关的审核要求，并向受审核方准确传达和阐明审核要求。

（2）参与制定审核活动计划，编制检查表，并按计划完成审核任务。

（3）将审核发现整理成书面资料，并报告审核结果。

（4）验证由审核结果导致的纠正措施的有效性。

（5）整理、保存与审核的有关文件。

（6）配合和支持审核组长的工作。

（7）协助受审核方制定纠正措施，并实施跟踪审核。

（8）对供方进行审核。

6.7.3　内部审核员的作用

（1）对管理体系的运行起监督作用

管理体系的运行需要持续地进行监督，才能及时发现问题并采取改进措施。这种连续的监督主要是通过组织的内部审核进行的，而实施内部审核主要是组织自己的内部审核员。因此，从某种意义上来讲，内部审核员对管理体系的运行起到监督员的作用。

（2）对管理体系的保持和改进起到参谋作用

在进行内部审核过程中，作为组织的内部审核员通常对自己所在组织的情况比较熟悉，可以针对所发现的某些不符合提出有针对性的纠正措施建议。必要时，内部审核员还可参加对不符合项的纠正措施的实施活动。因此，内部审核员不仅仅是内部审核活动的一名审核员，更多的角色是作为组织管理体系保持和改进的优秀参谋。

（3）在管理者与员工之间进行沟通

内部审核员在内部审核过程中与各部门员工有着广泛的交流和接触，他们既可以收集员工对管理体系运行方面的建议和要求，通过审核报告向最高管理者反映，也可以把最高管理者的决策、意图向员工传达、解释和贯彻，起到桥梁纽带作用。

（4）在第二方、第三方审核中起到内外接口的作用

内部审核员经常会参加第二方审核活动，如对供方的审核，在审核中贯彻本组织对供方的要求，同时也可了解供方的实际情况和要求。当外部审核员来本组织进行审核时，内审员由于熟悉本组织的体系运行过程，往往会担任审核组的向导和联络员，这样既可以了解对方的审核要求、审核方式和方法，向管理者代表反映，同时也可以向对方介绍本组织的实际情况，起到内外接口的作用。

（5）在管理体系的有效实施方面起到带头作用

内部审核员通常都是经过专门培训的，对组织管理体系的要求理解得比较透彻。在日常工作中，内部审核员不仅会带头认真执行和贯彻有关的安全规范、体系文件和岗位职责要求，而且会指导和影响身边的员工贯彻执行组织的管理体系要求。因此，内部审核员在组织的员工中起到模范带头作用，是组织贯彻实施管理体系的模范带头人。

6.7.4　内部审核员能力的提高

一个组织可能有很多内审员，他们的水平不可能完全一致，其知识面也有差距。有时对同一个问题会提出不同的意见，对标准内涵的理解也各不相同。这种不一致的意见可能会影响组织内审工作的公正性和公平性。因此，组织需不断地提高内审员的知识和技能，以满足内部审核工作的需要。提高内审员的能力可采取以下几种措施：

（1）参加培训班学习

组织应选派一些对审核工作有热心的员工参加认证机构或咨询公司举办的管理体系内审员培训班，人员多的情况下，可与培训机构联系，到厂培训，这样既节约了费用，又扩大了培训面。特别要注重培养多体系内审员，如"三标一体"内审员，从而扩大内审员的知识面，丰富内审工作经验，加深对标准条款的理解，从而提高审核效率。

（2）轮流担任内审组长

每年组织进行内审时，管理者代表可指定不同的内审员担任内审组长。内审组长除了担任审核任务外，同时还担任内审实施方案的编制、检查表的编制、内审报告的撰写以及审核过程中的各项协调等工作，这对内审员全面把握审核工作中各项环节，提升审核水平具有很好的促进作用。

（3）通过参加第二方审核提高审核水平

一个组织内审员可以从事对供方管理体系的检查、评定和认可来实践其审核知识，通过对供方的审核，从而发现对方做得好的方面和存在的问题，提高自己的审核水平和审核能力。

（4）向外审员学习

利用每年监督审核的机会，组织可安排内审员担任陪同人员、联络员和向导等，观察外审员在现场进行审核的全过程，从中学习他们的审核技巧和对问题的判断方法。

附录　职业健康安全管理手册范例

Q/TZ

通振电气有限公司企业标准

Q/TZ G 20003—2020

职业健康安全管理手册

Occupational health and safety management manual

2020－04－01发布   2020－04－08实施

通振电气有限公司   发布

目　　次

前　　言

　　本标准是根据 ISO 45001：2018《职业健康安全管理体系　要求及使用指南》以及有关法规的要求，结合公司产品开发、生产的实际、产品特点和相关方要求编制而成。

　　本标准的附录 A、附录 B、附录 C 为规范性附录。

　　本标准由通振电气有限公司标准化委员会提出并负责解释。

　　本标准由通振电气有限公司总经办归口。

　　本标准起草单位：通振电气有限公司总经办。

　　本标准起草人：（略）

　　本标准审查人：（略）

　　本标准批准人：（略）

　　本标准 2020 年首次发布。

引　言

0.1　管理手册发布令

职业健康安全管理手册发布令

　　为提高公司职业健康安全管理水平，更好地遵守国家有关职业健康安全的政策、法律、法规、标准及其他要求，依据 ISO 45001：2018 及其他法律法规和要求，结合公司实际情况，编制完成了《职业健康安全管理手册》2020 年版，现予以批准颁布实施。

　　本手册是公司职业健康安全管理体系的法规性文件，是指导组织建立并实施职业健康安全管理体系的纲领和行动准则。公司全体工作人员必须遵照执行。

总经理：（签名）

二○二○年四月一日

0.2　公司简介

　　（略）

0.3　职业健康安全方针发布令

通振电气有限公司

职业健康安全方针

以人为本，健康安全；
遵纪守法，强化管理；
综合治理，持续改进。

　　上述职业健康安全方针，公司全体工作人员必须认真学习，准确理解，有效贯彻，持续保持。

总经理：（签名）

二○二○年四月一日

0.4 管理者代表任命书

<h1 style="text-align:center">任命书</h1>

为了认真贯彻执行 ISO 45001：2018 要求，加强对职业健康安全管理体系运作的管理，特任命×××为本公司管理者代表，除其本身职责以外，特赋予下列职责：

a) 确保职业健康安全管理体系所需的过程得到建立、实施和保持；

b) 向总经理报告职业健康安全管理体系的绩效和任何改进的需求；

c) 确保全公司工作人员提高满足法律法规要求和相关方要求的意识；

d) 就与职业健康安全管理体系有关的事宜与外部联络。

就上述事项的执行，本公司予以充分授权，全体同仁需同心协力，充分配合，支持其工作，确保本公司职业健康安全管理体系的建立、实施和保持，并持续改进职业健康安全管理体系的有效性。

总经理：（签名）
二〇二〇年四月一日

0.5 公司工作人员代表授权书

<h1 style="text-align:center">公司职业健康安全工作人员代表授权书</h1>

为了进一步加强工作人员职业健康安全方面的沟通和协商，反映工作人员在职业健康安全方面的意见和建议，维护工作人员应有权益，经全体工作人员大会选举并经公司领导决定，任命×××先生为公司职业健康安全事务代表（或工作人员代表）。职业健康安全事务代表（或工作人员代表）在公司职业健康安全管理体系中代表工作人员履行以下职责：

a) 参与公司发展战略和资源配置等重大议题的协商讨论与审查，以及职业健康安全方针和目标的制定和评审；

b) 参与商讨影响工作场所职业健康安全的任何变化，在职业健康安全事务上收集和反映工作人员的意见，享有代表权；

c) 参与危险源辨识、风险评价和确定控制措施；

d) 参与职业健康安全管理措施和运行准则实施及适用法律法规遵守情况的监督与检查，以及事故、事件、职业病的调查和处理；

e) 向工作人员及有关人员传达公司领导的回复或解释，做好沟通工作，起到领导与工作人员之间的桥梁作用。

总经理：（签名）
二〇二〇年四月一日

0.6 公司组织结构

职业健康安全管理体系结构图见图0.1。

职业健康安全管理体系结构图

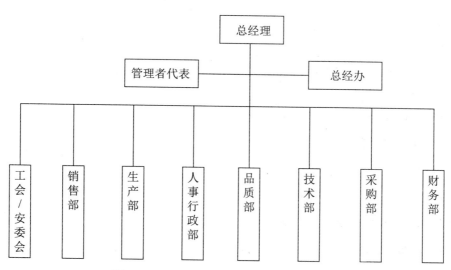

图 0.1 职业健康安全管理体系结构图

0.7 职能要素分配表

职业健康安全管理体系职能分配表见表0.1。

表 0.1 职业健康安全管理体系职能分配表

ISO 45001：2018 体系要求	职能部门								
	总经理	管代、总经办	人事行政部	生产部	技术部	品质部	销售部	采购部	财务部
4 组织所处的环境									
4.1 理解组织及其所处的环境	△	▲	△	△	△	△	△	△	△

表0.1（续）

ISO 45001：2018 体系要求	职能部门								
	总经理	管代、总经办	人事行政部	生产部	技术部	品质部	销售部	采购部	财务部
4.2 理解工作人员和其他相关方的需求和期望	△	▲	△	△	△	△	△	△	△
4.3 确定职业健康安全管理体系的范围	▲	▲	△	△	△	△	△	△	△
4.4 职业健康安全管理体系	▲	△	△	△	△	△	△	△	△
5 领导作用和工作人员参与									
5.1 领导作用和承诺	▲	△	△	△	△	△	△	△	△
5.2 职业健康安全方针	▲	△	△	△	△	△	△	△	△
5.3 组织的角色、职责和权限	▲	△	△	△	△	△	△	△	△
5.4 工作人员的协商和参与	△	▲	△	△	△	△	△	△	△
6 策划									
6.1 应对风险和机遇的措施									
6.1.1 总则	△	▲	△	△	△	△	△	△	△
6.1.2 危险源辨识及风险和机遇的评价	△	▲	△	△	△	△	△	△	△
6.1.3 法律法规要求和其他要求的确定	△	▲	△	△	△	△	△	△	△
6.1.4 措施的策划	△	▲	△	△	△	△	△	△	△
6.2 职业健康安全目标及其实现的策划									
6.2.1 职业健康安全目标	△	▲	△	△	△	△	△	△	△
6.2.2 实现职业健康安全目标的策划	△	▲	△	△	△	△	△	△	△
7 支持									

表 0.1（续）

ISO 45001：2018 体系要求	职能部门								
	总经理	管代、总经办	人事行政部	生产部	技术部	品质部	销售部	采购部	财务部
7.1 资源	▲	△	△	△	△	△	△	△	△
7.2 能力	△	△	▲	△	△	△	△	△	△
7.3 意识	△	△	▲	△	△	△	△	△	△
7.4 沟通									
7.4.1 总则	△	▲	△	△	△	△	△	△	△
7.4.2 内部沟通	△	△	▲	△	△	△	△	△	△
7.4.3 外部沟通	△	△	▲	△	△	△	△	△	△
7.5 文件化信息									
7.5.1 总则	△	△	▲	△	△	△	△	△	△
7.5.2 创建与更新	△	△	▲	△	△	△	△	△	△
7.5.3 文件化信息的控制	△	△	▲	△	△	△	△	△	△
8 运行									
8.1 运行策划的控制									
8.1.1 总则	△	▲	△	△	△	△	△	△	△
8.1.2 消除危险源和降低职业健康安全风险	△	▲	△	△	△	△	△	△	△
8.1.3 变更管理	△	▲	△	△	△	△	△	△	△
8.1.4 采购									
8.1.4.1 总则	△	△	△	△	△	△	△	▲	△
8.1.4.2 承包商	△	△	△	△	△	△	△	▲	△
8.1.4.3 外包	△	△	△	△	△	△	△	▲	△
8.2 应急准备和响应	△	▲	△	△	△	△	△	△	△
9 绩效评价									

表0.1（续）

ISO 45001：2018 体系要求	职能部门								
	总经理	管代、总经办	人事行政部	生产部	技术部	品质部	销售部	采购部	财务部
9.1监视、测量、分析和评价绩效									
9.1.1总则	△	▲	△	△	△	△	△	△	△
9.1.2合规性评价	△	▲	△	△	△	△	△	△	△
9.2内部审核									
9.2.1总则	△	▲	△	△	△	△	△	△	△
9.2.2内部审核方案	△	▲	△	△	△	△	△	△	△
9.3管理评审	△	▲	△	△	△	△	△	△	△
10改进									
10.1总则	△	▲	△	△	△	△	△	△	△
10.2事件、不符合和纠正措施	△	▲	△	△	△	△	△	△	△
10.3持续改进	△	▲	△	△	△	△	△	△	△

注：带▲为归口部门，带△为相关部门。

0.8 手册管理说明

0.8.1 手册的编写、批准和发布

0.8.1.1 管理者代表负责手册的拟制。

0.8.1.2 最高管理者负责手册的审批。

0.8.2 手册的发放

0.8.2.1 职业健康安全管理手册的发放范围执行《文件控制程序》，由人事行政部加盖受控文件印章后登记发放。发放给咨询机构、客户及上级主管部门等单位的为非受控版本，不加盖受控文件印章。

0.8.2.2 受控版本持有者，应妥善保管手册，不得遗失、外借、擅自更改和复制。当

调离工作或离开本公司时，应办理变更或交还手续。

0.8.3 手册的更改和换版

0.8.3.1 手册由人事行政部负责更改。当受控版本手册的内容更改时，可以采用修改单或用更改页替换作废页的形式更改。所有更改由人事行政部集中统一实施，执行《文件控制程序》。

0.8.3.2 当手册经过重大或多次更改，或本公司的体系发生重大调整时，由管理者代表提出手册换版申请，经总经理批准后实施。

0.8.4 管理手册的宣传、贯彻、实施

职业健康安全管理手册是公司的管理法规，公司中层以上干部必须熟悉并理解，使工作有章可循，同时要对全体工作人员进行广泛宣传教育，使之能自觉贯彻执行。

职业健康安全管理手册

1 范围

1.1 总则

本手册适用于公司内部对职业健康安全的管理以及对管理体系的审核、评审和持续改进，用于：

a) 证实公司具有稳定地提供满足顾客和适用的法律法规要求的产品的能力；

b) 通过管理体系的有效应用，包括体系持续改进过程的有效应用，以及保证符合顾客、工作人员、社会及相关方的要求和适用的法律法规要求，旨在增强他们的满意；

c) 向社会和相关方展示，本公司将遵守适用的职业健康安全法律法规和其他要求，对重大危险源和职业健康安全风险进行有效控制，能消除或降低安全风险和对人身的有害影响；

d) 为第三方对本公司职业健康安全管理体系的认证提供依据。

1.2 应用

1.2.1 本手册依据 ISO 45001：2018，结合本公司的实际情况编制而成。

1.2.2 本手册的目的是为了通过实施有效的职业健康安全管理体系，努力实现公司的职业健康安全管理体系方针、目标的要求。

1.2.3 本手册是公司的职业健康安全管理手册，除手册之外，公司还编制了 19 个形成文件的程序（见附录 A）；还有一些程序未单独编制文件，直接在手册相应条款中做出了适当的描述。

1.2.4 本手册描述的职业健康安全管理体系适用于本公司的×××和××××的设计开发、制造及销售以及相关支持过程和场所的职业健康安全管理。

1.2.5 本公司区域和部门范围：××省××市××区××路××号内的公司所有部门。

1.2.6 本公司完全引用 ISO 45001：2018 职业健康安全管理体系要求，无任何删减。

2 规范性引用文件

下列文件对于本文件的应用是必不可少的。凡是注日期的引用文件，仅注日期的版本适用于本文件。凡是不注日期的引用文件，其最新版本（包括所有的修改单）适用于本文件。

ISO 45001：2018　职业健康安全管理体系　要求及使用指南

3　术语和定义

ISO 45001：2018　界定的以及下列术语和定义适用于本文件。

3.1

三同时 three simultaneities

新建、改建、扩建、技术改造和引进的工程项目，其环保设施、职业健康安全设施、消防设施主体必须与主体工程同时设计、同时施工、同时投产使用。

3.2

四不放过 four don't let go

事故原因没有查清不放过；事故责任者和应受教育者没有受到教育不放过；没有采取防范措施不放过；事故责任者没有追究责任不放过。

3.3

三级安全教育 three level safety education

厂级安全教育，车间安全教育，班组安全教育。

3.4

轻伤事故 accident which results in minor wounds

因工受伤损失工作日在 1 个工作日以上 105 个工作日以下，但不够重伤的事故。

3.5

重伤事故 serious injury accident

因工受伤损失工作日等于或超过 105 个工作日的失能事故。

3.6

死亡事故 fatal accident

发生事故当时死亡或负伤后一个月内死亡的事故。死亡事故是指一次事故死亡 1～2 人的事故；重特大死亡事故指一次死亡 3 人及 3 人以上的事故。

3.7

职业病 occupational diseases

劳动者在生产中及其他职业活动中，接触职业性有害因素所直接引起的疾病。

4　组织所处的环境

4.1　理解组织及其所处的环境

公司建立和保持《组织环境理解和分析控制程序》。总经理应确定与本公司职业健康安全目标相关并影响实现职业健康安全管理体系预期结果的各种内部、外部议题。这些事项可以包括影响组织或受组织影响的环境状况。本公司定期对这些内部和外部议题的相关信息进行监视和评审，以确保其充分和适宜。

职业健康安全相关的内外部议题可包括但不限于：

a) 外部议题：

——社会、文化、政治、法律法规、金融、技术、经济、自然以及竞争环境，无论国际的、国内的、区域的还是本地的；

——新竞争者、合同方、承包方、供应商、合作伙伴及提供者、新技术、新法规；

——影响组织职业健康安全目标的主要动力和趋势；

——与外部利益相关方的关系，外部利益相关方的观点和价值观。

b) 内部议题：

——管理方法、组织结构、作用和责任；

——方针、目标，以及为实现方针和目标所制定的战略；

——基于资源和知识理解的能力（例如，资本、时间、人员、过程、系统和技术）；

——信息系统、信息流和决策过程（正式与非正式）；

——与内部利益相关方的关系，内部利益相关方的观点和价值观；

——组织的文化；

——被组织采用的标准、指南和模型；

——合同关系的形式和范围。

4.2 理解工作人员和其他相关方的需求和期望

公司建立和保持《相关方需求和期望控制程序》，以理解相关方需求和期望：

a) 职业健康安全管理体系有关的相关方：周围居民、政府主管单位、供应商、客户、非政府组织、投资方、工会和工作人员（非管理类人员是职业健康安全管理体系的重要利益相关方）等；

b) 这些相关方有关的需求和期望（如要求）；

c) 客户、政府主管单位的需求和期望将成为合规义务。

4.3 确定职业健康安全管理体系的范围

公司应界定职业健康安全管理体系的边界和应用，以确定其范围。在确定职业健康安全管理体系范围时，公司应考虑：

a) 影响其实现职业健康安全管理体系预期结果的能力的内部和外部议题；

b) 合规义务；

c) 公司职业健康安全管理体系所适用的物理边界和组织边界；

d)　活动、产品和服务；

e)　实施控制和施加影响的权限和能力。

本公司职业健康安全管理体系的范围是位于××省××市××区××路××号的通振电气有限公司的××产品的设计开发、制造和销售及其相关职业健康安全管理活动和场所，并将要求形成文件加以实施和控制。

ISO 45001：2018 中所有条款的要求均适用于本公司。

4.4　职业健康安全管理体系

4.4.1　为实现组织的预期结果，包括提高其职业健康安全绩效，公司根据 ISO 45001：2018 的要求建立管理体系，将其形成管理手册，加以实施和保持，并持续改进职业健康安全管理体系，包括所需的过程及其相互作用。

4.4.2　公司根据 ISO 45001：2018 及管理手册的要求管理这些过程，编制必要的程序文件以支持过程的正确运行，同时保留相关的记录等信息。公司职业健康安全管理体系每一个过程按照图 1 的模式构建。

4.4.3　公司建立并保持的职业健康安全管理体系涉及的过程见附录 C。

4.4.4　公司在建立并保持职业健康安全管理体系时，应考虑 4.1 条款中确定的内外部议题，以及 4.2 条款中识别的相关方的需求和期望。公司应将上述有关议题纳入其职业健康安全管理体系的策划、实施运行和绩效评价中。

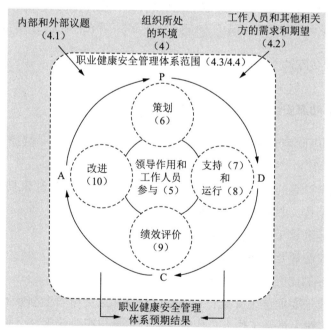

注：括号内的数字是指本标准的相应章条号。

图 1　职业健康安全管理体系模式构建

5 领导作用和工作人员参与

5.1 领导作用和承诺

总经理应证实其在职业健康安全管理体系方面的领导作用和承诺，通过如下方面：

a) 对工作人员的职业健康安全负全责；

b) 确保方针、目标与组织的战略方向一致。

c) 确保将职业健康安全管理体系要求融入组织的业务过程；

d) 确保可获得职业健康安全管理体系所需的资源；

e) 确保工作人员及工作人员代表积极参与协商、识别以及消除妨碍参与的障碍或障碍物；

f) 就有效职业健康安全管理的重要性和符合职业健康安全管理体系要求的重要性进行沟通；

g) 确保职业健康安全管理体系实现其预期效果；

h) 指导并支持工作人员对职业健康安全管理体系有效性做出贡献；

i) 促进持续改进以提高职业健康安全绩效；

j) 支持其他相关管理人员在其职责范围内证实其领导作用；

k) 培养、引导和宣传支持导入职业健康安全管理体系的文化。

注：本手册所提及的"业务"可从广义上理解为涉及组织存在目的那些核心活动。

5.2 职业健康安全方针

5.2.1 制定职业健康安全方针

5.2.1.1 总经理应制定、实施和保持职业健康安全方针。职业健康安全方针应体现"5项承诺1个框架"：

a) 提供安全健康的工作条件以预防与工作相关的伤害和健康损害的承诺，并与公司的宗旨及职业健康安全风险的性质、规模相适应；

b) 提供制定和评审职业健康安全目标的框架；

c) 满足法律法规要求和其他要求的承诺；

d) 要利用控制层级控制职业健康安全风险的承诺；

e) 要持续改进职业健康安全管理体系以提高职业健康安全绩效的承诺；

f) 要满足工作人员及工作人员代表（如有）参与职业健康安全管理体系决策过程的承诺。

5.2.1.2 公司制定并由最高管理者发布的职业健康安全方针：

以人为本，健康安全；

遵纪守法，强化管理；

综合治理，持续改进。

释义：

以人为本，健康安全——高度重视工作人员的健康与安全，不断改善工作人员的工作环境和劳动条件，大力推进职业健康安全文化建设，在全体工作人员中形成关爱生命、关爱健康的氛围，保持人、机、环境和谐相处。

遵纪守法，强化管理——遵守国家和各级政府颁布的职业健康安全法律法规和其他要求，增强全体工作人员的安全法制观念，加强全体工作人员的教育和培训，提高全员安全意识和操作技能，规范工作人员的操作行为，加强日常管理，增强事故预防能力。

综合治理，持续改进——综合运用先进科学的管理方法和有效的资源及手段，发挥人的智慧，通过全体工作人员的共同努力，整治各种事故隐患和风险，持续改进职业健康安全管理绩效。

5.2.1.3 职业健康安全方针是组织的宗旨，用以规范、协调全公司职业健康安全管理活动，是正式发布的公司在职业健康安全管理方面的总的意图和方向，体现了公司对与工作相关的伤害和健康损害预防、控制职业健康安全风险、遵守法律法规和其他要求以及对持续改进职业健康安全管理体系有效性的承诺。

5.2.2 沟通职业健康安全方针

职业健康安全方针应：

a) 形成文件，传达到全体工作人员；

b) 在制定特别是实施的过程中，与各部门及各层次的人员充分沟通，达到上下理解一致；

c) 在相关方有需要时，可通过公司宣传资料或网站公开获取。

5.3 组织的角色、职责和权限

为便于职业健康安全管理体系的有效运行，本公司确定了职业健康安全管理组织机构（见0.6），并规定了各级各岗位人员职责、权限和相互关系，并在公司内对各级工作人员进行了必要传达。各职能部门的职能分配表（见0.7），主要岗位职责权限（见附录B），以保证职业健康安全管理体系充分、有效地实施。总经理应确保为职业健康安全管理体系的建立、实施、保持和改进提供必要的资源。资源包括人力资源和专项技能、组织的基础设施以及技术和财力资源。

5.4 工作人员的协商和参与

5.4.1 非管理类工作人员参与的活动包括但不限于：

a) 确定协商和参与的机制；

b) 制定方针；

c) 危险源辨别和风险评价；

d) 识别能力、培训和培训评价的需求；

e) 确定需要沟通的信息以及如何沟通；

f) 确定控制措施及其有效应用；

g) 调查事件和不符合并确定纠正措施。

5.4.2 非管理类工作人员参与协商的活动包括但不限于：

a) 确定相关方的需求和期望；

b) 制定方针；

c) 适用时分配组织的岗位、职责和权限；

d) 确定如何满足法律法规要求和其他要求；

e) 制定职业健康安全目标；

f) 确定外包、采购和分包商的适用的控制方法；

g) 确定哪些需要监视、测量和评价；

h) 策划、建立、实施并保持一个或多个审核方案；

i) 建立一个或多个持续改进过程。

5.4.3 工作人员代表（工会）、安全事务代表（安委会）应经常征询工作人员的意见，代表工作人员参与和协商组织职业健康安全管理的有关活动。

6 策划

6.1 应对风险和机遇的措施

6.1.1 总则

　　为确保体系有效运行并实现持续改进，公司建立和保持《风险和机遇管理控制程序》，通过确定其需要应对的风险和机遇，策划措施进行处理来确保实现。这些风险和机遇可能与危险源和职业健康安全风险、合规义务有关。也可能存在与其他议题有关的风险和机遇，包括职业健康安全状况，或相关方的需求和期望，这些都可能影响职业健康安全管理体系的有效性。例如：

a) 市场需求的变化会给组织带来的风险和机遇；

b) 社区居民要求组织公布其有害物质的排放情况，会给组织带来的风险；

c) 由于工作人员文化或语言的障碍，未能理解当地的工作程序，而导致安全事件的发生；

d) 由于资金约束，导致缺乏相应的资源来保持职业健康安全管理体系的有效运行；

e) 通过政府的财政支持，采用更先进和职业健康安全设备，减少事件的发生概率，从而提升职业健康安全检查绩效；

f) 旱季缺水可能影响排放控制设备的运行能力。

紧急情况可能导致职业健康安全风险或对公司造成其他影响。在确定潜在的紧急情况（例如：火灾、化学品溢出、恶劣天气）时，应当考虑以下内容：

——现场危险物品（例如：易燃液体、贮油箱、压缩气体）的性质；

——紧急情况最有可能的类型和规模；

——附近设施（例如：工厂、道路）的潜在紧急情况。

6.1.2　危险源辨识及风险和机遇的评价

6.1.2.1　危险源辨识

6.1.2.1.1　公司建立并保持《危险源辨识和风险评价控制程序》，对企业的活动、产品或服务（包括已纳入计划的或新的开发、新的或修改的活动）中能够控制及可望施加影响的危险源进行辨识。对危险源的辨识，应考虑但不限于以下几个方面：

a) 应考虑产品生命周期的全过程，分析产品实现过程涉及的活动、设备、设施在过去、现在和将来各时间段中的正常状态、异常状态和紧急状态，以及进入作业场所的所有人员常规和非常规的活动，可能对人员健康造成的危害；

b) 应考虑过去出现并一直持续到现在的（如由于技术、资源不足仍未解决的或停止不用，但其危害依然存在）、现在和将来（计划中的改造、扩建、新产品生产和新的服务提供、管理措施实施过程等）可能存在的危险源；

c) 应从机械能、电能、热能、化学能、放射能、生物因素、人机工程因素（生理、心理、行为）等方面已造成的、或可能造成对人体危害、财产损失及已经具有或可能发生危险的设施、原材料等去调查分析；

d) 在识别危险源过程中，对在工作场所内发生的与工作相关的活动且在公司控制下的情况，或对于源于其他单位的危险源，由于不受公司直接控制的情况，也应事先予以识别，以便采取对策措施，并做好应急预案。

6.1.2.1.2　人事行政部负责确定识别方法，组织相关部门识别与更新危险源，并列出《危险源清单》。

6.1.2.2　职业健康安全风险和职业健康安全管理体系的其他风险的评价

6.1.2.2.1　公司建立并保持《危险源辨识和风险评价控制程序》，对企业的活动、产品或服务（包括已纳入计划的或新的开发、新的或修改的活动）中能够控制及可望施加影响的危险源和职业健康安全风险进行识别与评价，以确定重大危险源及职业健康安全风险并及时更新。

6.1.2.2.2　采用适合于公司的方法对已识别出的危险源进行评价，规定风险分级，判定重大危险源，根据不同情况实施必要的控制措施。

6.1.2.2.3 根据危险源和风险评价的结果，人事行政部组织相关部门对其控制和监测的方法进行策划。

6.1.2.2.4 在管理体系实施及改进过程中，应及时对变化了的危险源进行识别和评价，以更新重大危险源，针对性地建立新目标，制定管理措施或建立控制程序。

6.1.2.3 职业健康安全机遇和职业健康安全管理体系的其他机遇的评价

公司建立和保持《风险和机遇管理控制程序》，以识别提升职业健康安全绩效的机遇和改进职业健康安全管理体系的机遇：

  a) 改进职业健康安全绩效机遇的评价，包括组织及其过程或活动的有计划的变更，如以无毒或毒性小的原材料代替有毒或毒性较大的原材料；

  b) 改进职业健康安全管理体系机遇的评价，包括组织在实施职业健康安全管理体系时，通过执行安全生产标准，提高安全生产管理水平；满足法律法规要求和其他要求，获得财务和运营收益；通过政府财政资助引进新技术，改善职业健康安全设施等。

6.1.3 法律法规要求和其他要求的确定

公司建立和保持《法律法规要求和其他要求的获取和更新控制程序》，以获取并确定适合于公司活动、产品与服务的国家和地方的职业健康安全法律法规和其他要求，跟踪其变化以及时更新。公司应：

  a) 按程序获取并确定本公司适用的职业健康安全法律、法规和其他要求；

  b) 建立职业健康安全法律、法规和其他要求的清单；

  c) 跟踪职业健康安全法律、法规和其他要求，一旦有变化要及时更新并传达；

  d) 当公司的活动、产品或服务发生变化时，要及时更新相应台账；

  e) 公司活动、产品或服务应确保采取的措施与发现问题及对职业健康安全影响的严重程度相适应，并应确保对法律法规文件进行必要的更新与遵循性的评价。

6.1.4 措施的策划

公司需在高层面上策划职业健康安全管理体系中应采取的措施，以管理其重大危险源、合规义务，以及识别的、公司优先考虑的风险和机遇，以确保职业健康安全管理体系的有效运行。策划的措施可包括建立职业健康安全目标，或可独立或整合融入其他的质量、环境管理体系过程。也可通过其他管理体系提出一些措施。

6.2　职业健康安全目标及其实现的策划

6.2.1　职业健康安全目标

根据公司的职业健康安全方针、确定的重大危险源以及法律法规要求，公司建立和保持《职业健康安全目标管理方案控制程序》，以实现对风险的预防、治理和持续改进和遵守适用的法律法规要求及其他要求的承诺。

a)　目标指标和管理措施的制定

——目标和管理措施应符合职业健康安全方针；

——目标和管理措施的制定应充分考虑本公司的重大危险源和国家与地方的环境法律、法规和其他要求，各相关方的要求；

——目标的制定和管理措施还应考虑技术和经济可行性，避免制定技术和经济上达不到的目标。职业健康安全管理措施应明确实施的进度和完成的时间，并应规定责任部门和责任人，列出所需的资金预算；

——目标要尽量具体，且要尽可能量化，并制定可测量的职业健康安全绩效参数；

——目标和管理措施的制定每年进行一次，由管理者代表负责组织。

b)　目标的检查与修订

——管理者代表对公司的目标和管理措施的实施情况进行检查，做好记录，必要时将检查结果报总经理。每季度应进行一次对目标和管理措施的检查；

——各部门年底对本部门目标和管理措施的实施情况进行检查和控制；

——当目标、绩效指标和管理措施需要修订时，由总经办汇总，报管理者代表进行修订，各部门要根据修改结果对本部门的目标和绩效指标进行相应的修订；

——目标和管理措施的变更和修订必须经总经理批准。

6.2.2　实现职业健康安全目标的策划

公司应实施策划，以确定如何实现职业健康安全目标。策划的结果应当包括：

a)　目标、计划采取的措施；

b)　应配置的资源；

c)　职能分配；

d)　完成时间表；

e)　目标达成的评价准则、监测内容和参数。

策划应当是动态的，当职业健康安全管理体系中的过程、活动、服务和产品发生变化时，应当对目标相关策划进行必要的修订。

7 支持

7.1 资源

公司应确定建立、实施和保持职业健康安全管理体系所需的内部和外部资源，包括财务资源、人力资源、自然资源、供方和合作伙伴、技术和信息资源、基础设施和设备等。

公司应对内外部资源进行评价，评估资源适用性和可获取性，分析现有内部资源的能力和局限，确定哪些需要从外部供方获得，包括外部提供的人力资源。

公司应当确保获得所需资源，并对资源进行分配、优化、维护与合理使用。总经理应当确保那些负有职业健康安全管理职责的人员得到必需的资源。

7.2 能力

7.2.1 公司建立并保持《人力资源控制程序》，明确培训需求，确保可能对职业健康安全产生重大影响的岗位的人员能够胜任他所担负的工作，以满足职业健康安全管理体系所赋予的工作要求。

7.2.2 人事行政部通过《岗位任职资格条件》，确定受公司控制的与职业健康安全管理体系有关的工作人员的能力，包括学历、技能、培训及工作经验的具体要求，作为人员选择、安排和考核的主要依据。在考核过程中，发现不能胜任本职工作的，需及时安排补充培训、辅导并重新考核，通过或转换工作岗位，或通过招聘及外包相应工作给胜任的人员等方式，使从事相应工作的人员具备相应的能力。

7.3 意识

公司建立并保持《人力资源控制程序》。人事行政部加强对受公司控制的、与职业健康安全管理体系有关的工作人员的教育和培训，使其树立健康安全意识，意识到职业健康安全方针的存在，认识到他们在实现承诺中所起的作用，认识到在实现他们负责的职业健康安全目标的重要性方面具有关键职责，认识到组织履行合规义务的影响，认识到他们工作活动中实际或潜在的重大危险源以及相关的职业健康安全风险，认识到改进职业健康安全绩效的益处，以及不符合职业健康安全管理体系的要求，尤其是不符合法规要求所带来的后果。

7.4 沟通

7.4.1 总则

公司建立并保持《信息交流与协商控制程序》，确保内外双向信息能够畅通有效的交流，涉及重大危险源的外部信息还应做到有序的、文件化的接受，处理和答复。职业健康安全信息交流的内容包括重大危险源、职业健康安全绩效、法规要求、持续改进建议等。当公司接受到内外部相关方的投诉或其他负面信息时，公司应及时给出清晰的回复，并对这些投诉进行分析，用于寻找改进职业健康安全管理体系的机会。

7.4.2 内部沟通

内部信息交流对于有效实施职业健康安全管理体系至关重要，对于解决问题、协调行动、跟踪实施计划、改进职业健康安全管理体系等都有重要作用。公司在建立其信息交流过程中，应做到：

a) 充分考虑组织内部结构，以确保与最适当的职能和层次进行信息交流；

b) 应当将职业健康安全管理体系的监测、审核和管理评审的结果通报组织内部的有关人员。

7.4.3 外部沟通

公司应按其建立的信息交流过程及其合规义务的要求，就职业健康安全管理体系的相关信息进行外部信息交流。

a) 外部交流的相关方可包括公司周边的单位的居民、非政府组织、顾客、合同方、供方、投资方、应急服务机构和执法者等，还应关注媒体和舆情。

b) 外部交流要关注满足法律法规要求和其他要求。如职业健康安全信息报告和职业健康安全信息公示的要求，安全生产法、职业病防治法等法律规定等。

7.5 文件化信息

7.5.1 总则

组织的职业健康安全管理体系成文信息包括：

a) ISO 45001：2018 要求的文件化信息；

b) 公司自行确定的为确保职业健康安全管理体系有效性所需的其他信息，在公司的职业健康安全管理手册和程序文件中予以说明或给出了相应的索引。

7.5.2 创建和更新

公司建立和保持《文件控制程序》《记录控制程序》，明确文件的分类、编号和版本，形式和载体，明确文件的制定和运行安排的审批和权限、发放和检索等相关要求。在创建和更新文件化信息时，确保其适宜性和充分性。

7.5.3 文件化信息的控制

公司建立和保持《文件控制程序》《记录控制程序》，明确与职业健康安全管理体系有关的各类文件化信息的最新状况，方便访问、检索和使用。

文件化信息应予以妥善存储和防护，保存在安全、干燥的地方，做好防火、防虫蛀、防潮和泄密等工作，保持其可读性。

人事行政部依据文件编写部门确定的"文件发放范围"执行发放，并在《文件发放（领用）回收登记表》中记录，确保需要的场所均可获得适用的版本。

相关部门可以《文件更改申请单》的形式，经分管领导批准后，执行文件的领用和更改。

各部门收集的相关国家标准、国际标准、行业标准、法律法规以及行政主管部门的有关职业健康安全管理规定和要求等的外来文件，由人事行政部建立相应的《外来文件受控清单》，统一管理并及时更新。

记录类文件信息，不能随意更改、涂抹。各部门应及时汇总，保持顺序号和日期、页码的连续，以便于存取检索，并按规定的保存部门、保存期限予以保留和处置。

8　运行

8.1　运行策划和控制

8.1.1　总则

8.1.1.1　公司建立和保持《职业健康安全运行控制程序》，规定公司日常职业健康安全管理活动的控制要求。根据职业健康安全管理方针、目标，确定本公司需实施运行控制的重大危险源及风险的活动如下：

    a)　设备检修活动；

    b)　产品实现活动；

    c)　化学危险品管理活动；

    d)　其他，如相关方管理活动等。

8.1.1.2　为对上述重大危险源和有关的活动、产品、服务运行有效控制，确保其在规定的条件下运行，使其不致偏离方针、目标，本公司制定相应的程序文件和第三层次文件，这些文件都应具有可操作性。

    a)　制定《职业病防治管理办法》《司炉工操作规程》《设备安全操作规程》《动用明火管理规定》及《消防安全管理规定》，确保车间空气质量、噪声接触限值符合职业卫生标准，控制各类安全事故的发生，确保安全生产；

    b)　通过执行国家、地方安全生产有关规定以及本公司规定的有关制度，控制设备检修活动和产品实现活动中的风险；

    c)　制定并实施《厂区及车辆管理规定》《叉车操作规程》及《厂区内安全环保标识管理办法》《文明卫生管理规定》，确保车辆驾驶的安全、尾气达标排放和环境卫生的管理；

d) 制定各类物资储存、搬运、使用管理制度，防止意外的泄漏、火灾、爆炸及人身伤害；

e) 制定《食堂管理规定》，防止食物中毒；

f) 制定并实施《工伤管理规定》《女职工保护管理规定》《职工基本养老保险实施办法》，确保工作人员的合法权益得到保护；

g) 制定并实施《新建、改建、扩建工程项目管理规定》，确保新改扩建项目做到职业安全卫生设施"三同时"；

h) 对相关方可能造成重大危险源和重大职业健康安全风险的活动，制定并实施《对相关方施加影响控制程序》，将有关程序和要求及时通报给相关方；

i) 为从根本上消除或降低危险源和职业健康安全风险，制定《职业健康安全运行控制程序》。

8.1.2 消除危险源和降低职业健康安全风险

为确保控制过程能达到预期的结果，公司按照消除、替代、工程控制、管理控制和使用个人防护装备的层级思路，单独或综合选用以下相应的方法：

a) 消除。改变设计以消除危险源，如引入机械提升装置以消除手举或提重物这一危险行为等。

b) 替代。用低危害物质替代或降低系统能量（如较低的动力、电流、压力、湿度）；用机器人代替人进入危险作业区工作等。

c) 工程控制。安装通风系统、机械防护、联锁装置、隔音罩等。

d) 管理控制。安全标志、危险区域标识、发光标志、人行道标识、警告器或警告灯、报警器、安全规程、设备检修、门禁控制、作业安全制度、操作牌和作业许可等。

e) 个体防护装备。安全防护眼镜、听力保护器具、面罩、安全带和安全索、防护口罩和手套等。

8.1.3 变更管理

8.1.3.1 公司制定并实施《变更管理控制程序》，以实施和控制影响职业健康安全绩效的有计划的变更。对于有计划实施的变更，公司应重新辨识危险源和职业健康安全风险、适用的合规义务要求，并识别和确定需要应对的新的风险和机遇，进而分析变更可能会对职业健康安全管理体系的有效性和对实现预期结果会产生怎样的影响。组织计划内的变更通常有：

a) 为响应市场需求，组织决定对产品性能（包括软件）做出改变，开发新产品；由于产品结构的改变，相应过程也进行了变更；由于产品技术的进步，对服务方式进行了改进；

b) 为提高能源效率、减少物料损失、降低有害物质排放和改进安全措施，组织计划对工艺过程、工艺参数进行调整，对设备设施或工作环境进行改造；

c) 为了适应新的法规要求，组织对职业健康安全目标和绩效提出了新要求；

d) 有关危险源和相关的职业健康安全风险的知识或信息的变更；

e) 职业健康安全新的知识和技术的发展带来组织技术的进步、工艺的改进和产品结构的变更。

8.1.3.2 当公司发生非计划的变更时（非预期性变更），如外部供方或外部提供的产品或服务非预期变化、内部运营的异常情况、突发事件的出现、关键岗位工作人员的意外变更、紧急性的设备维护、生产计划临时性调整等，公司应在适当的时机对变更所产生的后果进行预测和评估，并及时对变更产生的结果进行调查、分析和评审，识别可能或已经产生的危险源和职业健康安全风险，必要时采取相应的措施，尽可能消除或降低由于变更而对组织和职业健康安全绩效带来的不利影响。

8.1.4 采购

8.1.4.1 总则

8.1.4.1.1 公司应识别来自外部供方提供的产品或服务的职业健康安全风险，根据他们对管理组织自身活动、产品和服务中的危险有害因素、对履行合规义务、提升职业健康安全绩效和实现职业健康安全目标等的影响程度，为采购的产品或服务规定职业健康安全要求，并于外部供方和合同方沟通有关职业健康安全要求。

8.1.4.1.2 公司通过合同、协议、信息交流、检测、验收等方法对所采购的产品或服务的安全性能进行控制，对外部供方和合同方施加影响。

8.1.4.1.3 对相关方可能造成重大危险源和重大风险的活动，建立和保持《对相关方施加影响控制程序》，将有关程序和要求及时通报给相关方。

8.1.4.2 承包方

8.1.4.2.1 公司应辨识其作业现场的危险源和潜在的风险，对进入施工现场的承包方工作人员应告知其安全事项和提供必要的防护设备。

8.1.4.2.2 对一些存在安全风险比较大的项目，公司要对对方的施工资质进行评审，确定具有专业水平的承包方承揽，以确保承包方及其工作人员满足公司的职业健康安全管理体系要求。

8.1.4.2.3 公司在签订承包方安全管理协议时，应对以下3个方面提出明确的安全管理规定，作为承包合同的补充：

a) 承包方的活动和运行对公司及其人员的安全健康影响；

b) 公司的活动和运行对承包方及其人员的安全健康影响；

c) 同一场所内不同承包方的不同活动和运行相互的安全健康影响。

公司还应在职业健康安全管理协议中约定各自的安全生产管理职责，其控制程度应在协议中明确，如对其进行定期检查，发现对组织的工作人员存在职业健康安全风险时，应及时督促整改，如现场噪声、扬尘等。

8.1.4.3 外包

8.1.4.3.1　考虑外包过程对公司管理重大危险源、履行合规义务和应对风险和机遇的能力可能会产生怎样的影响，根据影响的程度以及外包过程及其活动的性质、动作方式、潜在的职业健康安全风险影响，策划运行管理的方法和措施，对外包过程实施直接或间接的控制。对这些过程实施控制的类型包括：

  a) 委派驻场管理人员参与委托加工全过程管理；

  b) 合同或协议约束；

  c) 规定运行程序和运行要求；

  d) 实施监视测量计划；

  e) 现场验证；

  f) 提供培训和信息交流等。

8.1.4.3.2　本公司涉及的职业健康安全外包过程包括：喷塑、危化固废处置、特种设备维保、运输、职业健康安全参数检测、职业健康检查等。本公司对这些服务分包方按双方签订的合同进行控制，以确保其过程符合要求。

8.2 应急准备和响应

8.2.1　根据公司的生产特点和所处的地域状况，公司建立并保持《应急准备和响应控制程序》，以明确可能的突发事件和紧急情况发生时的应急措施，预防或尽可能减少可能造成的人身伤害及健康损害等。

8.2.2　公司可能发生的紧急情况有：

  a) 火灾；

  b) 爆炸；

  c) 触电事故；

  d) 机械事故；

  e) 交通事故；

  f) 食堂食物中毒；

  g) 洪水、台风；

  h) 高温中暑；

  i) 电力中断；

  j) 关键设备故障；

  k) 危险物质和气体的泄漏；

  l) 传染病的广泛流行，传播和（或）爆发；

  m) 工作场所暴力。

8.2.3 人事行政部会同生产部负责确定可能发生紧急情况的部门与岗位，制定相关应急预案，组织相关部门评审该预案，同时组织演习并验证预案的可行性。

8.2.4 各部门负责职责范围内对潜在事故或紧急情况进行预防控制。

8.2.5 总经理负责应急准备与响应中必需的资源配置。

8.2.6 重大安全事故或紧急情况发生后，人事行政部会同生产部组织各部门对应急准备和响应程序及预案进行评审并在必要时予以修订；应急响应涉及的统一指挥调度工作由生产部协助完成。

8.2.7 人事行政部保持应急预案的演习和评审记录。

9 绩效评价

9.1 监视、测量、分析和评价绩效

9.1.1 总则

9.1.1.1 公司建立并保持《绩效监视和测量及评价控制程序》，对与重大危险源和重大风险有关的活动的关键特性进行监视、测量，以对法律法规的符合程度及目标、指标实现程度进行评价，对运行控制过程进行监督，确保重大危险源和职业健康安全风险得到控制。

9.1.1.2 需要进行监测的职业健康安全绩效数据包括：
   a) 车间空气质量情况；
   b) 噪声接触限值情况；
   c) 化学危险品管理情况；
   d) 运行控制情况；
   e) 管理措施实施情况；
   f) 满足法律法规要求情况；
   g) 目标、绩效指标实现情况
   h) 工作人员的身体健康情况。

9.1.1.3 人事行政部委托疾病控制中心监测部门对本公司工作场所的空气质量、噪音接触限值进行定期监测，并负责将测量结果与应执行的标准以及法律法规要求进行比较，以评价对有关职业健康安全法律法规的遵循情况，将有关信息反馈管理者代表。人事行政部负责保存相关的监测记录。

9.1.1.4 人事行政部负责组织对车间空气质量的符合性进行检测，并每年与疾病控制中心监测部门的监测结果进行比对，做出车间空气质量是否符合工作场所有害职业接触限值标准要求的评价，保存相关的监测记录。

9.1.1.5 人事行政部负责对公司所制定的职业健康安全目标、绩效指标和管理措施的

绩效进行监测，当发现与目标、绩效指标和管理措施发生偏离或可能偏离时，提出纠正或预防措施。

9.1.1.6 生产部负责监督日常的安全生产活动和已制定的安全措施的执行情况，并组织安全大检查。

9.1.1.7 生产部负责组织每月召开一次安全分析会，对日常安全监测结果进行通报，发现不符合提出纠正措施。

9.1.1.8 人事行政部负责每年组织一次工作人员职业健康体检，对工作人员的身体情况进行监测。

9.1.1.9 人事行政部每年结合内审对法律法规的符合性进行全面检查并评价。

9.1.1.10 人事行政部负责对安全事故进行统计和报告。

9.1.2 合规性评价

公司建立和保持《合规性评价控制程序》，定期评价对适用的有关职业健康安全法律法规和其他要求的遵循情况。

a) 行政人事部负责组织对公司遵循的法律法规进行符合性评价，各责任部门予以配合；

b) 行政人事部根据评价内容编制合规性评价报告，经管理者代表审核，总经理批准后发放至各部门；

c) 经评价后发现的不符合，各责任部门应制定改进和纠正措施，确保符合合规性义务的要求。

9.2 内部审核

9.2.1 总则

内部审核目的通常可包括：

a) 判断职业健康安全管理体系是否符合标准的要求以及组织确定的职业健康安全管理体系的要求；

b) 评价职业健康安全管理体系是否得到了正确的实施和保持以及实现目标的有效性；

c) 识别职业健康安全管理体系潜在的改进方向；

d) 评价职业健康安全管理体系满足相关方要求和法律法规要求的能力；

e) 为管理评审输入做准备，为职业健康安全管理体系的调整、完善和改进提供依据；

f) 为第三方审核做准备。

两次内审的时间间隔不得超过 12 个月，并应确保所有的部门的所有过程至少被审核一次。

9.2.2 内部审核方案

9.2.2.1 公司建立并实施《内部审核控制程序》。人事行政部策划审核方案，制定相应的内部审核计划，据此实施内部审核，验证公司职业健康安全管理体系是否符合自身及标准要求、职业健康安全管理体系是否得有效实施和保持。

9.2.2.2 人事行政部负责制定《年度内部审核计划》，明确审核的目的、范围和依据；审核的频次和时间安排；审核的方法；参与人员的职责；策划及报告要求。计划应能确保公司的所有部门、职能、体系要素和整个环境管理体系在一个时间间隔内（通常为1年）都能得到定期审核。

9.2.2.3 审核组长负责制定《审核实施计划》，明确审核组成员、审核日期、日程；审核对象及审核内容；审核报告的要求等。审核员的选择应确保审核过程客观公正。

9.2.2.4 审核组依据审核计划实施审核，按照标准和内部文件的要求确认不合格项，发出《不符合报告》给相关部门。相关部门进行原因分析，经审核员确认后，及时采取适当的纠正和纠正措施。审核员负责对实施结果进行检查验证。

9.2.2.5 审核组长负责编制《内部审核报告》，综述审核的总体情况，提交总经理作为管理评审的依据；内审相关记录由人事行政部负责保存。

9.3 管理评审

9.3.1 总则

公司建立并实施《管理评审控制程序》，规定管理评审的相关活动。总经理每年至少一次，对公司职业健康安全管理体系进行评审，以确保其持续的适宜性、充分性和有效性，并与组织的战略方向一致，也可针对特定事项〔见9.3a)～g)〕，召开适时管理评审。管理评审可结合公司的战略策划，经营会议等其他活动一起进行。

9.3.2 管理评审输入

策划和实施管理评审时应考虑以下内容：

a) 以往管理评审的决议事项和应对措施的执行情况；

b) 来自以下方面的变化：

　　1) 与职业健康安全管理体系相关的内、外部议题；

　　2) 来自相关方的需求和期望，包括合规性评价结果；

　　3) 公司重大危险源和职业健康安全风险；

　　4) 职业健康安全风险和机遇。

c) 职业健康安全目标实现情况；

d) 公司职业健康安全绩效方面的信息，包括以下方面的趋势：

　　1) 不符合和纠正措施；

2)　监视和测量结果；

3)　合规义务的履行情况；

4)　内部和外部的审核结果；

5)　工作人员的协商与参与；

6)　职业健康安全风险和机遇。

e)　资源的充分性；

f)　来自相关方的有关信息交流，包括抱怨；

g)　持续改进的机会和建议。

9.3.3　管理评审输出

管理评审的输出要反映出对以上输入进行讨论、分析和评价的结果：

a)　对职业健康安全管理体系的持续适宜性、充分性和有效性的结论；

b)　与持续改进机会相关的决策；

c)　与职业健康安全管理体系变更的任何需求相关的决策，包括资源；

d)　如需要，职业健康安全目标未实现时采取的措施；

e)　改进职业健康安全管理体系与其他过程融合的机遇；

f)　任何与公司战略方向相关的结论。

10　改进

10.1　总则

公司建立和保持《改进控制程序》，确定和选择改进机会，采取纠正措施、持续改进、变革创新和重组等措施，以实现职业健康安全管理体系的预期结果。

10.2　事件、不符合和纠正措施

10.2.1　公司建立和保持《改进控制程序》，在对职业健康安全事件、不符合原因分析的基础上，采取纠正措施以避免和减少由此而产生的职业健康安全事故议题。所采取纠正措施，要与改进事件、不符合的影响程度相适应。

10.2.2　实施纠正措施的一般步骤：

a)　通过以下活动评价消除不符合原因的措施要求，以防止不符合再次发生或在其他地方发生：

——评审不符合；

——通过调查分析确定不符合原因；

——确定是否存在或是否可能发生类似的不符合；

b)　确定并实施所需的纠正措施；

c) 评审所采取的任何纠正措施的有效性；

d) 必要时，对职业健康安全管理体系进行变更；

e) 对于取得预期效果的纠正措施，应在管理体系文件或规定中将构成不合格原因的内容予以修改。

10.2.3 对纠正措施的全过程建立并保持记录。

10.2.4 纠正措施应与所发生的事件不符合造成的影响或潜在影响的重要程度相适应。由纠正措施而引起的文件更改，执行《文件控制程序》。

10.3 持续改进

公司应持续改进职业健康安全管理体系的适宜性、充分性与有效性，以提升职业健康安全绩效。

a) 公司通过贯彻职业健康安全方针，全员参与，全过程控制，发挥工作人员的积极性和创造性，营造一个激励改进的气氛与环境。

b) 公司通过日常的职业健康安全监测和测量发现问题，采取纠正和纠正措施，做到体系持续改进。

c) 公司利用内部审核、管理评审和数据分析发现问题，不断寻找改进的机会，采取纠正和纠正措施，确保体系的有效运作和持续改进。

d) 公司通过每年制定新的目标和管理措施并确保实现，使职业健康安全方面绩效稳步提高，实现持续改进。

e) 公司保留文件化信息，作为持续改进的证据。

附录 A
（规范性附录）
程序文件清单

表 A.1 给出了程序文件清单。

表 A.1　程序文件清单

序号	文件编号	程序名称	标准条款号
1	Q/TZ G21605—2020	组织环境理解和分析控制程序	4.1
2	Q/TZ G21606—2020	相关方需求和期望控制程序	4.2
3	Q/TZ G21218—2020	风险和机遇管理控制程序	6.1.1
4	Q/TZ G21201—2020	危险源辨识和风险评价控制程序	6.1.2
5	Q/TZ G21506—2020	法律法规要求和其他要求获取和更新控制程序	6.1.3
6	Q/TZ G201103—2020	职业健康安全目标和管理方案控制程序	6.2.1、6.2.2
7	Q/TZ G201623—2020	人力资源控制程序	7.1~7.3
8	Q/TZ G21511—2020	信息交流与协商控制程序	7.4.1~7.4.3、5.4
9	Q/TZ G21504—2020	文件控制程序	7.5
10	Q/TZ G21505—2020	记录控制程序	7.5
11	Q/TZ G21402—2020	职业健康安全运行控制程序	8.1
12	Q/TZ G20414—2020	变更管理控制程序	8.1.3
13	Q/TZ G20302—2020	对相关方施加影响控制程序	8.1.4
14	Q/TZ G21202—2020	应急准备和响应控制程序	8.2
15	Q/TZ G20704—2020	绩效监视和测量及评价控制程序	9.1
16	Q/TZ G21604—2020	合规性评价控制程序	9.1.2
17	Q/TZ G21603—2020	内部审核控制程序	9.2
18	Q/TZ G20602—2020	管理评审控制程序	9.3
19	Q/TZ G20506—2020	改进控制程序	10.1~10.3

附录 B

（规范性附录）

部门职责和权限

B.1 总经理

总经理对公司职业健康安全生产负总责，其职责权限包括但不限于：

a) 负责职业健康安全管理体系的策划，确定、批准和发布职业健康安全方针、目标，主持管理主审；

b) 负责公司组织结构及各部门职责的确定，任命管理者代表；

c) 负责公司职业健康安全管理手册和程序文件的批准发布；

d) 确保在公司内部各层次和职能之间建立适当的沟通渠道和方式；

e) 确保对公司职业健康安全目标进行分解展开；

f) 向公司全体人员宣传强调满足相关方和法律法规要求的重要性；

g) 负责为职业健康安全管理体系建立和运行提供各类必要的资源。

B.2 管理者代表

由总经理任命的管理者代表对职业健康安全管理体系的正常有效运作负责，并行使以下职权：

a) 负责主持公司职业健康安全管理体系的建立，并组织、协调和监督职业健康安全管理体系的实施；

b) 掌握并向总经理汇报职业健康安全管理体系的业绩和改进的需求，负责组织管理评审结果的跟踪；

c) 确保在整个组织内提高满足相关方和法律法规要求的意识；

d) 负责就职业健康安全管理体系有关事宜有关外部联络；

e) 组织有关人员定期分析各种职业健康安全方面反馈的信息，确定采取纠正措施的需求；

f) 组织内部职业健康安全管理体系审核。审批内部职业健康安全管理体系审核计划、任命内审小组组长和成员、安排具体审核分工，为保证内部职业健康安全管理体系审核的正常进行而提供相应的资源并审批内部管理体系审核报告。

B.3 健康安全事务代表（或工作人员代表）

由全体工作人员大会选举并经公司总经理授权任命的健康安全事务代表（或工作

人员代表）负有维护工作人员合法权益的责任，其职责权限包括：

a) 参与危险源辨识、风险评价和控制措施的确定；

b) 参与公司职业健康安全方针、目标的制定和评审；

c) 参与安全事件调查和处理；

d) 对影响公司职业健康安全的任何变更进行协商；

e) 针对有关职业健康安全管理事项发表意见，协调和非管理类人员的关系，上传下达。

B.4　总经办主任

总经办主任对本部门职业健康安全管理体系的正常有效运行负责，并行使以下职权：

a) 贯彻执行公司职业健康安全方针，建立本部门目标，按职业健康安全体系文件规定的职责和权限实施和保持管理体系的有效性；

b) 负责组织危险源的识别和风险评价，编制危险源和重大危险源清单；

c) 建立目标管理体系，编制职业健康安全目标管理措施，对目标和管理措施的实现情况进行跟踪、考核；

d) 负责内、外部信息交流的组织、实施与协调；

e) 负责对公司职业健康安全绩效进行监视和测量；

f) 负责合规性评价和报告的编制；

g) 负责组织实施应急准备和响应各项措施；

h) 负责本部门危险源的识别、运行和控制。

B.5　人事行政部经理

人事行政部经理对本部门职业健康安全管理体系的正常有效运行负责，并行使以下职权：

a) 贯彻执行公司职业健康安全方针，建立本部门目标，按职业健康安全管理体系文件规定的职责和权限实施和保持管理体系的有效性；

b) 负责公司体系文件的管理、发放、回收等工作；

c) 负责组织工作人员培训，制定工作人员培训计划表并组织实施；

d) 负责公用设施，办公用具等固定资产管理及低值易耗品的管理；

e) 负责对本部门职业健康安全事件、不符合采取纠正措施；

f) 负责本部门危险源的识别、运行和控制。

B.6　采购部经理

采购部经理对本部门职业健康安全管理体系的正常有效运行负责，并行使以下职权：

a) 贯彻执行公司职业健康安全方针，建立本部门目标，按职业健康安全管理体系文件规定的职责和权限实施和保持管理体系的有效性；

b) 负责对本部门职业健康安全事件、不符合采取纠正措施；

c) 负责本部门危险源的识别、运行和控制；

d) 负责化学品分类及 MSDS 资料的收集、分发；

e) 对供方施加影响。

B.7 销售部经理

销售部经理对本部门职业健康安全管理体系的正常有效运行负责，并行使以下职权：

a) 贯彻执行公司职业健康安全方针，建立本部门目标，按职业健康安全管理体系文件规定的职责和权限实施和保持管理体系的有效性；

b) 负责对本部门职业健康安全事件、不符合采取纠正措施；

c) 负责本部门危险源的识别、运行和控制。

B.8 生产部经理

生产部经理对本部门职业健康安全管理体系的正常有效运行负责，并行使以下职权：

a) 贯彻执行公司职业健康安全方针，建立本部门目标，按职业健康安全管理体系文件规定的职责和权限实施和保持管理体系的有效性；

b) 负责对生产基础设施及工作环境的控制；

c) 负责生产现场消防安全工作；

d) 负责生产现场应急准备和响应控制；

e) 负责对产品材料和设施进行控制，防止和减少对其职业健康安全造成的不利影响；

f) 负责对本部门职业健康安全事件、不符合采取纠正措施；

g) 负责对生产过程进行控制，积极改进生产工艺，减少材料和能源消耗；

h) 负责本部门危险源的识别、运行和控制。

B.9 技术部经理

技术部经理对本部门职业健康安全管理体系的正常有效运行负责，并行使以下职权：

a) 贯彻执行公司职业健康安全方针，建立本部门目标，按职业健康安全管理体系文件规定的职责和权限实施和保持管理体系的有效性；

b) 负责对本部门职业健康安全事件、不符合采取纠正措施；

c) 设备维护时油品的泄漏的处理；

d) 负责本部门危险源的识别、运行和控制。

B.10 品质部经理

品质部经理对本部门职业健康安全管理体系的正常有效运行负责，并行使以下职权：

a) 贯彻执行公司职业健康安全方针，建立本部门目标，按职业健康安全管理体系文件规定的职责和权限实施和保持管理体系的有效性；

b) 负责对本部门职业健康安全事件、不符合采取纠正措施；

c) 负责本部门危险源的识别、运行和控制。

B.11 财务部经理

财务部经理对本部门职业健康安全管理体系的正常有效运行负责，并行使以下职权：

a) 贯彻执行公司职业健康安全方针，建立本部门目标，按职业健康安全管理体系文件规定的职责和权限实施和保持管理体系的有效性；

b) 负责对本部门职业健康安全事件、不符合采取纠正措施；

c) 负责公司能源、资源的核算和管理；

d) 负责本部门危险源的识别、运行和控制。

B.12 车间主管

车间主管对本车间职业健康安全管理体系的正常有效运行负责，并行使以下职权：

a) 贯彻执行公司职业健康安全方针，建立本部门目标，按职业健康安全管理体系文件规定的职责和权限实施和保持管理体系的有效性；

b) 负责对本部门职业健康安全事件、不符合采取纠正措施；

c) 负责本部门环境因素、危险源的识别、运行和控制。

B.13 各部门通用职责

各部门在职业健康安全管理体系运行过程中的通用职责包括：

a) 负责针对本部门的危险源制定职业健康安全目标；

b) 负责拟订本部门的职业健康安全管理措施并执行；

c) 有责任维护公司的职业健康安全管理体系，并对新发生的危险源进行汇总。

附录 C

（规范性附录）

过程管理一览表

过程管理一览表格式见表 C.1。

表 C.1 过程管理一览表

过程编号	过程名称	对应标准条款	对应文件	文件编号	输入信息	输出记录	过程绩效指标	主要责任部门
OP1	组织环境理解和分析过程	4.1	组织环境理解和分析控制程序	Q/TZ G21605—2020	组织外部环境信息；组织内部环境信息	组织环境外部议题分析表；组织环境内部议题分析表；产业结构五力分析表；SWTO分析表	每年进行组织环境理解和分析不少于一次	总经办
P02	相关方期望和要求评价过程	4.2	相关方需求和期望控制程序	Q/TZ G21606—2020	相关方需求和期望的信息	相关方期望或要求识别表	内外部信息监视评审率100%；相关方需求和期望监视评审率100%	总经办

表 C.1（续）

过程编号	过程名称	对应标准条款	对应文件	文件编号	输入人信息	输出记录	过程绩效指标	主要责任部门
P03	风险和机遇管理过程	6.1.1	风险和机遇管理控制程序	Q/TZ G21218—2020	组织环境外部议题分析表；组织环境内部议题分析表；SWTO分析表等风险和机遇的相关信息	风险评估与应对措施表；机遇评估与应对措施表	风险和机遇应对措施有效率100%	总经办
P04	危险源识别和评价过程	6.1.2	危险源辨识和风险评价控制程序	Q/TZ G21201—2020	危险源辨识和风险评价信息	危险源识别表；危险源清单；风险评价记录；重大危险源清单	危险源及时评价率100%	人事行政部
P05	法律法规要求和其他要求获取和更新过程	6.1.3	法律法规要求和其他要求获取和更新控制程序	Q/TZ G21506—2020	法律法规要求和其他要求信息	适用性评审记录表；法律法规要求和其他要求清单	法律法规要求和其他要求及时更新率100%	人事行政部
P06	目标管理过程	6.2.1~6.2.2	职业健康安全目标和管理方案控制程序	Q/TZ G201103—2020	职业健康安全管理目标；职业健康安全绩效指标	职业健康安全目标一览表；管理措施一览表；过程管理一览表	目标绩效指标考核100%	总经办

表 C.1（续）

过程编号	过程名称	对应标准条款	对应文件	文件编号	输入信息	输出记录	过程绩效指标	主要责任部门
D01	人力资源管理过程	7.1~7.3	人力资源控制程序	Q/TZ G201623—2020	人力资源需求申请表；年度培训计划等人力资源培训需求信息	工作人员培训登记表；培训申请单；培训签到表；培训记录表	新工作人员、转岗工作人员岗位技能培训合格率≥90%；工作人员满意率≥85%；年度培训计划完成率达95%	人事行政部
D02	信息交流与协商过程	7.4.1~7.4.3、5.4	信息交流与协商控制程序	Q/TZ G21511—2020	信息交流与协商信息	信息联络处理单；合理化建议表	信息反馈及时率100%	总经办

表 C.1（续）

过程编号	过程名称	对应标准条款	对应文件	文件编号	输入信息	输出记录	过程绩效指标	主要责任部门
D03	文件化信息管理过程	7.5	文件控制程序 记录控制程序	Q/TZ G21504—2020 Q/TZ G21505—2020	文件化信息	文件审批表； 文件发放（领用）回收登记表； 文件更改申请单； 文件领用申请表； 文件销毁（留用）审批表； 文件借阅、复制登记表； 部门受控文件清单； 记录控制一览表； 记录归档登记表； 记录查阅登记表	文件有效率100%； 记录填写符合率100%	人事行政部

表 C.1（续）

过程编号	过程名称	对应标准条款	对应文件	文件编号	输入信息	输出记录	过程绩效指标	主要责任部门
D04	运行控制过程	8.1	职业健康安全运行控制程序	Q/TZ G21402—2020	职业健康安全运行输出信息	职业健康安全巡查记录；职业健康安全设计评审记录	车间空气质量、噪声接触限值符合职业卫生标准要求；爆炸、火警重大事故发生率为零	生产部
D05	相关方控制过程	8.1.4	对相关方施加影响控制程序	Q/TZ G20302—2020	相关方要求施加影响信息	相关方管理事项一览表；供方环境/安全状况调查（兼评价）表；信息交流记录表	相关方施加职业健康安全影响率≥80%	采购部
D06	应急准备和响应过程	8.2	应急准备和响应控制程序	Q/TZ G21202—2020	各种应急信息输入	消防演习总结报告；应急预案评审表；事故调查与处理报告	应急有效率100%（应急有效次数/应急次数）；应急预案评审频次≥1次/年	人事行政部

表 C. 1（续）

过程编号	过程名称	对应标准条款	对应文件	文件编号	输入信息	输出记录	过程绩效指标	主要责任部门
C01	绩效监视和测量及评价过程	9.1.1	绩效监视和测量及评价控制程序	Q/TZ G20723—2020	监测参数信息	监测（评价）报告；安全检查汇总整改表；职业健康安全巡查记录	车间空气质量达标率100%	人事行政部总经办
C02	合规性评价过程	9.1.2	合规性评价控制程序	Q/TZ G21604—2020	合规要求输入	法律法规和其他要求合规性评价报告	合规性评价频次≥1次/年	人事行政部
C03	内部审核过程	9.2	内部审核控制程序	Q/TZ G21603—2020	内部审核的要求信息	年度内审计划；审核实施计划；内审检查表；不符合报告；不符合项分布表；内部管理体系审核报告；内审首（末）次会议签到表	内审计划按期完成率100%	总经办
C04	管理评审过程	9.3	管理评审控制程序	Q/TZ G20602—2020	管理评审的要求信息	管理评审计划；管理评审通知单；管理评审报告	改进措施按期完成率100%	总经办

表 C.1（续）

过程编号	过程名称	对应标准条款	对应文件	文件编号	输入信息	输出记录	过程绩效指标	主要责任部门
A01	改进控制过程	10.1～10.3	改进控制程序	Q/TZ G20506—2020	改进要求的信息	改进措施处理单	改进措施按时完成率100%；纠正措施有效性100%	总经办

参考文献

[1] GB/T 45001—2020, 职业健康安全管理体系 要求及使用指南 (ISO 45001: 2018, IDT) [S]. 北京: 中国标准出版社, 2020.2.

[2] GB/T 28001—2011, 职业健康安全管理体系 要求 (OHSAS 18001: 2007, IDT) [S]. 北京: 中国标准出版社, 2012.2.

[3] GB/T 28002—2011, 职业健康安全管理体系 实施指南 (OHSAS 18002: 2008, Occupational health and safety management systems—Guidelines for implementation of OHSAS 18001: 2007, IDT) [S]. 北京: 中国标准出版社, 2012.2.

[4] GB/T 19001—2016, 质量管理体系 要求 (ISO 9001: 2015, IDT) [S]. 北京: 中国标准出版社, 2017.1.

[5] GB/T 19000—2016, 质量管理体系 基础和术语 (ISO 9000: 2015, IDT) [S]. 北京: 中国标准出版社, 2017.1.

[6] GB/T 24001—2016, 环境管理体系 要求及使用指南 (ISO 14001: 2015, IDT) [S]. 北京: 中国标准出版社, 2017.1.

[7] GB/T 1.1—2009, 标准化工作导则 第1部分: 标准的结构和编写 [S]. 北京: 中国标准出版社, 2009.9.

[8] CNAS—CC01: 2015, 管理体系认证机构要求 (ISO/IEC 17021—1: 2015, IDT) [S/OL]. https: //www.cnas.org.cn/rkgf/rzjgrk/jbzz/2015/07/870091.shtml.

[9] 陈元桥. 职业健康安全管理体系国家标准理解与实施 [M]. 北京: 中国质检出版社, 2012.4.

[10] 刘宏, 郑敏学. ISO 14001&OHSAS 18001 环境和职业健康安全管理体系建立与实施 (第二版) [M]. 北京: 中国石化出版社, 2017.3.

[11] 刘诗飞, 詹予忠. 重大危险源辩识及危害后果分析 [M]. 北京: 化学工业出版社, 2013.2.

[12] 陈全. 职业健康安全风险管理 [M]. 北京: 中国质检出版社, 2011.12.

[13] 陈全. ISO 45001: 2018《职业健康安全管理体系 要求及使用指南》原理与实施. 北京: 中国质检出版社, 2018.9.

[14] 安泰环球技术委员会. 管理风险 创造价值——深度解读 ISO 31000: 2009 标准 [M]. 北京: 人民邮电出版社, 2010.10.

[15] 胡月亭. 安全风险预防与控制 [M]. 北京: 团结出版社, 2018.2.

[16] 唐苏亚.5S活动推行与实施（第二版）[M].广东：广东经济出版社，2012.4.

[17] 唐苏亚.YY/T 0287—2017/ISO 13485：2016医疗器械质量管理体系内审员培训教程.北京：中国质检出版社，2017.9.

[18] 方圆标志认证集团有限公司.2015版ISO 14001环境管理体系内审员培训教程[M].北京：中国标准出版社，2016.8.

[19] 中国船级社质量认证公司.ISO 14001：2015环境管理体系培训教程[M].北京：中国标准出版社，2016.10.

[20] 黄进，林翎，等.GB/T 24001—2016《环境管理体系　要求及使用指南》[M].北京：中国标准出版社，2017.11.

[21] 黄林军.职业健康与安全管理体系理论与实践[M].广州：暨南大学出版社，2013.12.

[22] 罗云.风险分析与安全评价（第三版）[M].北京：化学工业出版社，2017.7.

[23] 罗云.现代安全管理（第三版）[M].北京：化学工业出版社，2018.11.

[24] 修光利，李涛.企业环境健康安全风险管理[M].北京：化学工业出版社，2017.9.

[25] 中国质量认证中心.GB/T 28001—2011《职业健康安全管理体系　要求》标准理解与审核实施[M].北京：中国质检出版社，2013.1.

[26] 丁邦敏.5S管理体系与ISO标准管理体系[M].北京：中国计量出版社，2003.8.

[27] 龙辉，方敬丰.2015版ISO 9001转换实务[M].北京：中国质检出版社，2016.5.

[28] 李在卿.质量　环境　职业健康安全管理体系内部审核员最新培训教程[M].北京：中国质检出版社，2016.8.

[29] 樊晶光.新版《企业安全生产标准化基本规范》解读[M].北京：煤炭工业出版社，2017.6.

[30] 曲福年，崔政斌.化工（危险化学品）企业主要负责人和安全生产管理人员培训教程[M].北京：化学工业出版社，2017.7.

[31] 秦江涛，杜志军.安全系统工程[M].北京：煤炭工业出版社，2018.2.

[32] 王庆慧.化工安全管理[M].北京：中国石化出版社，2018.4.

案例索引